普通高等教育计算机类专业教材

# 微机原理与接口技术

李珍香　编著

中国水利水电出版社
www.waterpub.com.cn
·北京·

## 内 容 提 要

本书采用案例描述模式，从“启发+思维+理解+实用”角度出发，以“十字路口交通灯”案例设计为主线，主要以典型的 Intel 8086 微处理器为对象，全面系统地介绍了微型计算机的基本组成、工作原理、汇编编程与接口技术。全书共 9 章，具体包括微型计算机基础知识、微处理器、寻址方式与指令系统、汇编语言程序设计、存储器、总线技术、输入/输出接口技术、中断技术、常用可编程接口芯片。

本书从教学内容到结构编排都经过了精心设计，每章都通过导学、大量基本的或经典的实例、课后习题与思考题等内容，为读者构建全方位、立体化、全过程支持、科学系统的课程教学体系和学习线路。另外，针对各章中较为抽象、难以理解的重点、难点内容，编者录制了以操作演示或以 CAI 动画演示讲解呈现的微课教学小视频，通过扫描相应知识点处的二维码（共 88 个二维码 139 个文件）即可观看学习。

本书内容深入浅出、循序渐进、图文并茂，语言通俗易懂，配套的立体化辅助教学资源全面、丰富，可作为高等院校自动化、电子信息工程、机械电子工程、计算机等相关专业的教材使用，同时也可作为相关从业人员的参考书。

**图书在版编目（ＣＩＰ）数据**

微机原理与接口技术 / 李珍香编著. -- 北京 : 中国水利水电出版社, 2020.3
普通高等教育计算机类专业教材
ISBN 978-7-5170-8449-5

Ⅰ. ①微… Ⅱ. ①李… Ⅲ. ①微型计算机－理论－高等学校－教材②微型计算机－接口技术－高等学校－教材 Ⅳ. ①TP36

中国版本图书馆CIP数据核字(2020)第036421号

策划编辑：石永峰　　责任编辑：张玉玲　　封面设计：李　佳

| | |
|---|---|
| 书　名 | 普通高等教育计算机类专业教材<br>微机原理与接口技术<br>WEIJI YUANLI YU JIEKOU JISHU |
| 作　者 | 李珍香　编著 |
| 出版发行 | 中国水利水电出版社<br>（北京市海淀区玉渊潭南路 1 号 D 座　100038）<br>网址：www.waterpub.com.cn<br>E-mail：mchannel@263.net（万水）<br>sales@waterpub.com.cn<br>电话：（010）68367658（营销中心）、82562819（万水） |
| 经　售 | 全国各地新华书店和相关出版物销售网点 |
| 排　版 | 北京万水电子信息有限公司 |
| 印　刷 | 三河市铭浩彩色印装有限公司 |
| 规　格 | 184mm×260mm　16 开本　19 印张　470 千字 |
| 版　次 | 2020 年 3 月第 1 版　2020 年 3 月第 1 次印刷 |
| 印　数 | 0001—2000 册 |
| 定　价 | 49.00 元 |

# 前　　言

现代人类的工作和生活都已离不开计算机，但要用PC机控制交通灯，就会发现这并非易事。我们可能对单片机或嵌入式系统在日常生活中的一些简单应用能熟练操作，但有时对一些较深入的技术问题却一筹莫展。诸如此类的一些问题想要得到解决，最佳途径是学习和掌握微机原理与接口技术。

“微机原理与接口技术”是高等院校自动化、电子信息工程、机械电子工程等电类各专业的学科专业基础课。学习本课程的目的是让学生理解微机系统的组成结构、工作原理和中断技术，掌握基本的汇编语言程序设计方法，掌握存储器扩展设计及I/O接口设计方法，培养运用微机分析问题与解决问题的思维方式与能力，建立起微机系统工作的整体概念，初步具备微机应用系统的开发与设计能力。

全书共9章。第1章主要介绍微型计算机的发展，微机系统的硬件组成及各部分的主要功能，计算机中常用数制及它们之间的相互转换方法，补码概念及其运算，计算机中常用编码；第2章主要介绍Intel 8086 CPU的内部结构、外部引脚及工作模式，CPU对内存的管理，8086 CPU的总线操作与时序，32位微处理器与多核微处理器；第3章主要介绍8086 CPU的寻址方式与指令系统、DEBUG调试工具；第4章主要介绍汇编语言源程序的基本结构，常用伪指令和运算符，DOS常用功能调用及汇编语言程序设计方法，汇编语言上机操作及程序调试方法；第5章主要介绍半导体存储器的分类、构成、性能指标，各类存储器的特点，存储器的扩展设计方法，Cache与虚拟存储技术；第6章主要介绍总线的基本概念和主要功能，总线分类，总线标准和总线控制方式，总线特性与性能指标，现代微机中的常用总线；第7章主要介绍输入/输出接口的基本概念、主要功能、基本结构，端口的编址方式，端口地址译码方法，I/O指令，CPU与外部设备间的数据传送方式；第8章主要介绍中断、中断源、中断类型、中断向量等与中断有关的基本概念，8086 CPU中断系统，可编程中断控制器8259A；第9章主要介绍8255A、8253、8251A等典型通用的可编程接口芯片，常用的A/D转换芯片ADC0809、D/A转换芯片DAC0832。

本书提供与之配套的电子教学资源，具体包括PPT教案、课堂教学设计、习题与思考题答案、汇编实例源程序代码、实验指导书、具有多种题型的试题库与试题答案，读者可从万水书苑（www.wsbookshow.com）下载。

本书由李珍香编著，武志峰参与教材编写。参与制图、课件制作、视频录制、资料整理、书稿校对工作的有杜红兵、谈娴茹、李国、王家亮老师，在此对他们表示诚挚的感谢。

由于编者水平有限，书中难免会有疏漏和错误之处，恳请读者批评指正。读者有反馈意见或同行教师有教学心得的，欢迎联系我们：zhx_li_cn@sina.com。

编　者

2019年10月

# 目　　录

# 第 1 章　微型计算机基础知识

**导学**：通过微机软、硬件系统的设计，实现十字路口交通灯控制功能。首先需要了解微型计算机系统的组成及微机中信息的表示方法，本章主要介绍这两部分内容：①微型计算机系统，主要包括微机硬件组成及各部分的主要功能，目的是让读者首先建立起微机系统的整体概念，以便为后续章节的学习提供一个整体框架；②计算机中常用数制和编码，主要包括计算机中常用的进制数及它们之间的相互转换方法、补码概念及其运算、常用编码。本章内容是计算机的基础，也是本门课程的基础，需要很好地理解和掌握。

我们知道，计算机的主要应用方向之一是过程控制（或实时控制）。过程控制是利用计算机及时采集数据，按最优值迅速地对控制对象进行自动调节或自动控制，其不仅可以大大提高控制的自动化水平，而且可以提高控制的及时性和准确性，从而改善劳动条件、提高产品质量及合格率。在计算机技术飞速发展和自动化水平日益提高的今天，通过计算机和仿真技术相结合而实现的过程控制更是给人类带来了翻天覆地的变化。那如何进行控制呢？这需要一个“长长的处理过程”。

**案例**：交通信号灯是非常重要的交通控制设施，安装在城市的各个路口，在疏导车辆通行中起着很重要的作用。如今，我国机动车辆发展迅猛，特别是私家车辆如雨后春笋般日益增多，但同时也带来了道路拥挤、阻塞现象及交通事故的发生。利用计算机技术，通过合理设置，控制十字路口交通灯，实现有效疏导车辆和行人，缓解交通堵塞情况和减少交通事故的发生。现有某一十字路口需要设计交通灯控制系统，总体设计要求如下：

（1）交通信号灯由红黄绿三色构成，红灯停，绿灯行，黄灯代表警示。正常情况下，两路轮流放行，信号转换时，要求黄灯停留 3 秒钟后，纵向与横向的交通灯定时 60 秒交换红绿灯一次，并同时在七段数码管上倒计时显示时间，两路的显示必须保证是交叉进行的。

（2）当路上出现特种车辆（如警车、消防车、救护车等）通过时，四方街口均显示红灯，以便只允许紧急车辆通过，其他车辆暂停行驶，特种车辆过后自动恢复原来的灯色标志。

完成这样的系统设计，目前有多种设计方案与实现方法，但如果要通过微机控制来实现，就需要知道：

（1）如何监测到是特种车辆并且能被微机所识别？

（2）正常或异常情况下的信息在微机中如何存储和表示？

（3）交通灯或七段数码管如何与微机产生联系？交通灯和七段数码管又如何联系？

（4）当信号转换时或监测到是特种车辆时，如何控制信号灯发生变化？

十字路口交通灯案例
（Proteus 仿真）

此案例中，整个交通灯系统涉及到硬件线路设计、软件编程控制以及微机中的一些基础知识，这些内容都是本书中要讲解的。通过本案例，将涉及到的各知识点对应分布在各章节中，在学习完本书后，就有能力设计类似的微机控制应用系统了。在此，先将该案例在 Proteus 环境下的仿真设计界面和运行界面呈现给读者。

**说明**：设计这样一个交通灯控制系统，如果利用微机系统控制实现成本有些高，现实中采用单片机、通过C语言设计要更合适些。

本案例中采用微机、软件通过汇编语言实现，主要目的有4点：①对于单片机，虽然单片机也属于计算机的一种，但它无论从体系结构还是各功能部件的性能，都较微型机弱很多；②关于软件，介绍汇编语言并不是说一定要使用汇编语言，而是想要告诉读者，使用汇编语言可以实现而且更有助于读者对微机工作原理和工作过程的理解；③对于案例中所涉及到的8255A、8253、8259A等主要接口芯片，感觉好像有些“古老”，但从应用角度看，它们的使用方法与今天的新型器件是类似的，从功能方面看，现代的智能化、组合化接口芯片也是由这些功能单一的基本接口芯片组合而成的，它们的内部结构、工作方式和初始化编程方法没有变化，在此基础上，再学习现代新的接口芯片就是自然而然的了；④由于人们日常接触到的主要是微型计算机，通过此交通信号灯案例让读者系统地学习微机的组成结构、工作原理、存储技术和输入/输出的控制方法等基本知识，建立起“微机系统”的整体概念，也就具备了从事单片机、嵌入式等相关系统设计的基础。

因此，本书还是“奢侈”地以微型计算机为例来完成上述案例的设计。

## 1.1 微型计算机概述

### 1.1.1 微型计算机及其发展概况

微型计算机是指以微处理器为核心，并配有以大规模集成电路构成的内存储器、输入/输出接口电路、输入/输出设备及系统总线所构成的裸机。它是第四代计算机向微型化发展的一个重要分支，诞生于20世纪70年代，又称为个人计算机（简称PC机、微机或微电脑）。人们日常提到的计算机一般都指微机，其是人类接触最多的计算机。在目前信息化、网络化时代，微机已是人们工作生活中不可缺少的基本工具。

微型计算机的产生和发展主要以微处理器为标志。每当一款新型的微处理器出现时，就会带动微机系统其他部件的相应发展。譬如微机体系结构的进一步优化，存储器存取容量的增大和存取速度的提高，外围设备的不断改进以及新设备的不断出现等。

微处理器就是计算机中的中央处理器（Central Processing Unit，CPU），因其将具有运算器和控制器功能的电路及相关电路集成在了一个芯片上，因而又称为微处理器（Micro Processing Unit，MPU）。微处理器的产生和发展是与大规模集成电路的发展紧密相连的。根据微处理器的字长和功能，可将微型机的发展划分为6代，如图1.1所示为前5代微处理器主要性能标志的发展历程。

（1）第一代微处理器和微型计算机（1971－1973年）。第一代是4位和低档8位微处理器时代。典型的产品有1971年11月推出的4位微处理器Intel 4004，其有45条指令，可进行4位二进制的并行运算，速度为0.05MIPS（Million Instructions Per Second，每秒百万条指令），主要用于计算器、电动打字机、照相机、台秤、电视机等家用电器上；1972年3月推出的8位微处理器Intel 8008，频率为200kHz，晶体管总数达到了3500个，首次获得了处理器的指令技术。这一代微型计算机的特点是采用PMOS工艺，运算速度较慢，指令系统简单，运算功能较差，存储器容量很小，没有操作系统，采用机器语言或简单汇编语言，主要用于工业仪表、过程控制。

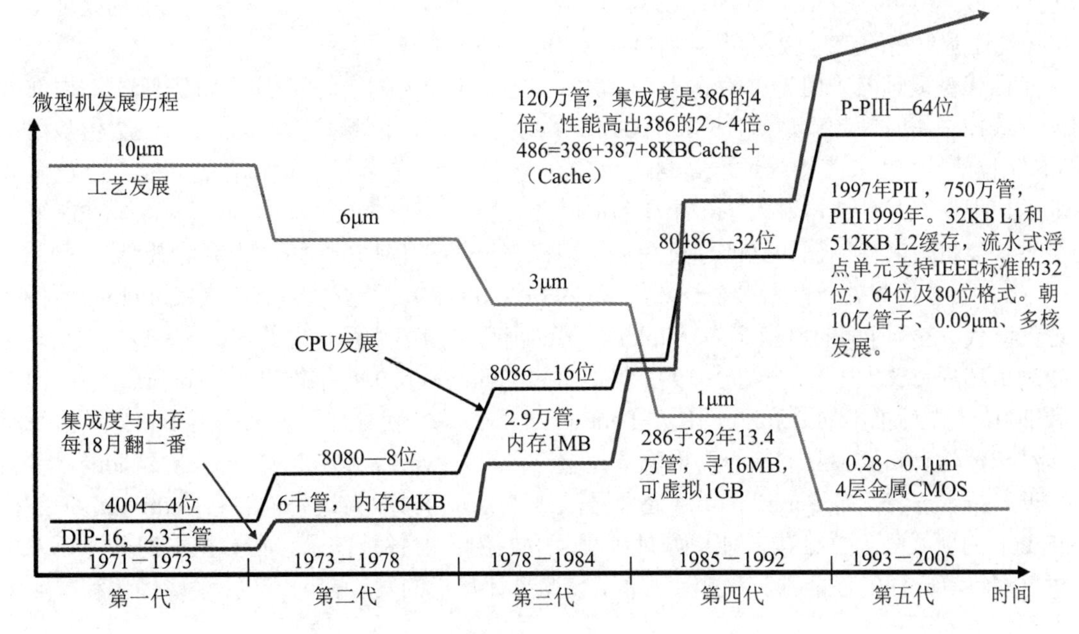


图 1.1　前 5 代微处理器主要性能标志的发展历程

（2）第二代微处理器和微型计算机（1973－1978 年）。第二代是成熟的 8 位微处理器时代。典型的产品有 1973 年 Intel 公司推出的 8080/8085。与第一代相比，这一代微处理器采用 NMOS 工艺，集成度提高了 1～4 倍，运算速度提高了 10～15 倍，有完整的配套接口电路，具有高级中断功能，软件除采用汇编语言外，还配有 BASIC、FORTRAN、PL/M 等高级语言及其相应的解释程序和编译程序，并在后期配上了操作系统。这一代的微处理器广泛应用于信息处理、工业控制、汽车、智能仪器仪表和家用电器领域。

（3）第三代微处理器和微型计算机（1978－1984 年）。第三代是 16 位微处理器和微型计算机时代。典型的产品有 1978 年 Intel 公司推出的 8086，1982 年 Intel 公司在 8086 基础上推出的 80286 等。这一代微型计算机采用 HMOS 工艺，基本指令执行时间约为 0.5ms，具有丰富的指令系统，采用多级中断系统、多种寻址方式、多种数据处理形式、分段式存储器结构及乘除运算硬件，电路功能大为增强。软件方面可以使用多种语言，有常驻的汇编程序、完整的操作系统、大型的数据库，并可构成多处理器系统。

第三代微型计算机功能已经很强了，使传统的小型机受到严峻的挑战，特别是 80286 微处理器，它是 16 位微处理器中的高档产品，集成度达到了 10 万个晶体管/片，最大频率为 20MHz，速度比 8086 快 5～6 倍。该微处理器本身含有多任务系统必需的任务转换功能、存储器管理功能和多种保护机构，支持虚拟存储体系结构。因此，以 80286 为 CPU 构成的微型计算机 IBM PC/AT 不仅弥补了以 8086 为 CPU 构成的微型计算机 IBM PC/XT 在多任务方面的缺陷，而且满足了多用户和多任务系统的需要。从 20 世纪 80 年代中后期到 90 年代初，80286 一直是微型计算机的主流 CPU。

（4）第四代微处理器和微型计算机（1985－1992 年）。第四代是 32 位微处理器和微型计算机时代。1983 年以后，以 Intel 公司为代表的一些世界著名半导体集成电路生产商开始先后推出 32 位微处理器。这一时期的典型产品有 Intel 公司在 1985 年推出的 80386 和 1989 年后推出的 80486。80386 是 Intel 第一款 32 位处理器，也是第一款具有“多任务”功能的处理器，80486 是性能更高的 32 位处理器，速度比 80386 快 3～4 倍。

第四代微处理器采用先进的高速 CHMOS 工艺，集成度为 1 万管/片～50 万管/片，内部采用流水线控制，时钟频率达到 16～33MHz，平均指令执行时间约为 0.1μs，具有 32 位数据总线和 32 位地址总线，直接寻址能力高达 4GB，同时具有存储保护和虚拟存储功能。32 位微处理器的出现使微型计算机进入了一个崭新的时代，特别是高性能 32 位微处理器作为 CPU 组成的微型计算机，其性能已达到或超过高档小型机甚至大型机水平，被称为高档微型机。

（5）第五代微处理器和微型计算机（1993－2005 年）。第五代是奔腾（Pentium）系列微处理器时代。这一时期的典型产品是 Intel 公司的奔腾系列芯片及与之兼容的 AMD 的 K6 系列微处理器芯片。譬如 Intel 公司在 1993 年推出的 Pentium、1996 年推出的 Pentium Pro、1999 年和 2001 年先后推出的 Pentium III 及 Pentium 4 等。这一代处理器内部采用了超标量指令流水线结构，具有相互独立的指令和数据高速缓存，以及 MMX（MultiMedia eXtensions，多媒体扩展）技术，特别是 Pentium 4 微处理器，其采用了当时业界最先进的 0.13μm 制造工艺和 NetBurst 的新式处理器结构，能更好地处理互联网用户的各种需求，在数据加密、视频压缩和对等网络等方面的性能都有大幅度提高，使微型计算机的发展在网络化、多媒体化和智能化等方面跨上了更高的台阶。

（6）第六代微处理器和微型计算机（2005 年至今）。第六代是酷睿（Core）系列微处理器时代。“酷睿”是一款领先节能的新型微架构，其出发点是提供卓然出众的性能和能效。该时代的典型产品有 Intel 的 Core 2 Duo、Core i3/i5/i7 等。Intel 第六代微处理器不是原 Intel 32 位 x86 结构的 64 位扩展，而是基于新的 Skylake 架构，功耗更低、电池续航时间更长和安全性更高，拥有更快的响应速度，同时还能支持最广泛的计算设备，遍及从超移动计算棒到 2 合 1 设备、大屏高清一体机、移动工作站的各种设计，可以通过面部识别登录个人计算机，通过进行语音交互作为自己的个人助理等。目前，在 PC 机中已有了 8 核的微处理器。

第六代微处理器给人类带来了更高的性能和全新的沉浸式体验，它标志着人与计算机之间的关系提升至了一个新的阶段。

### 1.1.2 微型计算机的特点

微型计算机除了具有一般计算机的运算速度快、计算精度高、记忆功能和逻辑判断力强、可自动连续工作等基本特点以外，还具有如下特点：

（1）功能强、可靠性高、使用环境要求低。由于有高档次的硬件和各类软件的密切配合，使得微机的功能大大增强，适合各种不同领域的实际应用。采用超大规模集成电路技术以后，微处理器及其配套系列芯片上可集成千万个元器件，减少了系统内使用的元器件数量，以及大量焊点、连线、接插件等不可靠因素，加上 MOS 电路本身工作所需的功耗就很低，从而使得微型机的可靠性大大提高，因而，也就降低了其对使用环境的要求。

（2）结构简单、系统设计灵活、适应性强。微机系统是一个开放的体系结构，微处理器及其系列产品都有标准化、模块化和系列化的产品，硬件扩展方便，特别是采用总线结构后，构成系统的各功能部件和各种适配卡通过标准的总线插槽相连，相互间的关系变为面向总线的单一关系，大大增加了系统扩充的灵活性和方便性，而且制造商还生产各种与微处理器芯片配套的支持芯片和相关软件，使得系统软件也很容易根据需求而改变。这些都为根据实际需求组成微型计算机应用系统创造了十分方便和有利的条件。

（3）体积小、重量轻、功耗低、维护方便。由于采用了超大规模集成电路技术，因而使构成微机所需的器件和部件数目大为减少，其体积大大缩小，重量减轻，功耗更低，方便携带和使用。当系统出现故障时，通过系统自检、诊断及测试软件就可以及时发现并排除，维护较为方便。

（4）性能价格比高。微处理器及其配套系列芯片采用了集成电路工艺，适合工厂大批量生产，这就造就了微处理器的价格低廉、性能优良的优点。

# 1.2　微型计算机系统的组成

## 1.2.1　微型计算机系统的概念

微型计算机系统是以微型计算机为主体，按不同应用要求，配以相应的外部设备、辅助电路以及指挥微型计算机工作的系统软件所构成的系统。与计算机系统一样，微型计算机系统也是由硬件和软件两大部分组成的，是靠硬件和软件的协同工作来执行给定任务的，如图 1.2 所示。

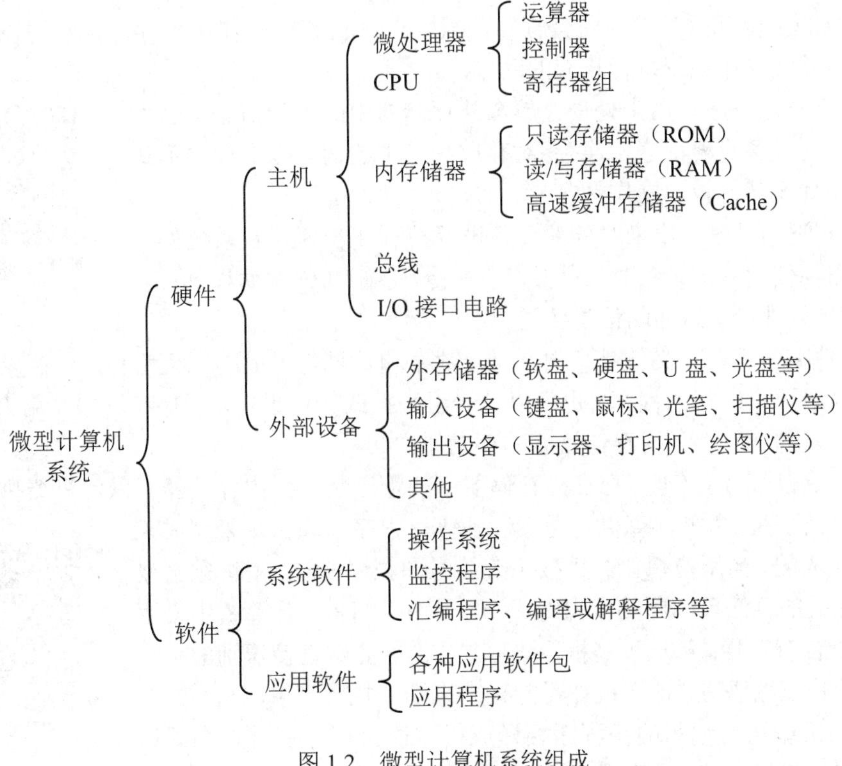


图 1.2　微型计算机系统组成

微机系统的硬件主要包括主机和外部设备，实际上就是用肉眼能看得见、用手能摸得着的机器部分。本部分的详细内容将在 1.2.2 节介绍。

微机系统的软件分为系统软件和应用软件，其层次图如图 1.3 所示。系统软件是由计算机生产厂家提供给用户的一组程序，这组程序是用户使用机器时为产生、准备和执行用户程序所必须的，其中最主要的是操作系统。操作系统是微机系统必备的系统软件，其主要作用是管理微机的硬、软件资源，提供人机接口，为用户创造方便、有效和可靠的微机工作环境。

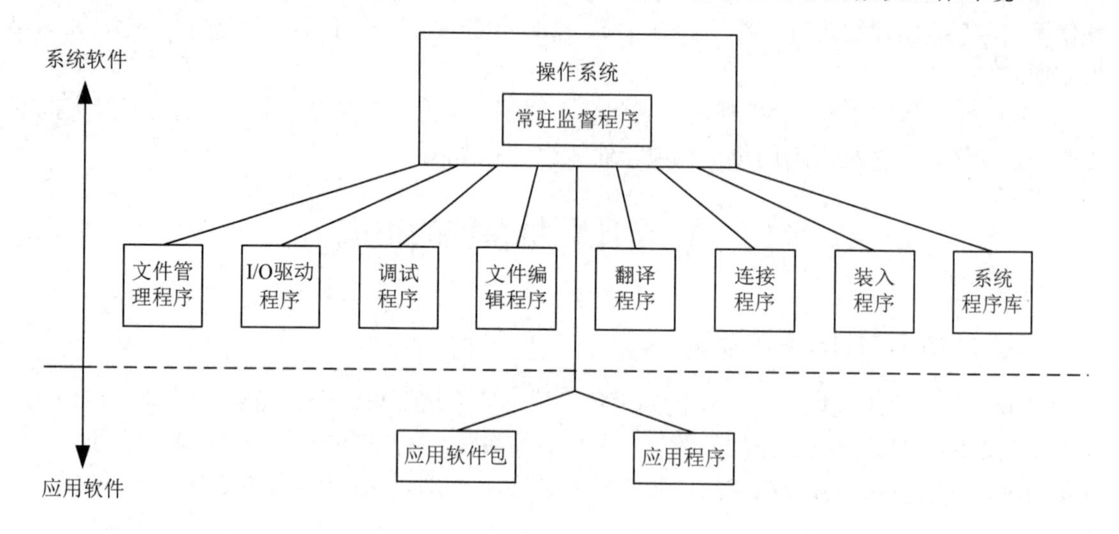


图 1.3 微机软件层次图

操作系统的主要部分是常驻监督程序，只要一开机它就存在于内存中，它可以从用户那里接收命令，并使操作系统执行相应的动作。

（1）文件管理程序。用来处理存放在外存储器中的大量信息。它可以和外存储器的设备驱动程序相连接，对存放在其中的信息以文件的形式进行存取、复制及其他管理操作。

计算机的层次结构

（2）I/O 驱动程序。用来对外部设备进行控制和管理。当系统程序或用户程序需要使用外部设备时，只要发出命令，执行 I/O 驱动程序，便能完成 CPU 与外部设备之间的信息传送。

（3）文件编辑程序。文件是指由字母、数字和符号等组成的一组信息，它可以是一个用汇编语言或高级语言编写的程序，也可以是一组数据或一份报告。文件编辑程序用来建立、输入或修改文件，并将它存入内存储器或外存储器中。

（4）装入程序。用来把保存在外存储器中的程序装入到内存储器，以便机器执行。

（5）翻译程序。微型计算机是通过逐条执行程序中的指令来完成人们所给予的任务的。当用户想让微机按照人的意图去工作时，就必须把要做的工作、完成的算法及解题的步骤编成一段程序。目前，计算机中常用的程序设计语言有三种：第一种是机器语言，是机器能够直接识别的唯一语言；第二种是汇编语言，计算机并不能直接识别和执行汇编语言，需要汇编程序将用汇编语言编写的源程序翻译成机器语言；第三种是高级语言，计算机同样不能直接识别和执行高级语言，与汇编语言一样，也必须经过翻译程序（解释

机器语言、汇编语言和高级语言

程序或编译程序）翻译成机器语言后才能执行。

（6）连接程序。用来将已生成的.OBJ 目标文件与库文件或程序模块连接在一起，形成机器能执行的单个.EXE 文件。

（7）调试程序。系统提供的用于监督和控制用户程序的一种工具，它可以装入、修改、显示或逐条执行一个程序。

（8）系统程序库。是各种标准程序、子程序及一些文件的集合，可以被系统程序或用户程序调用。

应用软件是运行于操作系统之上、为实现给定的任务而编写或选购/订购的程序。应用软件的内容很广泛，涉及到社会许多领域，很难概括齐全，也很难确切地进行分类。目前常用的应用软件有文字处理软件（如 Word、WPS 等），电子表格软件（如 Excel、Lotus 等），图形图像处理软件（如 Photoshop、3DMax 等），辅助设计软件（如 AutoCAD 等），辅助教学软件（如 CAI 等），聊天软件（如 Anychat、QQ 等）。

应当正确认识微机系统的组成及其中硬件和软件之间的关系，硬件是实体，是微机系统的基础，软件是建立和依托在硬件基础上的，是发挥机器功能的关键所在。没有硬件作物质基础，软件功能无从谈起；反之，没有软件的硬件"裸机"将无所作为，不能提供给用户直接使用。不管微机的硬件和系统软件多么好，若没有为完成特定任务而编写的应用软件，整个微机系统也将是毫无意义的。用户通过系统软件与硬件发生联系，在系统软件的干预下使用硬件。现代微机的硬件和软件之间的分界线并不明显，总的趋势是两者统一融合，在发展上互相促进。

### 1.2.2　微机硬件结构及其功能

微型计算机的硬件主要由微处理器、内存储器、输入/输出接口电路、输入/输出设备及总线组成，如图 1.4 所示。

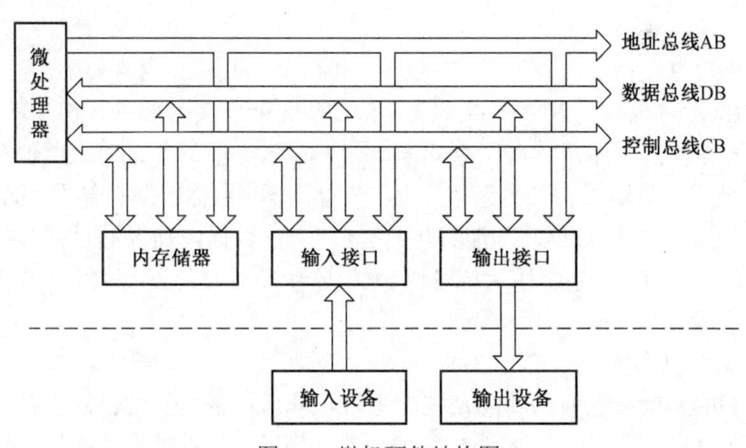


图 1.4　微机硬件结构图

1. 微处理器

微处理器是微机的核心部件，是整个系统的运算和指挥控制中心，负责统一协调、管理和控制系统中的各个部件有机地工作。不同型号的微机，其性能的差别首先在于其 CPU 性能的不同，而 CPU 的性能又与它的内部结构有关。不论哪种 CPU，其内部基本组成都大同小异，即由运算器、控制器、寄存器组等主要部件组成。

（1）运算器。运算器的功能和速度对计算机来说至关重要，其核心部件是算术逻辑单元（Arithmetic and Logical Unit，ALU），它是以加法器为基础，辅之以移位寄存器及相应控制逻辑组合而成的电路，在控制信号的作用下可以完成加、减、乘、除四则运算和各种逻辑运算。

（2）控制器。控制器是CPU的指挥控制中心，其主要由指令寄存器、指令译码器和操作控制电路部件构成，对协调整个微机有序工作极为重要。控制器的作用是从存储器中依次取出每条指令并分析指令，然后按指令的要求向微机的各个部件发出相应的控制信号，使各部件有条不紊地协同工作，从而完成对整个微机系统的控制。

（3）寄存器组。寄存器实质上是CPU内部的若干个存储单元，在汇编语言中通常按名字来访问它们。寄存器一般可分为专用寄存器和通用寄存器。专用寄存器的作用是固定的，譬如堆栈指针寄存器、标志寄存器等；通用寄存器可供程序员编程使用。寄存器的访问速度比存储器快很多，其主要用来暂时存放要重复使用的某些操作数或中间结果，这样可避免对存储器的频繁访问，从而缩短指令长度和指令执行的时间，同时也给编程带来很大的方便。

PC机硬件组成

2. 存储器

存储器用来存放数据和程序，是计算机各种信息的存储和交流中心。按照存储器在计算机中的作用，可分为内存储器、外存储器和高速缓冲存储器，即通常所说的三级存储体系结构。

（1）内存储器。内存储器（也称主存储器，简称内存或主存）是一个记忆装置，是CPU可以直接访问的存储器，主要用来存储微机工作过程中需要操作的数据、程序，运算的中间结果和最后结果。内存储器的主要工作是读/写操作。“读”是指将指定存储单元的内容取出来送入CPU，原存储单元的内容不改变；“写”是指CPU将信息放入指定的存储单元，存储单元中原来的内容被覆盖。内存储器一般都按字节（Byte）作为一个存储单元组成存储体，每一个字节存储单元都有一个地址与之对应，通过地址可以随意访问该地址所对应的存储单元。

**说明：**

（1）本书中所用到的“存储器”，若无特别说明，一般都指内存储器。

（2）“高速缓冲存储器”及“三级存储体系结构”的有关内容在5.6节介绍。

（2）外存储器。内存储器存在两个问题，一是存储容量不大，二是所保存的信息容易丢失，而采用外存储器正好可以弥补这两点不足。外存储器（也称辅助存储器，简称外存或辅存）用于存放暂时不用的程序和数据，不能直接与CPU交换数据，需要通过接口电路来实现。外存储器标志计算机存储信息的能力，目前微机系统常用的外存储器有硬盘（内置硬盘和移动硬盘）、光盘和U盘等。

3. 输入/输出接口电路

输入/输出（I/O）接口电路的功能是完成主机与外部设备之间的信息交换。由于各种外设的工作速度、驱动方法差别很大，无法与微处理器直接匹配，所以不可能将它们直接挂接在主机上。这就需要有一个I/O接口来充当外设和主机的桥梁，通过该接口电路来完成信号变换、数据缓冲、联络控制等工作。在微机中，较复杂的I/O接口电路常制成独立的电路板，也称为接口卡，使用时将其插在微机主板上。本部分有关内容在7.1节详细介绍。

4. 总线

微机系统采用总线结构将CPU、存储器和外部设备进行连接。微机中的总线由一组导线和相关控制电路组成，是各种公共信号线的集合，用于微机系统各部件之间的信息传递。根据总线传送的内容不同，微机中的总线分为数据总线、地址总线和控制总线三种。

（1）数据总线（DB）。数据总线是一组双向、三态总线，主要用来实现 CPU 与内存储器或 I/O 接口之间传送数据。数据总线的条数决定了传送数据的位数，这个数值称作微处理器的字长。

（2）地址总线（AB）。地址总线是一组单向、三态总线，是由 CPU 输出用来指定其要访问的存储单元或输入/输出接口的地址的。在微机中，存储器、输入/输出接口都有各自的地址，通过给定的地址进行访问。地址总线的条数决定了 CPU 所能直接访问的地址空间。譬如，16 条地址总线可访问的地址范围为 0000H 到 FFFFH，20 条地址总线可访问的地址范围为 00000H 到 FFFFFH。

（3）控制总线（CB）。控制总线是一组单向、三态总线，用于传送控制信号、时序信号和状态信息，以实现 CPU 与外部电路的同步工作。控制总线有的为高电平有效，有的为低电平有效，有的为输出信号，有的为输入信号。通过这些联络线，CPU 可以向其他部件发出一系列的命令信号，其他部件也可以将其工作状态、请求信号送给 CPU。

**说明：**作为一个整体而言 CB 是双向的，而对 CB 中的每一根线来说是单向的。

5. I/O 设备

I/O 设备（输入/输出设备，又称外部设备或外围设备，简称外设）是用户与微机进行通信联系的主要装置，其中输入设备是把程序、数据、命令转换成微机所能识别、接收的信息，然后输入给微机；输出设备是把 CPU 计算和处理的结果转换成人们易于理解和阅读的形式，然后输出到外部。譬如键盘、显示器、鼠标、打印机、调制解调器、网卡和扫描仪、模/数转换器、数/模转换器、开关量及信号指示器等，这些设备是一个微机系统必不可少的组成部分，它们的选型和指标的好坏对微机应用环境和用户的工作效率有着重大的影响。

尽管 I/O 设备繁多，但它们都有两个共同的特点：一是常采用机械的或电磁的工作原理进行工作，速度比较慢，难以和纯电子的 CPU 及内存储器的工作速度相匹配；二是要求的工作电平常常与 CPU 和内存储器等采用的标准 TTL 电平不一致。为了把 I/O 设备与微机的 CPU 连接起来，还需要 I/O 接口电路作为中间环节，用来实现数据的锁存、变换、隔离和外部设备选址，以保证信息和数据在外部设备与 CPU 或内存之间的正常传送。

### 1.2.3 微型计算机的基本工作原理和工作过程

计算机采用“程序存储控制”的工作原理，这一原理是冯·诺依曼于 1946 年提出的，它构成了计算机系统的结构框架，如图 1.5 所示。其通过输入设备输入程序和原始数据，控制器从存储器中依次读出程序中的一条条指令，经过译码分析后，向运算器、存储器等部件发出一系列控制信号并完成指令所规定的操作，最后通过输出设备输出结果。这一切工作都是由控制器控制的，而控制器的控制主要依赖于存放在存储器中的程序。

由此可见，计算机有两个基本能力：一是能存储程序，二是能自动执行程序。计算机利用内存存放所要执行的程序，CPU 则依次从内存中取出程序的每条指令并加以分析和执行，直到完成一个程序中的全部指令序列为止。也就是说，想让计算机完成工作，就需先把相应的程序编写出来，然后通过输入设备存储到存储器中，即程序存储。接下来就是执行程序的问题。根据冯·诺依曼型设计，计算机应能自动执行程序，因为程序是由若干条指令组成的。因此，微机的工作过程就是执行存放在存储器中的程序的过程，也就是逐条执行指令序列的过程。而执行一条指令需要以下 4 个基本操作：

（1）取指令。按照程序所规定的次序，从内存储器某个地址中取出当前要执行的指令，送到 CPU 内部的指令寄存器中暂存。

（2）分析指令。把保存在指令寄存器中的指令送到指令译码器，译出该指令对应的操作。

（3）执行指令。根据指令译码，由控制器向各个部件发出相应控制信号，完成指令规定的各种操作。

（4）为执行下一条指令作好准备，即取出下一条指令地址。

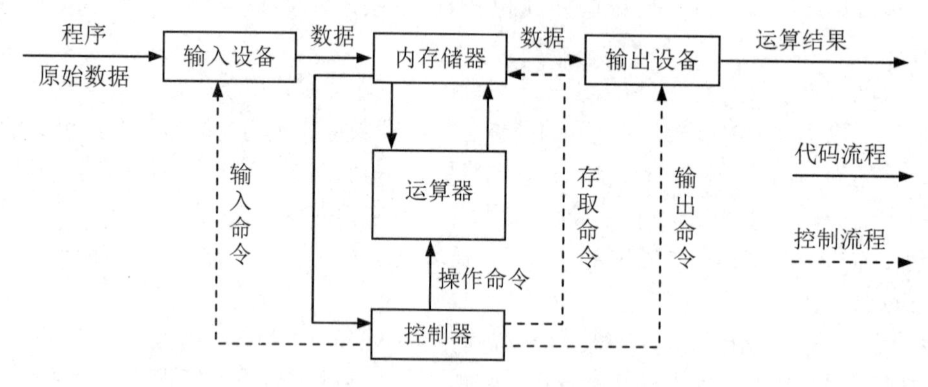


图 1.5　微机基本工作原理示意图

不断重复这 4 个基本操作，直至执行完程序的所有指令，整个程序运行结束。

### 1.2.4　微型计算机的主要性能指标

微型计算机的性能由它的系统结构、指令系统、硬件组成、外部设备及软件配置等多方面因素综合决定，因此，应当用各项性能指标进行综合评价。最常用的性能指标有字长、存储容量、运算速度等。在具体介绍这些性能指标之前先介绍位、字节和字的概念。

位：位（bit）是计算机内部数据存储的最小单位，音译为“比特”，表示二进制位 0 或 1，习惯上用小写字母“b”表示。

字节：字节（Byte）是计算机中数据处理的基本单位，习惯上用大写字母“B”表示。微机中以字节为单位存储和解释信息，一个字节由八个二进制位构成。一个字节可以储存一个 ASCII 码，两个字节可以存放一个汉字国标码。

字：字（Word）是计算机进行数据处理和运算的单位，由若干个字节构成。字的位数叫作字长，不同档次的机器字长不同。譬如 8 位机的一个字就等于一个字节，字长为 8 位；16 位机的一个字由 2 个字节构成，字长为 16 位。

1. 字长

字长是微机最重要的一项技术性能指标，其是指 CPU 一次能够同时处理的二进制数据的位数。在其他指标相同的情况下，字长越长，计算精度就越高，运算速度也越快。早期微机的字长有 8 位、16 位，目前 32 位微机仍有用户在使用，但常用的大都是 64 位。

2. 内存容量

内存容量指微机系统所配置的内存储器中 RAM 和 ROM 容量总和，内存容量的大小反映了微机即时存储数据的能力。内存容量越大，能处理的数据量就越大，微机工作时内、外存储器间的数据交换次数就越少，处理速度就越快。

内存容量以字节为基本单位，表示内存容量的单位还有 KB、MB、GB、TB、PB 等，它们之间的关系为：$1KB=2^{10}B$，$1MB=2^{10}KB$，$1GB=2^{10}MB$，$1TB=2^{10}GB$，$1PB=2^{10}TB$。随着操作系统的升级，应用软件的不断丰富及其功能的不断扩展，人类对内存容量的需求也在不断提高，传输中的表示单位还有 EB、ZB、YB 等，$1EB=2^{10}PB$，$1ZB=2^{10}EB$，$1YB=2^{10}ZB$，依次类推。

**说明：**内存容量与内存空间是两个不同的概念。内存容量指实际配置的内存大小，譬如若某微机配置有 2 条 128MB 的 DRAM 内存条，则其内存容量为 256MB；内存空间又称为存储空间，是指微机的寻址能力，其与 CPU 的地址总线条数有关。

3. 运算速度

运算速度是微机性能的综合表现，以每秒钟所能执行的指令条数来表示，是微机性能的一项重要指标。由于不同类型的指令执行时所需要的时间长度不同，因而对运算速度的描述也有不同的方法，以下给出两种常用的方法。

（1）MIPS（百万条指令/秒）法。根据不同类型指令出现的频度，乘以不同的系数，求得统计平均值，得到平均运算速度，用 MIPS 单位衡量。

（2）实际执行时间法。给出 CPU 的主频和每条指令执行所需要的时钟周期，可以直接计算出每条指令执行所需要的时间。

微型计算机中一般只给出时钟频率指标，而不给出运算速度指标。

4. 存取时间和存取周期

存取时间是指从内存储器接收到 CPU 发来的读/写操作命令到数据被读出或写入完成所需要的时间；存取周期（读/写周期）是指在存储器连续读/写过程中一次完整的存取操作所需的时间。常用存取时间来表示存储器的工作速度，用存取周期来表示 CPU 和内存之间的工作效率。微机的内存储器目前都由大规模集成电路制成，其存取周期很短，约为几十到一百纳秒（ns）。

5. 可靠性和可维护性

可靠性是衡量微机能否正常工作的指标，一般用平均无故障时间（MTBF）表示。假设在某给定时间内共出故障 $n$ 次，用 $t_1$、$t_2$、$t_3$、…、$t_n$ 分别表示两次故障之间系统正常运行的时间，则总的无故障运行时间为 $T = t_1+t_2+t_3+\cdots+t_n$，$\text{MTBF} = T\div n$。目前，微机的可靠性是很高的。

可维护性是指微机的维修效率，我们所希望的是出现故障后能尽快修复，通常用平均修复时间来表示，即从故障发生到故障修复所需要的平均时间。

6. 性能价格比

性能是指整个微型计算机的综合性能，具体包括硬件各部分性能和各软件性能等；价格不仅仅指硬件总价格，还要加上软件总价格，所以，性能价格比=性能÷价格。

## 1.3　计算机中的数制和编码

进位计数制是一种计数的方法。在日常生活中，人们使用各种进位计数制。譬如，六十进制（1 小时=60 分，1 分=60 秒），十二进制（1 英尺=12 英寸，1 年=12 月）等。但最熟悉和最常用的是使用十进制数来进行计数和计算。计算机只能识别由 0 和 1 构成的二进制，也就是说，凡是需要计算机处理的信息，无论其表现形式是文本、字符、图形，还是声音、图像，在其内部都必须以二进制数的形式来表示。但用二进制表示的数既冗长又难以记忆，为了阅读和书写方便，在编写程序或为了适应某些特殊场合的需要，也常采用十进制和十六进制数。本节主要介绍二进制、十进制和十六进制这三种进制数及它们之间的转换方法。

### 1.3.1 常用数制及相互间的转换

1. 数制基本概念

数制：是指用一组固定的符号和统一的规则来表示数值的方法，若在计数过程中采用进位的方法，则称为进位计数制。

数位：指数码在一个数中所处的位置。

基数：指在某种进位计数制中，数位上所能使用的数码个数，即这个计数系统中采用的数字符号个数。

位权：也称权，是指在某种进位计数制中，不同位置上数码的单位数值。

基数和位权是进位计数制的两个要素，利用基数和位权，可以将任何一个数表示成多项式的形式。如果把用 $k$ 进制书写的一个整数从右往左依次记作第 0 位、第 1 位、…、第 $n$ 位，则第 $i$ 位上的数 $a_i$ 所表示的含义是 $a_i \times k^i$。在此，$k$ 就是这个数制的基数，$k^i$ 就是 $k$ 进制数第 $i$ 位的位权。例如十进制数 4663.45 中，从左至右各位数字的位权分别为 $10^3$、$10^2$、$10^1$、$10^0$、$10^{-1}$、$10^{-2}$。

这里要特别注意数据中小数点前后的区别。对于小数点前的整数部分，从右至左依次记作 0、1、2、…；对于小数点后的小数部分，从左至右依次记作–1、–2、…。

2. 常用数制的表示

二进制数是最简单的进位计数制，它只有 0、1 两个数码，在加、减运算中采用“逢二进一”“借一当二”的规则。在书写二进制数时，为了区别于其他进制数，在数据后面要紧跟字母 B。例如：

$$10011011.01B = 1\times2^7+0\times2^6+0\times2^5+1\times2^4+1\times2^3+0\times2^2+1\times2^1+1\times2^0+0\times2^{-1}+1\times2^{-2}$$

十进制数是我们非常熟悉的数，共有 0、1、2、…、9 十个数码，在加、减运算中采用“逢十进一”“借一当十”的规则。十进制数的表示应在尾部加 D（或 d），但通常可以省略。例如：

$$34.5D=34.5=3\times10^1+4\times10^0+5\times10^{-1}$$

二进制数的缺点是当位数很多时，不便于书写和记忆，容易出错。因此，在汇编编程中，通常采用二进制的缩写形式十六进制数。十六进制数中包含的数码有 0、1、2、…、9、A、B、C、D、E、F 这十六个符号，其中 A～F 不区分大小写，依次代表 10～15。十六进制数的加、减运算规则是“逢十六进一”“借一当十六”。在书写十六进制数时，为了区别于其他进制数，在数据后面要紧跟字母 H。例如：

$$B635.6BH=B\times16^3+6\times16^2+3\times16^1+5\times16^0+6\times16^{-1}+B\times16^{-2}=11\times16^3+6\times16^2+3\times16^1+5\times16^0+6\times16^{-1}+11\times16^{-2}$$

**说明：**

（1）十六进制数是为了克服使用二进制数时的不方便而引入的，在程序中的使用频率很高。

（2）十六进制数与二进制数之间有一种规律，4 位二进制数可以表示 1 位十六进制数。

（3）不论数据用什么数制表示，最终在计算机内部都将以二进制形式存储。

（4）以符号打头的十六进制数，在汇编语言源程序中使用时，前面必须加上 0，这是为了与变量名和保留字相区别。譬如 AH 是一寄存器的名称，属于保留字，与十六进制数 AH 就冲突了。加上 0 之后的 0AH，系统就能区分开了，其是一个十六进制数，相当于十进制数中的 10。

3. 常用数制间的相互转换

汇编语言中会频繁用到二、十、十六进制数，需熟练掌握这些进制数的表示方法和它们之间的相互关系，尤其是二进制和十六进制数的表示应该脱口而出，以二进制和十六进制的思维方式去联想数值关系。这三种进制数的数值对应关系见表 1.1。

表 1.1　二进制、十进制和十六进制数的数值对应表

| 二进制 | 十进制 | 十六进制 |
|---|---|---|
| 0 | 0 | 0 |
| 1 | 1 | 1 |
| 10 | 2 | 2 |
| 11 | 3 | 3 |
| 100 | 4 | 4 |
| 101 | 5 | 5 |
| 110 | 6 | 6 |
| 111 | 7 | 7 |
| 1000 | 8 | 8 |
| 1001 | 9 | 9 |
| 1010 | 10 | A |
| 1011 | 11 | B |
| 1100 | 12 | C |
| 1101 | 13 | D |
| 1110 | 14 | E |
| 1111 | 15 | F |

下面介绍这三种进制数间的转换方法。

（1）二、十六进制数转换为十进制数。将二进制或十六进制数转换为十进制数的方法是：将一个二进制数（或十六进制数）的各位数码乘以与其对应的位权，所得的各项之和即为该进制数相对应的十进制数。前面已有例子，这里不再重复。

（2）二进制数与十六进制数之间的相互转换。从表 1.1 中可以看出，二进制和十六进制数之间有一种对应关系，即十六进制数的 16 个数码正好相对应于 4 位二进制数的 16 种不同组合，十六进制数 0 对应二进制数的 0000，十六进制数 1 对应二进制数的 0001，……，十六进制数 F 对应二进制数的 1111。利用这种对应关系，可以很方便地实现二进制数与十六进制数

之间的转换。将二进制数转换成十六进制数的方法是，将二进制数从小数点开始向前后分别每4位一组进行分组，整数部分不够4位的从最左边以0补齐，小数部分不够4位的从最右边以0补齐，然后用对应的十六进制数表示即可。

【例 1.1】将二进制数 11011011010.0100101 转化为十六进制数。

11011011010.0100101B=0110 1101 1010.0100 1010B=6DA.4AH

反之，将十六进制数转换成二进制数，只需将十六进制数中的每位用对应的 4 位二进制数表示就是相应的二进制数了。

【例 1.2】将十六进制数 5FA.C8H 转换为二进制数。

5FA.C8H=0101 1111 1010 . 1100 1000B=10111111010.11001B

（3）十进制数转换为二、十六进制数。两个有理数相等，其整数部分和小数部分分别相等，因此，要将十进制数转换为二进制数或十六进制数，需要对整数部分和小数部分分别进行转换。整数部分转换一般采用基数除法，也称为“除基取余”法，即将一个十进制整数转换为N进制整数的方法是将十进制整数连续除以N进制的基数N，求得各次的余数，然后将各余数换成N进制中的数码，最后按照并列表示法将先得到的余数列在低位、后得到的余数列在高位，即得N进制的整数。十进制小数部分的转换一般采用基数乘法，也称为“乘基取整”法，即将一个十进制小数转换为N进制小数的方法是将十进制小数连续乘以N进制的基数N，求得各次乘积的整数部分，然后将各整数换成N进制中的数码，最后按照并列表示法将先得到的整数列在高位、后得到的整数列在低位，即得N进制的小数。

【例 1.3】将十进制数 56.65 转换为二进制数。

将整数部分 56 转换成二进制数，逐次除 2 取余：

```
                余数
2 | 5 6  ------0  ↑
2 | 2 8  ------0  |
2 | 1 4  ------0  |
 2 | 7   ------1  |
 2 | 3   ------1  |
     1            |
```

十进制数转换为二进制数

可得到 56D=111000B

将小数部分 0.65 转换为二进制小数，逐次乘以 2 取整（如果最后乘积不能为纯整数，说明此十进制小数不能精确转换成二进制小数，则取规定的精度位数）：

```
              0.65
整数      ×      2
|        ---------
1              .30
          ×      2
         ---------
0              .60
          ×      2
         ---------
1              .20
          ×      2
         ---------
↓ 0            .40
```

可得到 0.65D=0.1010B（保留了小数点后 4 位）

所以，56.65=111000.1010B

将十进制数转换为十六进制数的方法与十进制数转换为二进制数的方法相同，只是将基数“2”换成“16”即可。

**注意：**十进制数与十六进制数间的转换，A～F 之间的数容易出错，所以常常使用的另一种方法是以二进制数作为桥梁，即：十六进制数⟷二进制数⟷十进制数。

### 1.3.2　二进制数的运算

#### 1. 二进制数的算术运算

二进制数的算术运算包括加、减、乘、除四则运算，其运算规则见表 1.2。

表 1.2　二进制数的算术运算规则

| 加法 | 减法 | 乘法 | 除法 |
|---|---|---|---|
| 0+0=0 | 0−0=0 | 0×0=0 | 0÷1=0 |
| 0+1=1 | 1−0=1 | 0×1=0 | |
| 1+0=1 | 1−1=0 | 1×0=0 | 1÷1=1 |
| 1+1=10　有进位 | 0−1=1　有借位 | 1×1=1 | |

例如 11100001B 和 10111100B 分别进行相加、相减的过程如下：

```
  1 1 1 0 0 0 0 1    被加数          1 1 1 0 0 0 0 1    被减数
+ 1 0 1 1 1 1 0 0    加数          − 1 0 1 1 1 1 0 0    减数
-----------------                  -----------------
1 1 0 0 1 1 1 0 1    和              0 0 1 0 0 1 0 1    差
```

二进制数乘法过程可仿照十进制数乘法进行，除法与十进制数除法也很类似。

例如：1001B×1010B=1011010B

100110B÷110B=110B 余 10B

#### 2. 二进制数的逻辑运算

二进制数的逻辑运算包括“或”运算、“与”运算、“非”运算和“异或”运算，其运算规则见表 1.3。

表 1.3　二进制数的逻辑运算规则

| “或”运算 | “与”运算 | “非”运算 | “异或”运算 |
|---|---|---|---|
| $0\vee 0=0$ | $0\wedge 0=0$ | $\overline{1}=0$ | $0\oplus 0=0$ |
| $0\vee 1=1$ | $0\wedge 1=0$ | | $0\oplus 1=1$ |
| $1\vee 0=1$ | $1\wedge 0=0$ | $\overline{0}=1$ | $1\oplus 0=1$ |
| $1\vee 1=1$ | $1\wedge 1=1$ | | $1\oplus 1=0$ |

（1）“或”运算又称为逻辑加，可用符号“∨”或“+”来表示。“或”运算的两个变量中只要有一个为 1，“或”运算的结果就为 1；仅当两个变量都为 0 时，“或”运算的结果才为 0。计算时，要特别注意和算术运算的加法加以区别。

（2）“与”运算又称为逻辑乘，常用符号“∧”或“×”或“•”表示。“与”运算的两个变量中只要有一个为 0，“与”运算的结果就为 0；仅当两个变量都为 1 时，“与”运算的结果才为 1。

基本逻辑门及常用逻辑部件

（3）“非”运算又称为逻辑否，书写时在变量的上方加一横线表示“非”，实际上就是将原逻辑变量的状态求反。

（4）“异或”运算常用符号“⊕”或“∀”来表示。两个相“异或”的逻辑运算变量取值相同时，“异或”的结果为 0；取值相异时，“异或”的结果为 1。

**【例 1.4】** 设 X=11001101B，Y=11101011B，则有

$X \vee Y$=11101111B　　$X \wedge Y$=11001001B　　$X \oplus Y$=00100110B　　$\overline{X}$=00110010B

### 1.3.3 有符号数在计算机中的表示方法

在计算机内部要处理的二进制数有无符号数和有（带）符号数两种，本小节主要介绍它们在计算机中的表示方法及涉及到的有关概念。

1. 机器数和真值

我们知道，在普通数字中，区分正负数是在数的绝对值前面加上符号来表示，即用“+”表示正数，用“–”表示负数。由于计算机只能直接识别和处理用 0、1 表示的二进制形式数据，所以在计算机中无法按人们日常的习惯书写，而是将正、负号也数字化。最高位作为符号位，用“0”表示正数，用“1”表示负数。这种连同数的符号一起数字化了的数据表示形式，在计算机中称为机器数；而与机器数对应的用正、负符号加绝对值来表示的实际数值称为真值。例如：

数据 X= +100 和 Y= –100，其真值的二进制表示为：

X=+1100100B　　Y= –1100100B

在字长为 8 位机中的机器数表示为：

X=01100100B　　Y=11100100B

2. 无符号数

无符号数是指计算机字长的所有二进制位均表示数值部分，因此，字长为 8 位二进制数所能表示的数的范围为 0～255。要表示大于 255 的数，必须采用多个字节来表示，它的长度可以为任意倍字节长，其数据格式如图 1.6 所示。

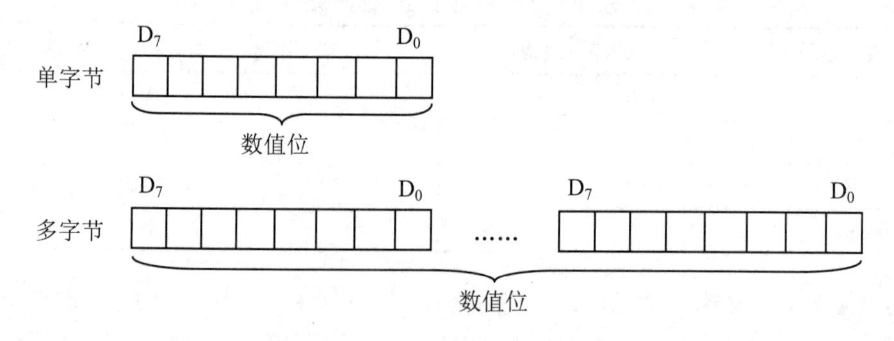


图 1.6　无符号二进制数表示格式

3. 有符号数

有符号数将机器数分为符号和数值部分，且均用二进制代码表示，如图 1.7 所示为有符号数的表示格式。

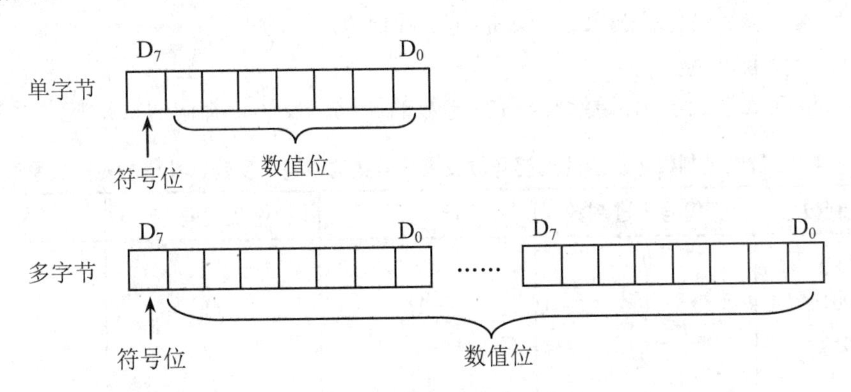


图 1.7　有符号二进制数表示格式

4. 有符号数的表示法

有符号数在计算机中有三种常用的表示方法，分别是原码、反码和补码，但为了运算方便，目前通常用的是补码。

（1）原码。原码是一种简单、直观的机器数表示方法，只需要在真值的基础上，将符号位用数码“0”和“1”表示即可。

【例 1.5】设机器字长为 8 位，X=+1101011，Y=–1101011，则有

$$[X]_{原}=01101011B\ ,\ [Y]_{原}=11101011B$$

原码有以下特点：

1）用原码表示直观、易懂，与真值的转化容易。

2）“0”在原码表示中有两种不同的形式，即+0 和–0，$[+0]_{原}$= 000...0，$[-0]_{原}$=100...0。

3）用原码表示的数进行加减运算比较复杂。如果是两个异号数相加或者是两个同号数相减时，都要用到减法运算，在相减时，还要判别两数绝对值的大小，用绝对值大的数减去绝对值小的数，取绝对值大的数的符号为结果符号。

为了把减法运算转变成加法运算，引入了反码和补码。

（2）反码。在原码表示的基础上很容易求得一个数的反码，正数的反码与原码相同，负数的反码则是在原码的基础上，符号位不变（仍为 1），其余的数位按位求反（由 0 变成 1，由 1 变成 0）即可。

例如，针对【例 1.5】中的 X 和 Y 两个数，有$[X]_{反}$=01101011B，$[Y]_{反}$=10010100B。

反码通常用作求补码过程中的中间形式，其表示的整数范围与原码范围相同。

（3）补码。正数的补码表示同原码、反码，即有$[X]_{原}=[X]_{反}=[X]_{补}$，负数的补码则是在反码的基础上再在末位加 1。

例如，针对【例 1.5】中的 X 和 Y 两个数，有$[X]_{补}$=01101011B，$[Y]_{补}$=10010101B。

二进制数的补码有以下几个特点：

1）0 的补码只有一个，即$[+0]_{补}=[-0]_{补}$=00000000B。

2）正因为补码中没有+0 和–0 之分，所以 8 位二进制补码所能表示的数值范围为–128～

+127，$n$ 位二进制补码表示的范围为$-2^{n-1}\sim+2^{n-1}-1$；

3）一个用补码表示的二进制数，当其为正数时，其最高位（符号位）为“0”，其余位即为此数的二进制值；当其为负数时，最高位为“1”，其余位不是此数的二进制值，必须把它们按位取反，且在末位（最低位）加 1，才是其二进制值。

4）$[[X]_{补}]_{补}=[X]_{原}$。

用 8 位二进制数来表示无符号数及有符号数的原码、反码、补码时，对应关系见表 1.4。

表 1.4　8 位二进制数所表示的无符号数及有符号数的原码、反码、补码的对应关系表

| 8 位二进制数 | 无符号十进制数 | 原　码 | 反　码 | 补　码 |
|---|---|---|---|---|
| 0000 0000 | 0 | +0 | +0 | +0 |
| 0000 0001 | 1 | +1 | +1 | +1 |
| 0000 0010 | 2 | +2 | +2 | +2 |
| ⋮ | ⋮ | ⋮ | ⋮ | ⋮ |
| 0111 1100 | 124 | +124 | +124 | +124 |
| 0111 1101 | 125 | +125 | +125 | +125 |
| 0111 1110 | 126 | +126 | +126 | +126 |
| 0111 1111 | 127 | +127 | +127 | +127 |
| 1000 0000 | 128 | −0 | −127 | −128 |
| 1000 0001 | 129 | −1 | −126 | −127 |
| 1000 0010 | 130 | −2 | −125 | −126 |
| ⋮ | ⋮ | ⋮ | ⋮ | ⋮ |
| 1111 1100 | 252 | −124 | −3 | −4 |
| 1111 1101 | 253 | −125 | −2 | −3 |
| 1111 1110 | 254 | −126 | −1 | −2 |
| 1111 1111 | 255 | −127 | −0 | −1 |

由表 1.4 可知，用 8 位二进制数表示的无符号整数范围为 0～255，原码表示范围为–127～+127，补码表示范围为–128～+127。可以推出，16 位二进制数表示的无符号整数范围为 0～65535，原码表示范围为–32767～+32767，补码表示范围为–32768～+32767。

5. 补码的运算规则与溢出判断

补码及其运算规则

在计算机中，凡是有符号数一律采用补码形式进行存储和运算，其运算结果也用补码来表示。若最高位为 0，表示结果为正；若最高位为 1，表示结果为负。

设 X、Y 为两个任意的二进制数，则定点数的补码满足下面的运算规则：

$$[X+Y]_{补}=[X]_{补}+[Y]_{补}$$

$$[X-Y]_{补}=[X]_{补}+[-Y]_{补}$$

【例 1.6】设 X= +19，Y= –16，计算$[X+Y]_{补}$=?（设机器字长为 8 位）

$[X]_{补}$=00010011B，$[Y]_{补}$=11110000B

$[X]_{补}+[Y]_{补}$=00010011B + 11110000B=<u>00000011</u>B（符号位的进位自动丢失）

$[X+Y]_{补}=[(+19)+(-16)]_{补}=[+3]_{补}$=<u>00000011</u>B

可以得出$[X+Y]_{补}=[X]_{补}+[Y]_{补}$

**【例 1.7】**设 X=–65，Y=–17，计算$[X-Y]_{补}$=?

$[X]_{补}=[-65]_{补}$=10111111B，$[-Y]_{补}=[17]_{补}$=00010001B

$[X]_{补}+[-Y]_{补}$=10111111B+00010001B=<u>11010000</u>B

$[X-Y]_{补}=[(-65)-(-17)]_{补}=[-48]_{补}$= [10110000B]$_{补}$=<u>11010000</u>B

可以得出$[X-Y]_{补}=[X]_{补}+[-Y]_{补}$

由此可以看出，计算机中引入了补码后，带来了如下的优点：

（1）运算时，符号位与数值位同等对待，都按二进制数参加运算，符号位产生的进位自动丢失，其结果是正确的，简化了运算规则。

（2）将减法运算变成了补码加法运算，这大大简化了运算器硬件电路的结构和设计，在微处理器中只需加法的电路就可以实现加、减法运算。

但需要注意：由于微机的字长有一定限制，所以一个有符号数是有一定范围的，如字长为 8 位的二进制数可以表示 $2^8$=256 个数。当它们是用补码表示的有符号数时，数的范围是–128～+127，当运算结果超出这个范围时，便产生了溢出。也就是说，当两个有符号数进行补码运算时，若运算结果的绝对值超出运算装置容量时，数值部分就会发生溢出，占据符号位的位置，导致错误的结果，这种现象通常称为补码溢出，简称溢出。这和正常运算时符号位的进位自动丢失在性质上是不同的。那怎样来判断溢出呢？下面介绍两种补码定点加、减运算判断溢出的方法。

（1）用一位符号位判断溢出（直接观察）法。对于加法，只有两个同符号的数相加才可能出现溢出；对于减法，只有两个异号的数相减才可能出现溢出。因此，在判断溢出时，可以根据参加运算的两个数和结果的符号位进行。两个符号位相同的补码相加，如果结果和的符号位与被加数的符号位相反，则表明运算结果溢出；两个符号位相反的补码相减，如果结果差的符号位与被减数的符号位相反，则表明运算结果溢出。这种溢出判断方法不仅需要判断加减法运算的结果，而且需要保存参与运算的原操作数。

（2）双高位法。双高位判别法是微机中常用的溢出判别方法，并常用“异或”电路来实现溢出判别，其运算式为：

$$OV=C_S \oplus C_P$$

式中，OV=1 时，表明结果产生溢出，反之则表示没有溢出；$C_S$表示最高位是否出现进位，如果有则 $C_S$=1，否则 $C_S$ =0；$C_P$表示次高位（数值部分最高位）向符号位是否产生进位，如果有则 $C_P$=1，否则 $C_P$ =0。异或的运算规则是相异或的这两位若相同，则结果为 0；若不相同，则结果为 1。

**【例 1.8】**分别计算$[+64]_{补}+[+65]_{补}$=?　　$[-117]_{补}+[+121]_{补}$=?（设机器字长为 8 位）

```
     01000000  ----  [+64]补              10001011  ----  [–117]补
  +) 01000001  ----  [+65]补          +)  01111001  ----  [+121]补
     10000001  ----  [–127]补           1 00000100  ----  [+4]补
```

两个正数相加得到负数的结果　　　　一个负数和一个正数相加，结果没有溢出

由【例 1.8】的运算知道，在计算$[+64]_{补}+[+65]_{补}$时，由于 $OV=C_S \oplus C_P=0 \oplus 1=1$ 产生了溢出，

导致运算结果出错；在计算$[-117]_{补}+[+121]_{补}$时，$OV=C_S\oplus C_P=1\oplus 1=0$没有溢出，运算结果正确。

显然，只有在同符号数相加或者异符号数相减的情况下，才有可能产生溢出。

在微机中，有专门的标志寄存器可自行进行溢出判断，有关内容在 2.1.2 节中详细介绍。

### 1.3.4 常用编码

计算机中的各种信息都是以二进制编码的形式存储的，也就是说，不论是文字、图形、动画、声音、图像还是电影等各种信息，在计算机中都是以 0 和 1 组成的二进制代码表示的。计算机之所以能区别这些信息的不同，是因为它们采用的编码规则不同。譬如，同样是文字，英文字母与汉字的编码规则就不同，英文字母用的是单字节的 ASCII 码，汉字采用的是双字节的汉字内码；对于图形、声音等的编码就更复杂多样了。这也就告诉我们，信息在计算机中的二进制编码是一个不断发展的、高深的、跨学科的知识领域。本小节讨论计算机中最常用的两种编码：ASCII 码和 BCD 码。

1. ASCII 码

ASCII（American Standard Code for Information Interchange）码是美国信息交换标准代码的简称，主要给西文字符进行编码。它用 7 位二进制码表示一个字母或符号，共能表示 $2^7=128$ 个不同的字符，其中包括数字 0～9，大、小写英文字母，运算符，标点及其他的一些控制符号。常用的 7 位 ASCII 码编码见表 1.5。

表 1.5 7 位 ASCII 码编码表

| 低位 LSB | | 高位 MSB | | | | | | | |
|---|---|---|---|---|---|---|---|---|---|
| | | 0 | 1 | 2 | 3 | 4 | 5 | 6 | 7 |
| | | 000 | 001 | 010 | 011 | 100 | 101 | 110 | 111 |
| 0 | 0000 | NUL，空操作 | DLE，转义 | SP,空格 | 0 | @ | P | ` | p |
| 1 | 0001 | SOH，标题开始 | DC1，设备控制 1 | ! | 1 | A | Q | a | q |
| 2 | 0010 | STX，正文开始 | DC2，设备控制 2 | " | 2 | B | R | b | r |
| 3 | 0011 | ETX，正文结束 | DC3，设备控制 3 | # | 3 | C | S | c | s |
| 4 | 0100 | EOT，传输结束 | DC4，设备控制 4 | $ | 4 | D | T | d | t |
| 5 | 0101 | ENQ，询问 | NAK，拒绝接收 | % | 5 | E | U | e | u |
| 6 | 0110 | ACK，认可 | SYN，同步空闲 | & | 6 | F | V | f | v |
| 7 | 0111 | BEL，响铃 | ETB，传输块结束 | ’ | 7 | G | W | g | w |
| 8 | 1000 | BS，退格 | CAN，取消 | ( | 8 | H | X | h | x |
| 9 | 1001 | HT，横向列表 | EM，介质中断 | ) | 9 | I | Y | i | y |
| A | 1010 | LF，换行 | SUB，替补 | * | : | J | Z | j | z |
| B | 1011 | VT，纵向列表 | ESC，退出 | + | ; | K | [ | k | { |
| C | 1100 | FF，换页 | FS，文件分割符 | , | < | L | \ | l | \| |
| D | 1101 | CR，回车 | GS，分组符 | – | = | M | ] | m | } |
| E | 1110 | SO，移出 | RS，记录分离符 | . | > | N | ^ | n | ~ |
| F | 1111 | SI，移入 | US，单元分隔符 | / | ? | O | _ | o | DEL，删除 |

从表 1.5 中可以看出，ASCII 码具有以下特点：

（1）每个字符都可用 7 位二进制代码表示，其排列次序为行上的 3 位和列上的 4 位，也可以用对应的十六进制数表示，称为 ASCII 码值。例如 41H（01000001B）代表字符“A”，20H（0100000B）代表空格“SP”，39H（0111001B）代表字符“9”。

（2）表中的 128 个字符按功能可分为两大类。一类是 94 个信息码，具体包括 32 个标点符号、10 个阿拉伯数字字符，52 个大、小写英文字母字符。这些字符是可显示的，即可以在显示器或打印机等输出设备上显示输出，在键盘上也能找到与它们相应的键符，按键后就可以将对应字符的二进制编码送入计算机内。

另外一类是 34 个功能码，表中用英文字母缩写表示的“控制字符”，在计算机系统中起各种控制作用，它们在表中占前两列，加上“SP”和“DEL”共 34 个，用于在传输、打印或显示输出时的通信控制或对计算机外设的功能控制。这些字符是不可显示的，用户使用时只能通过每个字符对应的 ASCII 码值表示。

2. BCD 码

计算机中采用的是二进制数，但人们所熟悉的是十进制数，所以在进行数据的输入和输出时习惯采用十进制数，只不过这样的十进制数是用二进制编码来表示的，被称为二进制编码的十进制数——BCD（Binary-Coded Decimal）码（二一十进制编码）。

最常用的 BCD 码是 8421-BCD 码，方法是用 4 位二进制数来表示 1 位十进制数的数码 0～9，这 4 位的权值从高位到低位依次为 8、4、2、1。如表 1.6 所示为十进制数 0～15 与 8421-BCD 码的编码关系。

表 1.6　8421-BCD 码编码表

| 十进制数 | 8421-BCD 码 | 十进制数 | 8421-BCD 码 |
|---|---|---|---|
| 0 | 0000 | 8 | 1000 |
| 1 | 0001 | 9 | 1001 |
| 2 | 0010 | 10 | 00010000 |
| 3 | 0011 | 11 | 00010001 |
| 4 | 0100 | 12 | 00010010 |
| 5 | 0101 | 13 | 00010011 |
| 6 | 0110 | 14 | 00010100 |
| 7 | 0111 | 15 | 00010101 |

BCD 码分压缩 BCD 码和非压缩 BCD 码两种表示形式。压缩 BCD 码是用 4 位二进制数表示 1 位十进制数，即一个字节表示两位十进制数。譬如 39 的压缩 BCD 码表示为 00111001。非压缩 BCD 码采用 8 位二进制数来表示 1 位十进制数，即一个字节表示一位十进制数，而且只用每个字节的低 4 位来表示 0～9，高 4 位全为 0，譬如 39 的非压缩 BCD 码表示为 0000001100001001。

**注意：**BCD 码与二进制数在表示形式上看都是二进制数，但它们的实质不同。譬如，十进制数 52 对应的二进制为 110100B，用压缩 BCD 码表示为 01010010。

## 习题与思考题

1.1 微处理器经历了哪几个阶段？各有何特点？

1.2 什么是微处理器、微型计算机、微型计算机系统？

1.3 结合图 1.4，简述微型计算机结构中各组成部分的功能。

1.4 将下列十进制数分别转换为二进制数和十六进制数。

82 68.5

1.5 将下列二进制数分别转换为十进制数和十六进制数。

1011010.001 101110100

1.6 写出下列十进制数的原码和补码（采用 8 位二进制数表示）。

88 –100

1.7 将以下十进制数分别以压缩 BCD 码和非压缩 BCD 码形式表示。

69 253

1.8 写出下列字符或符号所对应的 ASCII 码值（用 16 进制数表示）。

B d 5 CR $

1.9 将以下用补码表示的二进制数转换为十进制数。

00101110B 11010010

1.10 已知 X= –85，Y=36，试求：$[X+Y]_{补}$=？，$[X–Y]_{补}$=？

# 第 2 章　微处理器

**导学**：无论是采用单片机技术还是微机技术设计十字路口交通灯，其控制中心都是微处理器，而且从第 1 章也已经知道微处理器是微机的核心。从本章开始我们真正接触微处理器。在世界范围内，Intel 公司生产的微处理器一直以来都是主流产品，这些微处理器具体分为 80x86、Pentium、Celeron、Core 和 Core i 等系列，其中的 Core 和 Core i 是多核技术之后的产物。多核是在一块处理器中集成了多个功能相同的计算内核，其在架构上虽与单核处理器有较大不同，但核心的基本工作原理是类似的。本着本科学习以基本原理为主的原则，本章主要以典型的 16 位微处理器 8086 为例，介绍微处理器的基本结构与工作原理，对 32 位、64 位及 Core 新型微处理器只作简单介绍，以体会微处理器的发展。

学习本章，要深入理解 8086 CPU 的内部结构、寄存器的功能、存储器组织；理解 8086 CPU 的引脚功能及总线时序。

## 2.1　8086 微处理器

在第 1 章中已知微处理器是微型计算机的核心部件，学习微型计算机，需先了解微处理器。对微处理器的基本功能主要概括如下：

（1）能够进行算术运算和逻辑运算。

（2）能对指令进行译码、寄存并执行指令所规定的操作。

（3）具有与存储器和 I/O 接口进行数据通信的能力。

（4）暂存少量数据。

（5）能够提供这个系统所需的定时和控制信号。

（6）能够响应输入/输出设备发出的中断请求。

8086 和 8088 的区别

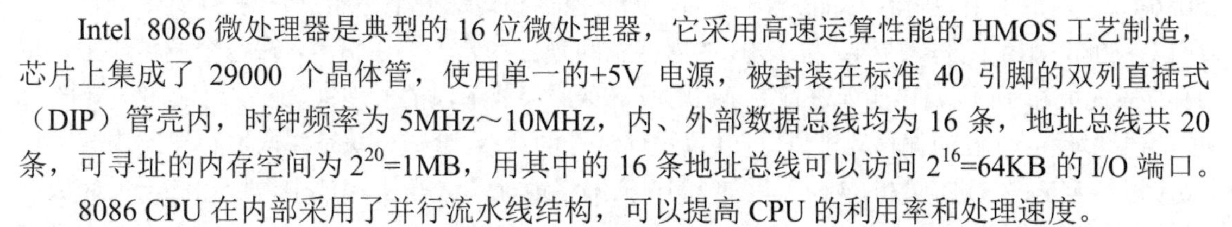

Intel 8086 微处理器是典型的 16 位微处理器，它采用高速运算性能的 HMOS 工艺制造，芯片上集成了 29000 个晶体管，使用单一的+5V 电源，被封装在标准 40 引脚的双列直插式（DIP）管壳内，时钟频率为 5MHz～10MHz，内、外部数据总线均为 16 条，地址总线共 20 条，可寻址的内存空间为 $2^{20}$=1MB，用其中的 16 条地址总线可以访问 $2^{16}$=64KB 的 I/O 端口。

8086 CPU 在内部采用了并行流水线结构，可以提高 CPU 的利用率和处理速度。

8086 CPU 被设计为支持多处理器系统，因此能方便地与数值协处理器 8087 或其他协处理器相连，构成多处理器系统，从而提高系统的数据处理能力。8086 CPU 还提供了一套完整的、功能强大的指令系统，能对多种类型的数据进行处理，使程序设计方便、灵活。

### 2.1.1　8086 CPU 的内部结构

8086 CPU 从功能角度看，其内部结构可分为两大部分，分别为总线接口部件 BIU（Bus Interface Unit）和执行部件 EU（Execution Unit），如图 2.1 所示。这两大部件通过内部总线连接，既可以协同工作，又可以独立工作。

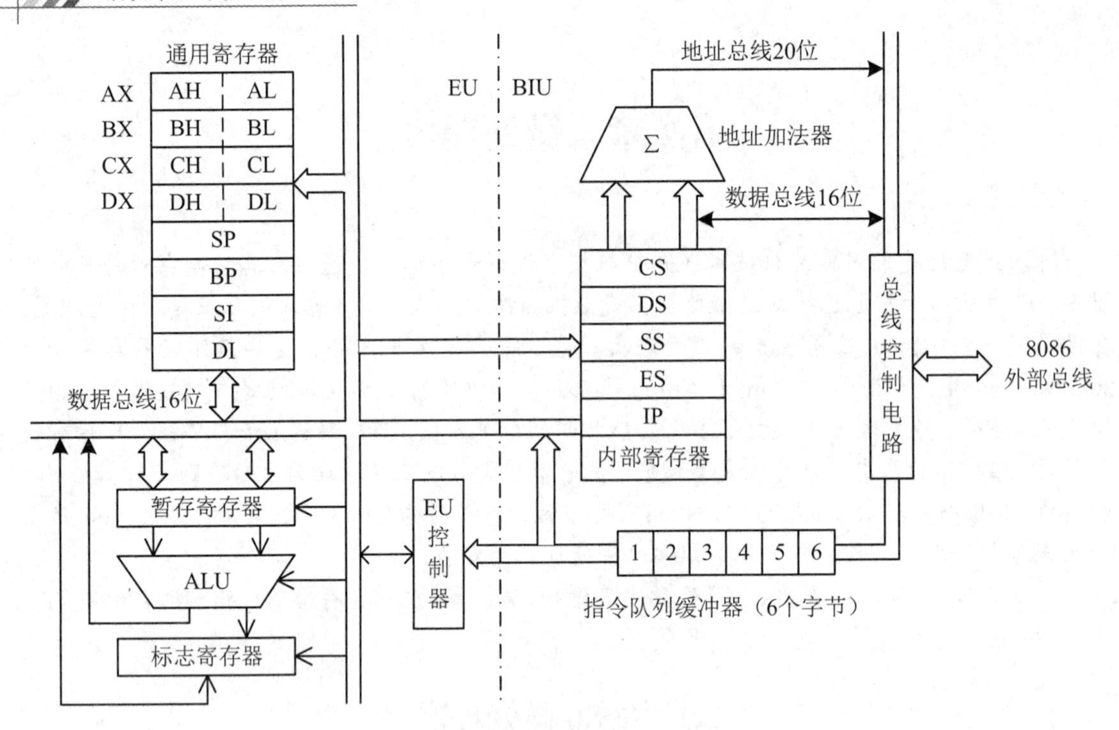


图 2.1 8086 微处理器内部结构图

1. 总线接口部件 BIU

BIU 是 CPU 与存储器及 I/O 的接口，负责与存储器及外设之间的信息传送。具体来说，BIU 负责从内存的指定地址取出指令并送至指令队列排队；在执行指令时所需要的操作数也是由 BIU 从内存的指定地址取出，传送给执行部件 EU 去执行。图 2.1 中虚线右面部分是 BIU，其各组成部分介绍如下：

（1）地址加法器。地址加法器具体完成一次地址加法操作，实现将逻辑地址变换成存储器所需的 20 位物理地址。前已述及，8086 CPU 用 20 位地址总线寻址 1MB 的内存空间，但 8086 CPU 内部的所有寄存器都是 16 位的，无法保存和传送每个存储单元的 20 位地址信息，所以，8086 采用了分段结构。将 1MB 的内存空间划分为若干个逻辑段，在每个逻辑段中使用 16 位段地址和 16 位偏移地址进行寻址，用段寄存器存放各段的段地址，通过地址加法器将 16 位的段地址和 16 位的偏移地址进行 20 位物理地址的合成。合成方法是将段寄存器的内容乘以 16（相当于左移二进制数的 4 位）后加上 16 位偏移地址，这就是 BIU 中地址加法器所完成的功能。

这里提到的段寄存器分别为代码段寄存器 CS、数据段寄存器 DS、附加段寄存器 ES 和堆栈段寄存器 SS，它们分别用于存放当前的代码段、数据段、附加段和堆栈段的段地址。

IP 是一个 16 位的指令指针寄存器，在后面介绍寄存器部分内容时还要介绍到，它用于存放下一条要执行指令的偏移地址，IP 的内容由 BIU 自动修改。

（2）指令队列缓冲器。指令队列缓冲器是一个具有 6 个字节的“先进先出”的 RAM 存储器，用来按顺序存放 CPU 要执行的指令代码，供执行部件 EU 去执行指令。EU 总是从指令队列的输出端取指令，每当指令队列中存满一条指令后，EU 就立即开始执行。当指令队列中前两个指令字节被EU取走后，BIU就自动执行总线操作，读出指令并填入指令队列中。当程序发生跳转时，BIU则立即清除原来指令队列中的内容并重新开始读取指令代码。

（3）总线控制电路。总线控制电路用于产生并发出总线控制信号，以实现对存储器或I/O端口的读/写控制。它将CPU的内部总线与16位的外部总线相连，是CPU与外部进行读/写操作必不可少的路径。

2. 执行部件EU

图2.1中虚线左边的部分为EU执行部件，其负责指令的译码和执行功能。EU不断地从BIU的指令队列中取出指令、分析指令并执行指令，在执行指令过程中所需要的数据和执行的结果，也都由EU向BIU发出请求，再由BIU对存储器或外设进行存取操作来完成。EU主要包括以下5个部分。

（1）ALU算术逻辑单元。ALU是一个16位的算术逻辑运算部件，用来对16位或8位的二进制操作数进行算术和逻辑运算，也可以按指令的寻址方式计算出CPU要访问的存储单元的16位偏移地址。在运算时，数据先传送至16位的暂存寄存器中，经ALU处理后，运算结果可以通过内部总线送入通用寄存器中或者是由BIU存入存储器中。

（2）暂存寄存器。暂存寄存器是一个16位的寄存器，它的主要功能是暂时保存数据，并向ALU提供参与运算的操作数。

（3）标志寄存器。标志寄存器是一个16位的寄存器（在2.1.2节详细介绍），其用来反映CPU最近一次运算结果的状态特征或存放控制标志。

（4）通用寄存器。通用寄存器包括4个数据通用寄存器（AX、BX、CX、DX）、2个地址指针寄存器（BP、SP）和2个变址寄存器（SI、DI）。

（5）EU控制器。EU控制器接收从BIU指令队列中取来的指令代码，经过分析、译码后形成各种实时控制信号，向EU内各功能部件发送相应的控制命令，以完成每条指令所规定的操作。

3. BIU和EU的流水线管理

BIU和EU的工作不同步，但两者的流水线管理是有原则的。BIU负责从内存取指令，并送到指令队列供EU执行，BIU必须保证指令队列始终有指令可供执行，指令队列允许预取指令代码，当指令队列有2个字节的空余时，BIU将自动取指令到指令队列；EU直接从BIU的指令队列中取指令执行，由于指令队列中至少有一个字节的指令，所以EU就不必因取指令而等待了。

在EU执行指令过程中需要取操作数或存放结果时，EU先向BIU发出请求，并提供操作数的有效地址，BIU将根据EU的请求和提供的有效地址，形成20位的物理地址并执行一个总线周期去访问存储器或I/O端口，从指定存储单元或I/O端口取出操作数并送交EU使用或将结果存入指定的存储单元或I/O端口。如果BIU已经准备好取指令但同时又收到EU的申请，则BIU先完成取指令的操作，然后进行操作数的读/写操作。

当EU执行转移、调用或返回指令时，BIU先自动清除指令队列，再按EU提供的新地址取指令。BIU新取得的第一条指令将直接送到EU中去执行，然后，BIU将随后取得的指令重新填入指令队列。

从以上介绍可知，8086 CPU中的BIU和EU两部分是按流水线方式并行工作的，即在EU

执行指令的过程中，BIU 可以取出多条指令，放进指令队列中排队；EU 仅仅从 BIU 中的指令队列中不断地取指令并执行指令。这种两级指令流水线结构，既减少了 CPU 为取指令而必须等待的时间，提高了 CPU 的利用率，加快了整机的运行速度，另外也降低了对内存存取速度的要求。8086 CPU 为采用流水线技术开创了先河，后期的高档微处理器中都是多级流水线。

### 2.1.2 8086 CPU 的寄存器

为了提高 CPU 的运算速度，减少访问存储器的存取操作，8086 CPU 内置了相应寄存器，用来暂存参加运算的操作数及运算的中间结果。指令通过寄存器实现对操作数的操作比通过存储器操作要快得多，因此在编程时，合理利用寄存器能提高程序的运行效率。8086 CPU 内部提供了 14 个 16 位的寄存器，其结构如图 2.2 所示。

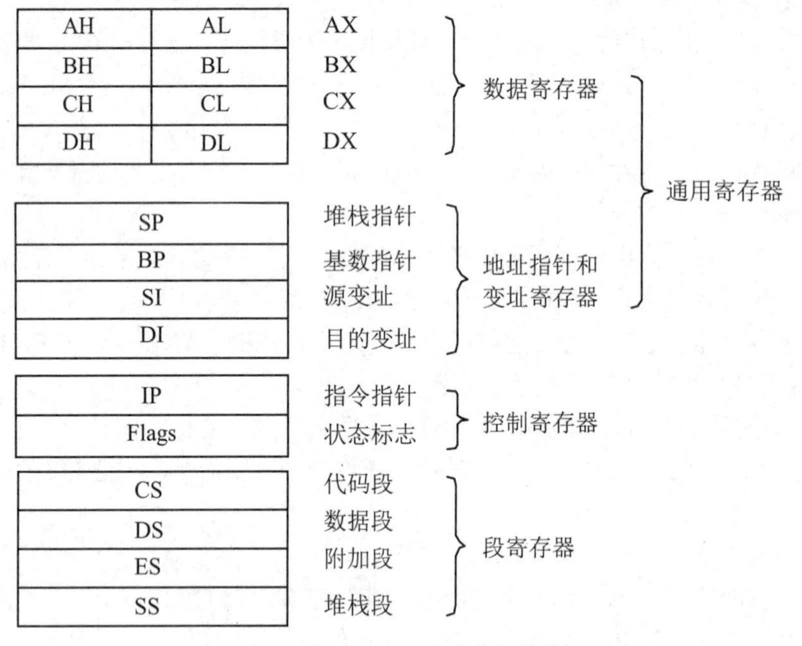


图 2.2 8086 CPU 的寄存器结构

#### 1. 通用寄存器

通用寄存器分为数据通用寄存器和地址指针与变址寄存器两组。

（1）数据通用寄存器。数据通用寄存器包括 AX、BX、CX 和 DX 共 4 个 16 位寄存器，它们既可以作为 16 位寄存器使用，也可以将每个寄存器分开作为两个独立的 8 位寄存器使用，即高 8 位寄存器 AH、BH、CH、DH 和低 8 位寄存器 AL、BL、CL、DL。这些寄存器既可以存放算术、逻辑运算的源操作数，向 ALU 提供参与运算的原始数据，也可以作为目的操作地址，保存运算的中间结果或最后结果。

堆栈及其操作演示

（2）地址指针与变址寄存器。地址指针寄存器 SP、BP 与变址寄存器 SI、DI 主要用来存放或指示操作数的偏移地址，其中 SP 中存放当前堆栈段中栈顶的偏移地址。在进行堆栈操作时，SP 的值随着栈顶的变化而自动改变，但始终指向栈顶位置；BP 是访问堆栈时的基址寄存器，存放堆栈中某一存储单元的偏移地址，使用BP是为了访问堆栈区内任意位置的存储单元。

变址寄存器SI和DI用来存放当前数据所在段的存储单元的偏移地址。SI和DI除了可作为一般的变址寄存器使用外，在串操作指令中SI规定用作存放源操作数（即源串）的偏移地址，故称为源变址寄存器；DI规定用作存放目的操作数（即目的串）的偏移地址，故称为目的变址寄存器。

图2.2中的8个16位通用寄存器在一般情况下都具有通用性，但为了缩短指令代码的长度，对某些通用寄存器又规定了专门的用途。例如在字符串处理指令和循环指令中，约定必须用CX作为计数器存放串的长度，这样可以简化指令书写形式。这种使用方法称为“隐含寻址”。如表2.1所示的是8086 CPU中通用寄存器的特殊用途和隐含性。

表2.1 8086 CPU中通用寄存器的特殊用途和隐含性

| 寄存器名 | 特殊用途 | 隐含性 |
|---|---|---|
| AX/AL | 在输入/输出指令（IN/OUT）中作数据寄存器用 | 不能隐含 |
| | 在乘法指令中存放被乘数或乘积，在除法指令中存放被除数或商 | 隐含 |
| AH | 在LAHF指令中，作目的寄存器用 | 隐含 |
| | 在十进制运算指令中作累加器用 | 隐含 |
| AL | 在XLAT指令中作累加器用 | 隐含 |
| BX | 在寄存器间接寻址中作基址寄存器用 | 不能隐含 |
| | 在XLAT中作基址寄存器用 | 隐含 |
| CX | 在串操作指令和LOOP指令中作计数器用 | 隐含 |
| CL | 在移位/循环移位指令中作移位次数计数器用 | 不能隐含 |
| DX | 在字乘法/除法指令中存放乘积的高一半或者是被除数的高一半或余数 | 隐含 |
| | 在间接寻址的输入/输出（IN/OUT）指令中作端口地址用 | 不能隐含 |
| SI | 在字符串操作指令中作源变址寄存器用 | 隐含 |
| | 在寄存器间接寻址中作变址寄存器用 | 不能隐含 |
| DI | 在字符串操作指令中作目的变址寄存器用 | 隐含 |
| | 在寄存器间接寻址中作变址寄存器用 | 不能隐含 |
| BP | 在寄存器间接寻址中作基址指针用 | 不能隐含 |
| SP | 在堆栈操作中作堆栈指针用 | 隐含 |

2. 控制寄存器

控制寄存器有指令指针寄存器IP和标志寄存器Flags两个。

（1）指令指针寄存器IP。IP用来存放代码段中的偏移地址，在程序运行过程中，它始终指向下一条要执行的指令的首地址。IP实际上起着控制指令流的执行流程，是一个十分重要的控制寄存器。它的内容由BIU自动修改，用户不能通过指令预置或直接修改，但有些指令的执行可以修改它的内容。譬如在遇到中断指令INT或子程序调用指令CALL时，IP中的内容将被自动修改。

（2）标志寄存器Flags。标志寄存器Flags用来保存在一条指令执行之后，CPU所处状态的信息及运算结果的特征，该寄存器又称为程序状态字 PSW（Program Status Word）。8086 CPU 设置的是一个 16 位标志寄存器，但实际上只使用了其中的 9 位。这 9 位标志位又分为状态标志位和控制标志位两类，如图 2.3 所示为 8086 CPU 标志寄存器中各位的定义。

| $D_{15}$ | $D_{14}$ | $D_{13}$ | $D_{12}$ | $D_{11}$ | $D_{10}$ | $D_9$ | $D_8$ | $D_7$ | $D_6$ | $D_5$ | $D_4$ | $D_3$ | $D_2$ | $D_1$ | $D_0$ |
|---|---|---|---|---|---|---|---|---|---|---|---|---|---|---|---|
| | | | | OF | DF | IF | TF | SF | ZF | | AF | | PF | | CF |

图 2.3　8086 CPU 标志寄存器 Flags

1）状态标志位。状态标志位用来记录刚刚执行完算术运算、逻辑运算等指令后的状态特征，共有 6 个。

CF（进位标志位）：主要用来反映运算结果是否产生进位或借位。如果运算结果的最高位向前产生了一个进位（加法）或借位（减法）时，CF=1，否则为 0。使用该标志位的情况有：多字（字节）数的加、减运算，无符号数的大小比较，移位操作，专门改变 CF 值的指令等。

PF（奇偶标志位）：用于反映运算结果的奇偶性，即低 8 位中含有“1”的个数。如果“1”的个数为偶数，则 PF 的值为 1，否则为 0。利用 PF 可进行奇偶校验检查，或产生奇偶校验位。

AF（辅助进位标志位）：表示加法或减法运算结果中 $D_3$ 位向 $D_4$ 位产生进位或借位的情况，当有进位（借位）时 AF=1；否则 AF=0。该标志用于 BCD 运算中判别是否需要进行十进制调整。

ZF（零标志位）：用来反映运算结果是否为 0。如果运算结果为 0，则 ZF=1，否则为 0。

SF（符号标志位）：用来反映运算结果的符号位，它与运算结果的最高位相同。前已述及，有符号数采用补码表示法，所以，SF 也就反映了运算结果的正负号。当运算结果为负数时，SF=1，否则为 0。

区分进位位与溢出位

OF（溢出标志位）：用于反映有符号数运算所得结果是否溢出。如果运算结果超过当前运算位数所能表示的范围，则称为溢出，OF 的值被置为 1，否则，OF 的值被清为 0。具体来说，就是当有符号数字节运算的结果超出了-128～+127 范围，或者字运算时的结果超出了-32768～+32767 范围，就产生溢出（详见 1.3.3 节内容）。

编写程序时，以上 6 个状态标志位中的 CF、ZF、SF 和 OF 的使用频率较高，PF 和 AF 的使用频率相对较低。

2）控制标志位。控制标志位有 3 个，是用来控制 CPU 的工作方式或工作状态的标志，它们的值的改变需要通过专门的指令来实现。

IF（中断允许标志位）：用来决定 CPU 是否响应 CPU 外部的可屏蔽中断发出的中断请求。当 IF=1 时，CPU 响应；当 IF=0 时，CPU 不响应。8086 指令系统中提供了专门改变 IF 值的指令。

DF（方向标志位）：用来控制串操作指令中地址指针的变化方向。在串操作指令中，当 DF=0 时，地址指针为自动增量，即由低地址向高地址变化；当 DF=1 时，地址指针自动减量，即由高地址向低地址变化。指令系统中提供了专门改变 DF 值的指令。

TF（追踪标志位）：TF 亦称为单步标志位。当 TF 被置为 1 时，CPU 进入单步执行方式，即每执行一条指令，产生一个单步中断请求。

单步执行方式主要用于程序的调试，指令系统中没有提供专门的指令来改变 TF 的值，但用户可以通过编程办法来改变其值。

**说明：**有些指令的执行会改变状态标志位（如算术运算指令等），不同的指令会影响不同的标志位；有些指令的执行不改变任何标志位（如 MOV 指令等）；有些指令的执行会受标志位的影响（如条件转移指令等）；也有些指令的执行不受标志位的影响。

**【例 2.1】**通过示例进一步理解状态标志位的功能。将 743AH 与 856AH 两数相加，分析相加运算对标志位的影响。

将以上两个十六进制数展开为相应的二进制数并进行相加运算：

$$
\begin{array}{r}
0111\ 0100\ 0011\ 1010 \\
+\quad 1000\ 0101\ 0110\ 1010 \\
\hline
1111\ 1001\ 1010\ 0100
\end{array}
$$

以上结果对 6 个状态标志位的影响如下：最高位没有产生进位，CF=0；结果的低 8 位中含有 3 个 1，PF=0；$D_3$ 位向 $D_4$ 位产生了进位，AF=1；运算结果本身不为 0，ZF=0；运算结果的最高位为 1，SF=1；次高位向最高位没有产生进位，最高位也没有向前产生进位，说明没有溢出。更直接的判断是，两个异号相加，肯定不会溢出，所以 OF=1。

3．段寄存器

8086 CPU 中的 4 个 16 位段寄存器 CS、DS、SS 和 ES 用来存放各段的段地址。其中代码段寄存器 CS 用于存放当前使用的代码段的段地址，用户编制的程序必须存放在代码段中，CPU 将会依次从代码段取出指令代码并执行；数据段寄存器 DS 用于存放当前使用的数据段的段地址，程序运行所需的原始数据以及运算的结果应存放在数据段中；附加段寄存器 ES 用于存放当前使用的附加段的段地址，附加段通常也用于存放数据，但存放的是串操作指令中的目的串；堆栈段寄存器 SS 用于存放当前使用的堆栈段的段地址，所有堆栈操作的数据均保存在 SS 段中。

## 2.2　8086 CPU 的存储器组织

### 2.2.1　存储单元的地址和内容

CPU 对内存的访问是通过地址总线进行的，所有地址总线的每种二进制组态对应一个存储单元，可作为该存储单元的实际地址。1 条地址线可形成 $2^1$=2 个存储单元，用无符号二进制数表示所形成的存储单元的地址分别为 0B、1B；3 条地址线可形成 $2^3$=8 个存储单元，每个存储单元对应的地址从小到大排列分别为 000B、001B、…、110B、111B；8086 CPU 有 20 条地址线，显然可形成 $2^{20}$=1M 个存储单元。如果用十六进制数表示这些存储单元所对应的地址，从小到大为 00000H～FFFFFH。这些实际地址就是存储单元的物理地址。如图 2.4 所示为物理地址的顺序排列示意图，可以看出，每一个存储单元都有唯一的一个物理地址。若用无符号十六进制数来表示，最低地址为 00000H，顺序依次加 1，则最高地址为 FFFFFH。

| 内存储器 | $A_{19}$ $A_{18}$ $A_{17}$ $A_{16}$ $A_{15}$ $A_{14}$ $A_{13}$ $A_{12}$ $A_{11}$ $A_{10}$ $A_9$ $A_8$ $A_7$ $A_6$ $A_5$ $A_4$ $A_3$ $A_2$ $A_1$ $A_0$ | 十六进制地址 |
| --- | --- | --- |
| | 0 0 0 0 0 0 0 0 0 0 0 0 0 0 0 0 0 0 0 0 | 00000H |
| ⋮ | 0 0 0 0 0 0 0 0 0 0 0 0 0 0 0 0 0 0 0 1 | 00001H |
| | 0 0 0 0 0 0 0 0 0 0 0 0 0 0 0 0 0 0 1 0 | 00002H |
| 4AH | 0 0 0 0 0 0 0 0 0 0 0 0 0 0 0 0 0 0 1 1 | 00003H |
| 59H | | |
| EEH | … | ⋮ |
| 67H | | |
| | 1 1 1 1 1 1 1 1 1 1 1 1 1 1 1 1 1 1 0 1 | FFFFDH |
| ⋮ | 1 1 1 1 1 1 1 1 1 1 1 1 1 1 1 1 1 1 1 0 | FFFFEH |
| | 1 1 1 1 1 1 1 1 1 1 1 1 1 1 1 1 1 1 1 1 | FFFFFH |

图 2.4　物理地址顺序排列示意图

存储单元中存储的信息被称为该存储单元的内容。8086 CPU 以字节为单位对存储单元进行编址，所以，每个存储单元中只能存放一个 8 位的二进制数据（1 个字节），两个相邻的存储单元之间相隔的是 1 个字节。譬如在图 2.4 中，物理地址为 00003H 存储单元的内容为 4AH，可表示为（00003H）=4AH。那一个字或者双字数据在内存中怎样存放呢？一个字在内存中要占相邻的两个存储单元，低字节存放在低地址中，高字节存放在高地址中，访问时以低地址作为该字的首地址，从内存示意图中看是“倒置”存放的。在图 2.4 中，物理地址为 00003H 的字单元内容为 594AH。同样，一个双字在内存中要占相邻的 4 个存储单元，仍然遵从低字节往低地址存放，高字节往高地址存放的规则。所以在图 2.4 中，物理地址为 00003H 的双字内容为 67EE594AH。

### 2.2.2　存储器分段与物理地址的形成

1．*存储器分段*

8086 CPU 可直接访问的物理地址内存空间为 1MB，而 CPU 内部寄存器都为 16 位，8086 指令中给出的地址码也只有 16 位，这样，它们就只能访问到内存最低端的 64KB 空间，其他的空间将无法访问到。所以，为了能用 16 位寄存器访问整个 1MB 的存储空间，8086 CPU 采用了内存分段的管理模式，即将 1MB 的内存空间划分为若干个逻辑段（简称为段），对每个段的要求如下：①段的起始地址必须是 16 的倍数，即最低 4 位二进制必须全为 0；②最大容量为 64KB。按照这样的规定，段与段之间就可以是连续的、分开的、部分重叠或完全重叠的。1MB 内存空间最多可分成 65536 个相互重叠的段，至少可分成 16 个相互不重叠的段。如图 2.5 所示为内存储器各逻辑段之间的分布示意图，其中有相连接的段（如 C 段和 D 段）、有间隔分开的段（如 A 段和 B 段），有相互部分重叠的段（如 B 段和 C 段）。

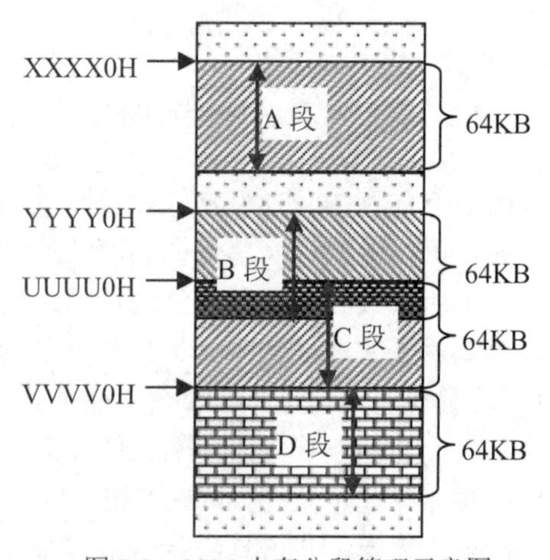

图 2.5　8086 内存分段管理示意图

**说明**：*存储器分段的内存管理模式不仅实现了可以用两个 16 位寄存器来访问 1MB 的内存空间，而且允许程序在存储器内重定位（浮动）。重*

定位就是把程序的逻辑地址空间变换成内存中的实际物理地址空间的过程，也就是在装入时对目标程序中指令和数据的修改过程。

2. 逻辑地址与物理地址的形成

存储器采用分段结构以后，对内存中操作数的访问就可以使用两种地址，即逻辑地址和物理地址。那什么是逻辑地址呢？这里涉及到了段地址和偏移地址两个概念。段地址是指逻辑段在 1MB 内存中的起始地址，只是利用了其值的最低 4 位二进制固定为 0 的特性，将这 4 位暂时舍去，仅保存其前 16 位并存放在 16 位的段寄存器中；偏移地址是指某存储单元与本段段地址之间的距离，也叫偏移量。由于限定每段不超过 64KB，所以偏移地址值最大不超过 FFFFH。在后面讲到的存储器寻址中，偏移地址可以通过很多种方法形成，所以在编程中也常被称作“有效地址”（EA）。

由此可见，存储单元的逻辑地址是一个相对的概念。对于任意一个存储单元，它所处的逻辑段不同，就有不同的逻辑地址，由段地址和偏移地址两部分组成，表示形式为“段地址:偏移地址”。段地址和偏移地址的表示都是用无符号的 16 位二进制数，一般用 4 位十六进制数表示。逻辑地址是用户在程序中采用的地址，物理地址是存储单元的实际地址，是 CPU 和内存储器进行数据交换时所使用的地址。对于任何一个存储单元来说，可以唯一地被包含在一个逻辑段中，也可以被包含在多个相互重叠的逻辑段中。也就是说，同一个物理地址可以对应有多个逻辑地址，只要能得到它所在段的段地址和段内偏移地址，就可以对它进行访问。访问时，只需将逻辑地址转换为对应的物理地址就可以了。转换方法为：

物理地址=段地址×16+偏移地址

其中，“段地址×16”的操作常常通过将 16 位段寄存器的内容（二进制形式）左移 4 位，末位补 4 个 0 来实现（这也就是将前面讲到的暂时舍去的 4 个 0 补回来）。这里读者知道转换的方法即可，具体的转换是由 BIU 中的 20 位地址加法器自动完成的，如图 2.6 所示。

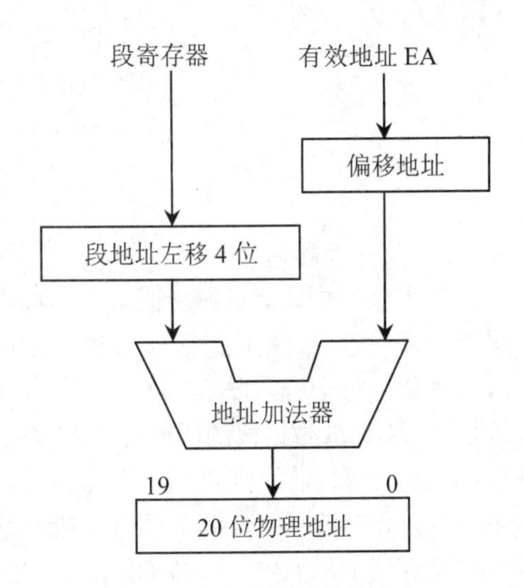


图 2.6 8086 物理地址的形成

**【例 2.2】**根据已知条件求物理地址。

①当 DS=6A00H，偏移地址=1245H 时；②当 DS=5C82H，偏移地址=EA25H 时。

物理地址与逻辑地址解析

根据物理地址的计算公式，可得：

①的物理地址=DS×16+偏移地址=6A00H×16+1245H=6B245H

②的物理地址=DS×16+偏移地址=5C82H×16+EA25H=6B245H

从此例也可以看出：①和②中给定的段地址和偏移地址各不相同，而计算所得的物理地址却是一样的，均为 6B245H。这也再一次说明，对于内存储器中的任意一个存储单元来说，物理地址是唯一的，而逻辑地址却有很多，不同的段地址和相应的偏移地址可以形成同一个物理地址。

**【例 2.3】**已知数据段寄存器 DS=3100H，试确定该存储区段物理地址的范围。

首先需要确定该数据区段中第一个存储单元和最后一个存储单元的 16 位偏移地址。因为一个逻辑段的最大容量为64KB，所以第一个存储单元的偏移地址为0000H，最后一个存储单元的偏移地址为FFFFH，该数据区段由低至高相应存储单元的偏移地址为0000H～FFFFH。按照公式计算：

存储区的首地址=DS×16+偏移地址首地址=3100H×16+0000H=31000H；存储区的末地址=DS×16+偏移地址末地址=3100H×16+FFFFH=40FFFH。

从而得出该数据存储区段的物理地址范围是31000H～40FFFH，如图2.7所示。

| 段地址:偏移地址 | 内存储器 | 物理地址 |
| --- | --- | --- |
| 3100:0000H | | 31000H |
| 3100:0001H | | 31001H |
| 3100:0002H | | 31002H |
| 3100:0003H | | 31003H |
| ⋮ | ⋮ | ⋮ |
| 3100:FFFCH | | 40FFCH |
| 3100:FFFDH | | 40FFDH |
| 3100:FFFEH | | 40FFEH |
| 3100:FFFFH | | 40FFFH |

图2.7 数据段地址范围示意图

3. 段寄存器的引用

在存储器中，信息按特征可分为程序代码、数据和堆栈等。所以，8086的1MB内存空间采取分段管理后，相应地逻辑段也可被定义为程序代码段、数据段、堆栈段来使用，每个段的段地址存放在段寄存器中。其中CS存放代码段的段地址，DS存放数据段的段地址，SS存放堆栈段的段地址，ES存放附加段的段地址。从前面已知，程序设计中涉及到内存中的数据时所采用的是逻辑地址，在指令中直接表示的只是逻辑地址的偏移地址部分，偏移地址可由寄存器BX、BP、SI和DI给出，也可用符号地址或具体的数值给出（详见3.2节），段地址部分则是由系统按约定规则自动“默认”一个段寄存器来配对使用。这个基本约定以及是否允许再重新选择其他段寄存器的情况见表2.2。

表2.2 8086对段寄存器的使用约定

| 序号 | 访问存储器类型 | | 默认段寄存器 | 可重设的段寄存器 | 偏移地址来源 |
| --- | --- | --- | --- | --- | --- |
| 1 | 取指令 | | CS | 无 | IP |
| 2 | 堆栈操作 | | SS | 无 | SP |
| 3 | 一般数据存取 | | DS | CS、ES、SS | 有效地址 |
| 4 | 串操作 | 源操作数 | DS | CS、ES、SS | SI |
| 5 | | 目的操作数 | ES | 无 | DI |
| 6 | BP用作基址寻址 | | SS | CS、DS、ES | 有效地址 |

从表2.2可知，在访问存储器中的操作数时，段地址由“默认”的段寄存器提供，有些操作只能使用默认的段寄存器（表中编号为1、2、5的）。譬如在存储器中进行取指令操作时，段地址一定是由代码段段寄存器CS提供，偏移地址从指令指针IP中获得，它们结合在一起可在该代码段内取到下次要执行的指令；对字符串的目的操作数操作时，段地址一定是由附加段段寄存器ES提供，偏移地址从变址寄存器DI中获得。但也有一些操作是可以通过“段超越”形式来指定为其他段寄存器的（表中编号为3、4、6的）。譬如对数据段中一般数据的存取，约定由DS给出段地址，但也可以通过在指令中显式地“指定”使用CS、ES或SS段寄存器，指令形式为“MOV AX,ES:[2000H]”，这种指定就是在内存的操作数前面增加一个“段前缀”（段寄存器名后面跟上冒号），这就是“可重设的段寄存器”的作用。这样带来的好处就是可以很灵活地访问内存不同的段。对于表2.2中的引用关系，随着后续内容的学习，读者将会对它们有更进一步的理解。

## 2.3 8086 CPU的外部引脚及工作模式

微处理器的外部特性表现在它的引脚上，在具体介绍8086 CPU的每一个引脚信号之前，先对引脚及其工作模式做一总体上的了解。

8086 CPU可以工作在最小和最大两种不同的工作模式下。所谓最小模式，是指在系统中只有一个8086微处理器的情况，所有的总线控制信号都直接由8086 CPU产生，因此，系统中的总线控制电路被减到最少；最大模式是相对最小模式而言的，在最大模式系统中，总是包含两个或两个以上微处理器，其中的主处理器就是8086，其他的处理器称为协处理器，它们是协助主处理器工作的，如数学运算协处理器8087、输入/输出协处理器8089。8086 CPU工作在哪种模式下，完全由硬件决定。当CPU处于不同工作模式时，其部分引脚的功能是不同的。

在学习任何一个芯片引脚时，需关注以下几个方面。

（1）引脚的功能。引脚功能即引脚所起的作用。从引脚名称上大致可以反映出来，是记忆的基础。需要注意的是，有的引脚功能单一；有的引脚配合不同的用法有不同的功能；有的引脚在不同的时钟周期有着不同的功能；还有的引脚可以通过初始化编程来设计它的功能和属性。

（2）引脚的流向。引脚的流向指引脚的方向是从芯片本身流向外部（输出）还是从外部流入芯片（输入），抑或是双向。譬如，CPU的地址线是输出的，通过输出地址可以对存储器或外设寻址；数据线是双向的，CPU通过数据线可以将数据输出到存储器或外设，也可以读取存储器或外设的数据；CPU的部分控制线是输出的，部分控制线是输入的。

（3）有效方式。有效方式指引脚发挥作用时的特征。总的来说，引脚有两种有效方式，一种是电平有效（高电平有效和低电平有效），另一种是边沿有效（上升沿有效和下降沿有效，主要针对输入）。为了能直观地表示，低电平有效的引脚通常在引脚名上方加一条小横线。

（4）三态能力。三态能力主要针对输出方向的引脚，共有高电平、低电平和高阻三种状态。当输出为高阻态时，表示芯片实际上已放弃了对该引脚的控制，使之“悬空”，这样它所连接的设备就可以接管对该引脚及所连导线的控制。

### 2.3.1 8086 CPU 的外部引脚

8086 CPU 采用双列直插式（DIP）封装，具有 40 根引脚，如图 2.8 所示。在逻辑上，除了 3 类主要的地址总线、数据总线和控制总线引脚信号外，还有电源、地和时钟专用信号。为了解决引脚功能多与引脚数少的矛盾，8086 CPU 采用了引脚复用技术，使部分引脚具有双重功能。这些双功能引脚的功能转换分两种情况：一种是采用分时复用的地址/数据总线；另一种是根据不同的工作模式定义不同的引脚功能。

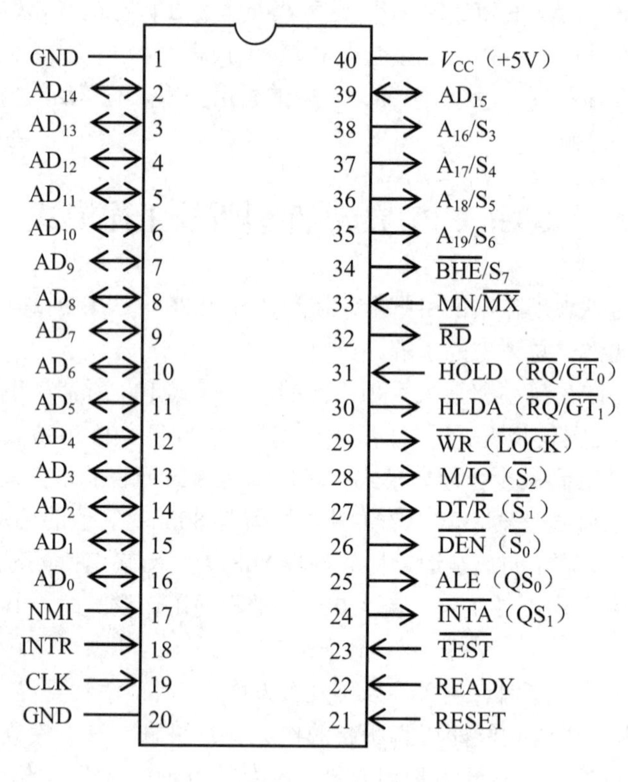


图 2.8 8086 CPU 引脚图

分时复用/三态门/D 触发器解析

下面分三种情况介绍常用引脚的功能。

1. 两种工作模式下具有相同功能的引脚信号

（1）$AD_{15}$ ～$AD_0$ 地址/数据总线（输入/输出，三态，双向）。这是一组采用分时的方法传送地址或数据的复用引脚，在总线周期的 $T_1$ 状态，用来输出访问存储器或 I/O 端口的 16 位地址；在 $T_2$ 状态，如果是读周期，则处于浮空（高阻）状态，如果是写周期，则为传送数据。在 CPU 响应中断及系统总线处于“保持响应”时，$AD_{15}$～$AD_0$ 为高阻状态。

（2）$A_{19}/S_6$ ～$A_{16}/S_3$ 地址/状态线（输出，三态）。这是采用分时的方法传送地址或状态的复用引脚，其中 $A_{19}$～$A_{16}$ 为 20 位地址总线的高 4 位地址，$S_6$～$S_3$ 是状态信号。$S_6$ 表示 CPU 与总线连接的情况，其值总为 0，表示 8086 CPU 当前与总线相连。$S_5$ 指示当前中断允许标志位 IF 的状态，如果 IF=1，则 $S_5$=1，表示当前允许可屏蔽中断；如果 IF=0，则 $S_5$=0，表示当前禁止一切可屏蔽中断。$S_4$ 和 $S_3$ 的代码组合表示当前正在使用的段寄存器，具体规定见表 2.3。

表 2.3　$S_4$ 和 $S_3$ 的代码组合及对应段寄存器情况

| $S_4$ | $S_3$ | 当前正在使用的段寄存器 |
|---|---|---|
| 0 | 0 | 附加段寄存器 ES |
| 0 | 1 | 堆栈段寄存器 SS |
| 1 | 0 | 对存储器寻址时使用代码段寄存器 CS，对 I/O 或中断向量寻址时未使用任何段寄存器 |
| 1 | 1 | 数据段寄存器 DS |

（3）$\overline{BHE}/S_7$ 允许总线高 8 位数据传送/状态线（输出，三态）。这是一个复用引脚信号，$\overline{BHE}$ 为总线高 8 位数据允许信号。当其为低电平有效时，表明在高 8 位数据总线 $D_{15}$～$D_8$ 上传送一个字节的数据；$S_7$ 为设备的状态信号，在 8086 芯片设计中没有赋予 $S_7$ 实际意义。

（4）$\overline{RD}$ 读引脚（输出，三态）。当 $\overline{RD}$ 为低电平有效时，表示 CPU 正在对存储器或 I/O 端口进行读操作，具体是对存储器读还是对 I/O 端口读，取决于 $M/\overline{IO}$ 信号。$M/\overline{IO}$ 为低电平表示对 I/O 端口读，$M/\overline{IO}$ 为高电平表示对存储器读。

（5）READY 准备就绪引脚（输入，高电平有效）。READY 引脚用来实现 CPU 与存储器或 I/O 端口之间的时序匹配。当 READY 为高电平时，表示 CPU 要访问的存储器或 I/O 端口已经做好了输入或输出数据的准备工作，CPU 可以进行读/写操作；当 READY 为低电平时，则表示存储器或 I/O 端口还未准备就绪，CPU 需要插入若干个“$T_w$ 状态”进行等待。

（6）INTR 可屏蔽中断请求引脚（输入，高电平有效）。8086 CPU 在每条指令执行到最后一个时钟周期时，都要检测 INTR 引脚。当 INTR 为高电平时，表明有外部设备向 CPU 申请中断，此时，若 IF=1，则 CPU 会停止当前的操作，而转去响应外部设备所提出的中断请求。

（7）$\overline{TEST}$ 等待测试控制引脚（输入，低电平有效）。$\overline{TEST}$ 与等待指令 WAIT 配合使用。当 CPU 执行 WAIT 指令时，CPU 处于空转等待状态，它每 5 个时钟周期检测一次 $\overline{TEST}$ 引脚。当测得 $\overline{TEST}$ 为高电平时，则 CPU 继续处于空转等待状态；当 $\overline{TEST}$ 变为低电平后，就会退出等待状态，继续执行下一条指令。$\overline{TEST}$ 信号用于多处理器系统中，实现 8086 主处理器与协处理器（8087 或 8089）间的同步协调功能。

（8）NMI 非屏蔽中断请求引脚（输入，上升沿有效）。当 NMI 引脚上有一个上升沿有效的触发信号时，表明 CPU 内部或外部设备提出了非屏蔽的中断请求，CPU 会在结束当前所执行的指令后，立即响应中断请求。NMI 中断经常由电源掉电等紧急情况引起。

（9）RESET 复位引脚（输入，高电平有效）。当 RESET 为高电平并持续至少 4 个时钟周期时，系统进入复位状态，此时，CPU 立即结束现行操作，初始化所有的内部寄存器，除了 CS=FFFFH 外，包括 IP 在内的其余各寄存器的值均为 0，指令队列为空。当 RESET 回到低电平时，CPU 从 FFFF0H 地址开始重新启动执行程序（引导），一般在该地址处放置一条转移指令，以转到程序真正的入口地址处。

（10）CLK 时钟引脚（输入）。CLK 提供了 CPU 和总线控制的基本定时脉冲。8086 CPU 一般使用时钟发生器 8284A 来定时，要求时钟脉冲的占空比为 33%，即高电平为 1/3，低电平为 2/3。

（11）$MN/\overline{MX}$ 最小/最大模式控制引脚（输入）。$MN/\overline{MX}$ 引脚用来设置 8086 CPU 的工

作模式，当$MN/\overline{MX}$为高电平（接+5V）时，CPU 工作在最小模式；当$MN/\overline{MX}$为低电平（接地）时，CPU 工作在最大模式。

2．8086 CPU 工作在最小模式时使用的引脚信号

引脚 24～31 在不同模式下的功能是不同的，当工作在最小模式时的含义及功能如下：

（1）$M/\overline{IO}$ 存储器或 I/O 操作选择引脚（输出，三态）。$M/\overline{IO}$ 引脚指明 CPU 当前访问的是存储器还是 I/O 端口。当$M/\overline{IO}$为高电平时，访问存储器，表示当前要进行 CPU 与存储器之间的数据传送；当$M/\overline{IO}$为低电平时，访问 I/O 端口，表示当前要进行 CPU 与 I/O 端口之间的数据传送；在 DMA 方式时，$M/\overline{IO}$ 为高阻状态。

（2）$\overline{WR}$ 写引脚（输出，三态）。当$\overline{WR}$引脚为低电平有效时，表明 CPU 正在执行写操作，同时由$M/\overline{IO}$引脚决定是对存储器还是对 I/O 端口执行；在 DMA 方式时，$\overline{WR}$ 被置为高阻状态。

（3）$\overline{INTA}$ 中断响应引脚（输出，三态，低电平有效）。CPU 通过$\overline{INTA}$信号对外设提出的可屏蔽中断请求做出响应。当$\overline{INTA}$为低电平时，表示 CPU 已经响应外设的中断请求。

（4）ALE 地址锁存允许引脚（输出，高电平有效）。当 ALE 高电平有效时，表示当前$AD_{15}$～$AD_0$地址/数据线、$A_{19}/S_6$～$A_{16}/S_3$地址/状态线上输出的是地址信息，并利用它的下降沿将地址锁存到锁存器中。ALE 引脚不能浮空。

（5）$DT/\overline{R}$ 数据发送/接收引脚（输出，三态）。$DT/\overline{R}$ 信号用来控制数据传送的方向。当$DT/\overline{R}$为高电平时，CPU 发送数据到存储器或 I/O 端口；当$DT/\overline{R}$为低电平时，CPU 接收来自存储器或 I/O 端口的数据。

（6）$\overline{DEN}$ 数据允许控制引脚（输出，三态，低电平有效）。$\overline{DEN}$ 信号用作总线收发器的选通控制信号。当$\overline{DEN}$为低电平有效时，表明 CPU 进行数据的读/写操作；在 DMA 方式时，此引脚为高阻状态。

（7）HOLD 总线保持请求引脚（输入，高电平有效）。在 DMA 数据传送方式中，由总线控制器 8237A 或其他控制器发出，通过 HOLD 引脚输入给 CPU，请求 CPU 让出总线控制权。

（8）HLDA 总线保持响应引脚（输出，高电平有效）。HLDA 与 HOLD 配合使用，是对 HOLD 的响应信号。申请使用总线的 8237A 或其他控制器在收到 HLDA 信号后，就获得了总线控制权，在此后的一段时间内，HOLD 和 HLDA 均保持高电平。当获得总线使用权的控制器用完总线后，使 HOLD 信号变为低电平，表示放弃对总线的控制权，8086 CPU 检测到 HOLD 变为低电平后，会将 HLDA 变为低电平，同时恢复对总线的控制。

3．8086 CPU 工作在最大模式时使用的引脚信号

引脚 24～31 工作在最大模式时的含义及功能如下。

（1）$\overline{S_2}$、$\overline{S_1}$、$\overline{S_0}$ 总线周期状态引脚（输出，低电平有效）。这三个引脚组合起来表示当前总线周期中所进行的操作类型（见表 2.4）。在最大模式下，总线控制器 8288 就是利用这些状态信号来产生访问存储器或 I/O 端口的控制信号的。

表 2.4 中的总线周期状态中至少应有一个状态为低电平，才可以进行一种总线操作；当$\overline{S_2}$、$\overline{S_1}$、$\overline{S_0}$都为高电平时，表明操作过程即将结束，而另一个新的总线周期尚未开始，这时称为“无源状态”。在总线周期的最后一个状态，$\overline{S_2}$、$\overline{S_1}$、$\overline{S_0}$ 中只要有一个信号改变，就表明下一个新的总线周期开始。

表 2.4　$\overline{S_2}$、$\overline{S_1}$、$\overline{S_0}$ 组合产生的总线控制功能

| $\overline{S_2}$　$\overline{S_1}$　$\overline{S_0}$ | 操作过程 | $\overline{S_2}$　$\overline{S_1}$　$\overline{S_0}$ | 操作过程 |
|---|---|---|---|
| 0　0　0 | 发中断响应信号 | 1　0　0 | 取指令 |
| 0　0　1 | 读 I/O 端口 | 1　0　1 | 读内存 |
| 0　1　0 | 写 I/O 端口 | 1　1　0 | 写内存 |
| 0　1　1 | 暂停 | 1　1　1 | 无源状态 |

（2）$\overline{RQ}/\overline{GT_1}$、$\overline{RQ}/\overline{GT_0}$总线请求/总线请求允许引脚（输入/输出，低电平有效）。这两个引脚是双向的，是特意为多处理器系统而设计的，其含义与最小模式下的 HOLD 和 HLDA 两个引脚功能类似，即当系统中的其他协处理器（如 8087、8089）要求获得总线控制权时，就通过此信号向 CPU 发出总线请求信号。若 CPU 响应总线请求，就通过同一引脚发回响应信号，允许总线请求，表明 CPU 已放弃对总线的控制权，将总线控制权交给提出总线请求的部件使用。不同的是，HOLD 和 HLDA 占两个引脚，而$\overline{RQ}/\overline{GT}$（请求/允许）是出于同一个引脚，引脚$\overline{RQ}/\overline{GT_0}$的优先级高于$\overline{RQ}/\overline{GT_1}$。

（3）$\overline{LOCK}$总线封锁引脚（输出，三态，低电平有效）。当$\overline{LOCK}$为低电平有效时，表示此时 8086 CPU 不允许其他总线部件占用总线。这里需要特别说明的是，在 8086 CPU 处于 2 个中断响应周期期间，$\overline{LOCK}$会自动变为低电平有效，以防止其他总线主模块在中断响应过程中占有总线而使一个完整的中断响应过程被间断。在 DMA 期间，$\overline{LOCK}$被置为高阻状态。

（4）$QS_1$、$QS_0$ 指令队列状态引脚（输出）。$QS_1$ 和 $QS_0$ 引脚的组合用于指示总线接口部件 BIU 中指令队列的状态，以便其他处理器监视、跟踪指令队列的当前状态，$QS_1$、$QS_0$ 的组合与指令队列的状态对应关系见表 2.5。

表 2.5　$QS_1$、$QS_0$ 的代码组合及队列状态

| $QS_1$ | $QS_0$ | 指令队列的状态 |
|---|---|---|
| 0 | 0 | 无操作 |
| 0 | 1 | 从队列中取出当前指令的第 1 个字节代码 |
| 1 | 0 | 队列为空 |
| 1 | 1 | 除第 1 个字节外，还从队列中取出指令的后续字节 |

### 2.3.2　8086 CPU 的工作模式及系统结构

1. 最小工作模式及系统结构

当 CPU 的 MN/$\overline{MX}$ 引脚接+5V 时，8086 工作于最小模式。在这种模式中，系统所有的总线控制信号都直接由 8086 产生，系统中的总线控制逻辑电路被减到最少。为了提高总线驱动能力，可配置总线收发器或驱动器，最小模式的典型电路如图 2.9 所示。

2. 最大工作模式及系统结构

当 CPU 的 MN/$\overline{MX}$ 引脚接地时，8086 工作于最大模式。在最大模式下，系统的许多控制信号不再由 8086 直接发出，而是由总线控制器 8288 对 8086 发出的控制信号进行变换和组合，从而得到各种系统控制信号，如图 2.10 所示为 8086 工作在最大模式下的典型配置。

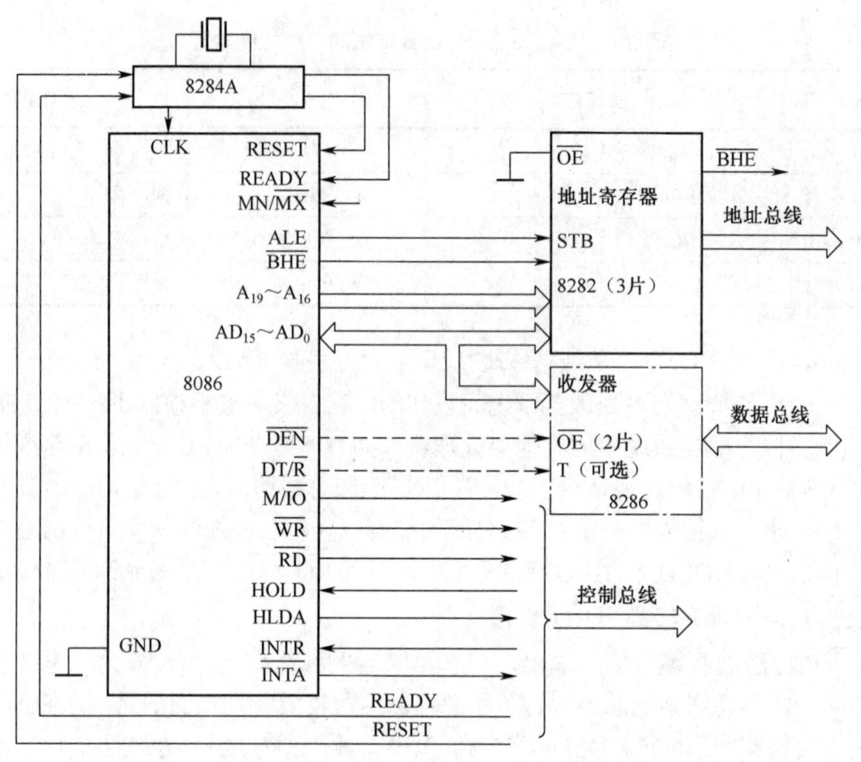


图 2.9　8086 最小工作模式的典型配置

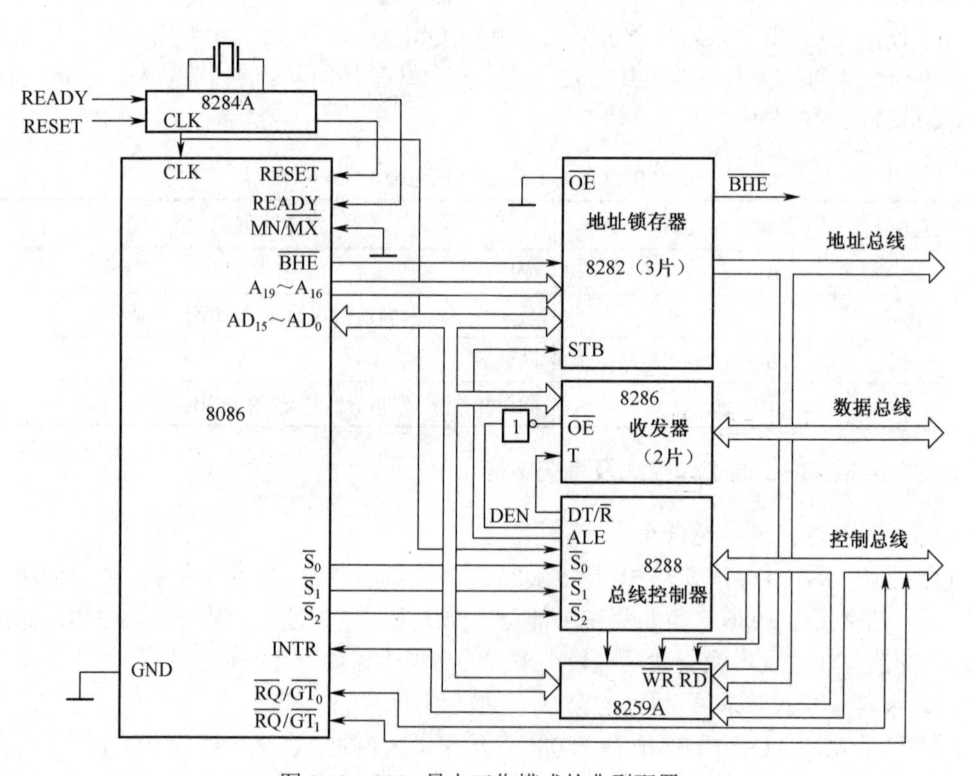


图 2.10　8086 最大工作模式的典型配置

## 2.4　8086 CPU 的总线操作与时序

微型计算机中的各个部件之间是通过总线来传输信息的。为了保证使用总线的各个部件能有序地工作，必须使各部件按规定的时间顺序工作，因此必须建立总线时序。微机中的 CPU 总线时序通常分成三级，即时钟周期、总线周期和指令周期，类同于教学工作中的学时、周、学期。

### 2.4.1　时钟周期、总线周期和指令周期

时钟周期、总线周期和指令周期

8086 CPU 的各种操作是在时钟脉冲 CLK 的统一控制下协调同步进行的。时钟脉冲是一个周期性的脉冲信号，一个时钟脉冲的时间长度称为一个时钟周期（也称为一个 T 状态），是主频的倒数。时钟周期是 CPU 的基本时间计量单位，也是时序分析的刻度。8086 的主频为 5MHz，时钟周期为 200ns。

总线周期（也称机器周期、M 周期）是 CPU 通过总线对存储器或 I/O 接口进行一次访问所需要的时间。总线操作的类型不同，总线周期也不同。一个基本的总线周期由 4 个 T 状态构成，分别称为 $T_1$、$T_2$、$T_3$ 和 $T_4$，在每个 T 状态，8086 将进行不同的操作。一个实际的总线周期除 4 个 T 状态外还可能在 $T_3$ 和 $T_4$ 之间插入若干个等待周期 $T_w$。典型的总线周期是在 CPU 的 BIU 需要取指令来填补指令队列的空缺或当 EU 在执行指令过程中需要申请一个总线周期时，BIU 才会进入执行总线周期的工作状态。在两个总线周期之间可能存在若干个空闲状态。

CPU 执行一条指令所需要的时间（包括取指令的总线周期和执行指令所代表的具体操作所需的时间）称为指令周期。一个指令周期是由一个或者几个总线周期组成的，不同指令的指令周期是不等长的，最短为一个总线周期。譬如，执行一条 MOV　AL,[DI]指令需要一个取指周期和一个存储器读周期；执行一条 OUT　70H,AL 指令需要一个取指周期和一个 I/O 写周期；执行一条 ADD　AL,DL 指令只需要一个取指周期。

### 2.4.2　总线操作与时序

8086 CPU 的操作可分为内部操作与外部操作两种。内部操作是 CPU 内部执行指令的过程；外部操作是 CPU 与其外部进行信息交换的过程，主要指的是总线操作。8086 CPU 的总线操作主要有：系统复位和启动操作、总线读/写操作、总线保持或总线请求/允许操作、中断响应操作，这些操作均是在时钟信号的同步下按规定好的先后时间顺序一步步执行的。这些执行过程构成了系统的操作时序。本小节主要介绍 8086 CPU 的几个基本总线操作及时序。

1. 系统的复位和启动操作

8086 CPU 通过对 RESET 引脚施加触发信号来执行复位和启动操作。当 8284A 时钟发生器向 CPU 的 RESET 复位引脚输入一个触发信号时，操作就被执行。8086 要求 RESET 信号至少保持 4 个时钟周期的高电平，如果是初次加电启动，则有效信号至少保持 50μs。

当 RESET 引脚变为高电平后的第一个时钟周期的上升沿（图 2.11 的①时），8086 进入内部 RESET 阶段。经过一个时钟周期，所有三态输出线被设置成高阻状态，并且一直维持高阻状态，直到 RESET 信号回到低电平。但在进入高阻状态的前半个时钟周期，即在前一个时钟周期的低电平期间，这些三态输出线被设置成无作用状态，等到时钟信号又成为高电平时，三

态输出线才进入高阻状态，如图 2.11 所示。

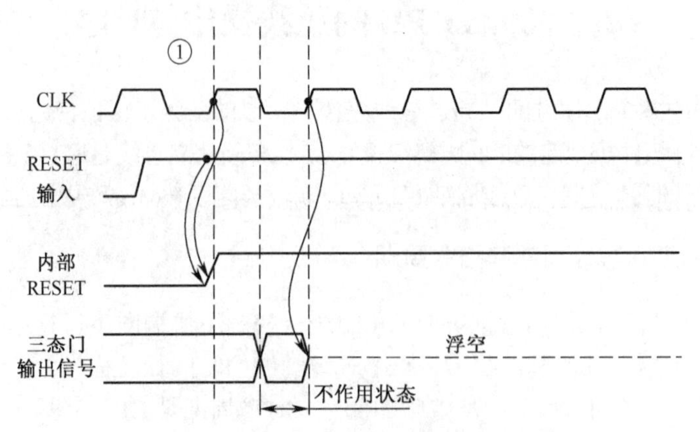


图 2.11　8086 CPU 的复位和启动时序图

当 8086 进入内部 RESET 时，CPU 结束现行操作，维持在复位状态。这时，CPU 内各寄存器都被设为初始值，见表 2.6。除 CS 外，所有内部寄存器都被清零。复位后，CPU 要经过 7 个时钟周期，完成启动操作，启动后，从内存的 FFFF0H 处开始执行指令。

表 2.6　8086 CPU 复位和启动内部寄存器状态

| 寄存器 | 状态 |
| --- | --- |
| 指令指针寄存器 | 0000H |
| CS 寄存器 | FFFFH |
| DS 寄存器 | 0000H |
| SS 寄存器 | 0000H |
| ES 寄存器 | 0000H |
| 指令队列 | 空 |
| 其他寄存器 | 0000H |

2. 总线操作

8086 CPU 在与存储器或者外设接口之间进行交换数据时，都需要通过总线操作实现，基本时序用总线周期描述。通常，总线操作按数据传输方向有总线读操作和总线写操作两种情况，这里以 8086 CPU 工作在最小模式下的信号时序为例来说明。

（1）读操作。如图 2.12 所示为 8086 CPU 最小模式下的总线读操作时序。$T_1$ 状态：从存储器或 I/O 端口读出数据。首先要用 $M/\overline{IO}$ 引脚信号指出 CPU 是从内存（高电平）还是从 I/O 端口（低电平）读取数据，$M/\overline{IO}$ 信号在 $T_1$ 状态成为有效（图 2.12 ①），且有效电平要保持到整个总线周期结束。此外，CPU 要指出所读取的存储单元或 I/O 端口的地址，CPU 从地址/状态线 $A_{19}/S_6$～$A_{16}/S_3$ 这 4 个引脚上送出 $A_{19}$～$A_{16}$，从地址/数据线 $AD_{15}$ ～$AD_0$ 这 16 个引脚上送出 $A_{15}$～$A_0$。在 $T_1$ 状态开始，CPU 通过这 20 个引脚形成 20 位地址信息并送到存储器或 I/O 端口（图 2.12 ②）。

在 $T_1$ 状态之后，$AD_{15}$～$AD_0$ 引脚上将要传输其他信息。因此，CPU 要在 $T_1$ 状态从 ALE

引脚上输出一个正脉冲作为地址锁存信号（图 2.12 ③），在 ALE 的下降沿到来之前，$M/\overline{IO}$ 信号、地址信号均已有效。锁存器 8282 正是通过 ALE 的下降沿实现对地址的锁存。

$\overline{BHE}$ 信号在 $T_1$ 状态通过 $\overline{BHE}/S_7$ 引脚送出（图 2.12 ④），表示高 8 位数据总线的信息数据可用。此外，当系统中接有数据总线收发器时，需用 $DT/\overline{R}$ 和 $\overline{DEN}$ 作为控制信号，前者控制数据传输方向，后者实现数据通路的选通。为此，在 $T_1$ 状态，$DT/\overline{R}$ 端输出低电平，表示本总线周期为读周期，需要数据总线收发器接收数据（图 2.12 ⑤）。

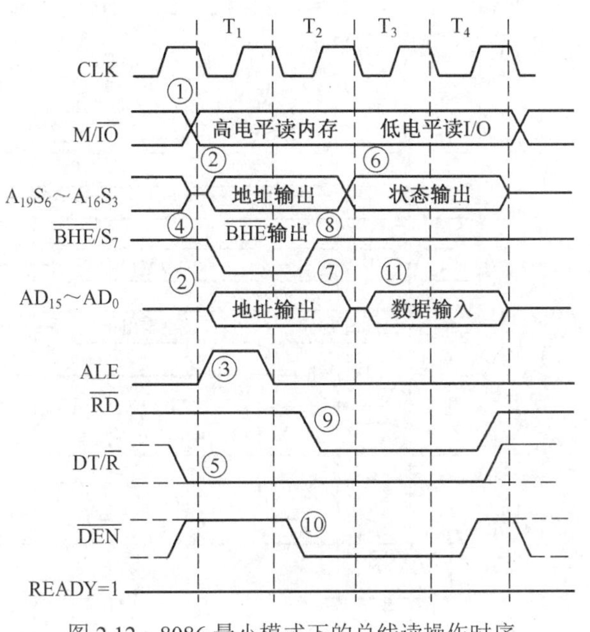


图 2.12　8086 最小模式下的总线读操作时序

$T_2$ 状态：地址信号消失（图 2.12 ⑦），此时，$AD_{15}$～$AD_0$ 进入高阻状态，为读入数据做准备；$A_{19}/S_6$～$A_{16}/S_3$ 及 $\overline{BHE}/S_7$ 引脚上输出状态信息 $S_7$～$S_3$（图 2.12 中的⑥、⑧），但在 CPU 的设计中，$S_7$ 未赋予实际意义。$\overline{DEN}$ 信号变为低电平（图 2.12 ⑩），使得在系统中接有总线收发器时，获得数据允许信号。同时，CPU 还会送出 $\overline{RD}$ 控制信号，在 $A_{19}$～$A_0$、$M/\overline{IO}$ 和 $\overline{RD}$ 的共同作用下，将从被选中的存储单元或 I/O 端口读出的数据送往 $D_{15}$～$D_0$ 数据总线。

$T_3$ 状态：从存储单元或者 I/O 端口将数据送到数据总线上，CPU 通过 $D_{15}$～$D_0$ 接收数据。在 $T_3$ 状态结束时，CPU 开始从数据总线读取数据。

$T_w$ 状态：当系统中的存储器或外设的工作速度较慢，以至不能通过最基本的总线周期执行完读操作时，CPU 会在 $T_3$ 状态之后插入一个或多个等待状态 $T_w$。通过 CPU 的 READY 引脚信号可产生 $T_w$，CPU 在 $T_3$ 状态的下降沿处对 READY 进行采样，如果采样到 READY 为低电平（这种情况下，在 $T_3$ 状态，数据总线上不会有数据），则会插入 $T_w$。以后，CPU 在每个 $T_w$ 的下降沿处对 READY 信号进行采样，等到 CPU 接收到高电平的 READY 信号后，再把当前 $T_w$ 状态执行完，便脱离 $T_w$ 而进入 $T_4$，在最后一个 $T_w$ 状态，数据肯定已经出现在数据总线上。所以，最后一个 $T_w$ 状态中总线的动作和基本总线周期中 $T_3$ 状态完全一样；而在其他的 $T_w$ 状态，所有控制信号的电平和 $T_3$ 状态的一样，但数据信号尚未出现在数据总线上。

$T_4$ 状态：在 $T_4$ 状态和前一个 T 状态交界的下降沿处，CPU 对数据总线进行采样，从而获得数据。

（2）写操作。总线写操作的执行过程与总线读操作基本类似，具体时序如图 2.13 所示，不同点有以下 3 点：

1）CPU 不是输出 $\overline{RD}$ 信号，而是输出 $\overline{WR}$ 信号，表示是写操作。

2）DT/$\overline{R}$ 在整个总线周期为高电平，表示本总线周期为写周期，在接有数据总线收发器的系统中，用来控制数据传输方向。

3）$AD_{15}$～$AD_0$ 在 $T_2$ 到 $T_4$ 状态输出数据，因输出地址与输出数据为同一方向，勿须像读周期那样要高阻态作缓冲，故 $T_2$ 状态无高阻态。

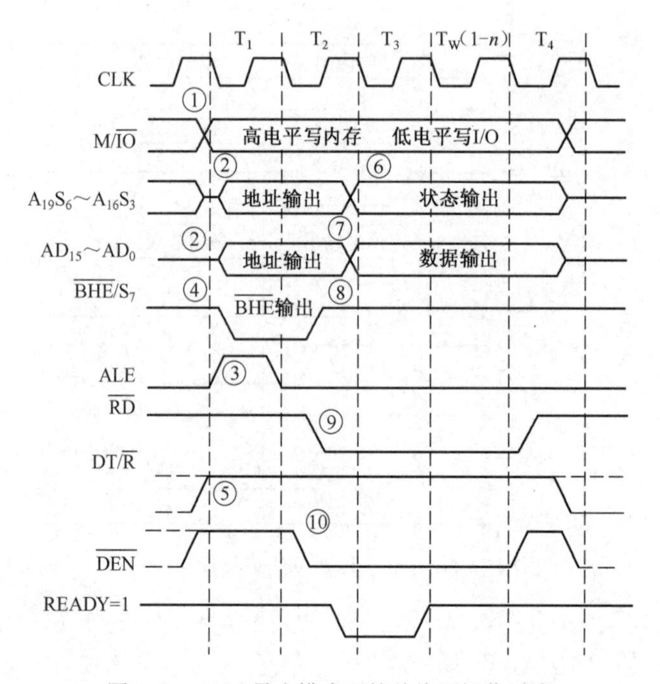


图 2.13　8086 最小模式下的总线写操作时序

8086 最大模式下与最小模式下的总线读/写操作原理相同，时序基本相似，不同点在于：

1）在最大模式下，8086 通过引脚 $\overline{S}_2$、$\overline{S}_1$、$\overline{S}_0$ 输出 3 位状态编码，这些编码信号被送往总线控制器 8288，由 8288 译码产生出各个控制信号。所产生的控制信号中，没有 M/$\overline{IO}$、$\overline{RD}$ 和 $\overline{WR}$，与 $\overline{RD}$ 信号功能相同的是 $\overline{MRDC}$（读存储器）或 $\overline{IORC}$（读 I/O），与 $\overline{WR}$ 信号功能相同的是用于普通写信号 $\overline{MWTC}$（写存储器）、$\overline{IOWC}$（写 I/O）或用于提前一个时钟周期的写信号 $\overline{AMWC}$（写存储器）、$\overline{AIOWC}$（写 I/O）。如图 2.14 所示为 8086 最大模式下的总线读操作时序。

2）数据允许信号 DEN 为高电平有效，最小模式下实现同样功能的信号为 $\overline{DEN}$，低电平有效。

（3）总线请求与响应。当 CPU 工作在最小模式下时，外部设备如有需要，可向 CPU 发出使用总线的请求信号。如果 CPU 同意让出对总线的控制权，则外部设备就可以不经过 CPU 而直接与存储器之间传送数据。8086 CPU 为此提供了一对专门用于总线控制的联络信号 HOLD 和 HLDA。

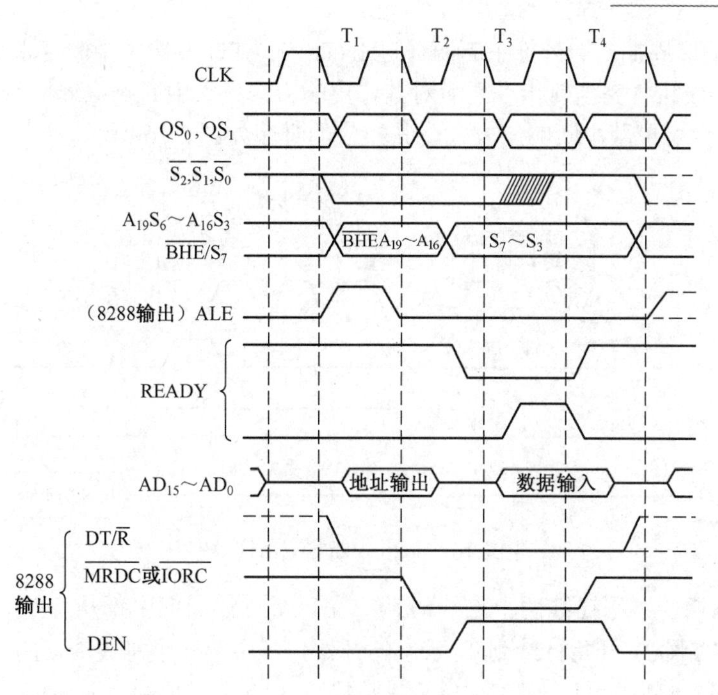


图 2.14　8086 最大模式下的总线读操作时序

HOLD 叫总线请求信号，这是外部设备（如 DMA 控制器）需要占用总线时，向 CPU 发出请求总线使用权的信号。CPU 收到有效的 HOLD 信号后，如果允许让出总线，就在当前总线周期完成时，发出总线保持回答信号 HLDA。为此，CPU 会在每个时钟周期的上升沿处对 HOLD 引脚信号进行检测，如果测得 HOLD 变为高电平，则会在当前总线周期完成时，发出响应信号 HLDA，请求总线的外部设备获得总线控制权。在这期间，HOLD 和 HLDA 都保持高电平，直到该外部设备完成对总线的占用后，又将 HOLD 变为低电平，撤消总线请求。CPU 收到信号后，HLDA 信号变为低电平，收回总线控制权。CPU 一旦让出总线控制权，便将所有具有三态的输出线都置于高阻态，如图 2.15 所示为最小模式下的总线请求与响应操作时序。

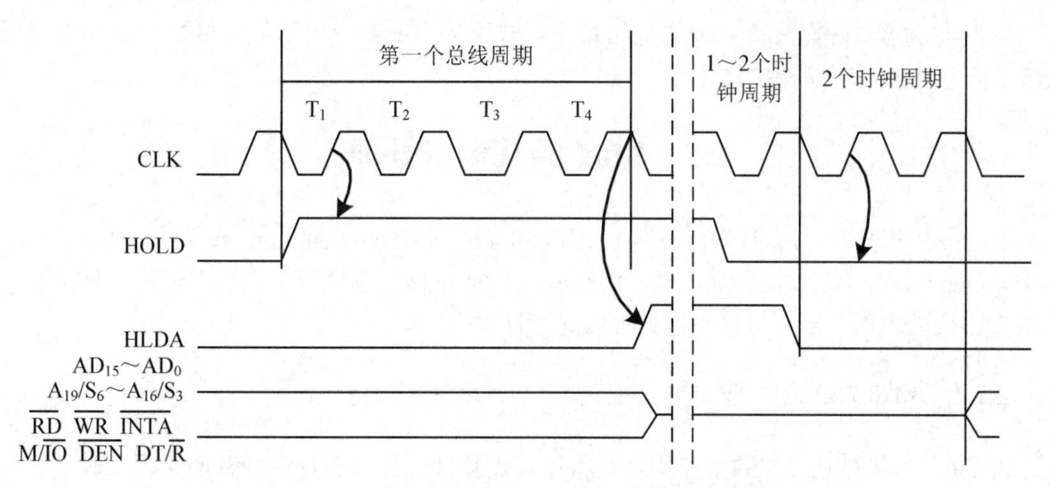


图 2.15　8086 最小模式下的总线请求与响应时序

（4）中断响应周期。当外部中断源通过 INTR 向 CPU 发出了中断请求后，在 IF=1 的情况下，CPU 就会在执行完当前指令之后对其作出响应，进入中断响应周期。CPU 的这种响应中断请求方式称为可屏蔽中断响应方式，其相应的时序如图 2.16 所示。

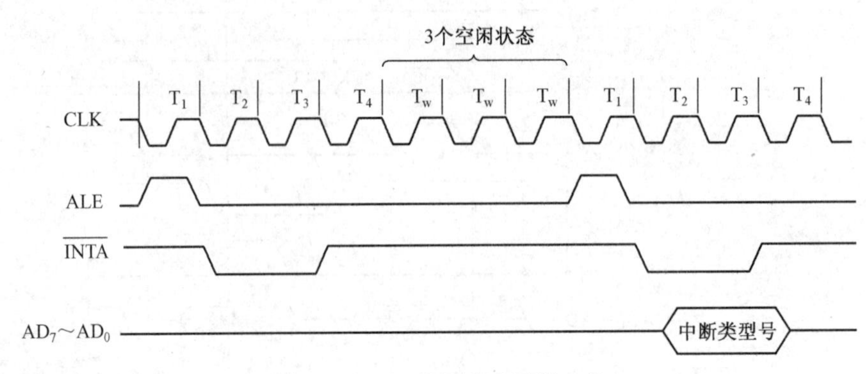


图 2.16　8086 中断响应周期时序

中断响应周期要占用连续两个总线周期，在每个总线周期中都从 $\overline{INTA}$ 端输出一个负脉冲，其宽度是从 $T_2$ 状态开始持续到 $T_4$ 状态的开始。其中第一个总线周期的 $\overline{INTA}$ 信号，用来通知提出 INTR 请求的外设（一般经中断控制器），它的请求已经得到响应，应准备好中断类型号；在第二个总线周期的 $\overline{INTA}$ 负脉冲期间，提出 INTR 请求的外设应立即把它的中断类型号送到数据总线的低 8 位 $AD_7$～$AD_0$ 上，CPU 读取到中断类型号后，就可以在中断向量表中找到该外设的中断向量，从而转去执行中断服务程序。

**说明：**

（1）8086 CPU 要求中断请求信号 INTR 是一个高电平信号，且必须维持 2 个时钟周期的宽度，否则，在 CPU 执行完一条指令之后，如果 BIU 正在执行总线周期（如正在取指令），则会使中断请求得不到响应而执行其他的总线周期。

（2）在两个总线周期的其余时间，$AD_7$～$AD_0$ 呈浮空高阻态。

（3）在两个总线周期之间还插入了 3 个空闲状态，这是 8086 CPU 中断响应周期的典型时序。实际上，空闲状态也可以为 2 个。

8086 最大模式下的中断响应周期与最小模式下的中断响应周期基本相同，但 ALE 信号和 $\overline{INTA}$ 信号是由 8288 产生的。

## 2.5　Intel 的其他微处理器

从 1985 年开始，Intel 公司相继推出了 80386、80486、Pentium、Pentium Pro、Pentium II/III 和 Pentium 4 等 32 位微处理器，Pentium D 64 位微处理器以及目前主流的、性能更为强大的多核微处理器。本节对这些微处理器进行简单介绍。

### 2.5.1　80x86 32 位微处理器

80x86 32 位微处理器的主要特点是将浮点运算部件集成在片内，普遍采用了时钟倍频技术、流水线和指令重叠执行技术、虚拟存储技术、片内存储管理技术、存储体分段分页双重管理和保护等技术，这些技术为在微型计算机环境下实现多用户多任务操作提供了有力的支持。这里以 80486 为例简单介绍 32 位微处理器。

80486 是 Intel 的第二款 32 位微处理器，是为了支持多处理机系统而设计的。它采用了 1μm 的 CHMOS 制造工艺，内部集成了 120 万个晶体管。内部寄存器、内外部数据总线和地址总线都为 32 位，支持虚拟存储管理技术，虚拟存储空间为 64TB。片内集成有浮点运算部件和 8KB 的 Cache，同时也支持外部 Cache。整数处理部件采用精简指令集 RISC 结构，提高了指令的执行速度。此外，80486 微处理器还引进了时钟倍频技术和新的内部总线结构，从而使主频可以超过 100MHz。

1. 80486 CPU 的主要特点

80486 CPU 主要有以下特点。

（1）80486 CPU 除了具有一般 32 位微处理器的保护功能、存储器管理功能、任务转换功能、分页功能和片内高速缓冲存储器外，还具有浮点数运算部件，是一种完整的 32 位微处理器。因此，在微机系统内不再需要数字协处理器。

（2）80486 CPU 能运行 Windows、DOS、OS/2 和 UNIX V/386 等操作系统，它与 Intel 公司的 80x86 系列的各种微处理器兼容。

（3）80486 CPU 具有完整的 RISC 内核，使得常用指令的执行时间都只需要一个时钟周期。

（4）80486 CPU 采用 8KB 统一的代码 Cache 和数据 Cache，采用了突发式总线技术，保证在整机中因为采用了廉价的 DRAM 而达到较高的系统流通量。

（5）80486 CPU 内部的自测试功能包括执行代码和访问数据时的断点陷阱，会广泛地测试片上逻辑、Cache 和分页转换 Cache。

2. 80486 CPU 的内部结构

80486 CPU 内部包括总线接口部件、指令预取部件、指令译码部件、控制和保护测试单元部件、整数执行部件、分段部件、分页部件、浮点运算部件和片内高速缓存 Cache 管理等 9 个功能部件。80486 将这些部件集成在一块芯片上，除了减少主板空间外，还提高了 CPU 的执行速度。

（1）总线接口部件。总线接口部件 BIU 与外部总线连接，用于管理访问外部存储器和 I/O 端口的地址、数据和控制总线。对于处理器内部，BIU 主要与指令预取部件和高速缓存部件交换信息，将预取指令存入指令代码队列。

BIU 与 Cache 部件交换数据有三种情况：第一种是向 Cache 填充数据，BIU 一次从片外总线读取 16 个字节到 Cache；第二种是如果 Cache 的内容被处理器内部操作修改了，则修改的内容也由 BIU 写回到外部存储器中去；第三种是如果一个读操作请求所要访问的存储器操作数不在 Cache 中，则这个读操作便由 BIU 控制总线直接对外部存储器进行操作。

在预取指令代码时，BIU 把从外部存储器取出的指令代码同时传送给代码预取部件和内部 Cache，以便在下一次预取相同的指令时，可直接访问 Cache。

（2）指令预取部件。80486 CPU 内部有一个 32 字节的指令预取队列，在总线空闲周期，指令预取部件形成存储器地址，并向 BIU 发出预取指令请求。预取部件一次读取 16 个字节的指令代码并存入预取队列中，指令队列遵循先进先出的规则，自动地向输出端移动。如果 Cache 在指令预取时命中，则不产生总线周期；当遇到转移、中断、子程序调用等操作时，预取队列被清空。

（3）指令译码部件。指令译码部件从指令预取队列中读取指令并译码，将其转换成相应控制信号。具体译码过程是：先确定指令执行时是否需要访问存储器，若需要则立即产生总线访问周期，使存储器操作数在指令译码后能准备好；然后产生对其他部件的控制信号。

（4）控制和保护测试单元部件。控制和保护测试单元部件对整数执行部件、浮点运算部件和分段管理部件进行控制，使它们执行已译码的指令。

（5）整数执行部件。整数执行部件包括 4 个 32 位通用寄存器、2 个 32 位间址寄存器、2 个 32 位指针寄存器、1 个标志寄存器、1 个 64 位桶形移位寄存器和算术逻辑运算单元等，它能在一个时钟周期内完成整数的传送、加减运算和逻辑运算等操作。80486 CPU 采用了 RISC 技术，并将微程序逻辑控制改为硬件布线逻辑控制，缩短了指令的译码和执行时间，使一些基本指令可以在一个时钟周期内完成。

（6）浮点运算部件。80486 CPU 内部集成了一个增强型 80487 数学协处理器，称为浮点运算部件 FPU，其由指令接口、数据接口、运算控制单元、浮点寄存器和浮点运算器组成，可以处理一些超越函数(指变量之间的关系不能用有限次加、减、乘、除、乘方、开方运算表示的函数，譬如对数函数、三角函数等)和复杂的实数运算，以极高的速度进行单精度或双精度的浮点运算。

（7）分段部件和分页部件。80486 CPU 设置了分段部件 SU 和分页部件 PU，用以实现存储器保护和虚拟存储器管理。分段部件将逻辑地址转换成线性地址，采用分段 Cache 可以提高转换速度。分页部件用来完成虚拟存储，把分段部件形成的线性地址进行分页，转换成物理地址。

（8）高速缓存 Cache 管理部件。80486 CPU 内部集成了一个既可以存放数据，又可以存放指令的共 8KB 高速缓存 Cache 存储器管理部件。它采用 4 路相关联的结构，每路有 128 个高速缓存行，每行可存放 16 个字节的信息。这 8KB 的 Cache 中存放的是 CPU 最近要使用的内存储器中的信息，处理器中其他部件产生的所有总线访问请求在送达总线接口部件之前要先经过高速缓存部件。如果总线访问请求能在高速缓存中得以解决，则该总线访问请求将立即得以满足，且总线接口部件不必再产生总线周期，这种情况称为高速缓存命中（Hit）。在绝大多数情况下，CPU 都能在片内 Cache 中存取数据和指令，减少了 CPU 的访问时间。

### 3. 80486 CPU 的寄存器结构

80486 CPU 的寄存器按功能可分为基本寄存器、系统寄存器、调试和测试寄存器以及浮点寄存器四种，这四种寄存器从总体上可分为程序可见和不可见两大类。其中程序可见寄存器是指在程序设计期间要使用的并可由指令来修改其内容的寄存器；程序不可见寄存器是指在程序设计期间不能直接寻址，但可以被间接引用的寄存器，用于在保护模式下控制和操作存储器系统使用。

### 4. 80486 CPU 的工作模式

从操作系统的角度看，80486 CPU 有实地址模式、保护模式和虚拟 8086 模式共 3 种工作模式。当 CPU 复位后，系统自动进入实地址模式。通过设置控制寄存器中的保护模式允许位，可以进行实地址模式和保护模式之间的转换。执行 IRET 指令或进行任务切换，可由保护模式转换到虚拟 8086 模式。

（1）实地址模式。实地址模式（实模式）是最基本的工作方式，与 16 位微处理器 8086 的实模式保持兼容，原有 16 位微处理器的程序不加任何修改就可以在 80486 微处理器实模式下运行。80486 微处理器的实模式具有更强的功能，增加了寄存器，扩充了指令，可进行 32 位操作。

实模式操作方式只允许微处理器寻址第一个 1MB 存储器空间，存储器中第一个 1MB 存储单元称为实模式存储器或常规内存，DOS 操作系统要求微处理器工作于实模式。当 80486 CPU 工作于实模式时，存储器的管理方式与 8086 CPU 存储器的管理方式完全相同。

（2）保护模式。通常在程序运行过程中，应防止以下情况的发生：

1）应用程序破坏系统程序。

2）某一应用程序破坏了其他应用程序。

3）错误地把数据当作程序运行。

为了避免以上情形的发生而采取的措施称作“保护”，所以也就有了保护的工作模式。保护模式和实模式的不同之处在于存储器地址空间的扩大以及存储器管理机制的不同。

保护模式的特点是引入了虚拟存储器的概念，同时可使用附加的指令集，所以 80486 支持多任务操作。在保护模式下，80486 CPU 可访问的物理存储空间为 4GB，程序可用的虚拟存储空间为 64TB（$2^{46}$）。

保护模式下存储器寻址允许访问第一个 1MB 及其以上的存储器内的数据和程序。寻址这个扩展的存储器段，需要更改用于实模式存储器寻址的段地址加偏移地址的机制。

在保护模式下，当寻址扩展内存里的数据和程序时，仍然使用偏移地址访问位于存储器段内的信息，但与实模式的区别是，实模式下的段地址由段寄存器提供，而保护模式下段寄存器里存放着一个选择符，用于选择描述表内的一个描述符，描述符描述存储器段的位置、长度和访问权限。由于段地址加偏移地址仍然用于访问第一个 1MB 存储器内的数据，所以保护模式下的指令和实模式下的指令完全相同。

（3）虚拟 8086 模式。虚拟 8086 模式是一种既有保护功能又能执行 16 位微处理器软件的工作方式，其工作原理与保护模式相同，但程序指定的逻辑地址与 8086 CPU 相同，可以看作是保护模式的一种子方式。

80486 CPU 允许在实地址模式和虚拟 8086 模式下执行 8086 的应用程序。虚拟 8086 模式为系统设计人员提供了 80486 CPU 保护模式的全部功能，因而具有更大的灵活性。有了虚拟 8086 模式，允许 80486 CPU 同时执行 8086 操作系统和 8086 应用程序，以及 80486 CPU 操作系统和 80486 CPU 的应用程序。因此，在一台多用户的 80486 CPU 微机里，多个用户可以同时使用计算机。

在虚拟 8086 模式下，还可以用与实地址模式相同的形式应用段寄存器，以形成现行段地址。通过使用分页功能，就可以把虚拟 8086 模式下的 1MB 地址空间映像到 80486 微处理器的 4GB 物理空间中的任何位置。

### 2.5.2 Pentium 系列微处理器

Pentium 是 Intel 公司于 1993 年推出的第五代 x86 架构的微处理器，是 486 产品的后代，人们为它起了一个相当好听的名字“奔腾”，打破了长期传统的以顺序 x86 编号的命名方法。继 Pentium 之后，Intel 又推出了高能 Pentium、多能 Pentium、Pentium Ⅱ、Pentium Ⅲ、Pentium 4 等，这些都是以 Pentium 为基础逐代开发出来的 32 位微处理器。

1. Pentium 微处理器

Pentium 微处理器由总线接口部件（64 位）、指令 Cache、数据 Cache、分支转移目标缓冲器、控制 ROM 部件、控制部件、预取缓冲部件、指令译码部件、整数运算部件、整数及浮点数寄存器组、浮点运算部件等 11 个功能部件组成。与 80486 相比，Pentium 的性能指数提高了两倍以上，其最突出的特点总结如下：

（1）超标量流水线。80486 微处理器只有一条流水线，而 Pentium 微处理器内部具有 U、V 两条流水线。U 流水线处理复杂指令，V 流水线处理简单指令，这两条流水线每个都配有 8KB 的高速缓存，这样，处理器的速度大大加快。每个时钟周期能同时执行两条整型指令，超标量流水线设计是 Pentium 微处理器新技术的核心。

（2）独立的指令 Cache 和数据 Cache。Pentium 微处理器具有 16KB，且将指令 Cache 与数据 Cache 完全分开，各为 8KB，这样就完全避免了预取指令与数据两者之间的冲突。而且指令 Cache 与数据 Cache 都有各自的转换后援缓冲器 TLB，因而存储器管理部件 MMU 中的分页部件就能迅速地将代码或数据的线性地址转换成物理地址。

（3）全新的浮点部件。Pentium 微处理器的浮点部件相对 80486 微处理器有了彻底的改进，它的浮点流水线 U 有八级，前五级与 V 流水线共享，后三级则有自己独立的浮点流水线，每个时钟周期可以执行一条浮点指令。

（4）动态预测分支转移。所谓分支预测是指当 CPU 遇到无条件或条件转移指令、CALL 调用指令、RET 返回指令、INT *n* 中断调用以及中断返回指令 IRET 等指令时，指令预取单元能够较准确地判断是发生转移取指，还是依据 EIP 指针顺序往下取指。Pentium 微处理器借助跳转目标缓冲器 BTB（Branch Target Buffer）等逻辑部件实现了分支转移的动态预测。Pentium 微处理器的分支转移动态预测功能，使得主流水线不会空闲，而且大大加速了程序的执行，而 80486 微处理器不具备这样的功能。

（5）64 位外部数据总线。Pentium 微处理器的外部数据总线经总线接口部件扩展到了 64 位。该接口电路与内部高速缓冲存储器 Cache 连接，因而外部数据与指令的传输速率比 80486 微处理器要快很多，能有效地解决外部总线上的瓶颈问题。

2. Pentium Pro 微处理器

Pentium Pro 微处理器（中文名称“高能奔腾”，俗称 686）是 Intel 公司在 1995 年 11 月推出的，是第一个基于 RISC 内核和 32 位软件的微处理器，采用了 PPGA 封装技术和新的总线接口 Socket 8 插座，工作频率有 150/166/180/200MHz 4 种，它们都具有 16KB 的一级缓存和 256KB 的二级缓存，很容易采用多处理器结构，适用于服务器。其中 Pentium Pro 200MHz CPU 的 L2 Cache 就是运行在 200MHz，也就是工作在与处理器相同的频率上，这在当时来说是 CPU 技术的一个创新。Pentium Pro 的推出，为后面的 Pentium Ⅱ奠定了基础。

3. Pentium MMX 微处理器

Pentium MMX 微处理器（中文名称“多能奔腾”，代号 P55C）是 Intel 公司在 1996 年底推出的又一个成功的产品。Pentium MMX 是第一个具有 MMX 技术的 CPU，拥有 16KB 数据 L1 Cache、16KB 指令 L1 Cache、64 位总线、528MB/s 的频宽、2 时钟等待时间、450 万个晶体管，功耗为 17W，兼容 SMM。支持的工作频率有 133MHz、150MHz、166MHz、200MHz、233MHz。特别是新增加的 57 条 MMX 多媒体指令，它们专门用来处理音频、视频等多媒体数据，使 CPU 的数据处理能力更强大了，即使在运行非 MMX 优化程序时，也比同主频的

Pentium CPU 要快得多。

4. Pentium II 微处理器

Pentium II 微处理器是 Intel 公司在 1997 年 5 月推出的 x86 架构的处理器，它首次引入了 S.E.C（Single Edge Contact，单边接触）封装技术，将高速缓存与处理器整合在一块 PCB 板上；功能上整合了 MMX 指令集技术，可以更快、更流畅地播放影音以及图像等多媒体数据。在当时 Windows 操作系统应用功能的支持下，Pentium II 处理器在多媒体、互联网方面的应用水平得到了很大的提高，并且为广大用户所接受，当时的 PC 机应用范围也得到了空前扩张。

5. Pentium III 微处理器

Pentium III 微处理器是 Intel 公司在 1999 年 2 月推出的 x86 架构的处理器。与 Pentium II 相比，Pentium III 总体上做了以下改进。

（1）新增加了 70 条新指令（SIMD，SSE），这些新增加的指令主要用于互联网流媒体扩展、3D 几何运算、流式音频、视频和语音识别功能的提升，可以使用户在网络上享受到高质量的影片，并以 3D 的形式参观在线博物馆、商店等。

（2）集成了从 Compaq 公司购买的 P6 动态执行体系结构，双独立系统总线（DIB）架构，多路数据传输系统总线和 MMX 多媒体增强技术。

（3）Pentium III 在缓存方面既支持全速、带 ECC 校正的 256KB 高级二级缓存（L2 cache），也支持不连续、半速的 ECC 256KB 二级缓存，提供 32KB 一级缓存（L1 cache）。内存寻址达 4GB，物理内存可以支持到 64GB。制造工艺从最初的 0.25μm 发展到后期的 0.18μm，而服务器所用的 Pentium III Xeon 处理器甚至采用了 0.13μm 制造工艺。

6. Pentium 4 微处理器

Pentium 4（俗称奔腾 4，简称奔 4 或 P4）是 Intel 公司在 2000 年 11 月推出的第 7 代 x86 架构的微处理器，也是第一款采用 NetBurst 结构的微处理器。NetBurst 微结构是新的 32 位结构，具有很多新特点。

（1）快速系统总线。Pentium 4 处理器的系统总线虽然仅为 100MHz，同样是 64 位数据带宽，但由于其利用了与 AGP4X 相同的 4 倍速技术，因此可传输高达 8 字节×100MHz×4=3200MB/s 的数据传输速度，打破了 Pentium III 处理器受系统总线瓶颈的限制。最新的 800MHz FSB Pentium 4 还支持双通道 DDR 技术。

（2）高级传输高速缓存。Pentium 4 具有 256KB 的 2 级高级传送高速缓存，还有一个在 2 级高速缓存和微处理器之间的更高数据吞吐量的通道。高级传送高速缓存由每时钟传送 256 位（32 字节）数据的接口组成。这样，1.4GHz 的 Pentium 4 就可以得到 44.8GB/s［32 字节×1（每时钟数据传送）×1.4GHz］的数据传送速率，Pentium 4 执行指令的频率大大提高。

（3）高级动态执行。NetBurst 体系结构包含执行追踪缓存和高级分支预测两部分，使得 CPU 可以浏览更多需要执行的指令，比 Pentium III 多三倍。因此，Pentium 4 微处理器能在更大范围内选择要执行的指令，并以更佳的顺序执行指令，这就是 Pentium 4 总体性能被大大提高的主要原因。

（4）超长管道处理技术。NetBurst 结构的超级管道技术加长了管道的深度，对于分支预测/恢复管道这个关键的管道在 P6 微结构中只有 10 级管道，而 NetBurst 微结构中用 20 级管道来实现，这个技术显著地提高了处理器的性能和基本微结构的频率伸缩性。

（5）快速执行引擎。通过将结构、物理和电路设计的结合，使 CPU 中的 ALU 能以双倍的时钟速度运行，从而更提高了指令的执行吞吐量和降低了指令执行响应延迟。再配上全新的高速缓存系统，能保证高速指令的执行与运行保持一致。

（6）高级浮点以及多媒体指令集（SSE2）。高级浮点运算功能使 Pentium 4 提供更加逼真的视频和三维图形，使用户能享受更加精彩的游戏和多媒体。多媒体指令集 SSE2 增加了 144 条全新指令，这样就可以采用多种数据结构处理数据。譬如 128 位压缩的数据，在执行 SSE 指令集时仅能以 4 个单精度浮点值形式处理，而采用 SSE2 指令集，就可以以 2 个双精度浮点数或 16 字节数或 8 个字数或 4 个双字数或 2 个四字数或 1 个 128 位长的整数处理，极大地增强了对多媒体的处理能力。

### 2.5.3 双核和多核微处理器

1. 超线程技术

当主频接近 4GHz 时，CPU 的速度就到极限了，单纯靠提升主频已经无法明显提升系统整体性能了。因此，Intel 公司在 Pentium 4 处理器中引入了超线程技术。超线程技术是利用特殊硬件指令，把多线程处理器内部的两个逻辑内核模拟成两个物理芯片，从而使单个处理器能“享用”线程级的并行计算的处理器技术。简言之，就是将一个物理 CPU 模拟成两个逻辑 CPU，在操作系统任务管理器的性能选项卡中可以看到两个 CPU 使用记录。超线程技术可以使操作系统或者应用软件的多个线程同时运行于一个超线程处理器上，其内部的两个逻辑处理器共享一组处理器执行单元，并且能并行完成加、乘、负载等操作，充分利用芯片的各个运算单元。单线程芯片在某一时刻仅能对一条指令（单个线程）进行处理，因而处理器内部有许多处理单元闲置。超线程技术可以使处理器在某一时刻，同步并行处理多条指令和数据（多个线程），因此，超线程是充分利用 CPU 内部暂时闲置的处理资源的技术。

引入超线程技术的目的是为了提高 CPU 的并行运算性能。事实证明，超线程技术也的确能使处理器的处理能力提高至少 30%。但随之而来的问题是增加了 CPU 结构的复杂性，同时还有漏电现象。除此之外，超线程技术还有两点不足：一点是当运行单任务处理时，多线程的优势无法表现出来，并且一旦打开超线程，处理器内部缓存就会被划分成几个区域，互相共享内部资源，从而造成单个子系统性能下降；另一点是采用超线程技术虽然能同时执行多个线程，但它并不像两个真正的 CPU 那样，每个 CPU 都具有独立的资源。当两个线程都同时需要某一个资源时，其中一个要暂时停止并让出资源，直到这些资源闲置后才能继续。因此，超线程技术被评为是失败的技术，但正因为如此，才造就了真正的双核或多核微处理器。

2. 双核或多核微处理器

在单个处理器内集成两个或多个内核并且拥有独立的缓存，这种方案的设计可避免超线程技术中的不足，因此，多核处理器就应运而生了。顾名思义，多核微处理器就是在同一个物理封装中包含两个或多个独立的内核，不管是通用微处理器还是专用微处理器乃至异构微处理器。

（1）Pentium D 和 Pentium EE 双核微处理器。2005 年 4 月，英特尔仓促推出了简单封装双核的第一款双核心处理器 Pentium D 和 Pentium EE，两者的主要区别是Pentium EE支持超线程技术而 Pentium D 不支持。Pentium D 和 Pentium EE 的优点是技术简单，两个核心分别具有 1MB 的二级缓存，在 CPU 内部两个核心是互相隔绝的，其缓存数据的同步是依靠位于主板北桥芯片上的仲裁单元通过前端总线在两个核心之间传输来实现的，所以其数据延迟问题比较严重，性能并不尽如人意。

真正的“双核元年”是 2006 年，这一年 7 月，Intel 正式推出新一代跨平台构架体系的微处理器酷睿（Core），11 月又推出面向服务器、工作站和高端个人计算机的 Core 双核和四核至尊版系列处理器。与上一代台式机处理器相比，Core 2 双核处理器在性能方面提高了 40%，功耗反而降低了 40%。

（2）Core 2 多核微处理器。2010 年 6 月，Intel 推出第二代智能 Core 家族 Core i3/i5/i7。它们全部基于全新的 Sandy Bridge 微架构，相比第一代 Core 产品，主要有 5 个方面的特点：①采用全新 32nm 的 Sandy Bridge 微架构，功耗更低、性能更强；②内置高性能 GPU（核芯显卡），视频编码、图形性能更强；③采用睿频加速技术 2.0，更智能、效能更高；④引入全新环形架构，带宽更宽，延迟更低；⑤全新的 AVX、AES 指令集，具有更强的浮点运算与加密解密运算功能。但 Core i3、Core i5 和 Core i7 三者之间也是不同的，最简单的区分方法为：Core i7 是八线程的，Core i5 是四线程的且支持 Turbo Boost 技术，Core i3 不支持 Turbo Boost。

2012 年 4 月，Intel 正式发布了第三代 Core 家族 Ivy Bridge（IVB）处理器，并且分为赛扬/奔腾/i3/i5/i7 等系列。

Haswell 架构是 Intel 第四代 Core 架构微处理器，和 IVB 一样，有高端的 Core i7 和中端的 Core i3/i5。

## 习题与思考题

2.1　8086 CPU 内部由哪两个部件组成？简述各个部件的功能。

2.2　8086 CPU 的标志寄存器包含哪些状态标志位和控制标志位？各个标志位为 1 时表示什么含义？

2.3　什么是物理地址、逻辑地址、段地址、偏移地址？现已知逻辑地址 138A:F09EH，试计算其对应的物理地址。

2.4　若某数据段位于存储区 38000H～47FFFH，试计算该数据段的段地址为多少？

2.5　堆栈的数据结构特点是什么？计算机中为什么要设置堆栈？

2.6　给出下列 8 位数据在执行加法运算后的结果及 CF、OF、SF、ZF 的状态（假设机器字长为 8 位）。

（1）E9H+27H

（2）8BH+96H

2.7　给出 2.6 中的每小题在执行减法运算后的结果及 CF、OF、SF、ZF 的状态（假设机器字长为 8 位）。

2.8　8086 CPU 按每个逻辑段最大为 64KB 划分，最多可分为多少个？最少可分为多少个？ 为什么？

2.9　简述 8086 CPU 的最大工作模式和最小工作模式。

2.10　简述时钟周期、总线周期和指令周期的概念。结合指令 SUB [2000H],BX，说明执行该指令需要几个总线周期？各属于什么样的总线周期？

# 第 3 章　寻址方式与指令系统

**导学**：指令系统是 CPU 所能调用的所有指令的集合，它描绘了微机内部的全部控制信息和“逻辑判断”能力，是学习汇编语言程序设计的基础，也是编程人员与硬件联系的桥梁；指令系统功能的强弱大体上决定了微机硬件系统性能的高低，不同的微处理器的指令系统是不同的。本章主要介绍 8086 CPU 的寻址方式和指令系统。8086 指令系统是所有 x86 系列微处理器的基础，80286～80486 乃至 Pentium 等新型 CPU 的指令系统都是在 8086 指令系统的基础上进行扩充和增强的。另外，本章还介绍了 DEBUG 调试工具。DEBUG 不仅是汇编语言的常用调试工具，也是学习、理解和掌握汇编指令的得力工具。

学习本章，要深入理解 8086 指令系统中的全部指令，包括每条指令的功能、合法的寻址方式，指令对标志位是否有影响；理解寻址方式的含义和实质，熟悉每一种寻址方式及形式上相似的寻址方式间的区别，特别是存储器寻址中的 5 种寻址方式；熟悉 DEBUG 工具中常用命令的使用方法以及所显示信息的含义；理解指令概念、指令的基本格式及指令的执行过程。

## 3.1　指令系统概述

### 3.1.1　指令的概念

计算机通过执行程序来完成指定的任务，而程序是由完成一个特定功能的一系列有序指令组成的。指令是控制计算机完成指定操作并能够被计算机所识别的命令，每条指令都明确规定了计算机必须完成的操作以及对哪一组操作数进行操作。每种计算机都有一套能反映计算机全部功能的指令，这些所有指令的集合称为该机的指令系统。指令系统定义了计算机硬件所能完成的基本操作，其功能的强弱在一定程度上决定了硬件系统性能的高低。指令系统也是计算机硬件和软件之间的界面和桥梁，是汇编语言程序设计的基础。不同的微处理器具有各自不同的指令系统，但同一系列微处理器的指令系统是向前兼容的。

机器指令是一组用二进制编码的指令，是计算机能够直接识别和执行的指令。譬如 8086 CPU 中的 INC AX 指令，其机器指令形式为 01000000B。所有机器指令都是这样用 0、1 组成的二进制代码形式，不易理解，也不便于记忆和书写，因此，人们就采用便于记忆并能描述指令功能的符号来表示机器指令。这种用助记符或符号来表示操作码或操作数的指令就是汇编指令。汇编指令与机器指令间是一一对应的。

8086 CPU 的指令系统是 Intel 系列 CPU 的基本指令集，从 80286 到 Pentium 系列的指令系统都是在 8086 CPU 基本指令集基础上增强与扩充的。

### 3.1.2　指令格式

1．指令的组成

指令通常由操作码和操作数两部分构成，其中操作码部分规定计算机要执行的操作，操作数部分也称为地址码，用来描述该指令要操作的对象。Intel 8086 的指令采用变字长格式，指令由1～6个字节组成，其中第一个字节至少包含操作码，大多数指令的第二个字节表示寻址方式，第3～6个字节表示的是一个或两个操作数。

2. 8086 CPU汇编指令格式

8086 CPU的汇编指令由1～4个部分组成，其格式如下：

[标号:] 操作码 [操作数] [;注释]

其中用方括号括起来的内容表示可以有也可以没有，各部分内容解释如下。

（1）标号。标号表示后面紧随指令的起始偏移地址（详细介绍参看4.1.4节）。在汇编源程序中，只有在需要转向一条指令时，才为该指令设置标号，以便在转移或循环指令中直接引用这个标号。标号后面必须用冒号“:”分隔。

（2）操作码。操作码也称助记符，用来规定计算机要执行的具体操作（如传送、运算、跳转等），通常用一些意义相近的英文单词或单词缩写表示。操作码是指令中必不可少的部分。

（3）操作数。操作数是指令执行过程中参与指令操作的对象，根据指令的不同，在指令中可以不含有操作数或者隐含操作数，即无操作数；也可以只含有一个操作数，即单操作数；或者含有两个操作数，即双操作数。当是双操作数时，两个操作数之间必须用逗号“,”分隔，并且称逗号左边的操作数为目的操作数，逗号右边的操作数为源操作数。操作数与操作码之间须以空格分隔。

（4）注释。注释是对指令或程序功能的注解，其不影响程序的执行，只能提高程序的可读性，是用户根据自己的需要添加的。但汇编程序的注释内容需用分号“;”起始进行分隔。

**说明：** 要正确理解指令格式中方括号“[]”所表示的可选内容的含义。其中“注释”可选项完全取决于用户的需要，是真正的可选；但对于“标号”部分的可选则是出于程序的需要，对于需要有标号的指令就一定要写，不需要的就没必要写了。

### 3.1.3 操作数的类型

8086指令中的操作数按其存放的地方，可分为立即数、寄存器操作数和存储器操作数三种类型。

1. 立即数

立即数相当于高级语言中的常数，它的值不随指令的执行而发生变化。8086汇编指令中的立即数具体可以是一个以二进制、十进制或十六进制形式表示的字节、字或双字，也可以是能求出确定数值的表达式。在指令中，立即数只能作为源操作数使用，存放时，立即数跟随指令操作码一起被存放在代码段。

**说明：** ASCII码表中的字符属于立即数，每个字符相当于一个字节。

2. 寄存器操作数

寄存器操作数指事先存放在CPU的8个通用寄存器和4个段寄存器中的操作数，在指令执行时，只要知道寄存器名就可以寻找到操作数。寄存器操作数既可以作为源操作数使用，也可以作为目的操作数使用。

3. 存储器操作数

事先存放在内存中的数据段、附加段和堆栈段中的数据称为存储器操作数。存储器操作数的地址表示比较复杂，具体在3.2节中详细介绍。由于8086指令系统中的操作数一般均为8位或16位字长，所以存储器操作

存储器操作数解析

数通常以字节和字类型居多，分别存放在一个或连续两个内存单元中。在指令中，存储器操作数一般都只给出偏移地址，其标志是都带有方括号“[]”，段地址以隐含方式由系统自动匹配。存储器操作数既可以作为源操作数使用，也可以作为目的操作数使用。

### 3.1.4 指令的执行

程序中要执行的所有指令均保存在存储器的代码段中。当需要执行一条指令时，首先 CPU 根据这条指令的地址，访问相应的内存单元，取出指令代码，然后 CPU 根据指令代码的要求以及指令中的操作数，去执行相应的操作。

## 3.2 寻址方式

寻址方式就是根据指令功能所规定的操作自动寻找相应操作数的方法。8086 指令中的操作数可以直接包含在指令中，也可以包含在寄存器、存储器或 I/O 端口中。对于存放在存储器中的操作数，还可以采用多种不同的方式进行寻址。本节主要介绍 8086 的寻址方式，如无特殊声明，操作数一般都指源操作数。

### 3.2.1 立即寻址

立即寻址方式所提供的操作数直接包含在指令中，此操作数紧跟在操作码后面，与操作码一起存放在内存的代码段中。在 CPU 取指令时，立即数随指令码一起取出并直接参与运算。立即寻址方式中的操作数只能用于源操作数，主要用来给寄存器或内存单元赋初值。

立即寻址动画演示

对于 16 位微机系统，立即数可以是一个 8 位或 16 位的整数。若为 16 位，则存放时其低 8 位存放在相邻两个内存单元的低地址单元中，高 8 位存放在高地址单元中。例如：

```
MOV   AL,0E2H          ；将 8 位立即数 E2H 传送到 AL 寄存器中
MOV   BX,81A2H         ；将 16 位立即数 81A2H 传送到 BX 寄存器中，BH=81H，BL=A2H
MOV   DL,'9'           ；将字符'9'的 ASCII 码值 39H 送入寄存器 DL 中
```

机器执行立即寻址方式的指令过程如图 3.1 所示。

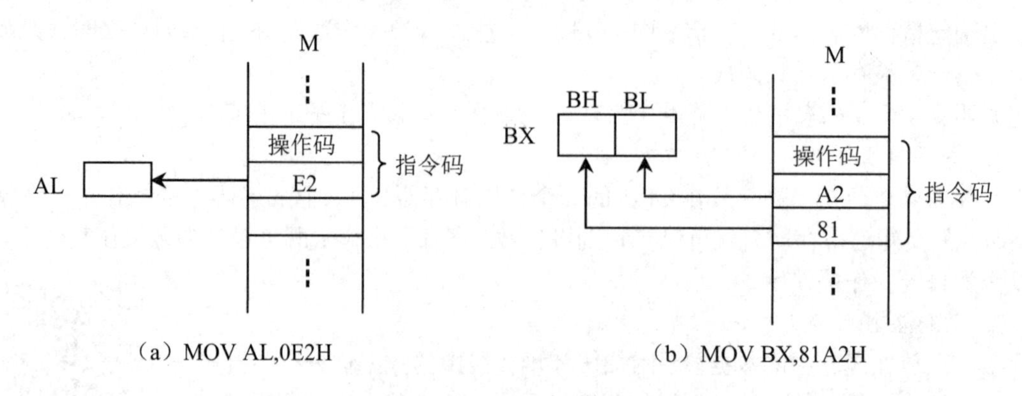


（a）MOV AL,0E2H　　（b）MOV BX,81A2H

图 3.1 立即寻址示意图

### 3.2.2　寄存器寻址

寄存器寻址动画演示

寄存器寻址的操作数存放在 CPU 的某个寄存器中，在指令中写出指定的寄存器名即可。对于 8 位操作数，可使用的寄存器是 AL、AH、BL、BH、CL、CH、DL 和 DH；对于 16 位的操作数，可使用 8 个通用寄存器 AX、BX、CX、DX、SI、DI、SP、BP 和 4 个段寄存器 CS、DS、SS、ES。例如：

```
MOV   DX, BX                    ; 将 BX 中的内容传送到 DX 中
```

若指令执行前 DX=6884H，BX=A892H，则执行指令后 DX=A892H，BX 中的内容保持不变。

对于寄存器寻址方式，指令的操作码存放在代码段中，但操作数在 CPU 的寄存器中，执行指令时不必访问存储器就可获得操作数，故执行速度较快。

### 3.2.3　存储器寻址

对于存储器寻址，操作数都存放在内存中。执行指令时，CPU 要访问到操作数须先计算出存放该操作数的内存单元在内存中的物理地址，然后才能进行存取数据的操作。

前已述及，8086 CPU 对存储器采用分段管理，所以在指令中直接引用内存单元的物理地址较困难，而是直接或间接地给出存放操作数的偏移地址，并用方括号“[]”括起来，以达到访问操作数的目的。下面介绍存储器寻址的具体寻址方式。

1. 直接寻址

在直接寻址方式中，指令中的操作数部分直接给出操作数的偏移地址，且该地址与操作码一起被放在代码段中，要找的操作数一般放在存储器的数据段中。这是一种默认方式，但也可以采用段超越。譬如以下的两条指令：

```
MOV   AX,[2000H]                ; 将数据段中偏移地址为 2000H 的字内容送到 AX 中
MOV   AX,ES:[2000H]             ; 将附加段中偏移地址为 2000H 的字内容送到 AX 中
```

存储器操作数本身并不能表明数据的类型，需要通过另一个操作数的类型来明确。因此对于以上两例，由于目的操作数 AX 为字类型，所以，作为存储器操作数的源操作数也应与之匹配为字类型。

示例：假设 DS=3000H，则在执行 MOV　AX,[2000H]指令后，AX=4256H。指令的寻址及执行过程如图 3.2 所示。

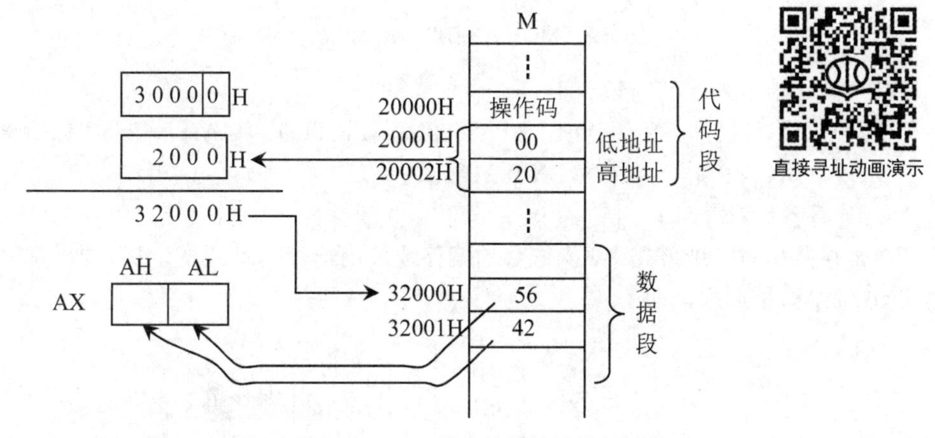


图 3.2　MOV AX，[2000H] 指令的寻址及执行过程

**说明**：在汇编语言源程序中，直接寻址方式不以以上示例的形式（在方括号内括一个 16 位常数）表示，而常常是用变量形式表示偏移地址。上例中，若用变量 BUF 代替地址 2000H，则 MOV AX,[2000H]指令可写成“MOV AX,BUF”。因为在源程序中若以 MOV AX,[2000H]形式寻址，则在汇编时，汇编程序会将源操作数“[2000H]”当成立即数进行汇编，即将该指令汇编成“MOV AX,2000H”，这样就变成了立即寻址，而不是直接寻址了。读者不妨试一试。有关变量内容详看 4.2.2。

2. 寄存器间接寻址

在寄存器间接寻址方式中，操作数的偏移地址在指令指明的寄存器中，而操作数存放在存储器中。

对于寄存器间接寻址，存放操作数偏移地址的寄存器只能是 BX、BP、SI 和 DI，使用不同的寄存器，系统给默认配对的段寄存器不同。指令中如果指定的寄存器是 BX、SI、DI，则操作数默认在数据段中，段地址由 DS 提供；如果指定的寄存器是 BP，则操作数默认在堆栈段中，段地址由 SS 提供。允许段超越。

**【例 3.1】**已知 DS=3000H，BX=5000H，（35000H）=68H，（35001H）=49H，试分析指令 MOV AX,[BX]的寻址情况。

由已知条件可计算出源操作数的物理地址=30000H+5000H=35000H，执行指令“MOV AX,[BX]”操作的示意图如图 3.3 所示。

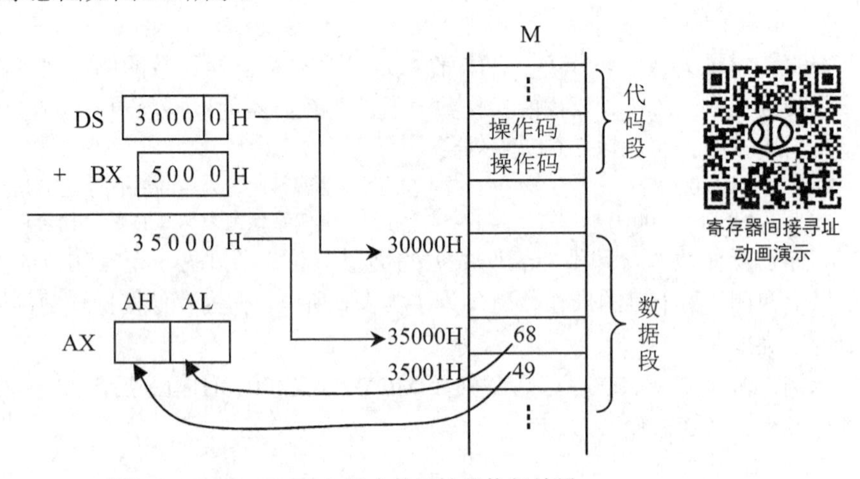


图 3.3 MOV AX,[BP] 指令的寻址及执行结果

指令执行结果为：AX=4968H。

**【例 3.2】**若已知 SS=2000H，BP=8500H，（28500H）=4AH，（28501H）=89H，则执行指令 MOV BX,[BP]后，结果为 BX=894AH。

3. 寄存器相对寻址

在寄存器相对寻址方式中，操作数的偏移地址由一个基址或变址寄存器与指令中指定的 8 位或 16 位偏移量形成，即：

$$EA=\begin{Bmatrix} BX \\ BP \\ SI \\ DI \end{Bmatrix} + \begin{Bmatrix} 8\text{位} \\ 16\text{位} \end{Bmatrix}\text{偏移量}$$

对于寄存器相对寻址，段寄存器的引用规则与寄存器间接寻址方式相同，即指令中如果指定的寄存器是 BX、SI 或 DI，段地址默认由 DS 提供；如果指定的寄存器是 BP，段地址默认由 SS 提供。允许段超越。

**【例 3.3】**假设 DS=3200H，BX=2100H，CNT=2400H，（36500H）=99H，（36501H）=11H，则在执行 MOV AX,CNT[BX]指令后，AX=1199H。如图 3.4 所示为该指令的寻址及执行结果。

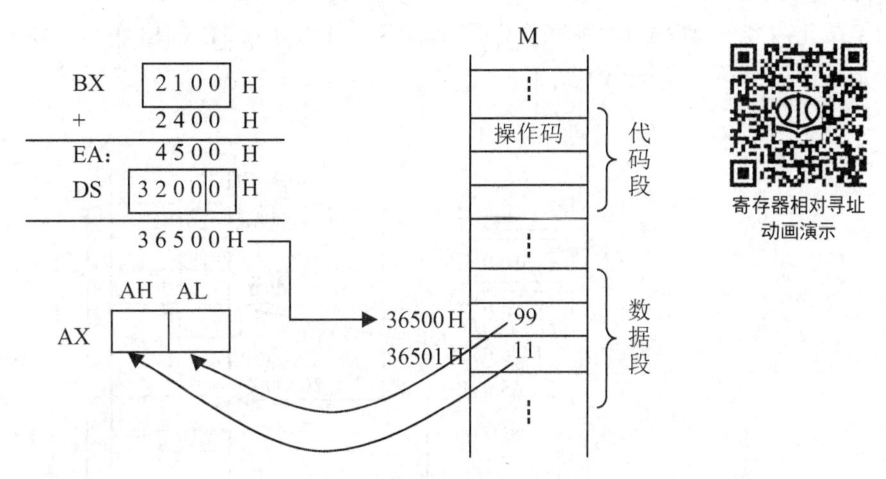


图 3.4 MOV AX,CNT[BX] 指令的寻址及执行结果

4. 基址变址寻址

在基址变址寻址方式中，操作数的偏移地址由一个基址寄存器（BX 或 BP）与一个变址寄存器（SI 或 DI）的内容相加而形成，两个寄存器均由指令指出，即：

$$EA=BX+\begin{bmatrix}SI\\DI\end{bmatrix} \text{ 或者是 } EA=BP+\begin{bmatrix}SI\\DI\end{bmatrix}$$

基址变址寻址的操作数段地址引用随基址寄存器的不同而不同。指令中如果指定的寄存器是 BX，段地址默认由 DS 提供；如果指定的寄存器是 BP，段地址默认由 SS 提供。允许段超越。

**【例 3.4】**请分析指令 MOV AX,[BP][DI]的执行情况。设 SS=3000H，BP=4600H，DI=1250H，物理地址（35850H）=1234H。

分析：对于指令 MOV AX,[BP][DI]，源操作数的偏移地址为 BP+DI=5850H，与段地址 SS 形成的物理地址为 35850H，执行该指令，将（35850H）字单元中的内容送给 AX。所以，AX=1234H。

基址变址寻址方式适用于数组和表格处理。在编程时，可将首地址放在基址寄存器中，用变址寄存器来访问数组或表格中的各个数据。

5. 基址变址相对寻址

在基址变址相对寻址方式中，操作数的偏移地址由 1 个基址寄存器、1 个变址寄存器，以及 1 个指令中指定的 8 位或 16 位偏移量三者内容之和形成，即：

$$EA=\begin{bmatrix}BX\\BP\end{bmatrix}+\begin{bmatrix}SI\\DI\end{bmatrix}+\begin{bmatrix}8\text{位}\\16\text{位}\end{bmatrix}\text{偏移量}$$

基址变址相对寻址方式对操作数段地址的引用与基址变址寻址方式相同，即 BX 默认的段寄存器为 DS，BP 默认的段寄存器为 SS。允许段超越。

【例 3.5】设 DS=3000H，BX=2000H，SI=5000H，偏移量 disp=1250H，物理地址 =DS×16+BX+SI+disp=30000H+2000H+5000H+1250H=38250H 的字单元内容为 413AH，则在执行指令 MOV DX,disp [BX][SI ]后，DX=413AH。如图 3.5 所示为该指令寻址及执行的结果。

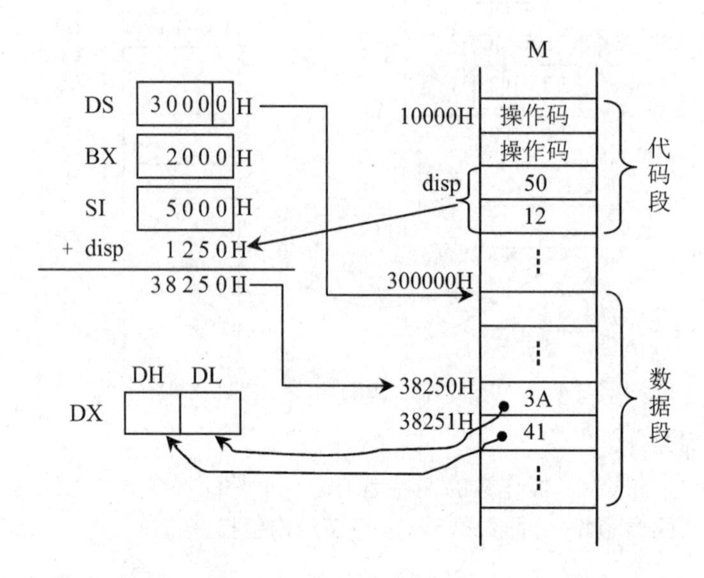


图 3.5 MOV DX,disp[BX][SI] 指令的寻址及执行结果示意图

# 3.3 DEBUG 调试工具

DEBUG 是专门为分析和调试汇编语言程序而提供的一种调试工具。用户通过 DEBUG 所提供的命令，可以直接建立简单的汇编语言程序；装入、运行由汇编源程序生成的可执行程序；可以跟踪程序的运行过程，修改程序的错误，还可以直接查看和修改寄存器或存储单元内容等。它能使编程人员触及到机器内部，是 80x86 CPU 的心灵窗口。不仅如此，对于汇编语言初学者来说，DEBUG 也是学习汇编指令的一种有效工具，可以直接在 DEBUG 环境下练习、学习汇编指令。所以，本节提前专门介绍 DEBUG 工具，以使读者及早接触，能更有效地学习后面的指令系统。

## 3.3.1 DEBUG 的启动

DEBUG 的启动方法是找到 debug.EXE 文件（如果没有，需先复制），双击其图标即可，如图 3.6 所示。DEBUG 启动成功后的提示符为小短线“—”，如图 3.7 所示。

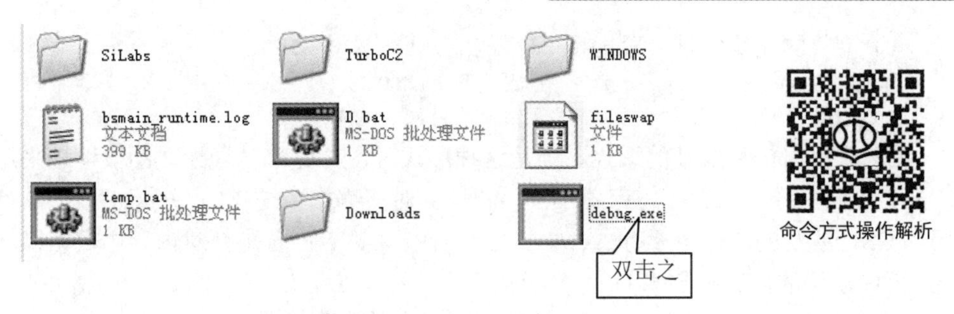


图 3.6 用鼠标方式启动 DEBUG

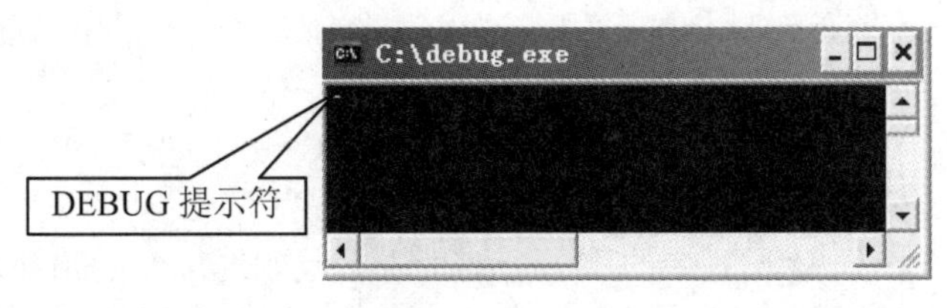


图 3.7 DEBUG 环境

**说明：**

（1）也可以通过命令方式启动 DEBUG，操作时要涉及到选择路径等 DOS 的一些常用命令，读者在用到时请自行查阅有关资料。

安装与启动 DOSBox

（2）通过命令方式启动 DEBUG 时，其后可以指定一具体文件。当指定了文件时，此文件须是一个.EXE 或.COM 类型的文件，此时，系统在启动 DEBUG 的同时，还自动将指定文件装入内存；若没有指定文件，则只是启动了 DEBUG，此时在 DEBUG 环境下，需使用 N 命令和 L 命令将需要调试运行的可执行文件装入到内存。

（3）DEBUG 不支持 64 位的 Windows 操作系统机型，需安装 DOSBox 工具。

### 3.3.2 DEBUG 的主要命令

1．DEBUG 命令概述

DEBUG 的所有命令都是单一的一个英文字母，它反映该命令的功能，命令字母后面可跟有一个或多个参数。命令格式为：

命令字母 [参数]

DEBUG 的所有命令都遵从以下约定：

（1）DEBUG 环境下，命令不区分大小写。

（2）DEBUG 命令中默认的数据为 16 进制形式，数据后面不必加写“H”标志，A～F 打头时前面也不需补加“0”。

（3）命令字母与参数之间可以用（也可以不用）定界符分隔；对于参数之间，当相邻的两个参数都为数值型数据时，必须用定界符分隔，定界符可以是空格或逗号。

（4）执行命令时，如果命令不符合 DEBUG 规则，则会提示 Error 错误信息。

（5）参数既可以表示地址也可以表示地址范围。当表示的是地址时，只能用逻辑地址形式表示，具体有以下 3 种表示形式。

1）完整的逻辑地址（段地址:偏移地址）形式。例如：

```
D 0400:2500                    ;逻辑地址为 0400:2500H
D CS:100                       ;逻辑地址为 CS:100H
```

2）只写出偏移地址的形式。当是这种形式时，与偏移地址配对的段地址采用默认的段寄存器，不同命令默认的段寄存器不同。若是针对汇编指令操作的命令，DEBUG 默认的段寄存器为 CS，涉及的命令主要有 A、U、G、T、P、L、W；若是针对内存中数据操作的命令，则 DEBUG 默认的段寄存器为 DS，涉及的命令主要有 D、E、F。例如以下命令：

```
-D 2505                        ; 2505H 为偏移地址，默认段地址由 DS 提供
-A 100                         ; 0100H 为偏移地址，默认段地址由 CS 提供
```

3）既不写段地址也不写偏移地址的形式。这种形式的偏移地址采用当前值，段地址采用默认的段寄存器，默认规则同 2）中。例如：

```
-A                             ; 默认的逻辑地址是当前的 CS:IP 值
```

当参数表示的是地址范围时，具体有以下两种表示形式。

1）“地址　地址”形式。该形式中的第一个地址表示起始地址，起始地址可以用完整的逻辑地址表示，也可以只用偏移地址表示；第二个地址表示结束地址，其只能用偏移地址表示，段地址默认与起始地址的段地址相同，即指定的地址范围不能跨段。例如：

```
-D DS:0   50                   ; 第一个起始地址为 DS:0000H，第二个结束地址为 DS:0050H
-D 2AC0:100   200              ; 第一个起始地址为 2AC0:0100H，第二个结束地址为 2AC0:0200H
-D 100   120                   ; 第一个起始地址为 DS:0100H，第二个结束地址为 DS:0120H
```

2）“地址　L　长度”形式。这里的地址表示起始地址，用逻辑地址表示；长度表示数据区域的大小（字节数），用字母“L”开头的数值型数据表示。譬如 D DS:0 L 10、D 100 L 20 等。注意“L”是必须的。

2. DEBUG 的主要命令

（1）显示内存单元内容的命令 D。

格式：D/D　地址/D　地址范围

功能：D 命令实现显示内存单元的内容。操作时具体有 3 种情况：

DEBUG 命令操作实例演示

1）如果命令中指定了地址，则从指定地址开始显示 128 个字节（8 行×16 列）的内容。

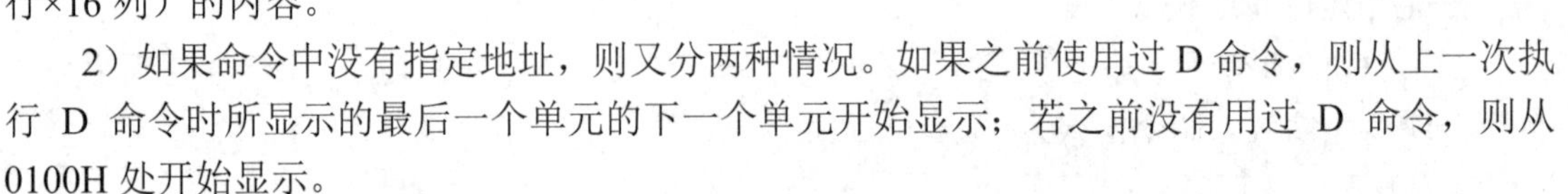

2）如果命令中没有指定地址，则又分两种情况。如果之前使用过 D 命令，则从上一次执行 D 命令时所显示的最后一个单元的下一个单元开始显示；若之前没有用过 D 命令，则从 0100H 处开始显示。

3）如果命令中指定的是一个地址范围，则只显示地址范围的内容。

执行 D 命令后，屏幕上显示的内容可分为三个部分。左边部分是每一行内存单元的起始地址（逻辑地址形式表示）；中间部分是地址对应的各内存单元的内容（十六进制数表示），每一行 16 个单元共 16 个字节（分为前 8 个和后 8 个，中间用“-”号分隔）；右边是各单元内容相应的 ASCII 码字符（不可显示的字符用“.”代替）。例如：

```
-d ds:10   50 或 -d ds:10   L   41
```

以上两条命令是等效的，都是显示当前 DS 段中偏移地址从 0010H 到 0050H 存储区域的单元内容，显示结果如图 3.8 所示。其中 0010H、0014H、0016H、002EH 和 0030H 单元中存放的是可显示的字符。

```
-d ds:10 50
0B07:0010  6B 05 17 03 6B 05 23 04-01 01 01 00 02 FF FF FF   k...k.#.........
0B07:0020  FF FF FF FF FF FF FF FF-FF FF FF FF 1A 05 4E 01   ..............N.
0B07:0030  2B 0A 14 00 18 00 07 0B-FF FF FF FF 00 00 00 00   +...............
0B07:0040  05 00 00 00 00 00 00 00-00 00 00 00 00 00 00 00   ................
0B07:0050  CD                                                .
-
```

图 3.8　执行“-d ds:10 50”命令的显示内容

（2）修改内存单元内容的命令 E。

格式 1：E 地址

功能：从命令中指定的地址开始，逐个修改内存单元的内容。

执行 E 命令后，屏幕上首先显示指定内存单元的地址及其内容。若要修改原有内容，可输入新的数据（字节类型）；也可以进行其他的操作：①按空格键，显示下一个内存单元内容并可修改；②按减号“-”键，显示上一个内存单元内容并可修改；③按回车键，结束 E 命令操作。

这种方法可以连续修改内存单元的内容。当其中部分单元不需修改而 E 操作还要进行下去时，可直接按空格键或减号键，最终按回车键结束 E 命令。

格式 2：E 地址　数据表

功能：用命令中给定的数据表中的内容修改指定的起始地址开始的内存单元的内容。其中“数据表”中的内容可以是以定界符分隔的两位 16 进制形式数据，也可以是用引号括起来的字符串，还可以是二者的组合。如图 3.9 所示为执行命令“-e ds:100 33 'AB' 66”前后，相关内存单元内容的变化情况。

```
-d ds:100 l 10
0B07:0100  F3 61 62 8D D5 96 E3 13-B0 1A 06 33 FF 8E 06 B4   .ab........3...
-e ds:100 33 'AB' 66
-d ds:100 l 10
0B07:0100  33 41 42 66 D5 96 E3 13-B0 1A 06 33 FF 8E 06 B4   3ABf.......3...
```

图 3.9　执行“-e ds:100 33 'AB' 66”命令前后的屏幕显示内容

（3）填充内存单元的命令 F。

格式：F 地址范围　数据表

功能：将“数据表”中的值逐个填入指定的地址范围，数据表中的内容用完后再重复使用。

执行 F 命令，若“地址范围”包含的单元数比“数据表”中给定的数据多，则数据表中的内容被重复使用，直到地址范围中的所有地址被全部填充；若少，则忽略数据表中多余的数据。

例如，执行命令“-f 2000:100 150 1,2, '123'（或-f 2000:100 150 1 2 '123'）”后，将反复使用 1H、2H、31H、32H、33H 依次填充从数据段中偏移地址为 0100H 到 0150H 的内存单元。如图 3.10 所示为执行后的情况。

```
-f 2000:100 150 1,2,'123'
-d 2000:100
2000:0100  01 02 31 32 33 01 02 31-32 33 01 02 31 32 33 01   ..123..123..123.
2000:0110  02 31 32 33 01 02 31 32-33 01 02 31 32 33 01 02   .123..123..123..
2000:0120  31 32 33 01 02 31 32 33-01 02 31 32 33 01 02 31   123..123..123..1
2000:0130  32 33 01 02 31 32 33 01-02 31 32 33 01 02 31 32   23..123..123..12
2000:0140  33 01 02 31 32 33 01 02-31 32 33 01 02 31 32 33   3..123..123..123
2000:0150  01 00 00 00 00 00 00 00-00 00 00 00 00 00 00 00   ................
```

图 3.10　命令“-f 2000:100 150 1,2, '123'”的执行结果

（4）显示或修改寄存器内容的命令 R。

格式：R/R 寄存器名/-R F

将格式分解为三种情况介绍。

第一种“R”，功能是显示 CPU 内部其中 13 个寄存器的内容、标志寄存器中 8 个标志位的状态（TF 标志位没有显示）以及下一条要执行的指令的地址、机器代码及汇编指令。其中标志寄存器以每位所对应的代号形式显示，见表 3.1。

表 3.1 标志寄存器中标志位的显示形式

| 标志位 | OF | DF | IF | SF | ZF | AF | PF | CF |
|---|---|---|---|---|---|---|---|---|
| 状态 | 1/0 | 1/0 | 1/0 | 1/0 | 1/0 | 1/0 | 1/0 | 1/0 |
| 代号显示 | OV/NV | DN/UP | EI/DI | NG/PL | ZR/NZ | AC/NA | PE/PO | CY/NC |

如果当前位置是 CS:2000H，如图 3.11 所示，为执行“-r”命令后的显示结果。

```
-r
AX=0000  BX=0000  CX=0000  DX=0000  SP=FFEE  BP=0000  SI=0000  DI=0000
DS=0B07  ES=0B07  SS=0B07  CS=0B07  IP=2000   NV UP EI PL NZ NA PO NC
0B07:2000 6E            DB      6E
```

图 3.11 执行“-r”命令后的显示结果

第二种格式“R 寄存器名”，功能是显示并修改指定寄存器的内容。例如：

执行“-R CX”后，将显示：

CX 0000

:

显示的“0000”是 CX 的内容。若不需要修改其内容，可直接按回车键；若需要修改，则在冒号“:”后输入一个有效十六进制数据后按回车键结束。

第三种格式“-R F”，功能是显示当前 8 个标志位的状态并能修改。例如：

执行命令“-R F”后，屏幕显示内容如下：

NV UP DI NG NZ AC PE NC -

此时，若不需要修改，就直接按回车键；若要修改，就在“-”之后输入一个或多个标志位所对应的“1/0”时的相应代号。当是多个时，与标志位的次序无关，且它们之间可以有也可以没有定界符。如图 3.12 所示为执行“-rf”命令前后的结果对比情况，修改的标志位有 CF、AF、SF、DF 和 OF。

图 3.12 执行“-rf”命令前后的结果情况

（5）汇编命令 A。

格式：A [地址]

功能：在代码段中 A 命令指定的地址处开始建立汇编指令，也可以修改已有的汇编指令。若省略地址，则分两种情况：如果之前使用过 A 命令，则接着上一次 A 命令之后的最后一个单元开始给定地址；若第一次使用 A 命令，则从当前 CS:IP 开始（通常是 CS:0100）给定地址。

**说明：**

（1）在 DEBUG 下编写简单程序时适合使用 A 命令。

（2）输入每条指令后要按回车键结束。

（3）不输入指令就直接按回车键，可结束 A 命令。

（4）如果有段超越，则要将段超越前缀放在相关指令的前面，或者单独一行输入。

示例：实现将数据 4488H 送往附加段中偏移地址为 5000H 处，在 DEBUG 下通过“-a”命令建立汇编指令的示例如图 3.13 所示。

```
-a
13B3:0100 mov ax,4488
13B3:0103 mov bx,5000
13B3:0106 mov es:[bx],ax
              ^ Error
13B3:0106 es:mov [bx],ax
13B3:0109
```

图 3.13 执行“-a”命令后的显示结果

（6）反汇编命令 U。汇编语言源程序经过汇编、连接之后，生成的可执行程序在内存中是以二进制机器码形式存储的，通过机器码是很难读懂程序的。为了能读懂程序的功能，就需要有程序对应的汇编指令码。把程序的机器码转换为汇编前汇编指令码的过程，称为反汇编。DEBUG 提供的 U 命令就是反汇编命令，其能显示装入在内存某一区域中程序的机器码及相应的汇编指令码。U 命令的格式为：

U [<地址>/<地址范围>]

此格式具体可分解为以下三种形式：①U；②U 地址；③U 地址范围。

第①种形式中没有指定地址，默认从当前 CS:IP 所指的地址起开始反汇编，反汇编出来的结果包括指令的地址、对应的机器码和汇编指令码；第②种形式中指定了地址，则从指定地址开始反汇编。此两种形式都反汇编显示连续 32 个字节内容。第③种形式中指定了范围，则对指定地址范围的单元内容进行反汇编。

执行 U 命令后，IP 指向已反汇编后的下一条指令的地址。这样，对于第①种形式，如果在此之前执行过 U 命令，则是从上次 U 命令执行之后接着的下一条指令地址处开始，这样就可以实现连续反汇编。

**说明：**反汇编时一定要确认指令的起始地址后再操作，否则将得不到自己想要的结果。

（7）运行命令 G。

格式：G=起始地址 [断点地址,断点地址,…,断点地址]

功能：从命令中指定的起始地址处开始执行指令，直到程序结束或遇到指定的断点地址。具体运行时，如果命令中指定有断点地址，则在遇到断点后自动停下来，并显示当前各寄存器的内容和下一条要执行的指令；如果没有指定且还是一个完整的程序，则会运行到程序结束，并显示 Program terminated normally（程序正常结束）。这样，通过 G 命令就可以连续运行程序，或通过断点一段一段地运行调试。

**说明：**

（1）断点地址是指程序中除第一条指令以外的任何其他指令处的地址，其可以设置多个，但最多只可以设置10个。

（2）断点地址必须设置在一条指令的首字节地址，否则会出现不可预料的结果。

（3）如果程序有功能性错误，执行时会有死机情况。

（4）断点地址通常是为了调试程序所设，用户要根据具体程序和程序的执行情况学会设置断点地址。

（8）跟踪命令T。

格式：T [=<地址>][<指令条数>]

功能：T命令也称为单步执行命令，功能是执行命令中从指定的“地址”起始的、“指令条数”指定的若干条指令后返回提示符状态，并显示所有寄存器的内容、标志位的状态以及下一条要执行的指令的地址和内容。

实际操作时，常用的T命令格式有以下两种。

1）T（执行由CS:IP指向的那条指令）

2）T =地址（执行命令中“地址”指定的那条指令）

**说明：**

（1）T命令通常用于跟踪一条指令的执行，虽然也可以用“指令条数”设定一次跟踪多条指令，但这种情况一般不用T命令，而是用G命令。

（2）第一次执行T命令时，“地址”应指定为自己程序的首指令地址。

（3）执行T命令时，若遇到CALL或INT指令，则会跟踪进入到相应过程或中断服务程序的内部；对于带重复前缀REP的指令，每重复执行一次算一步。

（9）跟踪命令P。

P命令的格式和功能与T命令相同，所不同的是P命令在遇到CALL或INT命令时，不跟踪进入到子程序或中断内反映指令的执行情况，而是接着执行下一条指令，所以在程序中有子程序或中断调用的指令时，使用P命令比使用T命令更为适宜。

（10）命名命令N。

格式：N 文件名

功能：N命令单独使用无意义，通常与L或W命令联合使用，用于指定要读写的磁盘上的文件（包括盘符和路径）。

（11）装入命令L。

格式： L [地址]

功能：把在N命令中指定的磁盘文件装入到内存中指定的地址，默认地址为CS:IP。

**说明：**L命令通常用在N命令之后，规定N命令中指定的文件必须为一可执行文件（.EXE或.COM），且扩展名不能省略。

例如以下两条命令：

```
–N   my.EXE                    ；指定磁盘文件名为my.EXE
–L
```

该两条命令连续执行后，则会将 my.EXE 文件装入到 CS 代码段 0000H 偏移地址处。

（12）写磁盘命令 W。W 命令与 L 命令的格式相同，而功能正好相反，其将内存中指定地址的内容写入到由 N 命令命名的文件中，默认地址为 CS:0100。在写入之前，需将要写入的程序文件长度（字节数）送入到寄存器 BX 和 CX 中，BX 中放字节长度的高字节内容，CX 中放字节长度的低字节内容。

**注意**：DEBUG 不支持写入.EXE 文件，所以，执行 W 命令写入的文件应为.COM 类型；另外，在执行 W 命令前，须正确设置 BX 和 CX 的值。

**【例 3.6】**现有 myy.ASM 文件，对其汇编、连接后的可执行文件为 myy.EXE 文件。现要将 myy.EXE 所包含的内容写到 myy.COM 中，请写出有关命令。

解析：第一步，在 DEBUG 下查看 myy.EXE 文件内容，命令序列为：

```
-N   myy.EXE
-L
-U
```

myy.EXE 经反汇编后的内容如图 3.14 所示，从偏移地址 0000H 开始到 0028H 范围的指令是 myy.EXE 中的内容。

```
E:\lzx\hbyy>debug myy.exe
-u 0000 l 30
1432:0000 B83014        MOV     AX,1430
1432:0003 8ED8          MOV     DS,AX
1432:0005 BA0000        MOV     DX,0000
1432:0008 B401          MOV     AH,01
1432:000A CD21          INT     21
1432:000C 3C30          CMP     AL,30
1432:000E 7416          JZ      0026
1432:0010 3C41          CMP     AL,41
1432:0012 720C          JB      0020
1432:0014 3C5A          CMP     AL,5A
1432:0016 7708          JA      0020
1432:0018 B402          MOV     AH,02
1432:001A 8AD0          MOV     DL,AL
1432:001C CD21          INT     21
1432:001E EBE8          JMP     0008
1432:0020 B409          MOV     AH,09
1432:0022 CD21          INT     21
1432:0024 EBE2          JMP     0008
1432:0026 B44C          MOV     AH,4C
1432:0028 CD21          INT     21
1432:002A 0000          ADD     [BX+SI],AL
1432:002C 0000          ADD     [BX+SI],AL
1432:002E 0000          ADD     [BX+SI],AL
-
```

图 3.14　对 myy.EXE 文件在执行 U 命令后的屏幕显示

第二步：将 0000H～0028H 的内容写入到 myy.COM 文件中，后续的命令及操作如下：

```
-N   myy.COM ；用 N 命令指定要写入的文件名
```

修改 BX 的值为 0000H；修改 CX 的值为 002AH；执行 W 命令：-W。

（13）退出命令 Q。

格式：Q

功能：退出 DEBUG 环境。

## 3.4 8086 CPU 指令系统

Intel 的 8086 CPU 指令系统是 80x86/Pentium 的基本指令集，所提供的一百多条指令按功能分为数据传送类、算术运算类、逻辑运算与移位类、串操作类、控制转移类和处理器控制类 6 大类，本节主要介绍常用指令。学习指令，需掌握指令的书写格式、指令功能、操作数的寻址方式、对操作数的规定以及执行指令后对标志位的影响等，这些是编写汇编语言程序的关键。

汇编语言程序设计对指令的书写不区分大小写字母。本节在介绍具体指令之前，先介绍本书指令中引用符号所表示的含义，见表 3.2。

表 3.2 指令中引用符号所表示的含义

| 符号 | 含义 |
| --- | --- |
| mem | 存储器操作数 |
| opr | 泛指各种类型的操作数 |
| src | 源操作数 |
| dest | 目的操作数 |
| label | 标号 |
| disp | 8 位或 16 位偏移量 |
| port | 输入/输出端口，可用数字或表达式表示 |
| [] | 整体上表示一存储器操作数 |
| reg | 通用寄存器 |
| count | 移位次数，可以是 1 或 CL |
| S_ins | 串操作指令操作数 |

### 3.4.1 数据传送类指令

传送数据是计算机中量最大、最基本、最主要的操作，所以数据传送类指令也是实际程序中使用最多的指令，也是指令系统中提供的传送种类和条数最多的一类指令，常用于将原始数据、中间运算结果、最终结果及其他信息在 CPU 的寄存器和存储器之间进行传送。根据所执行的功能不同，数据传送类指令分为通用数据传送指令、交换指令、堆栈操作指令、地址传送操作指令、标志寄存器传送指令和累加器专用传送指令 6 种。

1. 通用数据传送指令 MOV

指令格式：MOV dest,src

功能：将源操作数 src 的内容传送给目的操作数 dest，源操作数内容不变。

MOV 指令实例解析

如图 3.15 所示为 MOV 指令的主要数据传送方式。

图 3.15 中表示的是 MOV 指令能实现的其中大多数的数据传送方式，但其中也包含一些特殊情况。以下是对操作数的一些具体规定，其中有些规定对后面其他的一些指令同样有效。

（1）两个操作数的数据类型须匹配（位数一致）；两个操作数不能同时为段寄存器；也

不能同时为存储器操作数。

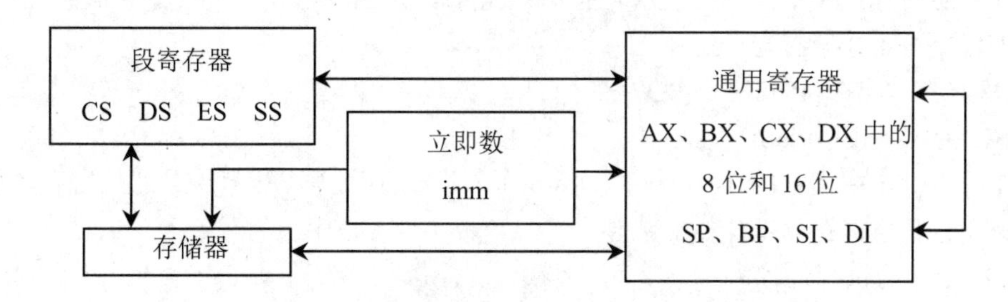


图 3.15　数据传送方向示意图

（2）操作数不能出现二义性，即至少一个操作数需明确类型。

（3）代码段寄存器 CS 不能作为目的操作数使用，但可以作为源操作数使用。

（4）立即数不能作为目的操作数使用，也不能直接传送给段寄存器。

（5）指令指针寄存器 IP 既不能作为目的操作数使用，也不能作为源操作数使用。

以下是按源操作数的类型所列举几组正确指令示例：

● 源操作数是寄存器操作数。

```
MOV   AL,BL           MOV   BP,SP           MOV   DX,BX
MOV   DS,AX           MOV   [BX],AX         MOV   [BX+SI],AX
```

● 源操作数是存储器操作数，其中的 VARB 是字节类型内存变量，以下同。

```
MOV   AX,[2000H]      MOV   AX,ES:[SI]      MOV   DX,[BX]
MOV   AL,VARB         MOV   DX,[BX+SI]      MOV   AL,20[BX+DI]
```

● 源操作数是立即数。

```
MOV   AL,88           MOV   BX,-200         MOV   WORD PTR [BX],600
```

以下是一些错误指令示例，其中 VARA 和 VARB 为变量。

```
MOV   BL,DX           ;操作数类型不匹配
MOV   ES,DS           ;两个操作数都为段寄存器
MOV   CS,AX           ; CS 不能作为目的操作数
MOV   DS,1000         ;立即数不能直接传送给段寄存器
MOV   200,AL          ;立即数不能作为目的操作数
MOV   VARA,VARB       ; VARA 和 VARB 都属于存储器操作数，不能直接进行
MOV   [BX],89         ;两个操作数的类型都不明确
```

**说明**：立即数的数据类型是不明确的。不能把 16 位的二进制数当作字类型立即数，也不能把 8 位的二进制数当作字节类型立即数。在将立即数传送给存储器操作数时，若存储器操作数的类型不明确，则需使用运算符 PTR 来明确其类型。BYTE 规定为字节类型，WORD 规定为字类型。所以，对于指令“MOV　[BX],89”，若将其修改为“MOV BYTE PTR [BX],89”或“MOV WORD PTR [BX],89”，就是正确的指令了。有关 PTR 内容详见 4.1.4 节中的介绍。

MOV 指令不影响标志位。

2. 交换指令 XCHG

指令格式：XCHG　dest,src

功能：将源操作数和目的操作数的内容互换。XCHG 指令中的两个操作数类型需匹配，交换只能在两个通用寄存器之间，通用寄存器与存储器操作数之间进行。例如：

```
XCHG  AX,BX            ;AX 和 BX 的内容相互交换
XCHG  DX,[2100H]       ;DX 中的内容与由 DS:2100H 所形成的物理地址字单元中的内容互换
```

XCHG 指令不影响标志位。

3. 堆栈操作指令 PUSH 和 POP

PUSH 指令格式：PUSH  src

功能：将指令中指定的 16 位操作数 src 压入堆栈，该操作数只能是通用寄存器操作数、存储器操作数和段寄存器操作数。

PUSH 指令的执行过程为：

SP← SP－2
（SP+1,SP）← src

即先修正堆栈指针 SP 的值，然后将 16 位源操作数的内容压入堆栈，压入的顺序是先高字节后低字节。

**【例 3.7】**若给定 SP=11F8H，SS=4000H，AX=6802H，则在执行指令 PUSH  AX 后，SP=11F6H，（411F6H）=6802H。如图 3.16 所示为该指令执行前后的堆栈变化示意图。

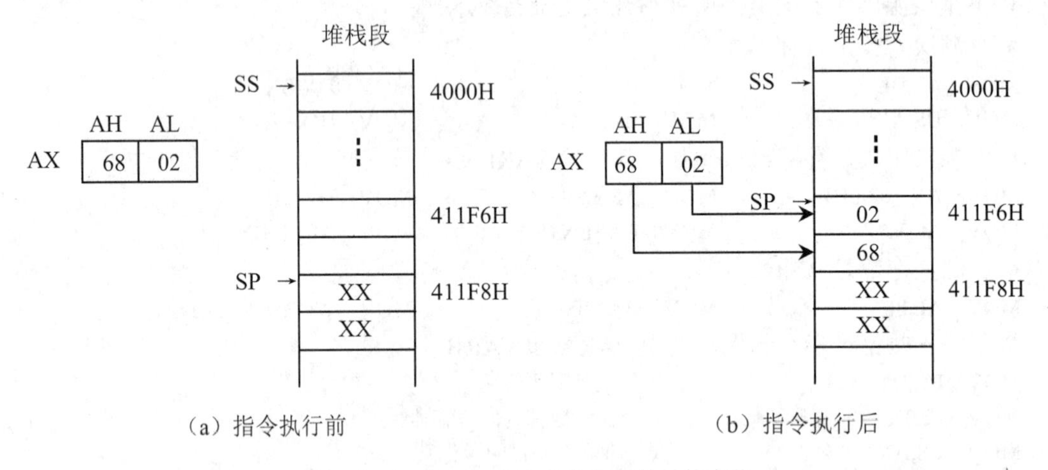


图 3.16  PUSH AX 指令执行前后的堆栈变化

执行 PUSH 指令，先将 SP 的值减 2 变为 11F6H，然后再将 AX 的内容 6802H 送入由 SS 和 SP 所形成的物理地址 411F6H 字单元中。

POP 指令格式：POP  dest

功能：将堆栈中栈顶指针 SP 所指的 16 位操作数内容弹出，送给指令中指定的操作数。对操作数的规定同 PUSH 指令（当是段寄存器操作数时，CS 除外）。

POP 指令具体执行的操作：

dest ← (SP+1,SP)
SP ← SP+2

即先从栈顶弹出 16 位操作数给目的操作数，然后再修正堆栈指针 SP，使 SP 指向新的栈顶。

**【例 3.8】**若给定 SP=2100H，SS=2000H，BX=38C2H，（22100H）=9B48H，则在执行指令 POP  BX 后，SP=2102H，BX=9B48H。如图 3.17 所示为该指令执行前后的堆栈变化示意图。

执行 POP 指令时，首先将 SP 所指的栈顶地址单元中的内容 9B48H 弹出来送入 BX 中，然后再将 SP 加 2 指向 2102H 单元，SP 在原来 2100H 的基础上增加了 2。

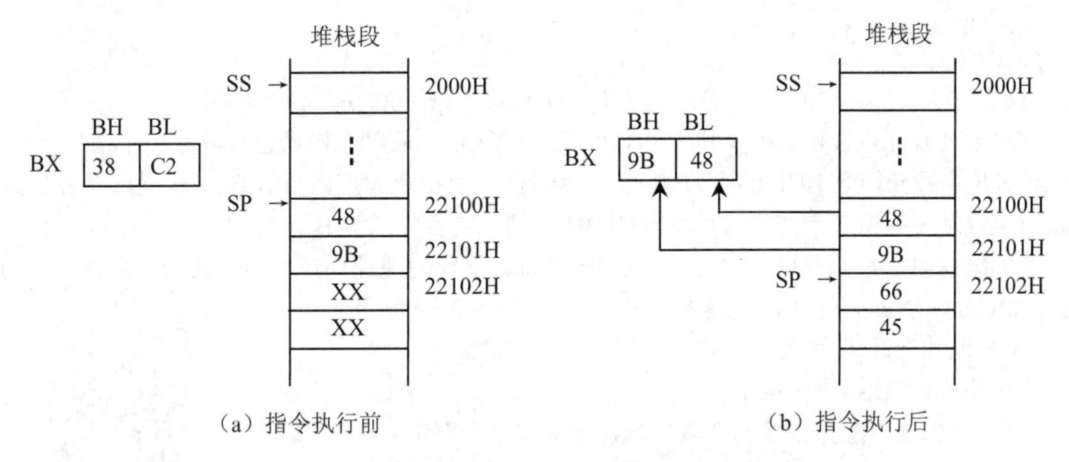


图 3.17　POP BX 指令执行前后的堆栈及 BX 变化情况操作

在程序设计中，堆栈是一种十分有用的结构，其经常用于子程序的调用与返回、中断处理过程中的断点地址保存以及暂时保存程序中的某些信息等。

8086 CPU 对堆栈的使用规则如下：

（1）堆栈的使用要遵循后进先出准则。

（2）对堆栈的数据存取每次必须是一个字（16 位），即堆栈指令中的操作数必须是 16 位。

（3）对堆栈的操作可以使用除立即寻址以外的任何其他寻址方式。

PUSH 和 POP 指令都不影响标志位。

4. 地址传送指令

地址传送指令传送的是存储器操作数的地址（偏移地址和段地址）。这组指令都不影响标志位，指令中的源操作数都必须是存储器操作数。

（1）取有效地址指令 LEA。

指令格式：　LEA reg,mem

功能：将源操作数的有效地址送到指令指定的寄存器中。源操作数只能是一存储器操作数，目的操作数只能是一 16 位的通用寄存器。例如：

LEA 指令与 MOV 指令的区别

```
LEA   BP,[0A456H]          ; 将偏移地址 A456H 送入 BP
LEA   BX,ARRAY             ; 将变量 ARRAY 所指的内存单元的偏移地址送给 BX
```

**【例 3.9】** 设 DS=093AH，BUF 变量所对应的物理地址为 093C3H，内存单元的内容如图 3.18 所示，试比较以下两条指令的不同。

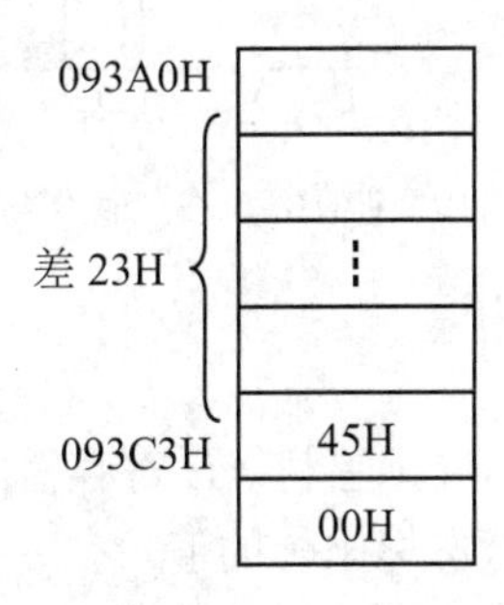


图 3.18　093C3H 地址对应的字存储单元内容

```
LEA   BX,BUF
MOV   BX,BUF
```

分析：执行第一条指令后，BX=0023H；执行第二条指令后，BX=0045H。

这里要特别注意 LEA 指令和 MOV 指令间的区别。从以上例子也可以看出：指令 LEA BX,BUF 是将源操作数 BUF 的有效地址传送给 BX；而指令 MOV BX,BUF 则是将源操作数通过直接寻址方式所确定的物理地址 093C3H 中的字内容传送给 BX。

实际编程时，常常通过 LEA 指令以使一个寄存器作为地址指针使用，这个寄存器通常为 BX、BP、SI、DI。为什么？请读者思考。

（2）地址指针装到 DS 和指定的寄存器指令 LDS。

LDS 指令实例演示

指令格式：LDS reg,mem

功能：将指令中源操作数的有效地址决定的双字内存单元中的第一个字内容传送给指令指定的 16 位通用寄存器，第二个字内容传送给段寄存器 DS。

**【例 3.10】**设当前 DS=1000H，内存单元（10100H）=86H，（10101H）=27H，（10102H）=70H，（10103H）=95H，则在执行指令 LDS SI,[0100H]后，SI=2786H，DS =9570H。

（3）地址指针装到 ES 和指定的寄存器指令 LES。LES 指令的操作与 LDS 指令基本类似，所不同的只是第二个字的内容传送的段寄存器是 ES，即将源操作数所决定的双字内存单元中的第二个字内容传送到 ES 段寄存器中。

地址传送类指令应用于串操作时，需建立初始串地址指针。

5. 标志寄存器传送指令

与标志寄存器有关的传送指令共 4 条，它们都是无操作数指令，但操作数规定为隐含方式。利用这些指令，可以读出标志寄存器的内容，也可以对标志寄存器的某些标志位进行保护与更新。

（1）读取标志指令 LAHF。

指令格式：LAHF

功能：将标志寄存器的低 8 位读出，并传送给 AH 寄存器。

如图 3.19 所示为 LAHF 指令的操作示意图。

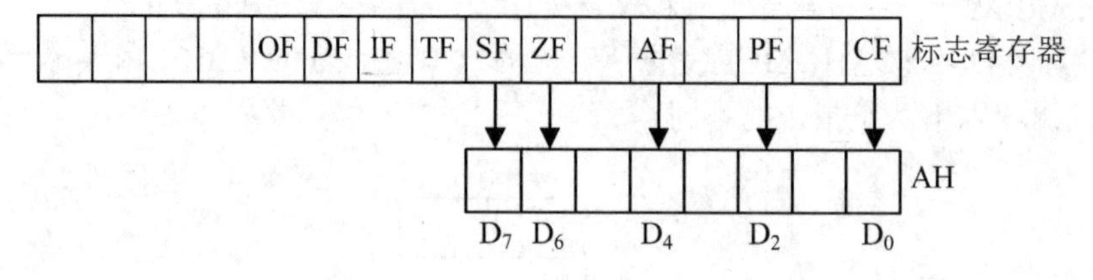


图 3.19 LAHF 指令的操作情况

（2）设置标志寄存器指令 SAHF。

指令格式：SAHF

SAHF 指令与 LAHF 指令正好相反，它将 AH 寄存器的内容传送给标志寄存器的低 8 位。实际编程时，常用该指令修改某些状态标志位的值。

**【例 3.11】**编写程序段，实现将标志寄存器中的 SF 标志位置为“1”。

指令段为：

```
LAHF                    ; 标志寄存器的低 8 位送到 AH
OR   AH,80H             ; 使用逻辑“或”指令将 SF 置为“1”
SAHF                    ; AH 的内容返回到标志寄存器
```

（3）标志寄存器压栈指令 PUSHF。

指令格式：PUSHF

功能：先执行栈顶指针 SP 减 2 操作，然后再将标志寄存器的所有标志位压入到堆栈中栈顶指针 SP 指向的字单元中，其操作过程与 PUSH 指令类似。

（4）标志寄存器出栈指令 POPF。

指令格式：POPF

功能：POPF 指令与 PUSHF 指令的执行过程刚好相反，执行时先将堆栈的栈顶指针 SP 所指的字内容弹出来送到标志寄存器中，然后再将 SP 的值加 2，其具体操作过程与 POP 指令类似。

实际编程时，常利用 PUSHF 和 POPF 指令保护和恢复标志位，即用 PUSHF 指令保护调用子程序之前的标志寄存器值，在子程序执行之后，再利用 POPF 指令恢复这些标志位状态；利用 PUSHF 和 POPF 指令，也可以方便地改变标志寄存器中任一标志位的值。

**【例 3.12】**8086 指令系统没有提供直接能修改 TF 标志位的指令，只能通过编写程序修改。以下是将 TF 标志位修改为“1”的程序段。

```
PUSHF                   ; 将当前标志寄存器的内容压入堆栈
POP   AX                ; 标志寄存器的内容弹出至 AX
OR   AH,01H             ; 将 TF 位置为“1”
PUSH   AX
POPF                    ; AX 的内容送至标志寄存器
```

以上 4 条指令中，LAHF 和 PUSHF 对标志位无影响，SAHF 和 POPF 会影响相应标志位。

6. 查表转换指令 XLAT

指令格式：XLAT 或 XLAT 表首址

功能：将数据段中偏移地址为（BX+AL）所对应的内存单元的内容送入 AL 中。XLAT 指令的操作数是隐含的，所执行的操作是将 BX 中的值作为基地址，AL 中的值作为偏移量所形成的偏移地址所对应的字节存储单元中的内容传送给 AL。XLAT 指令的功能可以用如下的程序段代替：

```
ADD   BL,AL
ADC   BH,0              ; 代替的条件是该指令不再产生进位
MOV   AL,[BX]
```

实际编程时，常使用该指令实现数制转换、函数表查表或代码转换（将一种代码转换为另一种代码）。方法是：首先在数据段中建立一个长度小于 256 个字节的数据表，将该表的首地址存放在 BX 中，将欲查找对象所在表中的地址下标值（数据表内偏移量）存放在 AL 中，最后运用 XLAT 指令即可将该地址处的值送到 AL 中。

**【例 3.13】**编程实现将数字 0～9 的压缩 BCD 码转换为 7 段 LED 显示器的显示代码，假设存放 LED 显示代码的数据表首地址为 8000H，如图 3.20 所示。

以下是要取出“6”的 BCD 码所对应的 LED 显示代码的值的程序段：

```
MOV   BX,8000H          ; 将 BCD 码表的首地址送入 BX，BX=8000H
```

```
MOV   AL,6H                  ; 将待转换的数据 02H 在表中的偏移量 6H 送入 AL 中
XLAT                         ; 完成代码转换，AL=02H
```

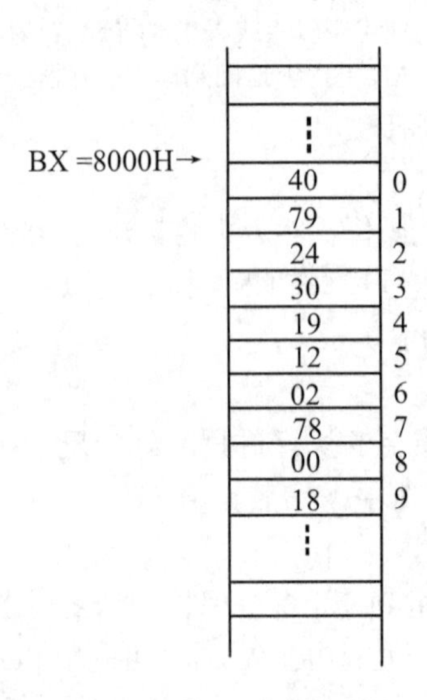


图 3.20 数字 0～9 的 BCD 码所对应的 7 段 LED 显示码

分析：数字 0～9 的压缩 BCD 码对应的 7 段 LED 显示器的显示代码为：40H，79H，24H，30H，19H，12H，02H，78H，00H，18H。

将这 10 个 7 段 LED 显示器的显示代码存放在数据段中偏移地址为 8000H 开始的存储区中，实现 BCD 码 0110B 的转换。

### 3.4.2 算术运算类指令

8086 CPU 的算术运算类指令包括针对二进制数算术运算的加、减、乘、除指令和针对十进制数算术运算调整指令。参加运算的操作数可以是字节、字，也可以是有符号数或无符号数。对本类指令的学习，除了要掌握指令的格式及操作功能外，还需要了解指令对状态标志位的影响，因为这类指令的执行几乎都要影响状态标志位。

1. 加法指令

（1）加法指令 ADD。

加法指令实例演示

指令格式：ADD dest,src

功能：将源操作数的内容与目的操作数的内容相加后的结果回送给目的操作数，并根据运算结果影响所有状态标志位。

**注意：**

（1）源操作数和目的操作数应同时为有符号数或无符号数，且二者的数据类型需匹配。

（2）源操作数可以是 8/16 位的通用寄存器操作数、存储器操作数或立即数；目的操作数只能是与源操作数相匹配的通用寄存器或存储器操作数，且两者不能同时为存储器操作数。

以下是一些合法的加法指令例子：

```
ADD   AL,60            ; AL ←AL+60
ADD   BX,AX            ; BX ← BX+AX
ADD   AX,[BX+30]       ; DS:[BX+30]所指的字单元内容与 AX 内容相加，相加结果送入 AX 中
```

**【例 3.14】**设指令执行前，AL=76H，BL=15H，执行指令 ADD　AL,BL 之后，AL=8BH，BL 仍为 15H。

```
        0111 0110     AL
   +)   0001 0101     BL
   ---------------------
        1000 1011     AL
```

对状态标志位的影响：CF=0，ZF=0，SF=1，AF=0，OF=1，PF=1。

（2）带进位的加法指令 ADC。

指令格式：ADC dest,src

功能：将源操作数的内容、目的操作数的内容、当前进位标志位 CF 的值相加后的结果回送给目的操作数，并根据运算结果影响所有状态标志位。实际编程时，常使用该指令实现多字节/字的加法运算。

由于 8086 一次最多只能实现两个 16 位的数据相加，故对于多于两个字的加法，只能先加低 16 位内容，然后再进行高 16 位部分内容相加，但在相加时，需考虑上低字位部分的进位位，这时就需要使用 ADC 指令。ADC 指令对状态标志位的影响与 ADD 指令相同。

**【例 3.15】**两个无符号双精度数加法例子，求 1232F365H+6785E024H=?

假设目的操作数存放在 DX 和 AX 寄存器中，其中 DX=1232H 存放高字部分，AX=F365H 存放低字部分；源操作数存放在 BX 和 CX 寄存器中，其中 BX=6785H 存放高字部分，CX=E024H 存放低字部分。

完成以上操作的双字加法指令序列为：

```
ADD   AX, CX  ; 低字部分内容相加
ADC   DX, BX  ; 高字部分内容带进位相加
```

执行第一条指令的相加运算

```
          1111 0011 0110 0101    AX
      +） 1110 0000 0010 0100    CX
      ------------------------------
   CF←1   1101 0011 1000 1001    AX
```

之后，AX=D389H，CF=1，AF=0，PF=0。

执行第二条指令的相加运算

```
          0001 0010 0011 0010    DX
          0110 0111 1000 0101    BX
      +）                   1    CF
      ------------------------------
          0111 1001 1011 0111    DX
```

之后，DX=79B7H，CF=0，ZF=0，SF=0，OF=0。

该指令序列执行完后，相加的 32 位和结果存放在 DX 与 AX 中，DX=79B7H，AX=D389H，即相加的结果为 79B7D389H。

（3）加 1 指令 INC。

指令格式：INC　dest

功能：将指令中指定的操作数内容加 1 后，再回送给该操作数。

实际上，INC 指令中的操作数既是目的操作数，又是源操作数，其可以是任意一个 8/16 位的通用寄存器或存储器操作数，但不能是立即数。指令的执行结果只影响 PF、AF、ZF、SF

和 OF 标志位。

实际编程时，INC 指令常用于循环程序中对循环计数器的计数值或修改地址指针。

2. 减法指令

（1）减法指令 SUB。

指令格式：SUB　dest,src

功能：将目的操作数与源操作数的内容相减之后的结果回送给目的操作数。该指令对操作数的要求以及对状态标志位的影响与 ADD 指令完全相同。

**【例 3.16】** 设 SS=3000H，BP=2063H，AL=87H，内存单元（3206CH）=91H。试分析指令 SUB AL,9[BP]执行后的情况。

执行指令 SUB　AL,9[BP]，实际上执行的就是以下操作：

```
            1000 0111          AL
        -） 1001 0001        （3206CH）
       ------------------------------
      CF←1 1111 0110           AL
```

指令执行后，AL=F6H，（3206CH）单元内容仍为 91H。对标志位的影响为：CF=1，ZF=0，SF=1，AF=0，OF=0，PF=1。

（2）带借位的减法指令 SBB。

指令格式：SBB　dest,src

功能：指令执行时，用目的操作数的内容减去源操作数的内容，同时还要减去 CF 标志位的值，并将相减的结果回送给目的操作数。SBB 指令对操作数的要求以及对状态标志位的影响与 ADC 指令完全相同。在实际编程中的应用也与 ADC 指令相同，即主要用于两个多字节/字二进制数的相减运算。

**【例 3.17】** 设指令执行前，DX=8012H，AX=7546H，CX=7010H，BX=9428H。请编写程序段，完成 80127546H–70109428H 的运算。

双字减法指令序列为：

```
SUB   AX, BX             ; 低字部分内容相减
SBB   DX, CX             ; 高字部分内容带借位 CF 相减
```

第一条指令执行相减运算

```
              0111 0101 0100 0110      AX
      -）     1001 0100 0010 1000      BX
      ------------------------------------
    CF←1      1110 0001 0001 1110      AX
```

之后，AX=E11EH，CF=1，ZF=0，AF=1，　PF=1。

第二条指令执行相减运算

```
             1000 0000 0001 0010       DX
             0111 0000 0001 0000       CX
      -）                      1       CF
      ------------------------------------
             0001 0000 0000 0001       DX
```

之后，DX=1001H，CF=0，ZF=0，SF=0，OF=1。

该指令序列执行完后，相减的 32 位差值存放在 DX 与 AX 中，DX=1001H，AX=E11EH，即相减的结果为 1001E11EH。

（3）减 1 指令 DEC。

指令格式：DEC dest

功能：完成对指令中指定的操作数的内容减 1 后，又回送给该操作数。该指令对操作数的要求及对标志位的影响与 INC 指令完全相同，实际使用场合也与 INC 指令一样，通常用于在循环过程中对地址指针和循环次数的修改。

NEG 指令解析

（4）求补指令 NEG。

指令格式：NEG dest

功能：对指令中指定的操作数内容求补后，再将结果回送给该操作数。该操作数只能是通用寄存器操作数或存储器操作数。

对一个操作数求补实际上就相当于用 0 减去该操作数的内容，故 NEG 指令属于减法指令。该指令的间接求法是将操作数的内容按位求反，末位加 1 后再回送给该操作数。

**想一想**：*为什么可以这样？*

该指令执行的效果是改变了操作数的符号，即将正数变为了负数或将负数变为了正数，但绝对值不变。由于有符号数在机器中是用补码表示的，所以，对于一个负数的操作数进行求补，实际上就是求其绝对值。例如：设 BX 所指的字节单元内容为-5（补码为 11111010B），则在执行 NEG BYTE PTR[BX]后，其值变成了 00000101=+5（-5 的绝对值）。

从以上例子也可以看到，对一个负数的补码进行求补，得到的是该负数的绝对值。因此在实际编程时，常用 NEG 指令求负数的绝对值。

NEG 指令影响所有状态标志位。

CMP 指令与 SUB 指令的区别

（5）比较指令 CMP。

指令格式：CMP　dest,src

功能：CMP 指令除了不回送相减结果外，其他均与 SUB 指令相同。例如：

设在执行指令 CMP　AL,CL 之前，AL=68H，CL=9AH，该指令执行操作

```
          0110 1000    AL
     -）  1001 1010    CL
   ----------------------
  CF←1    1100 1110
```

之后，AL=68H，CL=9AH，CF=1，ZF=0，SF=1，AF=1，OF=1，PF=0。

在该例中，当把两个操作数作为无符号数比较时，被减数小于减数，不够减，有借位，CF=1；当把两个操作数作为有符号数比较时，相减结果超出了有符号数所能表示的范围，因此 OF=1，有溢出。

实际编程时，常利用 CMP 指令比较判断两个数的大小或是否相等，在该指令后跟一条条件转移指令，根据比较结果实现程序转移。

**【例 3.18】** 在数据段的 BUF 存储区分别存放了两个 8 位无符号数，试比较它们的大小，并将较大者送到 MAX 单元。程序段如下：

```
    ⋮
LEA   BX,BUF          ; BUF 的偏移地址送给 BX，设置地址指针
MOV   AL,[BX]         ; 第一个无符号数送 AL
INC   BX              ; BX 指针指向第二个无符号数
```

```
        CMP  AL,[BX]          ; 比较两个数
        JNC  NEXT             ; 目的操作数大于源操作数，即 CF= 0，则转向 NEXT 处
        MOV  AL,[BX]          ; 否则，较大的数送至 AL（中间寄存器）
NEXT:   MOV  MAX,AL           ; 较大的无符号数送至 MAX 单元
        ⋮
```

3. 乘法指令

乘法指令分为无符号数乘法指令和有符号数乘法指令两种，它们唯一的区别是相乘的两个操作数是有符号数据还是无符号数据。

乘法指令的被乘数是隐含操作数，乘数需在指令中显式写出来。执行指令时，CPU 会根据乘数是 8 位还是 16 位来自动选用被乘数是 AL 还是 AX。

（1）无符号数乘法指令 MUL。

指令格式：MUL opr

功能：将指令中指定的操作数与隐含的被乘数（都为无符号数）相乘，所得的乘积按表 3.2 中的对应关系存放。

表 3.2 乘法指令中乘数、被乘数与乘积的对应关系表

| 乘数位数 | 隐含的被乘数 | 乘积的存放位置 | 举例 |
| --- | --- | --- | --- |
| 8 位 | AL | AX 中 | MUL BL |
| 16 位 | AX | DX 与 AX 中 | MUL BX |

MUL 指令对标志位 CF、OF 有影响，对 SF、ZF、AF、PF 无定义。如果运算结果的高一半（AH 或 DX）为零，则 CF=OF= 0；否则 CF=OF= 1。

**说明：**

（1）MUL 指令中的操作数可以使用除立即数以外的其他寻址方式，但当是寄存器寻址时，操作数只能是通用寄存器。

（2）对标志位的“无定义”和“不影响”不同。无定义是指指令执行后，标志位的状态不确定；不影响是指指令的结果不影响标志位，即标志位保持原状态不变。

（2）有符号数乘法指令 IMUL。IMUL 指令的格式和功能与 MUL 相同，只是要求两个操作数都须为有符号数。IMUL 指令对标志位的影响为：若乘积的高半部分是低半部分的符号位扩展，则 OF=CF=0；否则 OF=CF=1。

**说明：**

（1）IMUL 指令中对操作数的寻址方式规定同 MUL 指令，但表示形式为补码，乘积也是以补码形式表示的数。

（2）有关符号扩展的内容见 P77。

**【例 3.19】**MUL 指令和 IMUL 指令的乘法例子。

将以下指令中的立即数看作是无符号数实现相乘。

```
MOV  AL,0B4H      ; AL=B4H=180
MOV  BL,11H       ; BL=11H=17
MUL  BL           ; AX=0BF4H=3060，  高 8 位 0BH 不为 0，OF=CF=1
```

将以下指令中的立即数看作是有符号数实现相乘。

```
MOV   AL,0B4H        ; AL=B4H=-76
MOV   BL,11H         ; BL=11H=17
IMUL  BL             ; AX=FAF4H= -1292，高 8 位 FAH 不是低半部分的符号位扩展，OF=CF=1
```

4. 除法指令

除法指令的被除数是隐含操作数，除数需要在指令中显式写出来。CPU 会根据除数是 8 位还是 16 位来自动选用被除数是 16 位还是 32 位。

（1）无符号数除法指令 DIV。

指令格式：DIV　src

功能：用指令中的显式操作数去除隐含操作数（都为无符号数），所得的商和余数按表 3.3 中的对应关系存放。

表 3.3　除法指令中除数、被除数、商和余数的对应关系

| 除数位数 | 隐含的被除数 | 商 | 余数 | 举例 |
|---|---|---|---|---|
| 8 位 | 在 AX 中 | 在 AL 中 | 在 AH 中 | DIV　BH |
| 16 位 | 在 DX 与 AX 中 | 在 AX 中 | 在 DX 中 | DIV　BX |

（2）有符号数除法指令 IDIV。

IDIV 指令的格式和功能与 DIV 相同，只是要求操作数必须为用补码表示的有符号数，计算的商和余数也是用补码表示的有符号数，且余数的符号与被除数的符号相同。

**说明：**

（1）除法指令对所有状态标志位的值均无定义。

（2）除法指令中被除数的长度应为除数长度的两倍，如果被除数和除数长度相等，则应在使用除法指令之前，通过符号扩展指令 CBW 或 CWD 对被除数进行位数扩展。

（3）执行除法指令后，若商超出了表示范围，即字节除法超出了 AL 范围，字除法超出了 AX 范围，就会引起 0 号类型中断，在 0 号类型中断处理程序中，对溢出进行处理（详见 8.2.1 节）。

5. 符号扩展与符号扩展指令

（1）符号扩展。

微机系统中，有时需要将一个数据从位数较少扩展到位数较多，例如，在执行除法指令时，由于对字节除数相除要求被除数为 16 位，对字除数相除要求被除数为 32 位，即被除数必须为除数的倍长数据，因此就涉及数据的位数扩展问题，具体的扩展有符号扩展与零扩展两种方法。

当要扩展的数据是无符号数时可采用零扩展，即在最高位前扩展 0，补充够位数即可；当要扩展的数据是有符号数时需采用符号扩展。由于采用补码形式表示的整数具有固定的长度，因此在汇编指令系统中，经常有一些指令需要将其中的操作数进行符号扩展。譬如两个 8 位或 16 位数据进行相加或者相减运算时，当有不足位数要求的数据时，需要将少位数据扩展成与位数要求相一致的数据；两个数据相除时，被除数应必须是除数的倍数等。符号扩展的方法是将需要扩展的数据的符号位填入到扩展的每一位，以保持其作为有符号数的值的大小不变。这里要注意，要扩展的数须是用补码形式表示的有符号数，符号扩展后，其结果仍是该数的补码。

因此，对于补码表示的数，其正数的符号扩展是将其符号位 0 向左扩展（补 0）；其负数的符号扩展是将其符号位 1 向左扩展（补 1）。

（2）符号扩展指令。

符号扩展及符号扩展指令操作演示

1）字节扩展为字指令 CBW。

指令格式：CBW

功能：该指令的隐含操作数为 AH 和 AL，功能是用 AL 的符号位去填充 AH，即若 AL 为正数，则 AH=00H；否则 AH=FFH。

2）字扩展为双字指令 CWD。

指令格式：CWD

功能：该指令的隐含操作数为 DX 和 AX，功能是用 AX 的符号位去填充 DX，即若 AX 为正数，则 DX=0000H；否则 DX=FFFFH。

以上两条指令的执行都不影响任何标志位。

**【例 3.20】**现已知 BX=4，通过以下指令的执行，仔细领会符号扩展指令的作用。

```
MOV   BL,-6              ; BL=FAH
MOV   AL,-10             ; AL=F6H
CBW                      ; AL 的符号位扩展到 AH 中，AX=FFF6H
ADD   AL,4               ; AL=FAH
CBW                      ; AL 的符号位扩展到 AH 中，AX=FFFAH
CWD                      ; AX 的符号位扩展到 DX 中，DX=FFFFH，AX=FFFAH
IDIV  BL                 ; 存放在 AX 中的数据除以 BL 中的数据，商值 AL=1，余数值 AH=0
```

### 3.4.3 逻辑运算与移位类指令

逻辑运算与移位类指令以二进制位为基本单位进行数据的操作，所以也称为位操作类指令，是一类常用的指令。

1. 逻辑运算指令

（1）逻辑与指令 AND。

指令格式：AND　dest,src

功能：将两个操作数的内容进行按位相“与”运算，并将结果回送目的操作数。源操作数可以是 8/16 位的通用寄存器、存储器操作数或立即数，目的操作数只允许是通用寄存器或存储器操作数。

指令对标志位的影响：CF=OF=0，SF、ZF 和 PF 按各自的定义受影响，AF 无定义。

**【例 3.21】**已知 BH=87H，要求把其中的第 2、4、6 位置为 0，其余位保持不变。

分析：构造一个立即数，使其第 2、4、6 位为 0，其他位为 1，该立即数应为 ABH（10101011B）。然后执行指令：AND BH,0ABH。指令执行的操作为：

$$\begin{array}{r} 10000111 \\ \wedge \quad 10101011 \\ \hline 10000011 \end{array}$$

逻辑运算指令实例演示

实际编程时，AND 指令常用于实现：①屏蔽某些位；②对 CF 状态位清零。

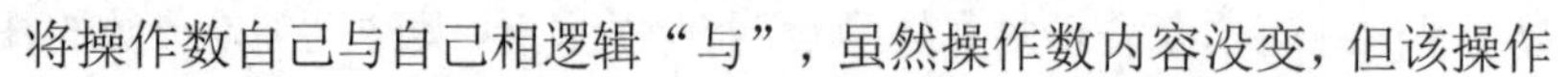

将操作数自己与自己相逻辑“与”，虽然操作数内容没变，但该操作

影响了SF、ZF和PF状态标志位，且将OF和CF清零。

（2）逻辑或指令OR。

指令格式：OR　dest,src

功能：将两个操作数的内容进行按位相“或”运算，并将结果回送目的操作数。指令对源操作数和目的操作数的规定及对标志位的影响与AND指令相同。例如执行OR　AL,80H指令，可使AL寄存器中的最高位置1，其余位不变。假设指令执行前，AL=3AH，则指令执行后，AL=BAH。

实际编程时，利用OR指令可将操作数的某些位置1，而其余位不变；利用OR指令，也可对两个操作数进行组合（也称为拼字）。

（3）逻辑异或指令XOR。

指令格式：XOR　dest,src

功能：将两个操作数的内容进行按位相“异或”运算，并将结果回送目的操作数。指令对源操作数和目的操作数的规定及对标志位的影响与AND指令相同。

**【例3.22】**要求对存放于DL中数据的第2、3、5和7位取反。

构造一个立即数，使其第2、3、5和7位为1，其他位为0，该立即数即为ACH（10101100B），然后执行指令XOR　DL,0ACH即可实现。

实际编程时，XOR指令常用于实现：①将操作数的某些位取“反”，其他位不变；②将寄存器内容清零。

（4）逻辑非指令NOT。

指令格式：NOT　dest

功能：将操作数的内容按位求反，并将结果回送到目的操作数中。指令中的操作数只能是8/16位的通用寄存器或存储器操作数。

NOT指令不影响所有状态标志位。

例如：设AL=33H，执行指令NOT AL后，AL=CCH

（5）测试指令TEST。

指令格式：TEST　dest,src

功能：TEST指令所完成的操作以及对操作数的约定和对标志位的影响都与AND指令相同，所不同的只是TEST指令不回送结果给目的操作数。

实际编程时，通常是在需要检测某一位或某几位的状态，但又不希望改变原有操作数值的情况下使用TEST指令，所以，该指令常被用于条件转移指令之前，根据测试结果实现相应的程序转移。这种作用类似于CMP指令，只不过TEST指令常用于测试某一特定位，而CMP指令比较的是整个操作数。

**【例3.23】**检测AX中的最低位是否为1，若为1则转移到标号NEXT处执行，否则顺序执行。

程序段如下：

```
    ⋮
    TEST  AX,0001H
    JNZ   NEXT
    ⋮
```

```
NEXT:  MOV   DL,BL
           ⋮
```

2. 移位指令

移位指令是一组经常使用的指令，共有 8 条。8 条移位指令的共同特点是实现对一个二进制数进行移位操作。在书写指令时，目的操作数（被移位的内容）可以是 8/16 位的通用寄存器或存储器操作数，源操作数只能是立即数 1 或 CL。对于 8086 CPU，若执行一次移位指令只移动一位，则可在指令中直接写出移位位数 1；若移动多位（一般为 2～15）时，则应先将这多位数值预先放在 CL 中，在移位指令中用 CL 表示移位位数，如图 3.21 所示为各指令的功能示意图。

使用移位指令可以实现以下两种操作：①可分离出操作数中的某些位；②可部分地替代乘/除法指令（有符号数乘以或除以 $2^n$，使用算术移位指令；无符号数乘以或除以 $2^n$，使用逻辑移位指令）。

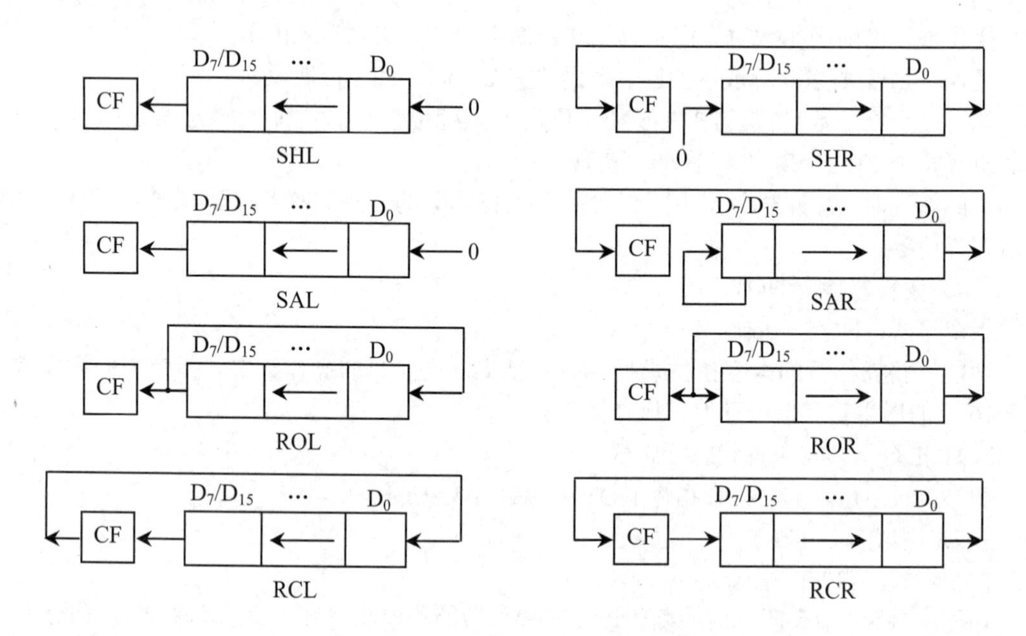


图 3.21　移位与循环移位指令功能示意图

（1）非循环移位指令。

1）逻辑左移指令 SHL。

指令格式：SHL　mem/reg,count

功能：将目的操作数的内容向左移位，移位次数由源操作数 count 决定，count 只能是 1 或 CL。每左移一位，目的操作数的最高位移入 CF 标志位，最低位补 0。

移位指令功能及实例演示

SHL 指令对标志位的影响：对于 OF，在移位位数为 1 的情况下，若移位后的结果使最高符号位发生了变化，则 OF=1，否则 OF=0；对 AF 无定义；对 CF、PF、SF 和 ZF 按照各自的定义受影响。以下的逻辑右移指令 SHR 及算术右移指令 SAR 对标志位的影响与 SHL 指令相同。

2）逻辑右移指令 SHR。

功能：将目的操作数的内容向右移位，每右移一位，操作数的最低位移入 CF 标志位，最高位补 0。

3）算术左移指令 SAL。SAL 指令与 SHL 指令是一条机器指令的两种汇编指令表示，功能上在此不再重复介绍。

4）算术右移指令 SAR。

功能：将目的操作数的内容向右移位，移位次数由源操作数给定，每右移一位，操作数的最低位移入 CF 标志位，最高位在移入次高位的同时保持不变，即符号位始终保持不变。

以上 4 条移位指令分为逻辑移位和算术移位。逻辑移位是针对无符号数的，移位时，总是用 0 来填补已空出的数位。每左移一位，只要左移后的数未超出一个字节或字的范围，则相当于将原数据乘以 2；每右移一位，相当于将原数据除以 2。算术移位是针对有符号数的，对于算术右移指令 SAR，在移位过程中必须保持符号位不变。上述这些指令的执行示例见表 3.4。

表 3.4　非循环移位指令执行示例

| 操作数的初值 | 执行的指令 | 执行后操作数的内容 | 对标志位的影响 |
|---|---|---|---|
| AH=82H | SHL　AH,1 | AH=04H | CF=1，OF=1，PF =0，SF=0，ZF=0 |
| AH=82H | SHR　AH,1 | AH=41H | CF=0，OF=1，PF =1，SF=0，ZF=0 |
| AH=82H | SAL　AH,1 | AH=04H | CF=1，OF=1，PF =0，SF=0，ZF=0 |
| AH=82H | SAR　AH,1 | AH=C1H | CF=0，OF=0，PF =0，SF=1，ZF=0 |

【例 3.24】编程实现一 16 位无符号数 Y 乘以 10 的运算，假设运算结果没有超出字的范围。

程序段为：

```
MOV   AX,Y
MOV   BX,AX
SHL   AX,1          ; AX← AX×2
MOV   CL,3
SHL   BX,CL         ; BX← BX×8
ADD   BX,AX         ; BX 中存放的是 Y×10 的结果
```

（2）循环移位指令。循环移位指令的指令格式以及对操作数的规定都与非循环移位指令相同，所不同的是在功能上，循环移位指令的移位按一闭环回路进行，所以下面只介绍各指令的功能。

循环移位指令功能及实例演示

1）循环左移指令 ROL。

功能：将目的操作数的内容向左移动源操作数所规定的位数，每移一位，最高位在进入进位位 CF 的同时，也移入空出的最低位，形成环路。

2）循环右移指令 ROR。

功能：将目的操作数的内容向右移动源操作数所规定的位数，每移一位，最低位在进入进位位 CF 的同时，也移入空出的最高位，形成环路。

3）带进位循环左移指令 RCL。

功能：将目的操作数的内容向左移动源操作数所规定的位数，每移一位，最高位进入标志位 CF，而 CF 原先的状态值移入最低位。

4）带进位循环右移指令 RCR。

功能：将目的操作数的内容向右移动源操作数所规定的位数，每移一位，最低位进入标志位 CF，而 CF 原先的状态值移入最高位。

以上 4 条循环移位指令也分为两类，即不带进位标志 CF 的循环移位（小循环）和带进位标志 CF 的循环移位（大循环），它们仅影响 CF 和 OF 两个标志位。对于 CF，其值总是等于目的操作数最后一次循环移出的那一位，OF 的变化规则与非循环移位指令中 OF 的变化规则相同。

总之，循环移位指令与非循环移位指令有所不同。循环移位操作后，操作数中原来各位的信息并未丢失，只是移到了操作数中的其他位或进位标志位中，必要时还可以恢复。

循环移位指令的执行示例见表 3.5。

表 3.5 循环移位指令执行示例

| 指令操作数及 CF 的初值 | 执行的指令 | 指令执行后的结果 | 对标志位的影响 |
|---|---|---|---|
| AX=8067H | ROL AX,1 | AX=00CFH | CF=1，OF=1 |
| AX=8067H | ROR AX,1 | AX=C033H | CF=1，OF=0 |
| AX=8067H，CF=0 | RCL AX,1 | AX=00CEH | CF=1，OF=1 |
| AX=8067H，CF=0 | RCR AX,1 | AX=4033H | CF=1，OF=1 |

【例 3.25】编写将 DX 和 AX 所组成的 32 位二进制数据算术左移一位的程序段。

程序段为：

```
SHL   AX, 1
RCL   DX, 1
```

### 3.4.4 控制转移类指令

控制转移类指令用于控制程序的流程，是汇编程序中经常使用的一类指令。8086 CPU 所提供的控制转移类指令有无条件转移指令、条件转移指令、循环控制指令、子程序调用指令和中断指令。这类指令的共同特点是通过修改 IP（或 CS 与 IP）的值来改变程序的正常执行顺序。

1. 无条件转移指令 JMP

无条件转移指令 JMP 执行后，程序无条件地转移到另一个地址去执行。在 JMP 指令中，必须要指出要转移的目标地址，这个地址是通过修改 IP（或 CS 与 IP）的值来指定的，指定方式可以是直接的，也可以是间接的，具体有以下 4 种形式。

JMP 无条件转移指令

（1）段内直接转移。

指令格式：JMP label

功能：无条件转移到本段内 label 所指的目标地址处执行，即执行“IP←IP+位移量”操作。指令被汇编时，汇编程序会计算出 JMP 指令的下一条指令到 label 所指示的目标地址之间的位移量。

**说明：**

（1）label 表示的是一个标号，其在本程序所在的代码段内，表示要转移的目标地址，在一具体源程序中，标号名由用户自己命名。

（2）位移量是要转移到的目标指令的偏移地址与紧跟在 JMP 指令后的那条指令的偏移地址之间的差值。当向地址增大方向转移时，位移量为正；向地址减小方向转移时，位移量为负。

（3）根据位移量的值范围，JMP label 指令又可分为段内短转移和近转移。其中短转移指 8 位的位移量，值在–128 ~ +127 之间；近转移指 16 位的位移量，值在–32768 ~ +32767 之间。汇编程序也提供了相应的短转移 SHORT 运算符和 NEAR 类型来明确，但用户不必考虑是短转移还是近转移，汇编程序在汇编时会计算位移量值并依据计算值进行自动转移。在具体的段内直接近转移指令中，标号前的 NEAR PTR 可写出来也可省略，其中 NEAR 为类型，PTR 为属性运算符（详见 4.1.4 节）。

（4）“直接”的意思是，程序中可以直接引用具体标号名。

示例如下：

```
        ⋮
        JMP   NEAR PTR NEXT          ; 段内近转移，NEXT 为标号，NEAR PTR 可省略
        ⋮
NEXT:   MOV   RESULT,AL              ; NEXT 指向目标地址处的指令
        ⋮
        JMP   SHORT  L1              ; 段内短转移，L1 为标号
        ⋮
L1:     ADD   BX,AX
        ⋮
```

（2）段内间接转移。

指令格式：JMP　opr

功能：无条件转移到本段内 opr 所指定的目标地址去执行程序。opr 可为一寄存器或存储器操作数，在其中预放着要转移的目标地址。执行 JMP 指令时，将 opr 中取得的偏移地址作为新的指令指针装入到 IP 中，实现程序转移。

示例：

```
MOV   BX,2100H
JMP   BX                     ; 操作数为寄存器，程序将直接转到 2100H 处执行，即 IP←2100H
JMP   WORD   PTR [BX]        ; 操作数为存储器操作数，需定义类型为 WORD
```

若 DS=1000H，（12100H）=54H，（12101H）=15H，则示例中第二条 JMP 指令将使程序转移到 1554H 处执行，即 IP=1554H。

以上的段内转移只涉及偏移地址的改变，段地址 CS 的值不变。

（3）段间直接转移。

指令格式：JMP　FAR PTR label

功能：无条件转移到另外一个代码段中标号为 label 所指的目标地址处执行。指令中的 FAR PTR 为远转移属性，表示转移是在段间进行，label 为另外一个代码段中目标地址的标号。例如：

```
JMP   FAR   PTR   OTHERP     ; 远转移到另一代码段的 OTHERP 处执行指令
```

（4）段间间接转移。

指令格式：JMP　DWORD PTR opr

功能：无条件地转移到另外一个代码段中由操作数所指定的目标地址处执行。指令中的操作数 opr 只能是一个存储器操作数，涉及连续 4 个内存单元，通过 DWORD PTR 明确类型。指令执行时，由 opr 的寻址方式确定出具体的偏移地址，将该偏移地址所指的双字单元中的低字内容送给 IP，高字内容送给 CS，形成新的指令执行地址 CS:IP，从而实现段间间接转移。例如：

```
MOV   WORD   PTR [BX],3200H
MOV   WORD   PTR [BX+2],1600H
JMP   DWORD   PTR [BX]              ;程序将转移到 1600:3200H 处执行
```

2. 条件转移指令

条件转移指令的执行不影响状态标志位，通常是根据其前一条指令执行后对状态标志位的影响状态来决定程序是否转移。当满足转移指令中所规定的条件时，程序就转移到指令中指定的目标地址处执行；否则，依然顺序执行下一条指令。所有的条件转移指令都是段内直接短转移。

8086 CPU 共提供 18 条条件转移指令，分为三类。第一类为根据单个标志位的判断；第二类为两个无符号数的比较判断；第三类为两个有符号数的比较判断，见表 3.6。在汇编源程序中，条件转移指令一般都跟在算术运算、逻辑运算或移位指令之后，通过检测运算结果所影响的某个标志位的状态或者综合检测几个标志位的状态，来判断转移条件是否满足。

表 3.6 条件转移类指令

| 类型 | 指令格式 | 转移测试条件 | 功能描述 |
|---|---|---|---|
| 单个标志位 | JC opr | CF=1 | 有进（借）位转移 |
| | JNC opr | CF=0 | 无进（借）位转移 |
| | JP/JPE opr | PF=1 | 奇偶性为 1（偶）状态转移 |
| | JNP/JPO opr | PF=0 | 奇偶性为 0（奇）状态转移 |
| | JZ/JE opr | ZF=1 | 结果为 0/相等转移 |
| | JNZ/JNE opr | ZF=0 | 结果不为 0/不相等转移 |
| | JS opr | SF=1 | 符号位为 1 转移 |
| | JNS opr | SF=0 | 符号位为 0 转移 |
| | JO opr | OF=1 | 溢出转移 |
| | JNO opr | OF=0 | 无溢出转移 |
| 无符号数 | JA/JNBE opr | CF=0 且 ZF=0 | 高于/不低于也不等于转移 |
| | JNA/JBE opr | CF=1 或 ZF=1 | 不高于/低于或等于转移 |
| | JB/JNAE opr | CF=1 且 ZF=0 | 低于/不高于也不等于转移 |
| | JNB/JAE opr | CF=0 或 ZF=1 | 不低于/高于或等于转移 |
| 有符号数 | JG/JNLE opr | SF=OF 且 ZF = 0 | 大于/不小于也不等于转移 |
| | JNG/JLE opr | SF≠OF 或 ZF=1 | 不大于/小于或等于转移 |
| | JL/JNGE opr | SF≠OF 且 ZF=0 | 小于/不大于也不等于转移 |
| | JNL/JGE opr | SF=OF 或 ZF=1 | 不小于/大于或等于转移 |

【例 3.26】对 CF 和 ZF 标志位的测试应用示例。编写一程序段，统计存放在 DX 中的数据所包含的 1 的个数。

程序段如下：

```
        ⋮
        XOR   AL,AL             ; AL 存放统计结果 1 的个数，初始化为 0，CF=0
AGAIN:  TEST  DX,0FFFFH         ; 测试 DX 是否为 0
        JZ   NEXT               ; ZF=1，DX=0，转移到 NEXT 处
        SHR   DX,1
        JNC   AGAIN             ; CF=0，转移到 AGAIN 处
        INC   AL                ; CF=1，AL 累加 1
        JMP   AGAIN
NEXT:   ...
        ⋮
```

【例 3.27】对 SF 标志位的测试应用示例。编写一程序段，实现将 BX 与 AX 差值的绝对值存入 BX 中。

程序段如下：

```
        ⋮
        SUB   BX,AX
        JNS   NEXT
        NEG   BX
NEXT:
        ⋮
```

【例 3.28】无符号数的比较应用示例。编写一程序段，实现比较存放在 AX 与 BX 中的两个无符号数的大小，将较大者存放在 AX 寄存器中。

程序段如下：

```
        ⋮
        CMP   AX,BX             ; 执行 AX-BX，比较 AX 和 BX
        JAE   NEXT              ; 若 AX≥BX，转移到 NEXT 处
        XCHG   AX,BX            ; 若 AX<BX，交换 AX 与 BX
NEXT:   ...
```

3. 循环控制指令

循环控制指令是一组增强型的条件转移指令，也是通过检测状态标志是否满足给定的条件而进行的控制转移，但转移范围只能在-128～+127 字节内，具有短距离属性。所有的循环控制指令都不影响状态标志位，但与条件转移指令不同的是，循环次数必须预先送入 CX 寄存器中，并根据对 CX 内容的检测结果来决定是循环至目标地址还是顺序执行下一条指令。

如表 3.7 所示为 8086 CPU 所提供的 4 条循环控制指令。

表 3.7　循环控制指令

| 指令类型 | 执行的操作及功能描述 |
| --- | --- |
| LOOP　label | 执行 CX←CX-1 操作。若 CX≠0，则转移到目标地址 label 处；若 CX=0，顺序执行下一条指令 |
| LOOPZ/LOOPE　label | 执行 CX←CX-1 操作。若 CX≠0 且 ZF=1，则转移到目标地址处；否则顺序执行下一条指令 |

续表

| 指令类型 | 执行的操作及功能描述 |
|---|---|
| LOOPNZ/LOOPNE label | 执行 CX←CX−1 操作。若 CX≠0 且 ZF=0，则转移到目标地址处；否则顺序执行下一条指令 |
| JCXZ label | 若 CX=0，则转移到目标地址 label 处；若 CX≠0，则顺序执行下一条指令 |

**【例 3.29】** LOOP 指令的应用示例。编写一程序段，实现求 1+2+…+100 之和，并把结果存入 AX 中。

程序段为：

```
            ⋮
        XOR   AX,AX          ; AX=0，CF=0
        MOV   CX,100
        MOV   BX, 1
AGAIN:  ADC   AX, BX         ; 计算过程为 1+2+3+…+99+100
        INC   BX
        LOOP  AGAIN
            ⋮
```

4. 子程序调用与返回指令

在一个程序中，当不同的地方需要多次使用某段功能独立的程序时，可以将这段程序单独编制成一个模块，称为子程序（或过程）。程序执行中，主程序或子程序在需要时可随时调用这些子程序；子程序执行完后，再返回到调用处的下一条指令继续执行。这种子程序的结构不仅可以缩短源程序长度、节省目标程序的存储空间，而且还可以提高程序的可维护性和共享性，是程序设计中被广泛使用的一种方法。8086 CPU 为子程序的调用和返回提供了相应的指令。

子程序的定义调用与返回

（1）子程序调用指令 CALL。子程序调用分为段内调用和段间调用。无论是段内调用还是段间调用，都有直接和间接两种寻址方式。因此，CALL 指令与 JMP 指令在格式上很相似，也有 4 种基本格式。CALL 指令不影响标志位。

1）段内直接调用。

指令格式：CALL opr

指令中的 opr 为子程序名，代表子程序的入口地址。指令的执行过程为：先保存断点，即将 CALL 指令的下一条指令的 IP 值入栈，然后再将 opr 所表示的偏移地址送 IP，转到子程序处去执行指令。

**说明：**段内调用是在同一段内进行的，所以只改变 IP 值；因为是直接调用，子程序名直接写在指令中。

2）段内间接调用。

指令格式：CALL opr

段内间接调用所执行的操作与段内直接调用相同，只是这里的 opr 只能用 16 位的寄存器或存储器操作数表示，具体对操作数的约定与 JMP 指令中的段内间接转移形式完全相同。

3）段间直接调用。

指令格式：CALL FAR PTR opr

段间直接调用的子程序名可直接写在指令中，但在其之前必须冠以 FAR PTR 属性。执行过程是先保存断点，即将 CALL 指令的下一条指令的 CS 和 IP 分别压入堆栈；然后再将 opr 所表示的子程序的偏移地址送 IP，段地址送 CS，实现段间调用。

4）段间间接调用。

指令格式：CALL　DWORD　PTR　opr

段间间接调用要求指令中的操作数 opr 所表示的子程序地址只能用存储器操作数表示，涉及到连续 4 个内存单元。执行时，将前两个单元的字内容（子程序的偏移地址）送 IP，后两个单元的字内容（子程序所在段的段地址）送 CS，实现段间调用。

以下是 4 种 CALL 指令形式的具体指令示例：

```
CALL   DISPLAY              ; 段内直接调用，DISPLAY 是子程序名，省略 NEAR  PTR
CALL   BX                   ; 段内间接调用，BX 中存放子程序的偏移地址
CALL   WORD  PTR [BX]       ; 段内间接调用，BX 所指的内存单元的字内容为子程序的偏移地址
CALL   DWORD  PTR [BX]      ; 段间间接调用，将 BX 所指的内存单元的双字内容分别送入 IP 和 CS
```

**【例 3.30】**段间直接调用示例。

```
CODE1  SEGMENT                          CODE2   SEGMENT
         ⋮                                        ⋮
START:  …                               START:   …
         ⋮                                        ⋮
        CALL   FAR   PTR   SUBR         SUBR    PROC   FAR
        MOV    BUF,AX                             ⋮
         ⋮                              SUBR    ENDP
CODE1  ENDS                             CODE2   ENDS
```

该示例中，指令 CALL　FAR　PTR　SUBR 中的 SUBR 为代码段 CODE2 中的子程序名，属于段间直接调用。

（2）子程序返回指令 RET。

指令格式：RET

功能：执行从堆栈的栈顶弹出断点，恢复原来的 IP（或 IP 与 CS），返回到调用处继续往下执行。该指令通常放在子程序的最后。

**说明：**

（1）RET 指令执行与 CALL 指令相反的操作。具体的执行分远返回和近返回，与子程序的远、近调用相对应。对于近过程，RET 返回时只需从栈顶弹出一个字内容给 IP 作为返回的偏移地址；对于远过程，RET 返回时则需从栈顶弹出两个字内容作为返回地址，先弹出的字内容送给 IP 作为返回的偏移地址，再弹出的字内容送给 CS 作为返回的段地址，并相应修改 SP 的值。

（2）CALL 指令和 RET 指令都不影响状态标志位。

（3）RET 后面可以跟参数，本书不涉及参数部分，有兴趣的读者可参阅有关书籍。

5. 中断调用及返回指令

中断的有关内容将在第 8 章专门介绍，这里只介绍与中断有关的几条指令及相应的操作。

（1）中断指令 INT。

指令格式：INT　*n*

功能：产生一个中断类型号为 *n* 的内部中断，其中 *n* 值是一个 0～FFH 范围内的整数。

INT *n* 指令的具体执行步骤和操作为：

1）标志寄存器内容压入堆栈，将标志位 IF、TF 清零。

2）将当前的 CS 和 IP 值压入堆栈，将中断服务程序的入口地址（入口地址详见 8.2.3）分别装入 IP 和 CS 中。

INT 指令只影响 IF 和 TF 标志位。

（2）中断返回指令 IRET。

指令格式：IRET

功能：退出中断过程，返回到中断时的断点处继续执行。所有的中断程序，不管是由软件引起还是由硬件引起的，其最后一条指令必须是 IRET。执行该指令首先将堆栈中的断点地址弹出到 IP 和 CS，程序返回到原断点处，然后将 INT 指令执行时压入到堆栈中的标志寄存器字内容弹出到标志寄存器，以恢复中断前的标志状态。

### 3.4.5 串操作类指令

在微机应用中，若处理的数据较多，可以将这些数据连续存放在一片存储区中，形成一个数据块，这一片数据可以是字符或其他数据，这样一个数据块就称为串。换言之，串就是存储器中一片连续的字节或字单元中的数据，串操作就是针对这些串数据进行的某种相同的操作，串操作指令就是为此而设置的。

8086 CPU 的串操作指令都具有以下特点：

（1）串操作指令均采用隐含寻址方式，源串一般存放在当前的数据段中，由 DS 提供段地址（允许段超越），由 SI 提供偏移地址；目的串默认在 ES 附加段中（不允许段超越），偏移地址由 DI 提供；如果要在同一段内进行串操作，必须使 DS 和 ES 指向同一段；字符串长度须存放在 CX 寄存器中。

（2）在串操作指令前可通过加重复前缀（如 REP）指令来控制串操作指令的重复执行。

（3）CPU 执行串指令后，地址指针 SI 和 DI 的值会自动变化，其变化方向受标志位 DF 控制。当 DF=0 时，SI 和 DI 自动以递增方向修改；当 DF=1 时，SI 和 DI 自动以递减方向修改。

（4）串操作指令是唯一一组能使源操作数和目的操作数都在存储器内进行操作的指令。

因此，在执行串指令之前，须做好以下初始化操作：

（1）将源串和目的串的首、末偏移地址分别送入 SI、DI 中。

（2）将字符串长度送给 CX。

（3）通过 CLD 或 STD 指令设置好 DF 的值。

以下介绍具体的串操作指令。

1. 串传送指令 MOVS

串操作指令功能演示

指令格式：

```
MOVS   dest,src          （一般格式）
MOVSB                    （字节格式）
MOVSW                    （字格式）
```

功能：将 DS:SI 所指的源串中的一个字节/字，传送到由 ES:DI 所指的目的串中，同时根据方向标志位 DF 的值自动修改 SI 和 DI 的值。其执行的具体操作为：

1）[DI]←[SI]

2）字节操作：SI←SI±1，DI←DI±1

字操作：SI←SI±2，DI←DI±2

**说明：**

（1）SI、DI所执行的“+”“-”操作与DF有关。当DF=0时，执行“+”操作；当DF=1时，执行“-”操作，后面介绍到的其他串指令中的SI和DI的作用及变化与此相同，将不再重复说明。

（2）指令格式中的第一种形式，需写明操作数的类型，即表明是字节串还是字串，其优点是源串可采用段超越；第二和第三种形式，在指令操作码中已用字母“B”或“W”明确注明操作数的类型是字节串或字串，因此不再需要操作数（属于无操作数指令）。实际编程中多采用这两种形式，后面的其他指令也只介绍这两种形式。

（3）该指令不影响状态标志位。

**【例3.31】**编写一程序段，将源数据串中的500个字节数据传送到目的数据串中。设源数据串存放在BUF区，OUTER指向目的串区。

程序段如下：

```
        ⋮
        MOV   SI,OFFSET   BUF        ; 设置源数据串首地址
        MOV   DI, OFFSET   OUTER     ; 设置目的串首地址
        MOV   CX,500                 ; CX←传送次数500
        CLD                          ; 置DF=0，地址向增量方向变化
AGAIN:  MOVSB                        ; 传送一个字节
        DEC   CX                     ; 传送次数减1
        JNZ   AGAIN                  ; 判断CX是否为0，不为0时转到AGAIN处执行，否则结束
        ⋮
```

对于以上程序段，也可以将MOVSB修改为MOVSW传送，但此时的CX也相应需修改为250。

2. 读字符串指令LODS

指令格式：

LODSB　　　　（字节格式）

LODSW　　　　（字格式）

功能：将DS:SI指定的源串中的一个字节或字内容送到累加器AL或AX中，同时相应修改SI值。该指令不影响标志位。

3. 写字符串指令STOS

指令格式：

STOSB　　　　（字节格式）

STOSW　　　　（字格式）

功能：把AL或AX中的值送至由ES:DI所指的字节或字内存单元中，同时修改地址指针DI。该指令不影响任何标志位。

**【例3.32】**将字符“#”装入到当前数据区中从偏移地址4100H开始的连续1000个字节存储区中。

程序段如下：

```
         ⋮
         MOV   AL,'#'
         MOV   DI,4100H
         MOV   CX,1000
         CLD                      ; DF=0，地址增量
AGAIN:   STOSB                    ; 传送一个字符'#'
         LOOP  AGAIN              ; 传送次数 CX 不为 0，继续传送
         ⋮
```

实际编程时，常采用这种方法进行数据存储区的初始化操作。

4. 串比较指令 CMPS

指令格式：

CMPSB　　　　（字节格式）

CMPSW　　　　（字格式）

功能：将由 DS:SI 所指的源串中的一个字节或字减去由 ES:DI 所指的目的串中的一个字节或字，相减结果不回送目的操作数，仅反映在状态标志位上，同时修改 SI 和 DI 值。该指令对 6 个状态标志位都有影响。

**注意**：CMPS 指令的源串操作数（由 SI 寻址）写在逗号左边，目的串操作数（由 DI 寻址）写在逗号右边，这是指令系统中唯一例外的指令语法结构，编程时要特别注意。

**【例 3.33】**以下程序段是对数据区中定义的两个等长字符串 STR1 和 STR2 相比较的示例。若两串相等，给 AL 送 1，否则送-1。

程序段如下：

```
         ⋮
         MOV   SI,OFFSET   STR1
         MOV   DI,OFFSET   STR2
         MOV   CX,N                ; N 为循环次数
         CLD
AGAIN:   CMPSB                     ; 比较两个字符
         JNZ   UNMAT               ; 字符不等，转移
         DEC   CX
         JNZ   AGAIN               ; 进行下一个字符比较
         MOV   AL,1                ; 字符串相等，AL 为 1
         JMP   EXIT                ; 转向 EXIT
UNMAT:   MOV   AL,-1               ; AL 为-1
EXIT:
         ⋮
```

5. 串搜索指令 SCAS

指令格式：

SCASB　　　　（字节格式）

SCASW　　　　（字格式）

功能：将 AL 或 AX 中的内容减去由 DI 指定的目的串中的字节或字内容，根据相减结果影响标志位，但不保存结果，同时修改 DI 的值。

【例 3.34】以下程序段实现在某一数据区中所定义的字符串 STR 中搜索字符“!”。

```
        ⋮
        MOV   DI,OFFSET  STR
        MOV   AL,'!'
        MOV   CX,COUNT             ; COUNT 中为字符个数，送入 CX 作为循环次数
        CLD
AGAIN:  SCASB                      ; 搜索
        JZ  FOUND                  ; ZF=1，找到“!”
        DEC   CX                   ; 不是“!”
        JNZ   AGAIN                ; 搜索下一个字符
        ⋮                          ; 不含有“!”的程序段部分处理
FOUND:  …                          ; 找到“!”的程序段部分处理
        ⋮
```

6. 重复前缀

前面介绍的 5 种字符串操作指令，所叙述的都是这些指令在执行一次时所具有的功能，但每个字符串通常都包含有多个字符，这样就需要重复执行这些串操作指令。重复前缀指令正是为了满足这种需求而提供的，功能是重复执行紧跟在其后的串操作指令，重复次数由 CX 控制。下面介绍三种重复前缀指令。

（1）REP。

指令格式：REP　S_ins

指令中的操作数 S_ins 表示一具体串指令，后面的表示意思一样，将不再重复说明。指令的功能是当 CX≠0 时，REP 后的串指令被重复执行。具体操作过程为：

1）首先判断 CX 是否为 0，若 CX= 0，则退出 REP 操作，否则重复执行串指令。

2）根据 DF 标志位修改涉及的地址指针。

3）将 CX 的值减 1 后回送 CX。

4）重复 1）～3）。

REP 指令常用作 MOVS、STOS 指令的前缀。

示例：使用 REP 指令完成前面【例 3.31】中的功能。

用 REP　MOVSB 代替以下 3 行即可。

```
AGAIN:  MOVSB
        DEC   CX
        JNZ   AGAIN
```

（2）REPZ/REPE。

指令格式：REPZ/REPE　S_ins

功能：当 CX≠0 且 ZF=1 时，重复执行其后紧跟的串指令。该指令的操作过程同 REP，所不同的只是判断条件中，重复串指令操作的次数不仅与 CX 有关，而且与 ZF 有关。REPZ 后面常跟 CMPS 串指令。

示例：对于前面【例 3.33】中两个字符串比较的一段程序，用 REPZ 指令可改写如下：

```
        ⋮
        REPZ   CMPSB               ; 重复比较两个字符
        JNZ   UNMAT                ; 字符串不等，转移到 UNMAT 处
        MOV   AL,1                 ; 字符串相等，将 1 送 AL 中
```

```
        JMP   EXIT              ; 转向 EXIT
UNMAT:  MOV   AL,-1             ; 字符串不等，将-1 送 AL 中
EXIT:
        ⋮
```

（3）REPNZ/REPNE。

指令格式：REPNZ/REPNE S_ins

功能：当 CX≠0 且 ZF=0 时，重复执行其后的串指令。该指令常用作 SCAS 指令的前缀。

例如，对于前面【例 3.34】中搜索字符“!”的一段程序，使用 REPNZ/REPNE 指令可改写如下：

```
        ⋮
        REPNZ  SCASB            ; 搜索
        JZ   FOUND              ; ZF=1，找到“!”字符
        ⋮                       ; 在字符串中没找到“!”后的处理
FOUND:  …
        ⋮
```

### 3.4.6 处理器控制类指令

处理器控制类指令用于对 CPU 进行控制，主要包括：①对 CPU 的标志寄存器的某些标志位状态进行操作；②对 CPU 的暂停、等待、交权等操作。这类指令均为隐含操作数的无操作数指令。各指令的功能见表 3.8。

表 3.8 处理器控制类指令

| 类别 | 指令格式 | 功能描述 |
|---|---|---|
| 标志位操作指令 | CLC | CF=0，使进位标志位 CF 清 0 |
| | STC | CF=1，使进位标志位 CF 置位 |
| | CMC | 使 CF 标志位取反 |
| | CLD | DF=0，使方向标志位 DF 清 0 |
| | STD | DF=1，使方向标志位 DF 置位 |
| | CLI | IF=0，使中断标志位 IF 清 0，实现关中断 |
| | STI | IF=1，使中断标志位 IF 置位，实现开中断 |
| | LOCK | 总线锁定指令，置于指令前时，可使 CPU 在执行这条指令期间将总线封锁，使其他控制器不能控制总线 |
| 其他指令 | HLT | 处理器暂停指令，使 CPU 处于暂停状态，常用于等待中断的产生 |
| | NOP | 空操作指令，消耗 3 个时钟周期时间，常用于程序的延时。NOP 与 HLT 不同，NOP 指令执行后，CPU 继续执行其后的下一条指令 |

## 习题与思考题

3.1 设 BX=5120H，DI=2100H，DS=8206H，试指出下列各条指令中源操作数的寻址方

式。对于是存储器操作数的，还需写出其操作数的有效地址和物理地址。

（1）MOV　AX,[1A30H]

（2）MOV　AX,[BX]

（3）MOV　AX,[BX+53H]

（4）MOV　AX,[BX+DI]

（5）MOV　AX,[BX+DI+28H]

（6）MOV　AX,0D238H

（7）MOV　AX,DX

3.2　设 AX=86BEH，BX=A246H，CF=0。分别执行指令 ADD AX,BX 与 SUB AX,BX 后，求 AX 与 BX 的值并指出标志位 SF、ZF、OF、CF 的状态。

3.3　采用三种不同的方法交换 AX 与 DX 的内容。

3.4　编写指令序列实现：当 DX 中存放的数据是奇数时，使 AH=1，否则使 AH= -1。

3.5　写出可使 AX 清 0 的三种方法。要求：每种方法都只能用一条指令实现。

3.6　编写指令序列，判断 AX 中的有符号数是正数还是负数。若是负数，将-1 送给 AH；否则将 1 送给 AH。

3.7　假设 DX=1234H，CL=4，CF=1，写出下列每条指令执行后 DX 与 CF 的值。

（1）SHL　DX,1

（2）SHR　DX,1

（3）SAR　DX, CL

（4）ROL　DX,CL

（5）ROR　DX,CL

（6）RCL　DX,CL

（7）RCR　DX,CL

3.8　按要求编写指令序列。

（1）将 AX 中的低 4 位置 1，高 4 位取反，其他位清 0。

（2）检查 DX 中的第 2、7、10 位是否同时为 1。

（3）清除 AH 中最低 4 位而不改变其他位，将结果存入 BH 中。

3.9　分析下面的指令序列完成什么功能（提示：将 DX 与 AX 中的内容作为一个整体来考虑）。

```
MOV   CL, 04
SHL   DX, CL
MOV   BL, AH
SHL   AX, CL
SHR   BL, CL
OR    DL, BL
```

3.10　设 SS=1250H，SP=6210H，AX=56A9H，BX=E971H，Flags=3509H，试分析执行以下指令之后，AX、BX、SP、SS、DX 的值各为多少？

```
PUSH AX
PUSH BX
```

PUSHF
POP DX
POP AX

3.11　判断下列指令是否正确，对于错误的需说明错误原因。

（1）MOV　CL,AX
（2）MOV　ES,105AH
（3）MOV　[SI],[BX]
（4）MOV　AL,[BX][BP]
（5）XCHG　DX,[3000H]
（6）PUSH　3500H
（7）INC　[SI]
（8）POP　CS
（9）MUL　38H
（10）MOV　AL,380

3.12　已知各寄存器和内存单元的内容如图 3.22 所示。阅读下列指令序列，并将中间结果填入到相应指令右边的括号内。

CPU

| | |
|---|---|
| CS=3000 | CX=FFFF |
| DS=2050 | BX=0004 |
| SS=50A0 | SP=0000 |
| ES=0FFF | DX=17C6 |
| IF=0000 | AX=8E9D |
| DI=000A | BP=1403 |
| SI=0008 | CF=1 |

RAM

| |
|---|
| （20506）=06 |
| （20507）=00 |
| （20508）=87 |
| （20509）=1A |
| （2050A）=3E |
| （2050B）=C5 |
| （2050C）=2F |

图 3.22　各寄存器和内存单元的当前状态值

```
MOV   DX,[BX+2]        ; DX=（          ）
PUSH  DS               ; SP=（          ）
TEST  AX,DX            ; AX=（          ）  SF=（          ）
ADC   AL,[DI]          ; AL=（          ）
XCHG  AX,DX            ; AX=（          ）  DX=（          ）
XOR   AH,BL            ; AH=（          ）
SAR   DH,1             ; DH=（          ）  CF=（          ）
```

3.13　设 DEBUG 环境如图 3.23 和图 3.24 所示，按要求完成各小题。

（1）图 3.23 中，指令 LEA　DI，[0009]是几字节的指令？

（2）现要一次性执行图 3.23 中的前 6 条指令，写出相应的命令。

（3）现要在图 3.24 中偏移地址是 0030H 处写入字符串“Computer”，写出相应的命令。

（4）图 3.24 中，偏移地址 0004H 单元中存放的字内容是多少？

（5）现要将偏移地址为 0100H 处的指令反汇编出来，写出相应的命令。

```
076D:0000 B86A07        MOV     AX,076A
076D:0003 8ED8          MOV     DS,AX
076D:0005 8D1E0000      LEA     BX,[0000]
076D:0009 8D360300      LEA     SI,[0003]
076D:000D 8D3E0900      LEA     DI,[0009]
076D:0011 B44C          MOV     AH,4C
076D:0013 CD21          INT     21
```

图 3.23　DEBUG 环境 1

```
076D:0000  B8 6A 07 8E D8 8D 1E 00-00 8D 36 03 00 8D 3E 09   .j........6...>.
076D:0010  00 B4 4C CD 21 00 00 00-00 00 00 00 00 00 00 00   ..L.!...........
076D:0020  00 00 00 00 00 00 00 00-00 00 00 00 00 00 00 00   ................
076D:0030  00 00 00 00 00 00 00 00-00 00 00 00 00 00 00 00   ................
076D:0040  00 00 00 00 00 00 00 00-00 00 00 00 00 00 00 00   ................
076D:0050  00 00 00 00 00 00 00 00-00 00 00 00 00 00 00 00   ................
076D:0060  00 00 00 00 00 00 00 00-00 00 00 00 00 00 00 00   ................
076D:0070  00 00 00 00 00 00 00 00-00 00 00 00 00 00 00 00   ................
```

图 3.24　DEBUG 环境 2

# 第 4 章　汇编语言程序设计

**导学**：设计十字路口交通灯，除了硬件设计外还需通过软件编程实现。学习任何语言，最终是要通过程序设计解决实际问题，所以学会编程是最终目的。目前，虽然已有多种更接近于人类自然语言的高级语言问世，但汇编语言以其执行速度快和能够实现对硬件的直接控制等独特优点，依然应用于实时控制系统、嵌入式系统等软件开发中。本书的十字路口交通灯案例就是应用 8086 汇编编程实现的。

本章主要包括四部分内容：第一部分为汇编语言源程序的基本结构、常用的伪指令和运算符，这些内容与第 3 章的指令系统结合起来是编写汇编源程序的基础；第二部分结合实例详细介绍汇编语言从源程序的编写到最后运行的整个上机操作过程及汇编程序调试方法；第三部分重点介绍 DOS 系统功能调用；第四部分结合实例介绍汇编程序的设计方法。学习本章，需熟悉汇编语言源程序的结构；深入理解常用伪指令和运算符的功能及用法；深入理解 DOS 系统功能调用并熟练掌握各功能的调用方法；掌握汇编程序的基本设计方法。

## 4.1　汇编语言源程序

### 4.1.1　汇编语言基本概念

按照计算机语言是更接近于人类还是更接近于计算机，可将其分为高级语言和低级语言两大类。低级语言中又包括机器语言和汇编语言两种。

1. 机器语言和汇编语言

计算机的所有操作都是在指令的控制下进行的，能够直接控制计算机完成指定动作的是机器指令。机器指令是由 0 和 1 组成的二进制代码序列，用机器指令编写的程序即为机器语言程序。机器语言程序是唯一能够被计算机直接理解和执行的程序，具有执行速度快、占用内存少等优点，但其不便于编程和记忆，阅读和修改也比较麻烦，由此产生了用指令助记符表示的汇编语言指令，对应的程序称为汇编语言程序。

汇编语言程序的基本单位仍然是机器指令，只是为了便于人们记忆和理解，将机器指令用助记符来表示，称为汇编指令，因此，汇编语言也称为符号语言，是一种依赖于具体微处理器的语言。每种微处理器都提供有自己专有的汇编指令，故汇编语言一般不具有通用性和可移植性（同一系列的 CPU 是向前兼容的）。由于进行汇编语言程序设计须熟悉机器的硬件资源和软件资源，因此相对于高级语言来说，汇编语言具有较大的难度和复杂性，但其优点仍是较突出的，主要体现在以下几个方面。

（1）与机器语言相比，汇编语言易于理解和记忆，编写的源程序可读性较强。

（2）汇编语言仍然是各种系统软件（如操作系统）设计的基本语言。利用汇编语言可以设计出效率极高的核心底层程序，如设备驱动程序；目前在许多高级应用编程中，32 位汇编语言编程仍然占有较大的市场。

（3）用汇编语言编写的程序一般比用高级语言编写的程序执行速度快，且占用内存较少。

（4）汇编语言程序能够直接、有效地利用机器硬件资源，在一些实时控制系统中是不可缺少的或高级语言无法替代的。

（5）学习汇编语言对于理解和掌握计算机的硬件组成及其工作原理是十分重要的，也是进行计算机应用系统设计的基础。

总之，随着计算机技术的发展，人们已极少直接使用机器语言编写程序；高级语言虽然有较多突出的优点，但它也有占用内存容量大、执行速度相对较慢等缺点。因此，对执行速度或实时性要求较高的场合，汇编语言是最好的选择。

2. 汇编语言源程序、汇编程序和连接程序

用汇编语言指令、伪指令等编写的程序称为汇编语言源程序。由于计算机只认识由 0、1 编写的机器语言程序，所以对汇编语言源程序不认识。为此，人们创造了一种叫“汇编程序”的程序。汇编程序的作用就相当于一个“翻译员”，自动地把汇编语言源程序翻译成机器语言，这个翻译过程称为汇编。完成汇编任务的这个程序称为汇编程序，所形成的相应机器语言程序称为目标程序（扩展名.OBJ 文件）。汇编后形成的目标程序虽然已经是二进制代码，但还不能被计算机直接执行，必须经过连接程序的连接，将所需的库文件或其他目标文件连接到一起形成可执行文件（一般为.EXE 文件）后，才能被计算机直接执行。

### 4.1.2　汇编语言源程序的结构

第 3 章的指令系统部分曾列举了大量程序代码，这些程序代码都不是完整的汇编语言源程序，在计算机上不能通过汇编程序生成目标文件。那么完整的汇编语言源程序是什么样的呢？下面展示一个完整的汇编语言源程序。

**【例 4.1】**编写一汇编程序，在屏幕上显示字符串“Welcome to you!”，文件名命名为 pgm.ASM。

```
; SAMPLE   PROGRAM   DISPLAY   MESSAGE              ；注释行
DATA   SEGMENT                                      ；定义数据段
MS   DB   'Welcome to you!$'                        ；定义变量 MS
DATA   ENDS
STACK   SEGMENT   STACK                             ；定义堆栈段
        DW   50 DUP(?)
STACK   ENDS
CODE   SEGMENT                                      ；定义代码段
        ASSUME   DS:DATA,CS:CODE, SS:STACK
START:  MOV   AX,DATA                               ；装填 DS
        MOV   DS,AX
        MOV   DX,OFFSET MS
        MOV   AH,9
        INT   21H
        MOV   AH,4CH                                ；返回 DOS
        INT   21H
CODE   ENDS                                         ；代码段结束
        END   START                                 ；整个程序结束
```

结合【例 4.1】可以知道，完整的汇编语言源程序采用分段结构（由多个逻辑段组成），具体的段包括代码段、数据段、堆栈段和附加段。每个段都以 SEGMENT 开始，以 ENDS 结束，段中有若干条语句，即汇编语言源程序是以语句为基本单位的，整个源程序以 END 语句结尾。代码段、数据段、堆栈段和附加段的作用各不相同。在一个汇编语言源程序中，代码段是必不可少的，其中主要为源程序的所有指令语句，并指示程序中指令执行的起始点（如【例 4.1】中的 START），一个程序只有一个起始点；数据段、堆栈段和附加段则视情况而定。对于简单程序，一般不需要附加段和堆栈段；对于复杂的程序，则可以有多个数据段、堆栈段以及代码段。通常情况下，数据段中主要定义变量、符号常量；附加段中定义目的字符串；堆栈段中定义堆栈区，用以执行压栈和弹出操作，以及在中断或子程序调用中各模块之间传递参数时使用。

将源程序以分段的形式组织是为了对源程序汇编后，能够将指令代码和数据分别装入存储器的相应物理段中。以下为汇编语言源程序的基本格式。

```
DATA   SEGMENT
       ┆                              ; 存放数据的数据段
DATA   ENDS
EXTRA  SEGMENT
       ┆                              ; 存放串数据的附加段
EXTRA  ENDS
STACK  SEGMENT  STACK
       DW   100   DUP(?)              ; 定义了 100 个字单元的堆栈段
STACK  ENDS
CODE   SEGMENT
       ASSUME  CS:CODE,DS:DATA,SS:STACK,ES:EXTRA
START: MOV   AX,DATA
       MOV   DS,AX                    ; 段地址装入 DS
       MOV   AX,EXTRA
       MOV   ES,AX                    ; 段地址装入 ES
       ┆                              ; 核心程序段
       MOV  AH, 4CH                   ; 系统功能调用
       INT  21H                       ; 返回操作系统
CODE   ENDS
       END   START
```

### 4.1.3 汇编语言语句类型与语句格式

1. 汇编语言语句类型

汇编语言源程序的语句分为三大类：指令性语句、指示性语句和宏指令语句。

（1）指令性语句是由指令助记符等组成的可被 CPU 执行的语句，其经过汇编后能生成相应的机器指令，即每条指令语句都对应着 CPU 的一条机器指令。

（2）指示性语句仅仅在汇编过程中指示汇编程序如何进行汇编，并不产生对应的机器指令，它不能使 CPU 执行某种操作，故又称为伪指令。

（3）宏指令语句是通过宏名定义的一段指令序列，是一般性指令语句的扩展。使用宏指令语句可以避免重复书写，使源程序结构更加简洁。

通常，一个汇编语言源程序至少应包含指令语句和伪指令语句两类，本书也只涉及这两类语句。对于宏指令内容，感兴趣的读者可查看专门的汇编语言书籍。

2. 汇编语言语句格式

指令语句的格式在 3.1.2 节中已介绍，这里主要介绍伪指令语句的格式。同时，为了能很好地理解伪指令语句，这里也引用了指令语句，并对两种语句格式进行了对比。

伪指令与指令的区别

伪指令语句的一般格式为：

[名字]　伪指令助记符　[操作数, …,操作数]　[;注释]

指令语句和伪指令语句从格式上看都由 4 部分组成，但它们是有区别的，具体如下：

（1）从形式上看，伪指令语句中的“名字”对应于指令语句中的“标号”，但标号后面需要加上“:”，名字后面不需要；名字通常是为了识别而由用户定义的符号（术语上也称标识符）。标识符的命名规则与高级语言中的相同，一般最多由 31 个字母、数字及规定的特殊字符（?、@、_等）组成，并且不能用数字开头；通常情况下，汇编语言不区分标识符中字母的大小写；不同的伪指令语句对是否有名字一项有不同的规定，有些伪指令语句规定前面必须有，有些则不允许有，还有一些可以任选。

（2）第二部分为伪指令助记符，是由系统提供的表示伪指令操作的符号，用于规定伪指令语句的伪操作功能，不可省略。譬如定义变量的伪指令 DB、DW 等，定义段的伪指令 SEGMENT 等。

（3）第三部分为操作数部分。指令语句中的操作数最多为 2 个（双操作数），有的指令没有操作数，而伪指令语句中的操作数个数随不同的伪指令而相差悬殊，有的伪指令可以是多个操作数，这时须用逗号将各个操作数分开。伪指令语句中的操作数一般是常量、变量、标号、寄存器和表达式等。

（4）第四部分为注释部分。在指令与伪指令中对两者的规定完全一样，就是用来对当前语句（或一段程序）进行说明，以增加程序的可读性，这部分内容不会被计算机执行。

**注意：** 一些已经被系统赋予了一定意义的标识符称为保留字，譬如寄存器名、指令助记符、伪指令助记符、运算符和属性符等，用户不能将保留字定义为其他字符（如标号或变量等）使用。

**说明：** 指令语句和伪指令语句还有一点重要的区别就是起作用的时间不同。指令语句在运行时起作用，伪指令语句在汇编时起作用。

### 4.1.4　数据项与表达式

操作数是汇编语言源程序语句中的一个重要组成部分，具体的操作数可以是寄存器、内存单元或数据项。数据项的形式对语句格式有很大影响，它可以是常量、变量、标号和表达式。

1. 常量、变量与标号

常量、变量和标号是操作数中的三种基本数据。

（1）常量。常量是一个立即数，在程序的执行过程中，其值不发生变化，可直接写在汇编程序语句中。汇编语言中的常量包括数值型常量、字符串型常量和符号常量。数值型常量常用二进制、十进制或十六进制书写。

字符串型常量是指用引号引起来的一个或多个字符，值为每个字符的 ASCII 码值。汇编程序汇编时，把引号中的字符“翻译”成它的 ASCII 码值并存放在相应的内存单元中。譬如'a'，'12345'，'How are you?'等都为字符串型常量。

符号常量是指对经常使用的数值常量可以先为它定义一个名字，然后在语句中用名字来表示该常量（详见 4.2.1 节）。

（2）变量。变量是一个存放数据的内存单元的名字。当内存单元中的数据在程序运行中随时可以修改时，这个内存单元的数据就可以用变量来定义。为了便于对变量的访问，需给变量取一个名字，这个名字称为变量名。变量名的命名规则与标识符的命名规则相同，这里不再重复。

变量实际上表示的是其后所定义的第一个操作数的偏移地址，在程序中作为存储器操作数来使用，譬如第 3 章所列举的一些指令例子中出现过的 BUF、STR 等都是变量。在汇编源程序中使用变量需预先定义（定义方法详见 4.2.2 节），经定义后的变量都具有以下 3 种属性：

1）段属性。定义变量所在段的段起始地址（即段地址），此值必须在一个段寄存器中。

2）偏移量属性。表示从段的起始地址到定义变量的地址之间的距离（字节数），此值为一个 16 位无符号数。

3）类型属性。说明定义变量时，每个操作数占几个字节单元。类型属性由数据定义伪指令规定，8086 CPU 中的类型及对应关系为：DB（字节类型，每个数据占 1 个字节单元）、DW（字类型，每个数据连续占用 2 个字节单元）、DD（双字类型，每个数据连续占用 4 个字节单元）。

**说明：**每一个变量被定义后都具有此三种属性，设置变量名是为了方便存取它所指示的内存单元。

（3）标号。标号在代码段中定义，表示紧跟在其后的指令的偏移地址（即指令的第一个字节所对应单元的地址），用标号名表示，具体的标号名由用户命名。在汇编语言源程序中，并不是每条指令前都必须有标号，只有在需要转向一条指令语句时，才为该指令语句加上标号，以便在转移和循环等控制类指令中直接引用这个标号。标号具有以下 3 种属性：

1）段属性。定义标号所在段的段起始地址，标号的段地址总是在代码段 CS 中。

2）偏移量属性。表示该标号所在段的起始地址到定义标号的地址之间的距离。

3）类型属性。标号的类型有 NEAR 和 FAR 两种。其中 NEAR 属性表示近标号，只能在段内被引用，它所代表的地址指针占两个字节；FAR 属性表示远标号，可以在其他段被引用，它所代表的地址指针占 4 个字节。若没有对标号进行类型说明，默认为 NEAR 属性。

2. 表达式

由运算对象和运算符组成的合法式子就是表达式。表达式是操作数的常见形式，表达式的运算不是由 CPU 完成的，而是在汇编时由汇编程序按一定的优先规则对表达式进行计算后，将返回结果形成新的操作数。汇编语言中的表达式分为数值表达式和地址表达式两种。

数值表达式的运算结果是一个数据，其只有大小没有属性。譬如指令 MOV DX,(6*A−B)/2 中的源操作数(6*A−B)/2 就是一个数值表达式。若变量 A=1，B=2，则此表达式的值为(6*1−2)/2＝2 是一个数值结果。地址表达式的运算结果是存储单元的偏移地址，其是由运算符将常量、变量、标号或寄存器连接而成的式子。

**说明：**

（1）变量和标号是最简单的地址表达式。

（2）地址表达式的返回值应有实际意义。当两个地址在同一个段内时，它们之间的差值表示两个地址之间的距离（即字节数）；两个地址表达式相加、相乘或相除都是无意义的，两个不同段的地址相加、减也是无意义的。在汇编语言源程序中使用较多的是偏移地址加或减一数字量。

3. 运算符

8086 汇编语言提供了多种类型的运算符。

（1）算术运算符、逻辑运算符和关系运算符。算术运算符、逻辑运算符和关系运算符的含义见表 4.1。

表 4.1　MASM 支持的运算符

| 类型 | 符号 | 名称 | 运算结果 | 示例 |
|---|---|---|---|---|
| 算术运算符 | + | 加法 | 和 | 6+9=15 |
| | － | 减法 | 差 | 18－4=14 |
| | * | 乘法 | 乘积 | 5*4=20 |
| | / | 除法 | 商 | 8/3=2 |
| | MOD | 模除 | 余数 | 8　MOD　3=2 |
| | SHL | 左移 | 左移后的二进制数值 | 1010B　SHL　2=1000B |
| | SHR | 右移 | 右移后的二进制数值 | 1010B　SHR　2=0010B |
| 逻辑运算符 | AND | 与运算 | 逻辑与 | 1011B　AND　1100B=1000B |
| | OR | 或运算 | 逻辑或 | 1011B　OR　1100B=1111B |
| | XOR | 异或运算 | 逻辑异或 | 1011B　XOR　1100B=0111B |
| | NOT | 非运算 | 逻辑非 | NOT　1011B=0100B |
| 关系运算符 | EQ | 相等 | 关系成立结果为全“1”（结果全部为 1）<br>关系不成立结果为全“0”（结果全部为 0） | MOV AL,8 EQ '8'　等价于<br>MOV AL,00000000B |
| | NE | 不相等 | | MOV AL,8 NE '8'　等价于<br>MOV AL,11111111B |
| | GT | 大于 | | 8　GT　'8' = 全“0” |
| | LE | 不大于 | | 5　LE　4 = 全“0” |
| | LT | 小于 | | 5　LT　4 = 全“0” |
| | GE | 不小于 | | 5　GE　4 = 全“1” |

1）算术运算符。算术运算符常用于数值表达式和地址表达式中，参与运算的数据和结果必须是整数，除法运算的结果只保留商值。在数值表达式中，运算结果是一个数值。在地址表达式中，经常采用的是“地址±数值常量”形式，其运算结果是地址。譬如，假设 BUF 为一字节类型的变量名，则 BUF+1 为一地址表达式，值为 BUF 所指的字节单元的下一个字节单元的地址。

2）逻辑运算符。逻辑运算符按“位”进行逻辑运算，得到一个数值结果，其仅适用于数值表达式。

**注意：**逻辑运算符与指令系统中的逻辑运算指令操作码在形式上相同，但两者的含义不同。逻辑运算符是在程序汇编时由汇编程序计算的，运算结果是指令中的一个操作数或操作数的一部分，且逻辑运算符的操作对象只能是整数常量；指令操作码则是在程序运行中执行，其操作对象除了整数常量以外，还可以是寄存器或存储器操作数。

例如：指令 MOV　CL,36H　AND　0FH 经汇编程序汇编后变为 MOV　CL,06H。

3）关系运算符。关系运算符用于对两个操作数的比较，相比较的两个操作数必须同是常量，或者是同一逻辑段内的两个内存单元的地址。当比较关系成立（为真）时，结果为全“1”；比较关系不成立（为假）时，结果为全“0”。汇编时，可以得到比较后的结果。例如：

```
MOV  AX,5 EQ  101B      等效于    MOV  AX,0FFFFH
MOV  BH,10H  GT  16     等效于    MOV  BH,00H
```

**说明：**关系运算符一般不单独使用，而是与逻辑运算符组合起来使用。

（2）取值运算符。取值运算符又称分析运算符，它的操作对象是一个存储器操作数，这个存储器操作数通常为一变量或标号，返回值是其后操作数的属性值。

1）OFFSET 运算符。OFFSET 返回的是变量或标号的偏移地址属性值。譬如以下指令：

```
MOV  SI,OFFSET  BUF                ; BUF 为所定义的变量
```

如果变量 BUF 所在段的段地址为 2100H，BUF 在段内的偏移地址为 4300H，则以上指令执行后，SI 的内容为 4300H。

2）TYPE 运算符。TYPE 运算符返回的是变量或标号的类型属性值，用一个数字表示。各种类型和返回值的对应关系见表 4.2。

表 4.2　TYPE 返回值与变量、标号类型的对应关系

| 变量或标号类型 | | TYPE 返回值 |
|---|---|---|
| 变量 | 字节 | 1 |
| | 字 | 2 |
| | 双字 | 4 |
| 标号 | 近 | -1 |
| | 远 | -2 |

（3）合成运算符。合成运算符又称为属性运算符，功能是修改存储器操作数的原有类型属性并赋予其新的类型，以满足不同的访问要求，这个存储器操作数通常是一个变量或标号。这里介绍常用的合成运算符 PTR。

PTR 称为修改属性运算符，格式为：

类型　PTR　存储器操作数

PTR 的功能是用来指定位于其后的存储器操作数的类型。当存储器操作数是变量时，其类型可以是 BYTE、WORD、DWORD；当存储器操作数是标号时，其类型可以是 NEAR 和 FAR。

PTR 功能解析及实例操作

PTR 经常用于以下 3 种情况。

1）对于类型不确定的存储器操作数，需要用 PTR 明确类型。譬如在第 3 章中出现过的指令 MOV　[BX],12H，该指令中的目的操作数[BX]是寄存器间接寻址方式，它指向某一内存单元，在执行传送数据操作时，是把 12H 作为 8 位字节传送，还是扩展成 16 位按字传送呢？这就使该指令具有二义性。因为[BX]指向的内存单元可以是字节或字的首地址，因此该指令是错的。如果修改成 MOV　WORD　PTR[BX],12H 或 MOV　BYTE　PTR[BX],12H，类型明确

后就是正确的指令了。

2）对于已定义的存储器操作数的类型需要临时修改时，必须使用 PTR 运算符。经 PTR 修改后的类型属性仅在当前指令中有效。

【例 4.2】PTR 的应用示例。

```
      ⋮
TAB  DB    'A',1,2,3,4 ,5,              ; 定义 TAB 为字节类型变量
      ⋮
MOV   BH,TAB                            ; BH=41H
MOV   AX,TAB                            ; 本条指令是错误的，两个操作数类型不匹配
      ⋮
```

变量 TAB 被定义为字节类型，所以指令 MOV　AX,TAB 是错误的，若将其修改成 MOV　AX,WORD　PTR　TAB 就是正确的指令了。PTR 的作用只是在 MOV　AX,WORD　PTR　TAB 当条指令中临时修改了 TAB 的属性，将字节类型修改成为了字类型，但并没有改变 TAB 本身的字节类型属性。

3）当 PTR 用来指明标号属性时，可以确定指令中标号的属性。例如：

```
JMP   FAR   PTR   NEXT                  ; NEXT 为标号名，表示段间直接调用
```

（4）其他运算符。其他运算符见表 4.3。

表 4.3　其他运算符

| 符号 | 名称 | 含义 |
|---|---|---|
| () | 圆括号 | 改变运算符的优先级 |
| [ ] | 方括号 | 表示存储器操作数，方括号中的内容表示操作数的偏移地址 |
| : | 段前缀运算符 | 冒号“:”跟在某个段寄存器名之后，用来指定一个存储器操作数的段属性而不管其原来隐含的段是什么 |

在汇编源程序中，当各种运算符同时出现在一个表达式中时，它们具有不同的优先级，优先级的规定见表 4.4。优先级相同的运算符操作顺序为先左后右。

表 4.4　运算符的优先级

| 优先级 | | 运算符 |
|---|---|---|
| 高<br>↑<br>低 | 1 | ( )，[ ]，< >，•，LENGTH，SIZE，WIDTH，MASK |
| | 2 | PTR，OFFSET，SEG，TYPE，THIS，段前缀 |
| | 3 | HIGH，LOW |
| | 4 | *，/，MOD，SHL，SHR |
| | 5 | +，－ |
| | 6 | EQ，NE，LT，LE，GT，GE |
| | 7 | NOT，AND，OR，XOR |
| | 8 | SHORT |

## 4.2 汇编语言伪指令

伪指令即指示性语句，用以在汇编过程中告诉汇编程序如何进行汇编，譬如定义数据、分配存储空间、定义段以及定义子程序等。在所有的伪指令中，除了数据定义伪指令以外，其余的伪指令都不占用内存空间，仅在汇编时起说明作用。按照伪指令的功能大致可分为符号定义伪指令、数据定义伪指令、段定义伪指令、子程序定义伪指令、宏处理伪指令、模块定义与通信伪指令、条件汇编伪指令等。本节主要介绍8086 CPU系统中的常用伪指令。

### 4.2.1 符号定义伪指令

程序中有时会多次用到同一个表达式，为了方便起见，可以给该表达式赋予一个新的名字，以后凡是要用到该表达式的地方就可以直接用这个名字来代替。汇编语言中是通过符号定义伪指令来完成这种功能的，具体有两种。

1. EQU等值伪指令

格式：符号名　EQU　表达式

功能：用EQU左边的符号名代表右边表达式的值或符号。

**说明：**

（1）EQU不给符号名分配内存空间，符号名不能与已定义的其他符号同名，也不能被重新定义。

（2）被定义的表达式可以是一个常数、变量名、标号名、子程序名、指令助记符、寄存器名等。

例如以下的定义：

```
MOVE  EQU  MOV                ; 给助记符MOV取另一个符号名MOVE
PI  EQU  3.1415926535         ; 定义常量符号PI为3.1415926535
STR  EQU  'Please input!'     ; 定义符号名STR为字符串“Please input!”
```

2. “=”等号伪指令

格式：符号名=表达式

等号伪指令与EQU伪指令功能类似，它们之间的区别仅在于“=”允许重新定义，使用更加方便灵活。汇编语言中常用“=”伪指令来定义符号常数。例如：

```
COUNT=1000                    ; 定义符号名COUNT的值为1000
COUNT=2*COUNT + 1             ; 重新定义符号名COUNT的值为2001
```

3. LABEL定义符号名伪指令

格式：标号名或变量名　LABEL　类型

功能：为当前的内存单元定义一个指定类型的标号或变量。LABEL伪指令常用于定义1个数据块或标号，使之具有多重名字和属性。对于变量，类型可以是BYTE、WORD、DWORD；对于标号，类型可以是NEAR或FAR。例如：

LABEL功能解析及实例操作

```
        ⋮
        WBUF  LABEL  WORD
        BUF  DB  100  DUP(1)
```

```
        ⋮
        FNEXT   LABEL   FAR
NEXT:   MOV AX,BX
        ⋮
```

上述指令段中，给 100 个字节单元数据赋予了两个地址相同、类型不同的变量。其中 WBUF 变量通过 LABEL 伪指令定义，类型为字，但系统并不为其分配内存空间；变量 BUF 通过数据定义伪指令 DB 定义，类型为字节，系统为其分配了 100 个字节单元空间。WBUF 与 BUF 具有相同的段地址、偏移地址和存储空间，但它们的数据类型不同。在程序中若采用变量 WBUF，可把这 100 个字节单元作为 50 个字单元使用，即可采用下列指令访问内存单元：

```
MOV   AL,BUF                        ; 将字节单元的内容送 AL
MOV   AX,WBUF                       ; 将字单元的内容送 AX
```

再看 MOV AX,BX 指令，其同时拥有两个标号，即近类型的标号 NEXT 和远类型的标号 FNEXT。该条指令既可以通过标号 NEXT 实现段内调用，也可以通过标号 FNEXT 实现段间调用。

### 4.2.2　数据定义伪指令

数据定义伪指令用来定义变量的类型、给操作数项分配存储单元，并将变量与存储单元相联系。其一般格式为：

[变量名]　数据定义伪指令　操作数,…,操作数; 注释

对格式中的各部分解释如下：

（1）变量名。变量名虽是可选项，但通常情况下都要写。因为如果不写变量名，就意味着只能用存储单元的偏移地址来访问它。这时，一旦存储单元的偏移地址发生变化，则程序中的所有引用都要修改，这不仅增加了程序维护的工作量，而且也容易因遗漏修改而出错。

（2）数据定义伪指令。本部分用以说明所定义数据的数据类型，具体有 DB、DW、DD、DF、DQ 和 DT 共 6 种。8086 汇编程序常使用前 3 种伪指令。

其中的 DB 用以定义字节类型变量。变量中的每个操作数均占用 1 个字节存储单元。定义字符串时常用该伪指令。

DW 用以定义字类型变量。变量中的每个操作数均占用连续 2 个字节存储单元。变量在内存中存放时，遵循“高高低低”（即“低字节存放在低地址，高字节存放在高地址”）的存放原则。

DD 用以定义双字类型的变量。变量中的每个操作数均占用连续 4 个字节存储单元。变量在内存中存放时，同样遵循“高高低低”的存放原则，DF 等的定义遵从同样的规定。

（3）操作数。格式中的操作数是给变量定义的初值，可以是一个或多个。当是多个时，操作数之间须用逗号分隔。操作数的表示形式归纳起来有 5 种，下面结合实例介绍每种具体的形式。

1. 操作数为数值型表达式

**【例 4.3】** 分析以下数据定义情况。

```
DATA   SEGMENT                      ; 数据段开始
A    DB   20,0A3H                   ; 字节类型操作数
B    DW   10D0H,-4                  ; 字类型操作数
```

数据定义伪指令
实例演示

```
C    DD   2*80,-100                  ; 双字类型操作数
DATA   ENDS                          ; 数据段结束
```

在数据段中定义了 A、B、C 三个类型不同的变量，汇编后的内存分配示意图如图 4.1 所示。

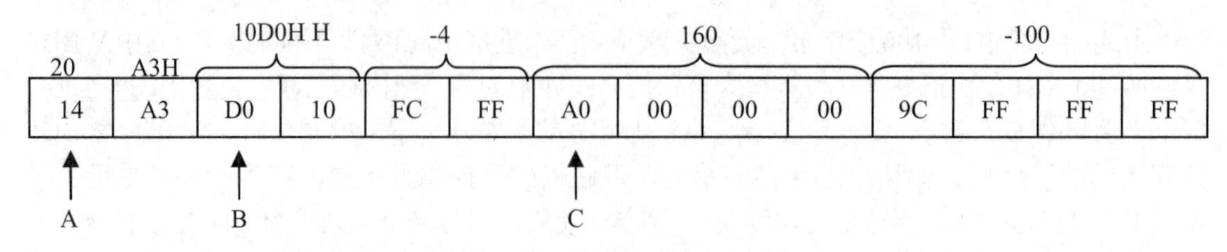


图 4.1 A、B、C 变量分配示意图

**注意**：数值型数据的值不能超过由伪指令所定义的数据类型限定的范围。

**说明**：示意图中的数据都以十六进制形式表示，后面的不再说明。

2. 操作数为地址表达式形式

用地址表达式形式定义数据时，只能使用 DW 和 DD 两种伪指令。

**【例 4.4】** 分析以下数据定义情况。

```
DATA   SEGMENT
X   DW   2,1,$+5,7,8,$+5             ; "$+5" 为地址表达式
LEN   DB   $-X                       ; "$-X" 为地址表达式
DATA   ENDS
```

分析：X 为数据段中定义的第一个变量，汇编后其偏移地址为 0000H，操作数的存放情况如图 4.2 所示。

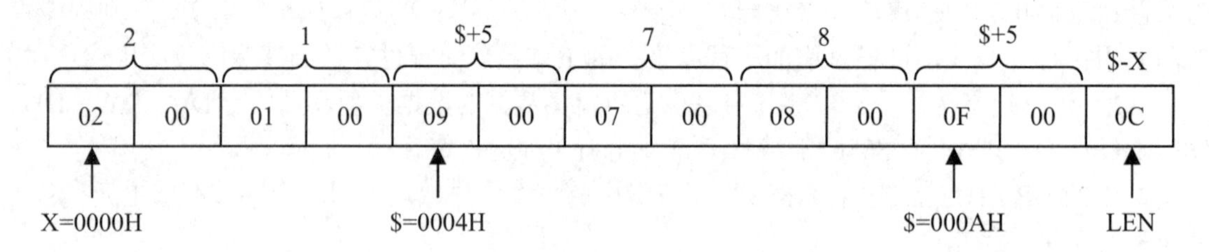


图 4.2 变量 X 与 LEN 分配示意图

**解释**：汇编程序 MASM 对源程序汇编过程中，专门设置了一个表示当前位置的计数器，称之为地址计数器，其用来记载正在汇编的指令或数据在当前段内存放的偏移地址。每进入一个新段，地址计数器清零；每分配一个内存单元，地址计数器自动加 1，指向下一个待分配单元；在伪指令中，用$来表示地址计数器的当前值。地址计数器在代码段、数据段以及堆栈段中都有效。

3. 操作数为字符串形式

定义字符串时，必须用成对的引号（常常用单引号）把所要定义的字符括起来。汇编后，引号内的字符以其 ASCII 码值依次存放在相应的字节存储单元内。

**【例 4.5】** 分析以下数据定义情况。

```
DATA   SEGMENT
STR   DB   'OK','123456'             ;使用 DB 伪指令定义字符串
DATA   ENDS
```

变量 STR 经汇编后的内存分配结果如图 4.3 所示。

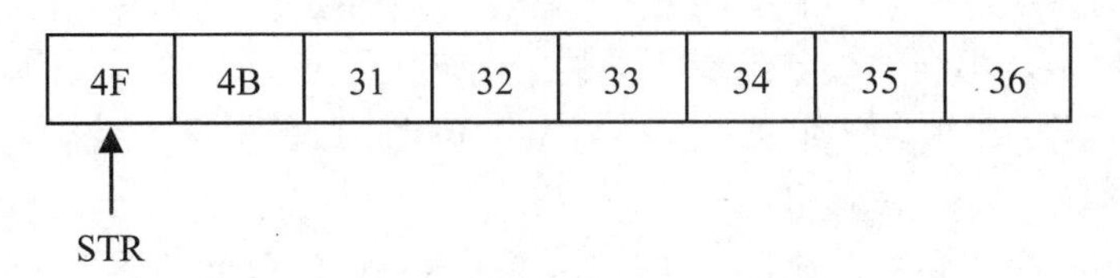


图 4.3　STR 变量分配示意图

4. 操作数为“?”形式

操作数可以是“?”。当是“?”形式时，只是预留存储空间，并不初始化数据，即初始值未定义。用这种方法定义的变量常用来存放运算结果。例如：

```
OPER1   DB   ?,?                    ; 为变量 OPER1 预留 2 个字节存储单元
OPER2   DW   ?                      ; 为变量 OPER2 预留一个字存储单元
```

5. 操作数中含有 DUP 的形式

当操作数相同且重复多次时，可使用重复数据定义符 DUP。

DUP 的格式为：n　DUP(操作数 1, 操作数 2,…)

其中，n 为重复次数，括弧中为被重复的内容。例如：

A　DB　4,6,?,?,? ?,? 与 A　DB　4,6,5　DUP(?)是等价的

BUF　DB　2　DUP(9,5,2,6) 与 BUF　DB　9,5,2,6,9,5,2,6 是等价的

BUF　DW　100　DUP (?)，为变量 BUF 预留了 100 个字单元

DUP 还可以嵌套，例如定义以下 BUF 变量后，BUF 的内存分配示意图如图 4.4 所示。

BUF　DW　2　DUP(3378H, 2　DUP(3,8))

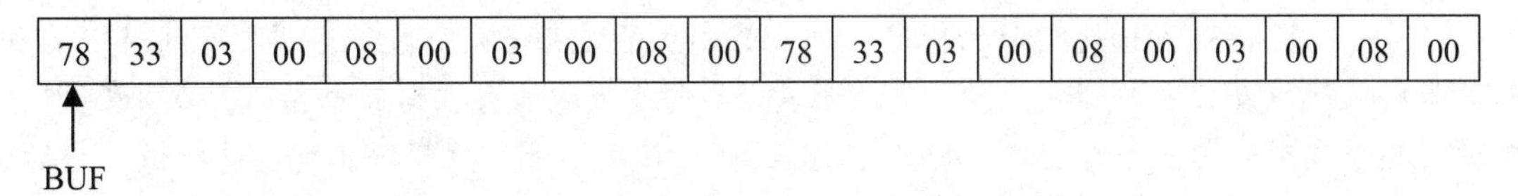


图 4.4　BUF 变量分配示意图

### 4.2.3　段定义伪指令

从前面已知，汇编语言源程序是用分段的方法来组织程序、数据和变量的。一个源程序由多个段组成，每个段通过段定义伪指令来定义。在 MASM 5.0 以上的版本中，段定义伪指令有完整段定义伪指令和简化段定义伪指令两种（完整段定义伪指令适用于所有版本），本教材只介绍完整段定义伪指令。

```
格式：段名　SEGMENT　[定位类型]　[组合类型]　['类别']
                ┆　；段体
      段名　ENDS
```

功能：定义段名及段的各种属性，并指示段的起始位置和结束位置。

段定义格式中的段名由用户命名，其取名方法遵守标识符的规定，不可省略；SEGMENT 和 ENDS 是定义段的一对伪指令，SEGMENT 表示段的开始，ENDS 表示段的结束，二者必须成对出现，且它们之前的段名必须一致；SEGMENT 和 ENDS 之间为段体部分，段体的具体

内容在不同类型段中有所不同。对于数据段、附加段及堆栈段，段体一般是符号的定义、数据的定义和分配等伪指令；代码段中主要是完成程序功能的指令代码。

在一个源程序中，不同的段不能有相同的段名。为了阅读方便，人们习惯上总是根据段体的性质起一个适当的段名。譬如通常用 DATA 作为数据段的段名，用 STACK 作为堆栈段的段名，用 CODE 作为代码段的段名。

定位类型、组合类型和'类别'均为可选项，用于分别确定段名的属性。实际编程时，可视需要选取各选项。对于基本的汇编编程，一般不涉及本部分，所以本书也不作详述，有需要的读者可参考有关汇编语言书籍。

### 4.2.4 指定段寄存器伪指令

ASSUME 伪指令用于向汇编程序说明所定义的逻辑段属于何种类型的逻辑段，说明的方法是将逻辑段的段名与对应的段寄存器联系起来。该伪指令的一般格式为：

ASSUME 伪指令解析

ASSUME 段寄存器名:段名[, 段寄存器名: 段名, …]

格式中的段寄存器名指 CS、DS、SS、ES 中的一个，段名必须是由 SEGMENT 和 ENDS 伪指令定义的段名。

**说明：**

（1）ASSUME 伪指令只能设置在代码段内，放在段定义伪指令之后。在一条 ASSUME 伪指令中，可以建立多组段寄存器与段名之间的关系，每种对应关系要用逗号分隔。

（2）由于不同的段之间可以彼此分离、部分重叠或完全重叠，因此，不同的段名可以指定不同的段寄存器，也可以指定同一个段寄存器。

（3）通过 ASSUME 伪指令的指定，仅仅是建立了段名与某个段寄存器之间的对应关系，而并未将段地址真正装入到相应的段寄存器中，要向各个段寄存器写入初值，还必须在代码段中通过指令实现（向段寄存器写入初值也称装填）。特别强调，代码段不需要这样做，它的这一操作是由系统在装载代码段且进入系统运行状态时自动写入的；对于堆栈段，若在段定义时使用了组合类型 STACK，则在连接时，系统会自动初始化 SS 和 SP，因而也可省去（或者系统在装载没有定义堆栈段的程序时，会指定一个段作为堆栈段，因此，对于较小的程序，可以不定义堆栈段）。所以，通常在程序中仅需对数据段和附加段进行装填，这个过程也称为段寄存器的初始化。

示例：设 DATA 为数据段的段名，用以下指令可实现将数据段的段地址写入到数据段寄存器 DS 中。

```
MOV   AX,DATA
MOV   DS,AX
```

通过 ASSUME 的指定和段寄存器的装填，当汇编程序汇编一个逻辑段时，即可利用相应的段寄存器寻址该逻辑段中的指令或数据。

### 4.2.5 指定地址伪指令

ORG 伪指令解析

格式：ORG 表达式

功能：ORG 伪指令强行指定地址计数器的当前值，以改变段内在它之后的代码或数据存放的偏移地址。汇编时，汇编程序把 ORG 中表达式的值赋给汇编地址计数器作为起始地址，连续存放 ORG 之后定义的数据或指令，除非遇到另一个 ORG 伪指令（地址计数器概念在 4.2.2 节已作说明）。

**说明**：一般情况下不使用 ORG 设置地址，因为段定义伪指令是段的起始点，它所指的存储单元的偏移地址为 0000H，以后每分配一个内存单元，地址计数器自动加 1，所以每条指令都有确定的偏移地址。只有程序要求改变这个地址时，才安排 ORG 伪指令。

**【例 4.6】**试分析以下数据段中所定义变量的存储单元分配情况。

```
DATA   SEGMENT
ORG   1000H
D1   DB   10H,5AH,'abc'
ORG   3000H
D2   DW   1142H,2262H,0A0DH
DATA   ENDS
```

以上定义中，如果不设置ORG伪指令，则变量D1的第一个数据10H的偏移地址为0000H；由于定义了 ORG，则 D1 变量 10H 数据的偏移地址为 1000H，D2 变量 1142H 数据的偏移地址为 3000H。

### 4.2.6　源程序结束伪指令

格式：END　[地址]

功能：END 伪指令是源程序的最后一条语句，表示整个汇编源程序的结束。

汇编程序在对源程序进行汇编时，一旦遇到 END 伪指令，则结束整个汇编（汇编程序不处理 END 之后的语句）。

**说明**：

（1）源程序文件中必须有 END 伪指令。

（2）END 格式中的“地址”表示启动地址，通常是一标号名或过程名。当其是标号名时，对应源程序中的开始标号；若一个源程序中包含多个模块，则每个模块的最后必须有一条 END 伪指令，但只有主模块文件才可以指出执行的起始地址。也就是说，如果源程序是一个独立的程序或主模块，那么，END 后面一定要带地址。

譬如，在【例 4.1】中，START 表示程序的开始和结束。程序装入内存后，系统跳转到程序的入口处 START 指示的地址开始执行，执行到 END START 结束程序。

## 4.3　汇编语言程序的上机过程

### 4.3.1　上机环境

汇编程序的操作既可以在单个独立环境中进行，也可以在集成环境中进行。相对于集成环境，单个独立环境中的操作要烦琐些，但却能很好地理解在每个环境下所执行的操作。对于已有高级语言学习史的入门用户来说，可能更熟悉和习惯集成环境，但当遇到问题时可能就不知所措了。如果掌握了在单个独立环境中的操作，然后，再在集成环境中操作就会得心应手了。所以这里仅介绍在每个独立环境下的汇编程序完整操作过程。

汇编操作需在本地机中装有以下工具软件。

（1）编辑软件。指能够编辑汇编源程序的软件，譬如 EDIT.COM、NE.COM、WORD、PE 等。

（2）汇编程序。对汇编源程序进行汇编的工具，譬如 MASM.EXE、TASM.EXE 等。一般使用宏汇编 MASM.EXE。TASM 是比较先进的汇编工具，适用于 8086/8088～Pentium 系列指令系统所编写的汇编源程序。

（3）连接程序。能将 MASM 产生的机器代码文件（.OBJ）连接成可执行文件（.EXE）的工具，如 LINK.EXE、TLINK.EXE 等。

（4）运行、调试程序。对由 LINK 产生的可执行文件（.EXE）进行运行和调试的工具，譬如 DEBUG.EXE、CodeView.EXE、TD.EXE 等。

**说明：**为了操作起来方便，最好将以上 4 种文件放在同一个文件夹下，用户所编写的源程序也放在该文件夹下，文件夹与文件的名称都用西文命名。

### 4.3.2 上机过程

前面已提及，把汇编语言源程序翻译成目标代码程序的过程称作汇编；完成这种汇编任务的专用软件程序称为汇编程序。汇编程序的主要功能概括起来有 3 点：①检查出源程序中的语法错误，并给出出错信息提示；②生成源程序的目标代码程序，也可给出列表文件；③遇到宏指令时要展开。

汇编语言的源程序必须要经过编辑建立、汇编和连接的过程，得到扩展名为*.EXE（或.COM）的可执行文件后才能运行查看结果，基本操作过程如图 4.5 所示。

下面以【例 4.1】中的源程序 pgm.ASM 为例，介绍汇编程序的完整上机过程。这里设汇编上机所需的文件全部放在文件夹 E:\hbyy 中。

1. 源文件的编辑

通过 EDIT 等编辑软件建立扩展名为.ASM 的源程序文件（如 pgm.ASM），并保存到磁盘的目标文件夹（如 E:\hbyy）中。

具体操作方法是通过双击图标 edit.com 或在 DOS 的命令提示符下输入“EDIT↙”，进入 EDIT 操作界面并进行操作。

**注意：**所创建的汇编文件必须为纯文本文件；保存时需指定文件的扩展名为.ASM。

2. 汇编

利用 MASM 等汇编程序对.ASM 的源程序文件进行汇编，若源程序没有语法错误，则会生成用二进制代码表示的.OBJ 目标文件，如 pgm.OBJ。

具体操作方法是通过双击 MASM 的图标或在 DOS 命令提示符下通过命令方式进入 MASM 环境。例如以下是在 E 盘的 hbyy 目录下通过命令进行的操作：

```
E:\hbyy>MASM  pgm.ASM↙   ;.ASM 扩展名也可省略，直接输入 MASM  pgm↙
```

操作结果如图 4.6 所示。

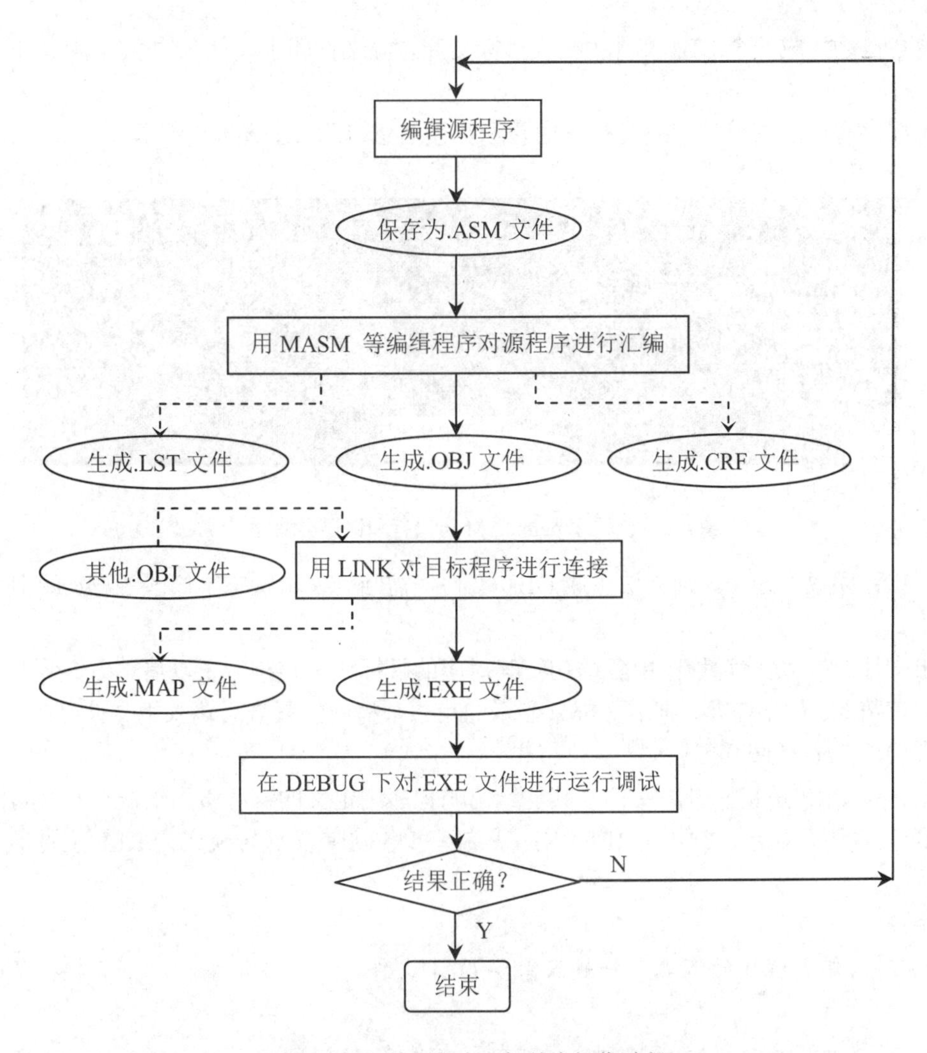


图 4.5　汇编源程序上机基本操作过程

```
E:\lzx>cd hbyy

E:\lzx\hbyy>masm pgm
Microsoft (R) Macro Assembler Version 5.00
Copyright (C) Microsoft Corp 1981-1985, 1987.  All rights reserved.

Object filename [pgm.OBJ]:
Source listing  [NUL.LST]:
Cross-reference [NUL.CRF]:

  50370 + 415070 Bytes symbol space free

      0 Warning Errors
      0 Severe  Errors
```

图 4.6　源程序 pgm.ASM 的汇编过程

从图 4.6 中可知，在汇编过程中，汇编程序共有 3 次输出，分别为提示输入目标文件名（.OBJ）、列表文件名（.LST）和交叉引用文件名（.CRF）；方括号中的信息为每次提问的默认回答值，冒号后面等待用户输入信息，若不改变默认值则直接按 Enter 键即可。

其中输出文件.OBJ 是必须要生成的目标代码文件。当源程序中无语法错误时，则在当前文件夹中会自动生成一个.OBJ 文件（默认目标文件与源文件的主文件名同名），以供下一步连接使用。

若源程序有语法错误时，还会在下面显示错误信息提示，如图 4.7 所示。

```
E:\lzx\hbyy>masm pgm
Microsoft (R) Macro Assembler Version 5.00
Copyright (C) Microsoft Corp 1981-1985, 1987.  All rights reserved.

Object filename [pgm.OBJ]:
Source listing  [NUL.LST]:
Cross-reference [NUL.CRF]:
pgm.ASM(8): warning A4001: Extra characters on line
pgm.ASM(11): error A2105: Expected: comma

  50786 + 450284 Bytes symbol space free

  1 Warning Errors
  1 Severe  Errors
```

出错行提示

1 个警告错误

1 个严重错误

图 4.7　源程序 pgm.ASM 出错行和错误类型提示

若严重错误数不为 0，则无法生成.OBJ 文件，需回到编辑状态下修改源程序直到无语法错误为止。

输出文件.LST 是将源程序中各语句及其对应的目标代码和符号表以清单方式列出，它对调试程序有帮助，如果需要，则需在屏幕显示的第二个提问的冒号后输入主文件名；如果不需要，则直接按 Enter 键即可。

输出文件.CRF 是交叉引用文件，其能给出源程序中定义的符号引用情况，按字母顺序排列。.CRF 文件不可显示，须用 CREF.EXE 系统程序将.CRF 文件转换成为.REF 文件后方可显示输出。

**说明：**

（1）对汇编源程序的汇编，一般只需要.OBJ 文件，因此在汇编时，都直接按 Enter 键即可。

（2）在执行汇编命令 MASM 时，源文件的扩展名.ASM 可以省略，但主文件名最好不要省略。因为省略时，汇编过程中，系统会提示让输入源程序文件名。

（3）汇编时，若源程序没有语法错误，将会生成相应的目标文件如 pgm.OBJ；否则，将显示错误所在的行与错误信息。若是严重错误，则不能生成.OBJ 目标文件，这时必须修改源程序，然后再汇编，直到没有错误为止；若只有警告错误，则 MASM 将按默认处理方式生成目标文件，但其处理方式不一定与编程人员的初衷相吻合。因此，用户应养成良好的程序开发习惯，使程序在汇编后无任何错误。

3. 连接

经汇编后生成的.OBJ 文件，其所有目标代码的地址都是浮动的偏移地址，还不能直接运行，必须利用连接程序 LINK 将其进行连接装配定位，产生.EXE 可执行文件后方可运行。一般来说，单个目标文件的连接很少有错误。

连接的具体操作方法是通过双击 LINK 文件或在 DOS 提示符下通过命令方式进入 LINK 环境。例如，在命令方式下执行以下命令后的屏幕显示如图 4.8 所示。

E:\hbyy>LINK　pgm.OBJ↙

```
E:\lzx\hbyy>link pgm

Microsoft (R) Overlay Linker  Version 3.60
Copyright (C) Microsoft Corp 1983-1987.  All rights reserved.

Run File [PGM.EXE]:
List File [NUL.MAP]:
Libraries [.LIB]:
LINK : warning L4021: no stack segment
```

图4.8 目标程序的连接过程

连接过程中会有3次提示，LINK提示输入可执行文件名（.EXE）、映像文件名（.MAP）和库文件名（.LIB），一般直接按 Enter 键即可，表示采用默认方式，即可执行文件的主文件名与目标文件主文件名同名，不需要库文件，也不生成映像文件。

**说明：**

（1）执行LINK时，目标文件的扩展名.OBJ可以省略，即输入命令“LINK  pgm ↙”形式。

（2）源程序中若未定义堆栈段，则在连接时LINK会输出一条警告信息“warning  L4021: no stack segment”，此条信息不影响程序的正确执行，可忽略。

4. 运行、调试程序

经过汇编、连接后，就可以对生成的可执行文件pgm.EXE运行查看结果了。以下分三种情况说明。

第一种情况是程序编写正确，能得到预期的运行结果。若程序中有2号或9号等中断功能调用的指令，能直接把结果在显示器上显示输出。但最好是在命令方式下直接双击可执行文件名或者是借助DEBUG调试工具。

第二种情况也是程序编写正确，能得到预期的运行结果，但因结果是存放在寄存器或存储单元当中，程序中没有2号或9号等中断功能调用，这时就只能借助DEBUG调试工具，选择相应的命令进行查看，否则会一闪而过。

第三种情况是程序运行结果不正确，这种情况就说明汇编源程序中有功能性错误，须返回去修改源程序。对于较小的程序，错误原因比较容易找到，但对于较大程序来说，靠人工分析是很难发现的，需要借助DEBUG等调试工具来调试发现错误，然后再修改源程序、汇编和连接，如此反复多次，直到最后得到预期结果。

用户编写的大多程序，运行结果往往在寄存器或存储单元当中，因此，调试工具是调试汇编程序和查看运行结果的必不可少工具。

有关DEBUG的主要命令在3.3节中已经介绍，但对于初学者来说，如何选用DEBUG中的各命令有效地进行调试与运行程序，需要一个学习过程。所以，这里仍以前面的pgm.EXE为例再着重强调几点，以达到一个更好的学习效果。

（1）启动DEBUG，装入用户程序。启动DEBUG，装入用户程序有两种方法：一种是在启动DEBUG的同时就直接装入；另一种是在启动DEBUG后，使用N命令和L命令装入。无论采用哪种方法，在装入时一定要指定文件全名（即主文件名和扩展名.EXE）。譬如，以下是在启动DEBUG后，通过N命令和L命令装入用户程序的方法：

```
-N  pgm.EXE
-L
```

（2）反汇编命令 U。在（1）中执行 N 和 L 命令的基础上，接着执行 U 命令，即“-u”，会看到如图 4.9 所示的显示结果。

```
E:\lzx\hbyy>debug
-n pgm.exe
-l
-u
142C:0000 B82B14        MOV     AX,142B
142C:0003 8ED8          MOV     DS,AX
142C:0005 BA0000        MOV     DX,0000
142C:0008 B409          MOV     AH,09
142C:000A CD21          INT     21
142C:000C B44C          MOV     AH,4C
142C:000E CD21          INT     21
```

图 4.9 U 命令反汇编“pgm.EXE”的显示结果

从图 4.9 中可以看到，左边部分显示的是程序指令所对应的逻辑地址，第一条指令 MOV AX,142B 的逻辑地址为 142C:0000，这表明指令是从代码段的 0000H 单元开始存放的，也就意味着标号 START 所代表指令的偏移地址是 0000H。如果程序较长，一屏显示不完时，应接着执行 U 命令，直到自己程序中的指令全部显示出来。若想再反汇编出程序的第一条指令，可以执行“U 0000”命令。

**说明**：启动 DEBUG 后，当连着执行 N、L 和 U 命令时，如果在 L 命令中缺省偏移地址，则默认将 N 中指定的可执行文件装入到当前代码段 CS 的 0000H 地址处；如果在 U 命令中缺省偏移地址，则默认从当前代码段 CS 的 0000H 处地址开始反汇编。

（3）单步执行命令 T。对于初学者来说，编写的程序一般比较短，用 T 命令逐条执行跟踪指令，可以清楚地了解程序的执行情况和过程。譬如现在执行的是什么指令；执行后的结果在哪里（寄存器，存储单元）；所得结果是否正确等。但若遇上软中断指令 INT（如 INT 21H），这时通常不要用 T 命令执行 INT 指令。因为系统提供的 INT 指令是以中断处理程序形式实现的功能调用，且这种处理程序常常是较长的，若用 T 命令去执行 INT 指令，就会跳转到相应的功能调用程序中去，要退出该功能程序需要花费较多时间。如果想既要执行 INT 指令，又要跳过这段功能调用程序，则应使用 G 命令，且设置的断点应为 INT 指令的下一条指令的偏移地址。例如，对于 pgm.EXE 文件，若想用 T 命令执行 9 号功能调用，则应先使用 T 命令执行 MOV AH,09 指令后，再执行以下 G 命令：

-G=000A 000C ↙

这样，用 G 命令执行 INT 21H 后，就暂停在偏移地址为 000CH 的 MOV AH,4C 指令处（MOV AH,4C 未被执行），就如同用单步命令 T 完成 INT 指令。

（4）执行命令 G。如果已确认程序是正确的，则可用 G 命令快速运行程序；如果已知程序结果不正确，最好用 G 命令设置断点运行，这样可方便快速地查找错误。那断点如何找到？如何给出呢？为了准确设置断点，可用反汇编命令 U 查看源程序。运用断点，可以很快地查找出错误发生在哪段程序内，缩小查找错误范围。然后在预计出错的范围内，再用 T 命令仔细观察程序运行情况，确定出错原因和位置，完成程序的调试。

（5）观察寄存器初始状态。程序装入内存后，可先用 R 命令查看寄存器的内容。通过各个段寄存器的当前值，便能知道用户程序各逻辑段（代码段、堆栈段等）在内存的分布及其段地址值；R 命令亦显示了各通用寄存器和标志寄存器的初始值。另外，R 命令显示的第三行是即将要执行的下一条指令。

（6）修改程序和数据。经过上面几步后，若发现程序有错，则需要修改程序。这时，如果仅需作个别修改，则可在 DEBUG 环境下直接使用 A 命令进行修改，这种修改仅仅是临时修改内存中的可执行文件，未涉及源程序。当确认修改正确后，应返回至源程序修改，然后再进行汇编、连接的操作。

为了确认源程序的正确性，常常需用几组不同的原始数据去运行测试程序，查看是否都能获得正确结果。这时，可通过 E 命令在用户程序的数据段和附加段中修改原始数据，然后再用 T 命令或 G 命令运行程序，查看运行结果，直到各组数据都能获得正确结果为止。

**说明：**

（1）除了以上介绍的汇编语言编程和调试工具外，编程工具还可用 Turbo Assember，调试工具还可用 Codeview、Turbo Debuger 等。这些工具的详细使用方法请自行查阅有关手册。

（2）目前通用的 64 位机 Windows 系统不支持 EDIT、MASM、LINK 和 DEBUG 工具，须在网上自行下载 DOSBox 工具。

**【例 4.7】**对照源程序中所定义的 X、Y、Z、STR、BUF 变量，在 DEBUG 下查看反汇编后的汇编指令及系统给这些变量在内存中的分配情况，结果分别如图 4.10 和图 4.11 所示。

```
DATA    SEGMENT
X       DB     10, -10, 0CDH
Y       DW     10,-10, 0CDH
Z       DD     10, -10, 0CDH
STR     DB     'CAUC COMPUTER'
BUF     DB     4,?,4 DUP (8),$-BUF
DATA    ENDS
CODE    SEGMENT
        ASSUME CS:CODE,DS:DATA
START:  MOV   AX , DATA
        MOV   DS , AX
        LEA   BX , X
        LEA   SI , Y
        LEA   DI , Z
        MOV AH , 4CH
        INT   21H
CODE    ENDS
        END   START
```

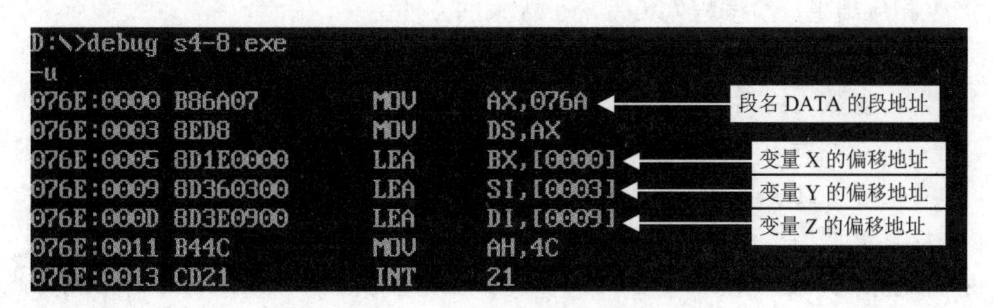


图 4.10　反汇编后的汇编指令

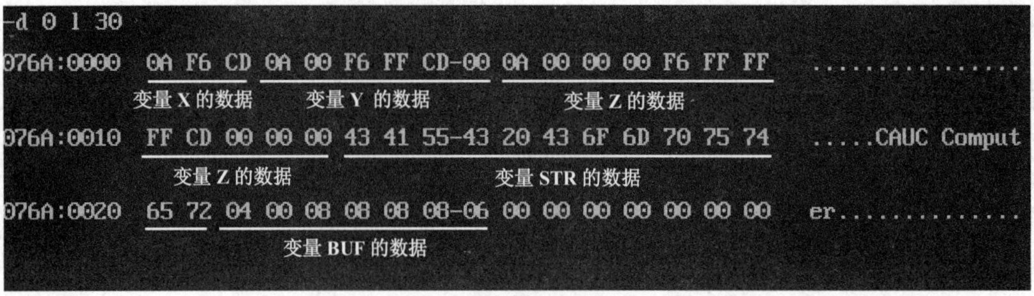

```
-d 0 1 30
076A:0000  0A F6 CD 0A 00 F6 FF CD-00 0A 00 00 00 F6 FF FF   ................
           变量X的数据    变量Y的数据          变量Z的数据
076A:0010  FF CD 00 00 00 43 41 55-43 20 43 6F 6D 70 75 74   .....CAUC Comput
           变量Z的数据             变量STR的数据
076A:0020  65 72 04 00 08 08 08 08-06 00 00 00 00 00 00 00   er..............
                 变量BUF的数据
```

图 4.11　系统给 X、Y 等变量在内存中的分配情况

## 4.4　DOS 系统功能调用

对于 8086 CPU 来说，DOS 操作系统是最主要的操作系统，它以两种不同的方式供不同的用户使用：一种是命令方式，供一般用户使用，譬如使用 CD 命令可以进入根目录或子目录，使用 EDIT 命令可以显示和编辑纯文本文件等；另一种方式就是 DOS 准备了许多程序（称为系统功能程序），涉及设备驱动和文件管理等方面的操作，是为程序员准备的。为了方便程序员使用，把这些程序编写成相对独立的程序模块，再给每个模块编一个编号，程序员利用汇编语言可以方便地调用这些系统功能程序实现相应的功能。显然，系统功能调用是 DOS 为系统程序员及用户提供的一组常用子程序，对这些子程序的直接调用可以减少程序员对系统硬件环境的依赖，从而可以大大精简应用程序的编写；另一方面也可以使程序具有较好的通用性。可以这样认为，DOS 的各种命令是用户与 DOS 的接口，而系统功能调用则是程序员与 DOS 的接口。

### 4.4.1　系统功能调用的一般方法

DOS 提供的系统功能调用子程序有上百个，其中的 INT 21H 软中断是一个具有几十种功能的大型中断服务程序，DOS 给这些功能程序分别予以编号（功能号）。汇编程序通过引用功能号执行相应程序所提供的功能，称为 DOS 系统功能调用。

调用系统功能程序时，用户不必了解所使用设备的物理特性、接口方式及内存分配等；也不必编写繁琐的控制程序；在运行过程中，也不必关心程序具体如何执行，在内存中的存放地址如何等。只要设置对入口参数，DOS 便会根据所给的参数信息自动转入相应的功能程序去执行并产生相应结果，给编程人员带来了极大的方便。

应用 INT　21H 系统功能调用的方法步骤如下：

（1）将入口参数送给指定的寄存器或内存。

（2）将系统功能调用的功能号送 AH 中。

（3）执行 INT　21H 指令，转到相应的功能程序入口处。

（4）系统功能调用执行完后，处理相应的出口参数。

**说明**：有的系统功能调用不需要入口参数，此时可省略第一步；也有的系统功能调用没有出口参数。

### 4.4.2 DOS 常用系统功能调用

1. 单字符输入（01H、08H 功能）

入口参数：无

功能号：AH=01H

出口参数：AL=所输入字符的 ASCII 码值

功能：实现单字符输入。执行时，等待从键盘输入一个字符，输入字符的 ASCII 码值送到 AL 寄存器中，并在显示器上回显，光标移动，检测 Ctrl-Break 键。

08H 号功能调用也是实现单字符输入功能，但与 01H 号功能有两点不同：一是对输入的字符不在显示器上回显；二是不检测 Ctrl-Break 键。

01H 功能示例：利用键盘输入的字符产生程序分支。

```
        ⋮
        MOV   AH,1                    ; 等待从键盘输入
        INT   21H
        CMP   AL,'Y'                  ; 是“Y”？
        JZ    YES
        CMP   AL,'y'                  ; 是“y”？
        JZ    YES
NO：    ----
        ⋮
        JMP   EXT
YES：   ----
        ⋮
EXT：   ----
        ⋮
```

08H 功能示例：用不带回显功能输入密码。

```
            ⋮
INPUT：    MOV   AH,08H              ; 等待从键盘输入
           INT   21H
           MOV   [DI],AL             ; 存入缓冲区
           CMP   AL,0DH              ; 判断是否为回车符
           JNZ   INPUT               ; 不是，继续输入
CHECK：    ----
            ⋮
```

2. 单字符输出（02H 功能）

入口参数：DL=在显示器上要输出的字符

功能号：AH=02H

出口参数：无

功能：在显示器上输出指定的字符，光标随动。

调用格式：

```
MOV   DL,字符                         ; 字符的 ASCII 码值
MOV   AH,02H
INT   21H
```

示例 1：在显示器上输出字符“A”。

```
MOV   DL,'A'                          ; MOV   DL,41H
MOV   AH,02H
INT   21H
```

示例 2：利用回车符和换行符使光标回到下一行的行首。

```
MOV   DL,0DH                          ; 显示回车符
MOV   AH,02H
INT   21H
MOV   DL,0AH                          ; 显示换行符
INT   21H
```

**注意**：02H 功能调用没有出口参数，但却自动修改了 AL 的值，使用时要多加留意。

3. 字符串输出（09H 功能）

入口参数：定义要显示的字符串，且字符串以“$”结束，DS:DX 指向字符串首地址。

功能号：AH=09H

出口参数：无

功能：显示字符串，遇到“$”停止显示，光标随动。09H 功能实现将在数据段中定义的、以“$”字符结束的字符串输出到显示器上。

解析 09 号功能调用

调用格式：

```
MOV   DX,字符串首地址
MOV   AH,09H
INT   21H
```

**说明**：

（1）待显示的字符串必须以“$”字符作为结束标志，但“$”并不属于被显示的字符串内。

（2）同 02H 功能调用一样，09H 功能调用也自动修改了 AL 的值。

本章的【例 4.1】就是 09H 功能调用的程序示例，执行该程序，将在屏幕上输出“Welcome to you!”字符串。

4. 字符串输入（0AH 功能）

入口参数：DS:DX＝存放输入的字符串的缓冲区首地址

功能号：AH=0AH（10）

出口参数：实际输入的字符个数保存在缓冲区中第二个字节存储单元位置，实际输入字符的 ASCII 码值（包括回车符 0DH）顺序保存在缓冲区中从第三个字节存储单元开始的位置。

功能：等待从键盘输入字符串，并存入定义的缓冲区，同时回显字符串，光标随着移动，最后输入的回车符使光标回到行首。

调用格式：

```
MOV   DX,已定义的缓冲区的偏移地址
MOV   AH,0AH
INT   21H
```

**说明**：在使用 0AH 功能前，应在内存中先定义一个输入缓冲区，缓冲区内的第一个字节存储单元定义允许最多输入的字符个数，包括必须要输入的回车符在内，长度为 1～255；第二个字节存储单元保留，在执行 0AH 功能调用完毕后由系统自动填入实际输入的字符个数(不

包括回车符）；从第三个字节存储单元开始连续存放从键盘接收到的字符的 ASCII 码值，直到输入回车符为止，并将回车符的 ASCII 码值（0DH）跟在字符串的末尾。

所以，在设置缓冲区的长度时，要比所计划输入的最多字符数多一个。在实际输入时，若输入的字符个数少于定义的最大字符个数，则缓冲区中其他单元自动清 0；若实际输入的字符个数多于定义的字符个数，则其后输入的字符会丢弃不用，且响铃示警，直到输入回车符为止。

【例 4.8】字符串输入功能调用方法示例。

```
DATA    SEGMENT
BUF     DB   20                  ; 定义限制最多输入个数为 19，不包括回车符
        DB   ?                   ; 预留单元，存放实际输入的字符个数，由系统自动填入
        DB   20   DUP (?)        ; 存放实际输入的字符串（最多存放 20 个字符，包括回车符）
DATA    ENDS
CODE    SEGMENT
        ASSUME   CS: CODE,DS: DATA
START:  MOV   AX,DATA
        MOV   DS,AX
         ⋮
        MOV   DX,OFFSET   BUF
        MOV   AH,0AH
        INT   21H
         ⋮
CODE   ENDS
        END   START
```

解析 0A 号功能调用

本例可从键盘接收最多 19 个有效字符并依次存入以 BUF+2 为首地址的缓冲区中。

5. 返回 DOS 操作系统（4CH 号功能）

调用格式：

```
MOV   AH,4CH
INT   21H
```

功能：终止当前程序的运行，并返回 DOS 系统。

汇编程序若不是以子程序的形式编写时，常采用这种结束方法，而且一般将这两条指令放在代码段的结束伪指令 CODE　ENDS 之前。

## 4.5 汇编语言程序设计

按照汇编源程序的结构，在学习了指令与伪指令之后，就能完整编写具有一定功能的汇编语言程序了。

### 4.5.1 汇编程序设计概述

1. 汇编程序设计步骤

同高级语言一样，汇编语言的程序设计一般也分为以下几个步骤：

（1）通过对问题的分析抽象出数学模型，确定出解决问题的思路（最佳算法）。

（2）画出编程的结构框图和流程图。

（3）合理分配内存单元和寄存器，了解 I/O 端口地址，本步是汇编程序设计的一个重要特点。

（4）按照流程图编写源程序，并汇编、连接成可执行程序后进行运行调试。

（5）整理文档，贯穿程序设计的始终。

2. 评价程序质量的标准

一个高质量的汇编程序具有以下几个标准：

（1）正确性。编写一个程序首先要保证程序的正确性，包括语法上的和功能上的，这是最根本的要求，否则，其他的再好也没用。要使程序正确，一定要准确地使用指令和伪指令，正确地使用寄存器等内部功能部件。

（2）可读性。可读性好的程序，不仅便于程序员能加深对程序的理解，便于调试，而且也便于别人读懂程序和使用者进行维护，必要时还可进行程序的推广。要使程序有好的可读性，所设计的程序就要尽可能的清晰，要采用模块化结构，多用一些标准的设计；再者就是对于变量、标号等标识符的命名要有规律性和可理解性，不要随便地拿来就用，必要时还要做一些注释。

（3）高可靠性和可维护性。要合理组织数据，发挥变量、寄存器和堆栈的作用；要善于运用子程序和中断功能调用，使程序的逻辑结构好，便于程序的二次开发。

（4）高效率（代码少）。设计的程序要尽可能简短，因为简短的程序可以节省时间和空间。要想使程序简短，大的方面要善于优化程序的结构，小的方面要用功能强的指令取代功能单一的指令，并且要注意指令的安排顺序等。

3. 程序的基本结构

汇编语言源程序的设计也有四大基本结构形式，即顺序结构、分支结构、循环结构和子程序。在实际的汇编程序设计中，单纯一种结构的程序并不多见，大多数都是多种结构的组合。下面通过实例介绍这些基本结构的汇编程序设计方法。

### 4.5.2 顺序结构程序设计

顺序结构是最简单的程序结构，程序的执行顺序就是指令的编写顺序。所以，在进行顺序结构程序设计时，主要应考虑如何设计简单、有效的算法，如何安排指令的先后次序，如何选择存储单元和寄存器。另外，在编写程序时，还要妥善保存已得到的处理结果，以便为后面的进一步处理提供有关信息，避免不必要的重复操作。

顺序结构主要用到数据传送类指令、算术运算类指令、逻辑运算和移位类指令。

【例 4.9】编写一程序，实现将存放在 DX 与 AX 中的 32 位数据循环左移二进制数的 4 位。譬如设 DX=1234H，AX=5678H，则 32 位数据 12345678H 循环左移 4 位后，DX=2345H，AX=6781H。

分析：本题是使用移位指令与逻辑运算指令相结合实现的顺序程序设计。循环左移操作可通过循环左移指令实现，但因要移位的数据是一个 32 位的数据，8086 CPU 无法一次实现，所以，需要通过两次逻辑左移、两次逻辑右移和两次逻辑或指令实现。具体程序如下。（注：本程序中，DX 中存放高字内容，AX 中存放低字内容）

顺序程序设计示例及其操作过程演示

```
CODE    SEGMENT
```

```
        ASSUME   CS:CODE
START:
        MOV DX,1234H
        MOV AX,5678H
        MOV   CL,04
        MOV   BH,AH
        SHR   BH,CL
        SHL   AX,CL
        MOV   BL,DH
        SHR   BL,CL
        SHL   DX,CL
        OR    AL,BL
        OR    DL,BH
        MOV   AH,4CH
        INT   21H
CODE    ENDS
        END   START
```

**【例 4.10】** 编写程序，计算表达式(2*X+Y-65)/Z 的值。要求将相除之后的商和余数分别存放在 A、B 单元中（设 X、Y、Z 和 A、B 都是 16 位有符号数，不考虑溢出情况）。

分析：本题是使用算术运算类指令实现的顺序程序设计。式中的变量都为 16 位数据，使用 DW 定义；因为是有符号数，所以，乘法和除法运算分别使用 IMUL 和 IDIV 指令，将运算结果（商和余数）放在相应的 A、B 单元。本题的程序流程图如图 4.12 所示，程序编写如下：

```
DATA     SEGMENT                 ; 定义数据段
X        DW   18                 ; 定义 X、Y、Z 并初始化数据
Y        DW   260
Z        DW   5
A        DW   ?
B        DW   ?
DATA     ENDS
CODE     SEGMENT                 ; 定义代码段
         ASSUME   CS:CODE,DS:DATA
START:   MOV   AX,DATA
         MOV   DS,AX
         MOV   AX, X             ; 取 X 数据
         MOV   BX,2
         IMUL  BX                ; 实现 2*X
         ADD   AX,Y              ; 乘积的低字部分 AX 与 Y 数据相加
         ADC   DX,0              ; 可能产生进位，乘积的高字部分再加上进位位
         SUB   AX,65             ; 结果的低字部分与 65 相减
         SBB   DX,0              ; 高字部分再减去进位位
         IDIV  Z                 ; DX 与 AX 中的 32 位无符号数除以 16 位无符号数 Z
         MOV   A,AX              ; 商在 AX 中，保存商到 A 单元中
         MOV   B,DX              ; 余数在 DX 中，保存余数到 B 单元中
         MOV   AH,4CH
         INT   21H
CODE     ENDS
         END   START
```

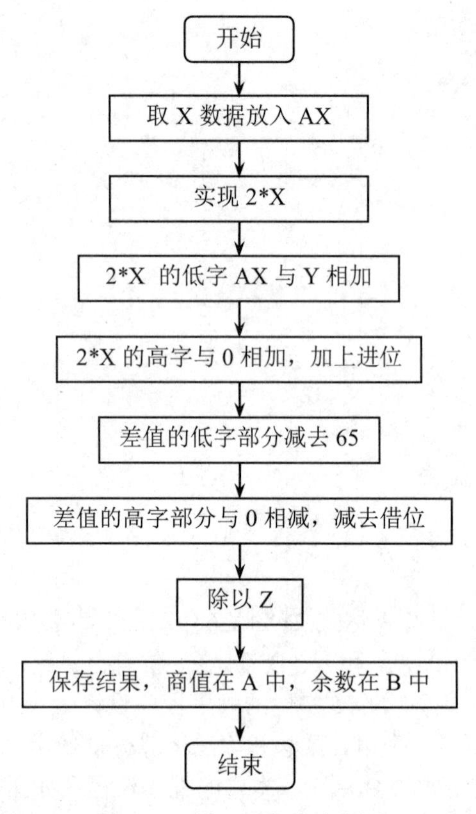


图 4.12　例 4.10 程序流程图

### 4.5.3　分支结构程序设计

分支结构是一种非常重要的程序结构，其程序的指令执行顺序与指令的存储顺序不一致，是实现程序功能选择所必须的程序结构。汇编语言中的分支与高级语言中的一样，也分有单分支、双分支和多分支 3 种结构。

（1）单分支。单分支（IF-THEN 型）指条件成立时程序跳转，否则，顺序执行。单分支结构如图 4.13（a）所示。

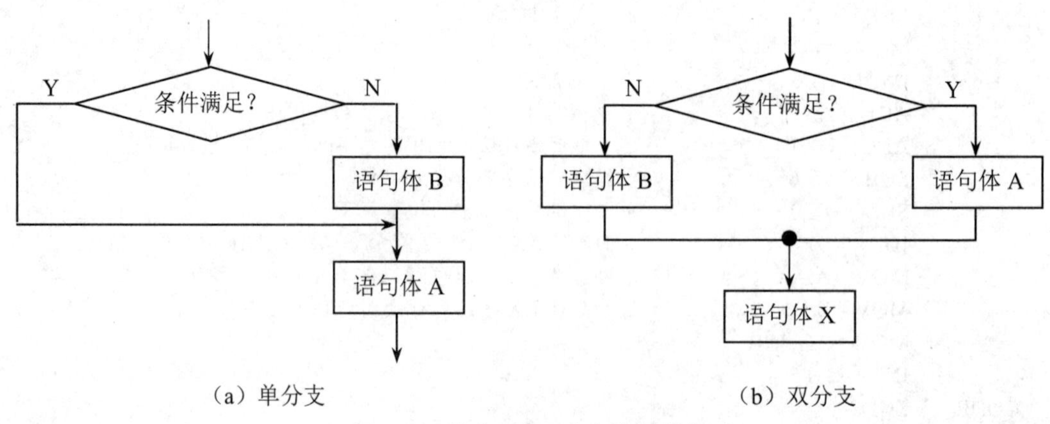


（a）单分支　　（b）双分支

图 4.13　单分支和双分支结构形式

（2）双分支。双分支（IF-THEN-ELSE 型）指条件成立时程序跳转，执行一语句体，否则，执行另一语句体。双分支结构如图 4.13（b）所示。

（3）多分支。多分支可视为多个并行分支（单分支或双分支）的组合，依据程序的转向开关（所设置的分支条件选择）跳转到相应的程序段执行。多分支结构如图 4.14 所示。

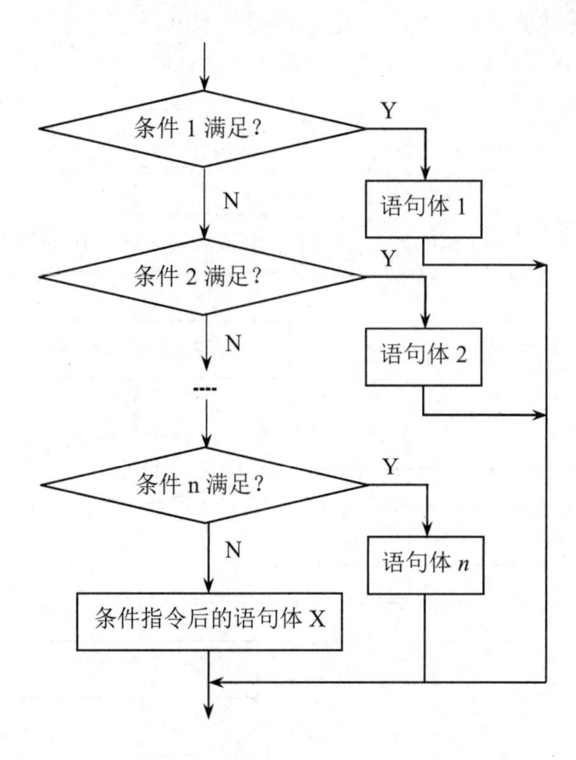


图 4.14　多分支结构形式

设计汇编语言分支程序的关键是设定分支条件，具体实现方法有比较/测试和跳转表分支两种，设计要领如下：

（1）“比较/测试”方法适合程序中仅有少数分支的情况，根据处理的问题用比较指令 CMP、测试指令 TEST 或者使用其他的算术运算、逻辑运算、移位等指令，使标志寄存器产生相应的标志位，将处理的结果反映在 CF、ZF、SF 和 OF 等单个标志位上。

（2）要根据转移条件选用合适的条件转移指令，测试标志位的状态实现分支转移。一条条件转移指令通常只能产生两路分支，因此要产生 $n$ 路分支需要 $n$-1 条条件转移指令。

（3）对于双分支和多分支，各分支之间不能产生干扰，如果可能产生干扰，需通过无条件转移指令 JMP 进行隔离。

（4）要尽可能避免编写“头重脚轻”的分支程序，即当分支条件成立时，将执行指令较多的分支；而条件不成立时，所执行的指令很少。这样就会造成后一个分支离分支点较远，有时甚至会遗忘编写后一分支程序的情况。这种分支方式不仅不利于程序的阅读，也不便于将来的维护。

（5）对于多分支结构，可逐层分解，最终都面对的是一个个单分支或双分支。

下面通过具体实例学习三种分支的程序设计方法。

【例 4.11】编写一程序，计算存放在 AX 中的有符号数的绝对值，并将结果存入 RES 单元中。

解析：本例是一个单分支结构例子。求一个数据的绝对值，有两种情况：对于正数或零，绝对值就是其本身；对于负数，绝对值则是其相反数。所以，对于本题目，先要通过指令判断 AX 中的数据性质，然后再求绝对值即可。这里要用到 NEG 指令。程序设计的流程图如图 4.15 所示。

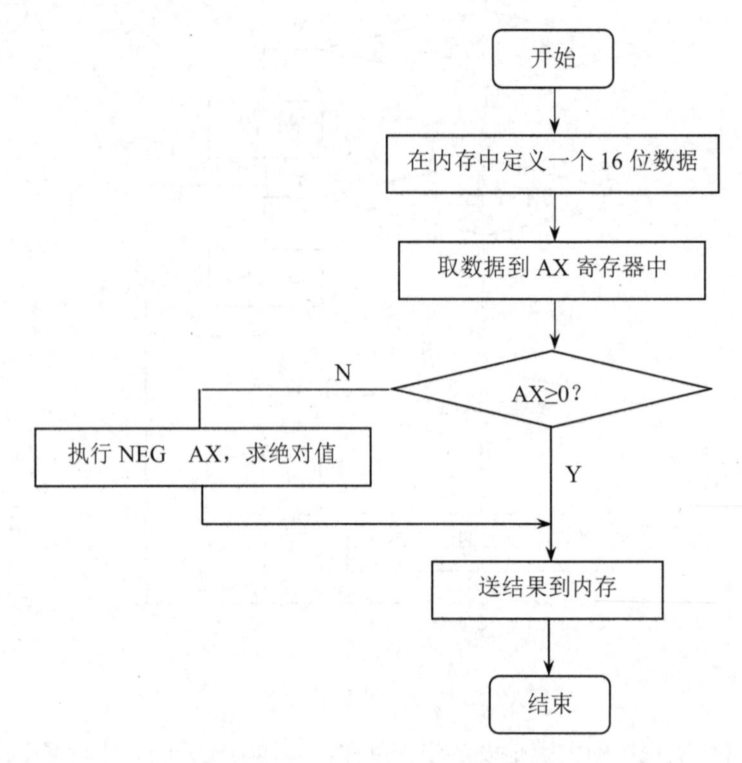


图 4.15 例 4.11 单分支程序流程图

程序如下：

```
DATA    SEGMENT
X       DW -40                  ; 定义的具体数据，需为字类型
RES     DW ?                    ; 存放结果的变量
DATA    ENDS
STACK   SEGMENT  STACK
        DB  50  DUP(?)
STACK   ENDS
CODE    SEGMENT
        ASSUME  CS:CODE,DS:DATA,SS:STACK
START:  MOV   AX,DATA
        MOV   DS,AX
        MOV   AX,X
        CMP   AX,0              ; 判断 AX 中的数据性质
        JGE   DONE              ; X≥0
        NEG   AX                ; 求负数的绝对值
```

分支程序设计示例及其操作过程演示

```
DONE:   MOV   RES,AX                    ; 保存结果
        MOV   AH,4CH
        INT   21H
CODE    ENDS
        END   START
```

【例 4.12】从键盘输入一个字符，判断其是不是一个数字字符。如果是，则请输出这个数字字符；如果不是，请输出“这不是一个数字字符”的相应英文信息。

解析：从键盘输入一个字符，其有可能是数字字符也有可能不是，因此可用双分支结构解决。通过 01H 号系统功能调用接收键盘输入的单个字符后，判断其是否为数字字符。若是则通过 02H 号系统功能调用输出该字符后结束，否则通过 09H 号系统功能调用输出相应信息后结束，输出结果中只能是这两种当中的一种。程序设计的流程图如图 4.16 所示。

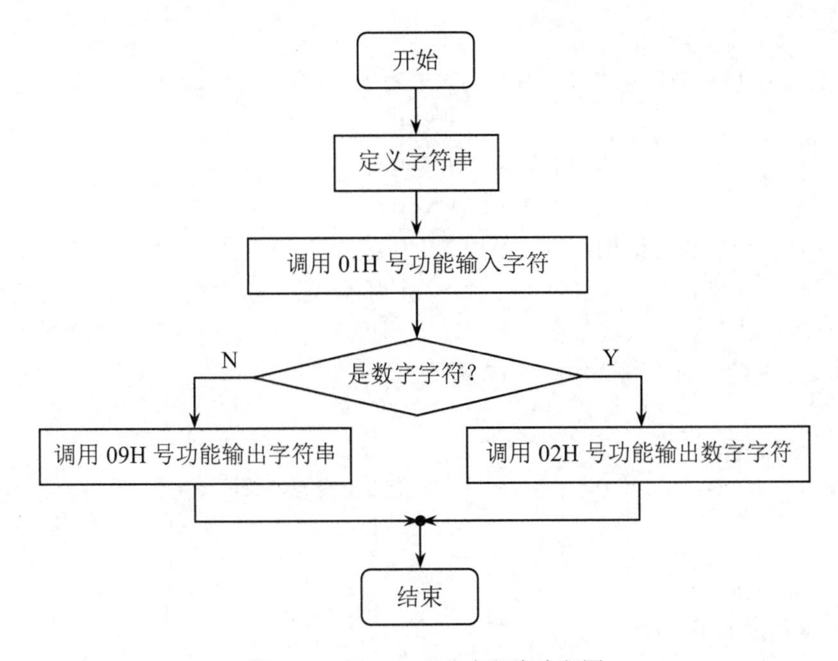


图 4.16　例 4.12 双分支程序流程图

程序如下：

```
DATA      SEGMENT
STRING    DB   0DH,0AH,'This is not a digit!$'    ; 定义提示字符串
DATA      ENDS
STACK     SEGMENT  STACK
          DB   50   DUP(?)
STACK     ENDS
CODE      SEGMENT
          ASSUME   CS:CODE,DS:DATA,SS:STACK
START:    MOV   AX,DATA
          MOV   DS,AX
NEXT:     MOV   AH,1
          INT   21H                               ; 调用 1 号功能
          CMP   AL,'0'
```

理解回车符与换行符的作用

```
        JB   OUTPUT                     ; 不是数字，转 OUTPUT 处
        CMP  AL,'9'
        JA   OUTPUT
        MOV  AH,2                       ; 调用 2 号功能输出数字
        MOV  DL,AL
        INT  21H
        JMP  EXIT
OUTPUT: MOV  DX,OFFSET STRING           ; 设置字符串入口地址
        MOV  AH,9
        INT  21H                        ; 调用 9 号功能输出提示字符串信息
EXIT:   MOV  AH,4CH
        INT  21H
CODE    ENDS
        END  START
```

**【例 4.13】**编程求分段函数 Y 的值。设 X 为 16 位有符号字数据。

$$Y=\begin{cases}1 & (X>0)\\0 & (X=0)\\-1 & (X<0)\end{cases}$$

解析：这是一个多分支结构示例。根据 X 的值是大于 0、小于 0 或等于 0 三种情况，需分别执行三种不同的走向，故需用多分支处理。设计多分支结构程序时，注意要为每个分支安排出口；各分支的公共部分尽量集中在一起，以减少程序代码；条件转移指令只能在-128～+127 字节范围内。程序设计的流程图如图 4.17 所示。

程序如下：

```
DATA    SEGMENT
X       DW  -100                        ; 定义一任意字数据
Y       DW  ?
DATA    ENDS
STACK   SEGMENT  STACK
        DB  50  DUP(?)
STACK   ENDS
CODE    SEGMENT
        ASSUME  DS:DATA,CS:CODE,SS:STACK
START:  MOV  AX,DATA
        MOV  DS,AX
        MOV  AX,X
        CMP  AX,0                       ; 与 0 进行比较
        JGE  CASE23                     ; X≥0，转 CASE23 处
        MOV  AX,-1                      ; X<0，送-1 到 AX 中
        JMP  RESULT
CASE23: JG   CASE3
        MOV  AX,0                       ; X=0，送 0 到 AX 中
        JMP  RESULT
CASE3:  MOV  AX,1                       ; X>0，送 1 到 AX 中
RESULT: MOV  Y,AX                       ; 送结果到 Y 中
        MOV  AH,4CH
```

```
        INT    21H
CODE    ENDS
        END    START
```

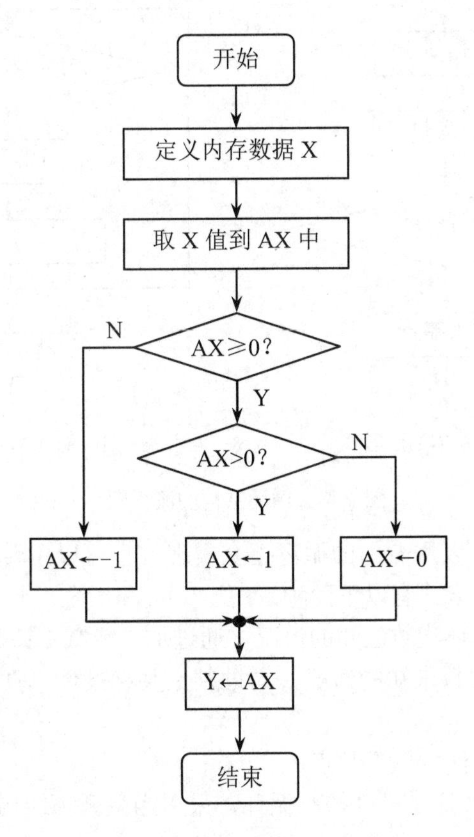


图 4.17　例 4.13 多分支程序流程图

### 4.5.4　循环结构程序设计

1. 循环程序结构的形式

当程序处理的问题需要包含多次重复执行某些相同的操作时，在程序中可使用循环结构来实现，即用同一组指令，每次替换不同的数据，反复执行这一组指令。与高级语言一样，汇编语言中常见的循环程序结构有当型循环和直到型循环两种形式，如图 4.18 所示。这两种形式的基本组成部分一样，通常都有以下 4 个组成部分。

（1）初始化部分。是循环的准备部分，包括循环次数、变量、存放数据的内存地址初值以及装入暂存单元的初值设定等。正确地归纳出循环初始状态值，是循环程序顺利执行的基础。

（2）工作部分。本部分是循环的主体，是针对具体情况而设计的程序段，从初始新状态开始，动态地执行相同的操作。循环多少次，这部分指令就被执行多少次。

（3）修改部分。为执行循环而修改某些参数，譬如变量地址、循环次数等，以保证每次循环参加执行的数据能发生有规律的变化。

（4）结束部分。本部分完成循环结束后的处理，如数据分析、结果的存放等。

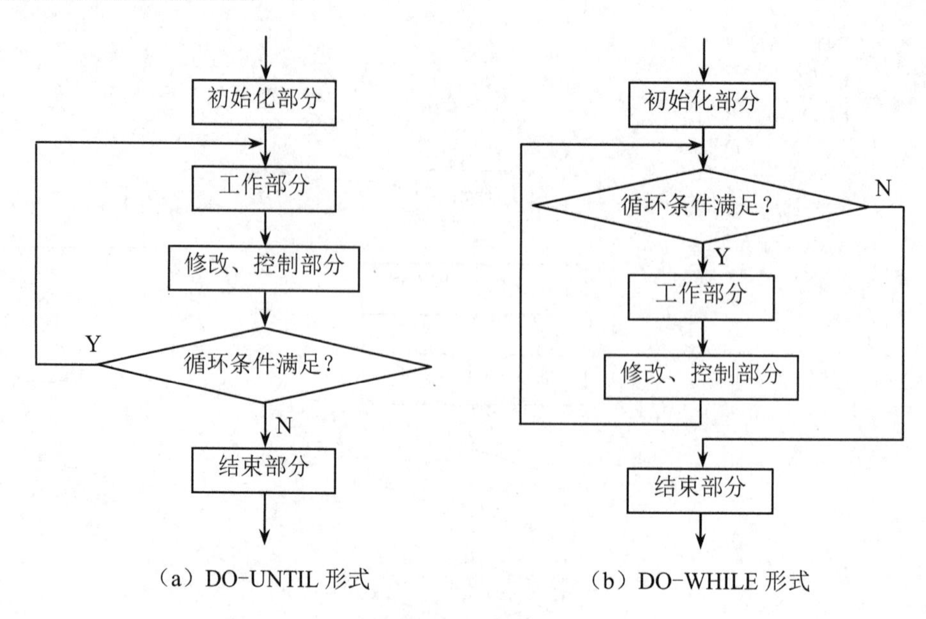


（a）DO-UNTIL 形式 （b）DO-WHILE 形式

图 4.18 循环结构的流程图

汇编语言的循环控制可以用专门的循环指令实现，也可以用转移指令和串处理中的重复前缀实现。常用的循环控制方式有以下两种：

计数控制：一般用于循环次数已知的情况，通过加 1 或减 1 计数来控制循环。

条件控制：用于循环次数未知的情况，通过判定某种条件“真”或“假”来控制循环是否结束。

设计循环结构程序时需注意以下几点：

（1）选用计数控制循环还是条件控制循环，采用当型循环结构还是直到型循环结构，在编程前就需设计好。

（2）通常可用循环次数、计数器、标志位、变量值等多种方式来作为循环的控制条件。在进入循环体之前，就需认真考虑循环能进行或结束的控制条件，以避免无法进入循环状态或又重新回到初始化状态（即进入“死循环”）。

（3）不要把初始化部分放到循环体中，循环体中要有能改变循环条件的指令。

根据循环的层次不同，汇编循环程序也分为单重循环和多重循环两种。

2. 循环程序设计举例

**【例 4.14】** 编程计算 1＋2＋3＋…＋100 的和，结果送 RST 单元。

解析：这是一个计数控制的循环。初始化部分包括：表示 1～100 之间数据的初值设置，循环次数设置，进位标志位的设置。工作部分包括：相加求和的运算。修改部分为 1～100 之间数据的变化与循环次数的修改。程序设计的流程图如图 4.19 所示。

程序如下：

```
DATA    SEGMENT
        RST   DW   0                    ; 定义存放结果的变量
DATA    ENDS
STACK   SEGMENT   STACK
        DB   50   DUP(?)
```

计数控制循环程序设计示例及其操作过程演示

```
STACK  ENDS
CODE   SEGMENT
       ASSUME  CS:CODE,DS:DATA,SS:STACK
START:
       MOV  AX,DATA
       MOV  DS,AX
       MOV  AX,1                 ; 初始化数据初值
       MOV  CX,100               ; 初始化循环次数
       CLC                       ; 初始化 C
NEXT:  ADC  RST,AX               ; 累加每一个数据
       INC  AX                   ; 数据累加 1
       LOOP  NEXT
       MOV  AH,4CH
       INT  21H
CODE   ENDS
       END  START
```

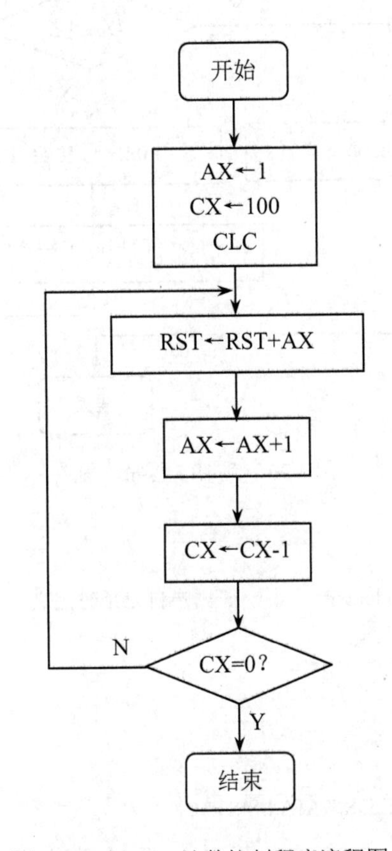


图 4.19　例 4.14 计数控制程序流程图

**【例 4.15】**编程显示以“！”结尾的字符串（提示：字符串内容由用户自己定义，但串中须含有“！”，且“！”也要显示）。

解析：这是一个条件控制的循环。显示字符串中的每一个字符，方法是一样的，可用循环结构编写。但由于字符串的内容不是固定的，串长度也不确定，只知道循环结束的条件是该

字符串以“！”结束，所以宜采用条件循环控制方法来控制循环的次数。程序设计流程图如图 4.20 所示。

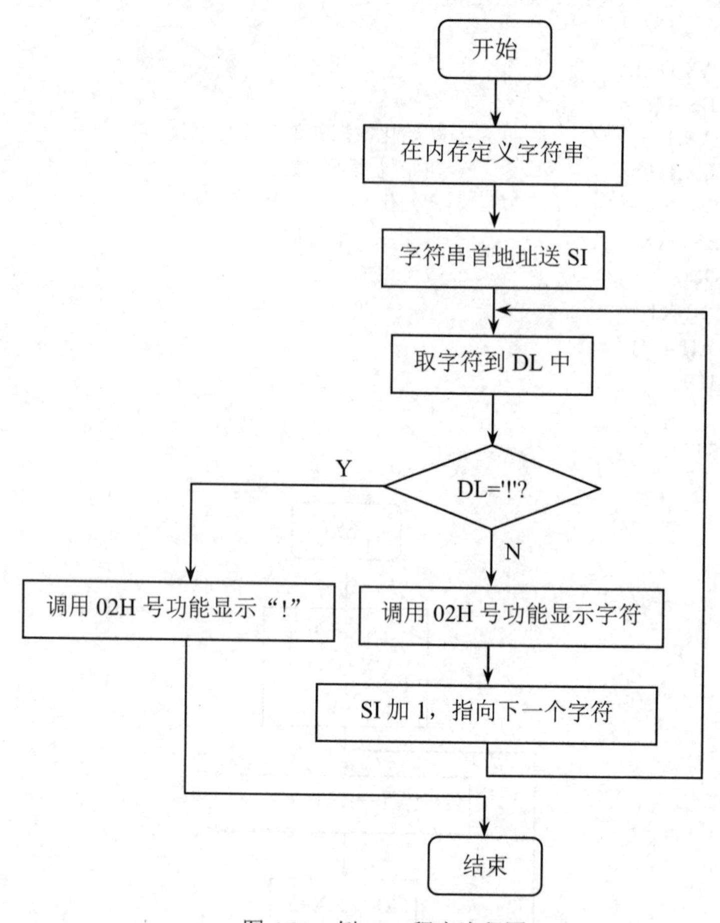


图 4.20 例 4.15 程序流程图

程序如下：

```
DATA    SEGMENT
MYSTR   DB   'Welcome to Students!'          ；用户自己预先定义一字符串
DATA    ENDS
STACK   SEGMENT   STACK
        DB   50   DUP(?)
STACK   ENDS
CODE    SEGMENT
        ASSUME   CS:CODE,DS:DATA,SS:STACK
START:  MOV    AX,DATA
        MOV    DS,AX
        MOV    SI,OFFSET MYSTR               ；字符串首址送 SI
NEXT:   MOV    DL,[SI]                       ；取字符
        CMP    DL, '!'                       ；判断是否为“！”
        JZ     FINISH                        ；是“！”，转移
        MOV    AH,2                          ；不是“！”，显示字符
```

```
        INT   21H
        INC   SI                  ; 修改地址指针，指向下一个位置
        JMP   NEXT                ; 通过 JMP 构成循环
FINISH: MOV   AH,2                ; 显示“!”
        INT   21H
        MOV   AH,4CH
        INT   21H
CODE    ENDS
        END   START
```

以上程序都是单重循环的例子。下面以一双重循环为例介绍多重循环的程序设计方法。对于多重循环程序的设计，应着重注意要分别考虑每重循环的循环控制条件，不能混淆。

【例 4.16】在以 BUF 为首地址的存储区中存放有 N 个有符号字数据，现需将它们按由小到大的顺序排列后仍存放回原存储区中，试编程实现。

解析：这是一个各类计算机语言中都作为典型范例的双重循环程序。常用的编程算法有冒泡排序法、插入排序法、选择排序法等多种，这里采用冒泡排序法实现。从第一个数据开始依次对相邻的两个数据进行比较，若次序对，则不交换两数位置；若次序不对则使这两个数据交换位置。可以看出，第一轮需比较 N−1 次，此时，最大的数已经放到了最后；第二轮比较只需考虑剩下的 N−1 个数，只需比较 N−2 次；第三轮只需比较 N−3 次，……，整个排序过程最多需要 N−1 轮。轮数用外循环控制，每轮中的次数用内循环控制。程序流程图如图 4.21 所示。

程序如下：

```
DATA    SEGMENT
BUF     DW  30,-44,82,57,19,123,60,-86,-97,-100   ; BUF 数据区中定义的 10 个字数据
N=($-BUF)/2                                       ; N=数据个数
DATA    ENDS
STACK   SEGMENT   STACK
        DB   200   DUP(0)
STACK   ENDS
CODE    SEGMENT
        ASSUME   CS:CODE,DS:DATA,SS:STACK
START:  MOV   AX,DATA
        MOV   DS,AX
        MOV   CX,N
        DEC   CX
NEXT1:  MOV   DX,CX                ; 外循环体从此条指令开始
        MOV   BX,0                 ; BX 为基地址
NEXT2:  MOV   AX,BUF[BX]           ; 内循环体从此条指令开始
        CMP   AX,BUF[BX+2]         ; 相邻两数比较
        JLE   L                    ; 前一个数不大于后一个数，则不交换
        XCHG  AX,BUF[BX+2]         ; 否则，交换两数
        MOV   BUF[BX],AX
L:      ADD   BX,2
        DEC   CX
        JNE   NEXT2                ; 内循环体结束？
        MOV   CX,DX
        LOOP  NEXT1                ; 外循环体结束？
```

多重循环程序设计示例
及其操作过程演示

```
        MOV   AH,4CH
        INT   21H
CODE    ENDS
        END   START
```

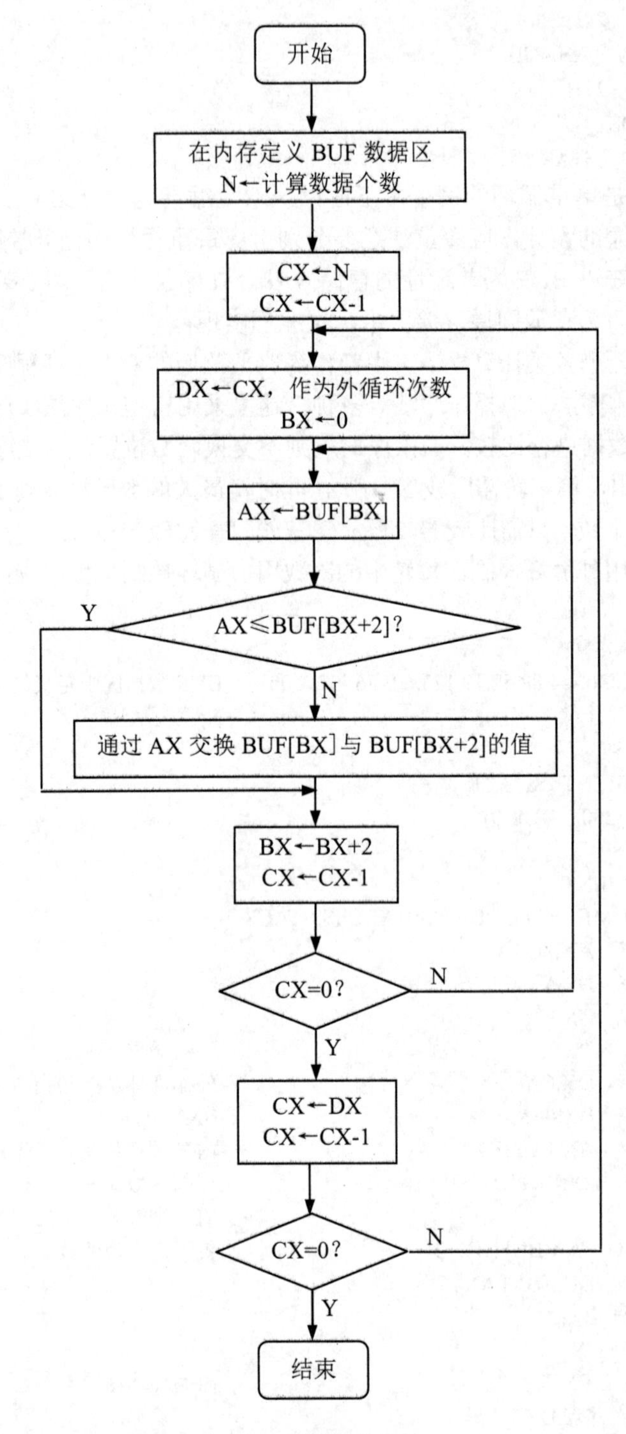


图 4.21　例 4.16 程序流程图

多重循环程序设计与单重循环程序设计的方法是一致的，应分别考虑各重循环的控制条件及程序实现，相互之间不能混淆。另外还要注意，多重循环中循环可以嵌套、并列，但不可以交叉。可以从内循环直接跳到外循环，但不能从外循环直接跳到内循环。特别是要分清循环的层次，不能使循环回到初始化部分，否则会出现死循环。

3. 串指令编程举例

【例 4.17】串操作指令 MOVS 应用例子。对于第 3 章【例 3.31】中的问题，可以使用三种不同的方法完成，即不用串操作指令、用单一的串操作指令和用带重复前缀的串操作指令。这里仅给出“用带重复前缀的串操作指令”方法实现。具体程序如下：

```
DATA    SEGMENT
        ORG   2000H
        DB   100   DUP('A')          ; 定义 100 个“A ”字符
        ORG   5000H
        DB   100   DUP('Z')          ; 定义 100 个“Z ”字符
DATA    ENDS
CODE    SEGMENT
        ASSUME   DS:DATA,ES:DATA,CS:CODE
START:  MOV   AX,DATA
        MOV   DS,AX
        MOV   ES,AX                  ; 装填附加段
        MOV   SI,2000H               ; 初始化源地址指针 SI
        MOV   DI,5000H               ; 初始化目的地址指针 DI
        MOV   CX,100                 ; 初始化循环次数
        CLD                          ; 初始化方向标志
        REP   MOVSB                  ; CX≠0，重复执行 MOVSB 指令
        MOV   AH,4CH
        INT   21H
CODE    ENDS
        END   START
```

串指令应用程序设计示例及其操作过程演示

请读者参考【例 3.31】，自行用另外两种方法完成。对于同一个题目，可分别采用三种不同的方法实现，通过对这三种方法的比较，希望读者能体会到使用重复前缀指令实现循环的功能，同时也进一步体会串操作指令的作用。

【例 4.18】串操作指令 LODS 与 STOS 的应用示例。设在 BUF 数据区有一组有符号字节数据，试编程实现将这组数据区当中的正数和负数分开存放在两个不同的数据区中，并统计正数和负数的个数。假设：BUF 数据区中只有正数和负数的情况。

解析：对一组数据中每一个数的判断方法是一样的，所以可采用循环程序的编程方法实现。因取、存数据都针对的是连续一片数据区的数据，可以将这些数据以串对待，所以存取数据操作都可通过串操作指令进行。为了简化程序编写，程序中巧妙地通过使用交换指令 XCHG 使得对正数和负数的存放都能采用 STOSB 指令，这也是本程序的编程技巧之处。程序设计的流程图如图 4.22 所示。

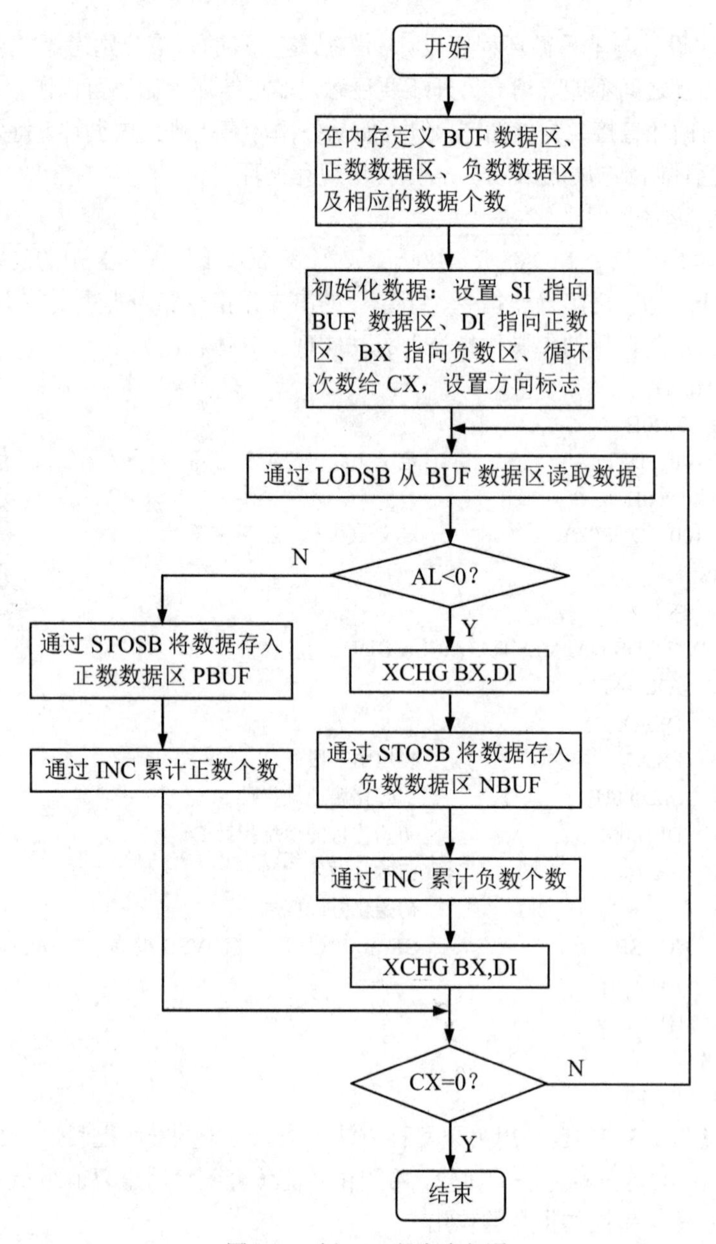


图 4.22　例 4.18 程序流程图

程序如下：

```
DATA    SEGMENT
BUF     DB  COUNT                   ; BUF 中的数据个数
        DB  23H,67H,0ABH,0F6H,49H,56H,95H,0CEH
COUNT=$-BUF -1
PBUF    DB  0                       ; 正数个数
        DB  COUNT   DUP (0)         ; 正数数据区
NBUF    DB  0                       ; 负数个数
        DB  COUNT   DUP (0)         ; 负数数据区
DATA    ENDS
CODE    SEGMENT
```

```
        ASSUME  CS:CODE,DS:DATA,ES:DATA
START:  MOV  AX,DATA
        MOV  DS,AX
        MOV  ES,AX
        LEA  SI,BUF+1              ; SI 指向 BUF 数据区
        LEA  DI,PBUF+1             ; DI 指向正数区
        LEA  BX,NBUF+1             ; BX 指向负数区
        MOV  Cl,BUF                ; 循环次数给 CX
        MOV CH,0
        CLD
NEXT:   LODSB                      ; 从数据区取出一个数据
        CMP  AL,0
        JS  NNUM                   ; 判断 AL 中的数是不是负数
        STOSB                      ; 是正数，存入正数区 PBUF
        INC  PBUF                  ; 累计正数的个数
        JMP  CONT
NNUM:   XCHG  BX,DI                ; 通过交换指令 XCHG 使 DI 指向负数区
        STOSB                      ; 是负数，存入负数区 NBUF
        INC  NBUF                  ; 累计负数的个数
        XCHG  BX,DI                ; 再通过 XCHG 指令恢复 DI 的值
CONT:   LOOP  NEXT                 ; 数据还没有处理完，转向 NEXT 处继续
        MOV  AH,4CH
        INT  21H
CODE    ENDS
        END  START
```

### 4.5.5　子程序设计

在许多应用程序中，常常需要多次用到某段程序。这时，为了避免重复书写程序段，节省内存空间，可以将这段程序独立出来，以供其他程序调用，这段程序称为子程序（或过程）。子程序是可供其他程序调用的具有一定功能的程序段，调用子程序的程序体称为“主程序”或“调用程序”。

1. 子程序的定义

定义子程序的一般格式为：

```
子程序名  PROC  NEAR/FAR
   ⋮                        ; 子程序体
          RET
子程序名  ENDP
```

格式中的各部分解释如下：

（1）子程序名。是为子程序指定的名称，其需符合标识符的命名规则，且前后要一致。与标号一样，子程序名也具有段属性、偏移地址属性及类型属性。

（2）PROC 和 ENDP。是定义子程序的一对伪指令，分别表示子程序定义的开始和结束，二者必须成对出现。

（3）NEAR/FAR。表示子程序的类型。其中 NEAR 表示近类型，FAR 表示远类型，缺省类型为近类型。如果一个子程序要被另一个段的程序调用，那么，其类型应定义为 FAR，否则可以是 NEAR，即 NEAR 类型的子程序只能被与其同段的程序调用。

（4）RET。子程序的返回指令，它将堆栈内保存的返回地址弹出，以实现子程序的正确返回。子程序的最后一条指令必须是 RET（详见 3.4.4 节中介绍）。

2. 子程序的调用与返回

子程序的调用与返回是通过调用和返回指令 CALL 与 RET 实现的。为了保证子程序的正确调用与返回，这里强调几点在使用时应注意的问题。

（1）在设计程序时，对子程序的类型要做出正确、合理的选择。一般情况下，若子程序只在同一代码段中被调用，则应定义为 NEAR 类型；若可以在不同的代码段中被调用，则应定义为 FAR 类型。

（2）在子程序内要保持堆栈的平衡，使进栈与出栈的字数保持一致，以确保执行 RET 指令时，栈顶的内容正好是子程序的返回地址。

（3）要注意现场的保护与恢复。在子程序中若要用到主程序正在使用的某些寄存器或存储单元，而其中的内容在子程序运行后主程序还要继续使用，则须将它们加以保护，在子程序结束后再将这些内容恢复，这种操作通常称为现场的保护与恢复。现场保护与恢复常常通过使用堆栈进行，方法是在子程序的开始，将被保护的寄存器或存储单元压栈，在子程序返回前，再通过弹出指令恢复它们的值。例如以下的指令：

```
SUBP    PROC
        PUSH   AX                     ; 现场保护
        PUSH   BX
        PUSHF
           ⋮                          ; 子程序主体
        POPF                          ; 恢复现场
        POP   BX
        POP   AX
        RET
SUBP    ENDP
```

一定要注意保护和恢复现场的顺序不能搞错。

（4）子程序可以与主程序定义在同一个代码段中，也可以定义在不同的代码段中。若是在同一个代码段，则需要将子程序部分放在主程序的程序退出指令

```
MOV   AH,4CH
INT   21H
```

之后，或放在程序执行的起始地址之前，而不能放在主程序的可执行指令序列内部，否则会破坏主程序的结构。

（5）一个子程序可以调用另一个子程序，甚至可以调用自己本身。

以下是常用到的子程序书写形式和结构示例：

（1）NEAR 类型的子程序结构示例。

```
CODE    SEGMENT                       ; CODE 段
           ⋮
START:
        CALL   SUBP                   ; 调用指令，XOR 指令处的地址入栈
        XOR   AX,AX
           ⋮
        MOV   AH,4CH
        INT   21H
```

```
SUBP    PROC                        ; 子程序定义
        ⋮
        RET                         ; 返回
SUBP    ENDP
CODE    ENDS
        END   START
```

（2）多处调用同一子程序的结构示例。

```
CODE    SEGMENT
        ⋮
START:
        CALL   SUB
        ⋮
        CALL   SUB
        ⋮
        MOV   AH,4CH
        INT   21H
SUB     PROC
        ⋮
        RET
SUB     ENDP
CODE    ENDS
        END   START
```

（3）有多个子程序的调用示例。

```
CODE    SEGMENT
        ⋮
START:
        CALL   SUB1
        CALL   SUB2
        CALL   SUB3
        MOV   AH, 4CH
        INT   21H
SUB1    PROC
        ⋮
        RET
SUB1    ENDP
SUB2    PROC
        ⋮
        RET
SUB2    ENDP
SUB3    PROC
        ⋮
        RET
SUB3    ENDP
CODE    ENDS
        END   START
```

3. 参数传递

主程序在调用子程序时，经常需要传递一些参数或控制信息给子程序，子程序执行完成后，也常常要向调用程序返回运行结果，这种在调用程序和子程序之间的信息传递称为参数传递，所传递的参数可以是数据或地址。主程序向子程序传递的参数称为子程序的入口参数，子程序向主程序返回的参数称为子程序的出口参数。参数传递的方法主要有寄存器传递法、存储单元传递法和堆栈传递法三种。

（1）寄存器传递法。把所需传递的参数通过某些通用寄存器传递给子程序，这是最直接、简便，也是最常用的参数传递方式，适用于参数传递较少的情况。

（2）存储单元传递法。主程序和子程序间通过存储单元（组）传递参数。可以理解为：主程序把参数放在公共存储单元，子程序则从公共存储单元取得参数。这种方法适合于参数较多的情况，所传递的数据大小和个数可不受限制，程序设计比较灵活。

（3）堆栈传递法。主程序将参数压入堆栈，子程序运行时从堆栈中取参数。堆栈传递法适合于参数较多且子程序有嵌套或递归调用的情况。

4. 子程序设计举例

**【例 4.19】** 已知在 NUM1 和 NUM2 为首地址的两个存储区中已分别定义了 *N* 个字数据。试编程实现将这两组 *N* 个字数据相加，并将和存入以 NUM3 为首地址的存储区中（不考虑溢出情况）。

方法一：用寄存器传递法实现。

```
DATA    SEGMENT
NUM1    DW   1011H,2022H,3033H,4044H,5055H     ；定义的第一组 N 个字数据，共 5 个
NUM2    DW   6066H,7077H,9099H,3366H,5588H     ；定义的第二组 5 个字数据
N       EQU  ($-NUM2)/2                        ；LEN=数据个数 5
NUM3    DW   N DUP(?)                          ；存放结果数据区
DATA    ENDS
STACK   SEGMENT   STACK
        DB   100   DUP(?)
STACK   ENDS
CODE    SEGMENT
        ASSUME   CS:CODE,DS:DATA,SS:STACK,ES:DATA
START:  MOV   AX,DATA
        MOV   DS,AX
        MOV   ES,AX
        LEA   SI,NUM1                  ；NUM1 首地址送 SI
        LEA   BX,NUM2                  ；NUM2 首地址送 BX
        LEA   DI,NUM3                  ；NUM3 首地址送 DI
        MOV   CX,N                     ；数据长度送 CX
        CALL  SADD
        MOV   AH,4CH
        INT   21H
SADD    PROC                           ；定义 SADD 子程序
        PUSH  AX                       ；现场保护
        PUSH  BX
        PUSH  CX
```

子程序设计示例及其操作过程演示

```
        PUSH   SI
        PUSH   DI
        PUSHF
        JCXZ   EXIT                 ; 判断数据区个数是否为 0，如果是，直接退出
        CLC
        CLD
NEXT:   LODSW                       ; 取数
        ADC    AX,[BX]              ; 两个操作数相加
        STOSW                       ; 存放结果
        ADD    BX,2                 ; 修改 BX 地址指针
        LOOP   NEXT                 ; CX 不为 0，转 NEXT 处继续
EXIT:   POPF
        POP    DI
        POP    SI
        POP    CX
        POP    BX
        POP    AX
        RET
SADD    ENDP
CODE    ENDS
        END    START
```

方法二：用存储单元传递法实现。

```
DATA    SEGMENT
NUM1    DW    1011H,2022H,3033H,4044H,5055H
NUM2    DW    6066H,7077H,9099H,3366H,5588H
N       EQU   ($-NUM2)/2
NUM3    DW    N DUP(?)
DATA    ENDS
STACK   SEGMENT   STACK
        DW    100   DUP(?)
STACK   ENDS
CODE    SEGMENT
        ASSUME   CS:CODE,DS:DATA,SS:STACK
START:  MOV    AX,DATA
        MOV    DS,AX
        CALL   SADD
        MOV    AH,4CH
        INT    21H
SADD    PROC
        PUSH   AX
        PUSH   BX
        PUSH   CX
        PUSHF
        MOV    CX,N
        JCXZ   EXIT
        CLC
```

```
        MOV   BX,0
NEXT:   MOV   AX,NUM1[BX]          ; 采用寄存器相对寻址方式取数据
        ADC   AX,NUM2[BX]          ; 两数据相加
        MOV   NUM3[BX],AX          ; 保存结果
        ADD   BX,2
        LOOP  NEXT
EXIT:   POPF
        POP   CX
        POP   BX
        POP   AX
        RET
SADD    ENDP
CODE    ENDS
        END   START
```

方法三：用堆栈传递法实现。

```
DATA    SEGMENT
NUM1    DW    1011H,2022H,3033H,4044H,5055H
NUM2    DW    6066H,7077H,9099H,3366H,5588H
N       EQU   ($-NUM2)/2
NUM3    DW    N DUP(?)
DATA    ENDS
STACK   SEGMENT   STACK
        DW    100   DUP(?)
STACK   ENDS
CODE    SEGMENT
        ASSUME   CS:CODE,DS:DATA,SS:STACK,ES:DATA
START:  MOV   AX,DATA
        MOV   DS,AX
        MOV   ES,AX
        LEA   AX,NUM1
        PUSH  AX                   ; NUM1 偏移地址进栈
        LEA   AX,NUM2
        PUSH  AX                   ; NUM2 偏移地址进栈
        LEA   AX,NUM3              ; NUM3 偏移地址进栈
        PUSH  AX
        MOV   AX,N
        PUSH  AX                   ; 数据长度进栈
        CALL  SADD
        MOV   AH,4CH
        INT   21H
SADD    PROC
        PUSH  BP
        MOV   BP,SP                ; BP 为后面读取堆栈中的内容作准备
        PUSH  AX
        PUSH  BX
        PUSH  CX
```

```
        PUSH   SI
        PUSH   DI
        PUSHF                       ; 保护现场
        MOV    CX,4[BP]             ; 数据长度送 CX
        JCXZ   EXIT
        MOV    DI,6[BP]             ; 取 NUM3 首地址送 DI
        MOV    BX,8[BP]             ; 取 NUM2 首地址送 BX
        MOV    SI,10[BP]            ; 取 NUM1 首地址送 SI
        CLC
        CLD
NEXT:   LODSW
        ADC    AX,[BX]
        STOSW
        INC    BX
        LOOP   NEXT
EXIT:   POPF
        POP    DI
        POP    SI
        POP    CX
        POP    BX
        POP    AX
        POP    BP
        RET    8                    ; 返回调用点，并废除 4 个参数共 8 个字节
SADD    ENDP
CODE    ENDS
        END    START
```

### 4.5.6 汇编综合程序设计举例

**【例 4.20】**从键盘上读入一串指定长度的字符，然后利用 09H 号系统功能调用输出该串字符。

解析：从键盘上读入一串指定长度的字符，可用 01H 号或 0AH 号系统功能调用实现。若用 01H 号，则需要用到循环。本例中使用 0AH 号功能实现，然后用 09H 号功能输出该字符串。程序设计的流程图如图 4.23 所示。

程序如下：

```
DATA    SEGMENT
MESS    DB   'Please input a string!$'      ; 定义输入提示信息
BUF     DB   20,?,20   DUP(0)
DATA    ENDS
STACK   SEGMENT   STACK
        DB   100   DUP(?)
STACK   ENDS
CODE    SEGMENT
        ASSUME   CS:CODE,DS:DATA,SS:STACK
START:  MOV   AX,DATA
        MOV   DS,AX
        MOV   DX,OFFSET MESS                ; 09H 号功能入口参数设置
```

```
        MOV   AH,9
        INT   21H                        ; 调用 09H 号功能输出提示信息
        MOV   DX,OFFSET BUF              ; 0AH 号功能入口参数设置
        MOV   AH,0AH
        INT   21H                        ; 调用 0AH 号功能输入字符串
        MOV   AH,2
        MOV   DL,0AH                     ; 调用 02H 号功能实现换行
        INT   21H
        MOV   DL,0DH                     ; 调用 02H 号功能实现回车
        INT   21H
        MOV   BL,BUF+1                   ; 取实际输入的字符长度
        MOV   BH,0
        MOV   BYTE PTR BUF+2[BX],'$'     ; 将“$”字符放在字符串尾部
        MOV   DX,OFFSET BUF+2            ; 09H 号功能入口参数设置
        MOV   AH,9
        INT   21H                        ; 调用 09H 号功能输出字符串
        MOV   AH,4CH
        INT   21H
CODE    ENDS
        END   START
```

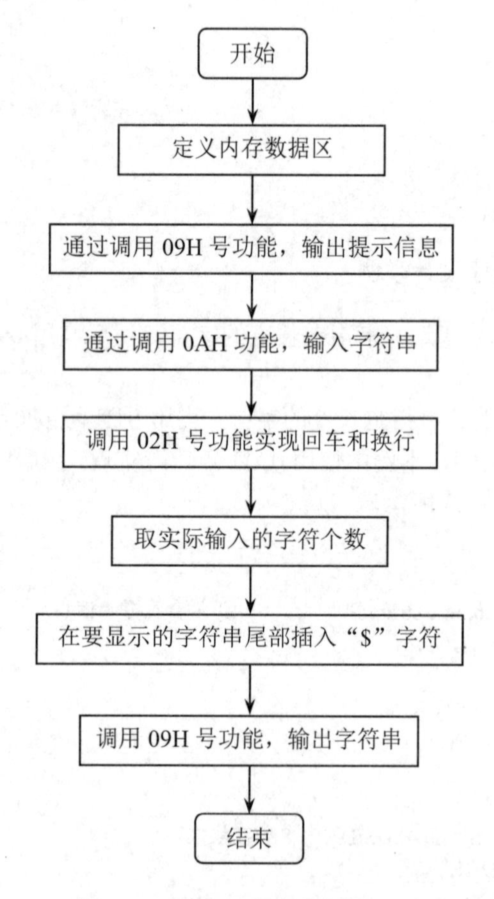


图 4.23　例 4.20 程序流程图

**【例 4.21】**试编程实现以十六进制形式显示 BX 中的值。假设 BX 中存放的为无符号数，例如 BX=30，则显示 001EH。

解析：在内存中先以变量的形式定义一任意无符号字数据，然后将该数据送到 BX 中。BX 中的数据以二进制形式存放，要将其以十六进制形式显示，按照 4 位二进制数可以转换为 1 位十六进制数的关系，可将 BX 中的数据从最高位开始至最低位每 4 位一组进行分组，共分为 4 组。接下来就是如何显示了。显示方法：通过循环左移指令，将最高 4 位二进制移至最低 4 位，通过逻辑与指令仅保留本次要显示的最低 4 位，再得到要显示的字符的 ASCII 值（0～9 间的十六进制数，直接与 30H 相逻辑或即可；A～F 间的十六进制数，在与 30H 相逻辑或的基础上，还需再加 7）。然后通过 02H 号系统功能调用显示字符。如此重复，共循环 4 次。最后再通过 02H 号功能显示字符“H”。程序设计的流程图如图 4.24 所示。

程序如下：

```
DATA    SEGMENT
NUM     DW   160                    ; 定义任意一 16 位数据
DATA    ENDS
STACK   SEGMENT   STACK
        DB   100   DUP(?)
STACK   ENDS
CODE    SEGMENT
        ASSUME   CS:CODE,DS:DATA,SS:STACK
START:  MOV   AX,DATA
        MOV   DS,AX
        MOV   BX,NUM                ; 将数据送给 BX
        MOV   CH,4                  ; 循环次数，16 位二进制数要转换 4 次
NEXT:   MOV   CL,4
        ROL BX,CL                   ; 将最高 4 位移至最低 4 位
        MOV   DL,BL
        AND DL,0FH                  ; 仅保留本次要显示的最低 4 位
        OR DL,30H                   ; 得到要显示字符的 ASCII 值
        CMP DL,39H
        JBE DISPHEX
        ADD DL,07H                  ; 得到 10～15 所对应的字符 A～F 的 ASCII 值
DISPHEX:
        MOV   AH,2
        INT   21H                   ; 调用 02H 号功能显示字符
        DEC CH
        JNZ NEXT                    ; 循环显示下一位十六进制数字
        MOV DL,'H'                  ; 调用 02H 号功能显示“H”
        MOV   AH,2
        INT   21H
        MOV   AH,4CH
        INT   21H
CODE    ENDS
        END   START
```

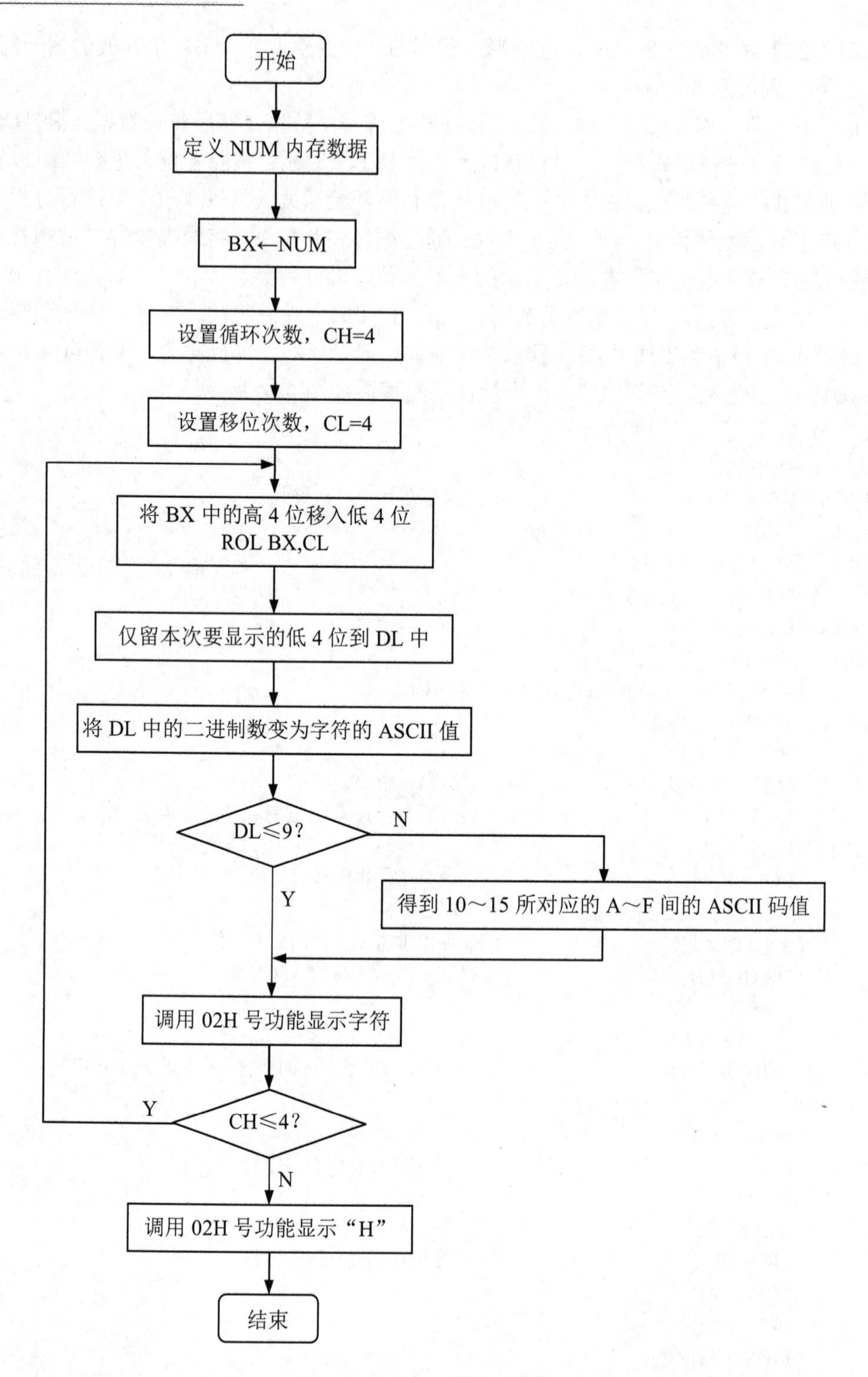


图 4.24 例 4.21 程序流程图

**【例 4.22】** 试编程实现以十进制形式显示 BX 中的值。假设 BX 中存放的为无符号数，例如 BX=30，则显示 30D。

解析：本题目可分两步实现。第一步是数制转换并保存结果模块，即先将 BX 中的二进制数转换为十进制值（求出对应十进制值各位上的数字）。由于 16 位二进制数最大能表示的十进制数是 65535，所以，转换后最多是一个万位的十进制数。转换方法是：把要转换的二进制数依次除以 10000、1000、100 和 10，分别可以得到万位数字、千位数字、百位数字和十位数字，除以 10 后得到的余数就是个位数字。程序先将得到的每位数字存入内存指定单元中。然后显示模块通过循环依次取出所存的各位数字，调用 02H 号功能逐一显示，最后显示字符“D”。程序设计的流程图如图 4.25 所示。

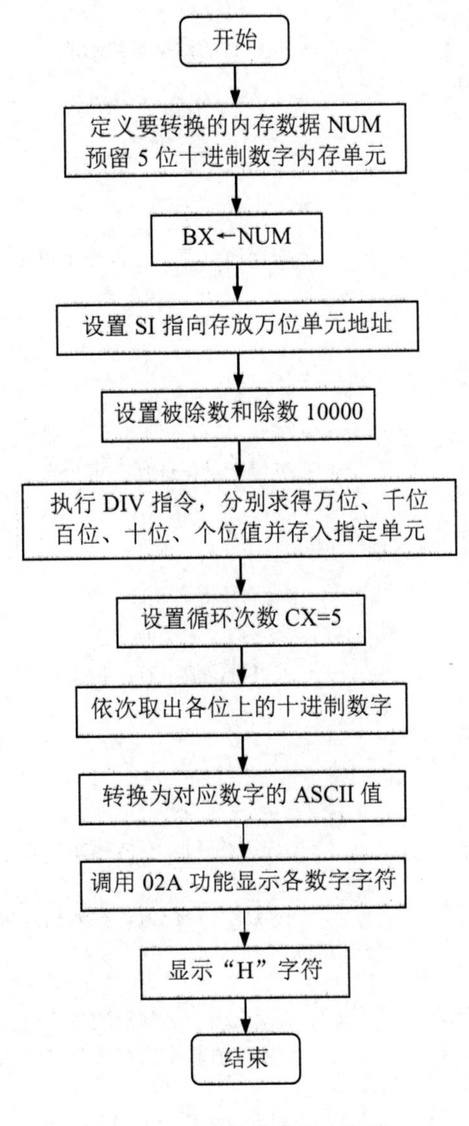


图 4.25　例 4.22 程序流程图

程序如下：

```
DATA    SEGMENT
NUM     DW  38521                        ; 定义的要显示的数
```

```
DECNUM   DB   5 DUP(?)           ；存放转换后十进制数各位的值，依次是万位、千位
                                 ；百位、十位和个位
DATA     ENDS
STACK    SEGMENT   STACK
         DB   100  DUP(?)
STACK    ENDS
CODE     SEGMENT
         ASSUME   CS:CODE,DS:DATA,SS:STACK
START:   MOV AX,DATA
         MOV DS,AX
         MOV BX,NUM              ；要转换的数据送给 BX
         LEA SI,DECNUM
         MOV DX,0
         MOV AX,BX
         MOV CX,10000
         DIV CX
         MOV [SI],AL             ；求得万位值，存入指定单元
         INC SI
         MOV AX,DX
         MOV DX,0
         MOV CX,1000
         DIV CX
         MOV [SI],AL             ；求得千位值，存入指定单元
         INC SI
         MOV AX,DX
         MOV DX,0
         MOV CX,100
         DIV CX
         MOV [SI],AL             ；求得百位值，存入指定单元
         INC SI
         MOV AX,DX
         MOV CL,10
         DIV CL
         MOV [SI],AL             ；求得十位值，存入指定单元
         INC SI
         MOV [SI],AH             ；余数就是个位值，存入指定单元
         LEA SI,DECNUM
         MOV CX,5
DISP:    MOV DL,[SI]             ；依次取出十进制数的各位值，
         OR DL,30H               ；将各位值转换为对应数字的 ASCII 值
         MOV   AH,2
         INT   21H               ；调用 02H 号功能显示
         INC SI
         LOOP DISP
         MOV DL,'D'
         MOV   AH,2
```

```
        INT   21H
        MOV   AH,4CH
        INT   21H
CODE    ENDS
        END   START
```

## 习题与思考题

4.1　简述汇编语言与机器语言的区别与联系。

4.2　分别说明指令与伪指令的含义及它们之间的区别。

4.3　汇编语言中的标号指什么？其三种属性是什么？

4.4　汇编语言中的变量指什么？其三种属性是什么？

4.5　已知有以下变量定义，试画出数据在内存中的存储情况。

（1）BR　DB　'2019Cauc',-20,3 DUP(4)

（2）WR　DW　3456H,0A123H,-1

4.6　设变量 BUF 在数据段 3100H 起始的单元中存放的内容为 56FFH，试分析以下两条指令分别执行后的结果，并指出它们之间的区别。

```
MOV   AX,BUF
MOV   AX,OFFSET  BUF
```

4.7　设有如下的变量定义：

```
DATA     SEGMENT
ARRAY    DW   1023H,2067H,3089H,4012H
BUF      DW   ?
DATA     ENDS
```

分别完成以下操作：

（1）用一条指令实现将 ARRAY 的偏移地址送给 BX。

（2）用一条指令实现将 ARRAY 的第二个字内容 2067H 送给 AX。

（3）用一条指令实现将 ARRAY 定义的数据个数送给 CX。

4.8　已知一数据段中的数据定义如下：

```
DATA    SEGMENT
STR1    DB   'A', 'B', 'C', 'D', 'E'
STR2    DB   '12345'
CONT    EQU  30
NUMB    DB   3   DUP('6')
NUMW    DW   20H,-80
TABLE   DW   0
DATA    ENDS
```

试根据以上数据段的定义，指出下列每题中错误或者用得不当的指令。

（1）MOV　AX,STR1

（2）MOV　BX,OFFSET　NUMB

　　MOV　[BX],'-'

（3）MOV　DL,NUMW+2

（4）MOV　BX,OFFSET　STR1
　　MOV　DH,BX+3
（5）INC　CONT
（6）MOV　STR1,STR2
（7）MOV　AX,NUMW+2
　　MOV　DX,0
　　DIV　NUMW

4.9　阅读程序并回答问题。

（1）在（a）处和（b）处填写与其左边指令等效的指令或指令序列。

（2）程序的功能是什么？程序执行后，B 变量中的内容是什么？

```
DATA SEGMENT
A DB '1234567890'
N EQU $-A
B DB N DUP(?)
DATA ENDS
CODE SEGMENT
        ASSUME CS:CODE,DS:DATA
START:
        MOV AX,DATA
        MOV DS,AX
        LEA SI,A                    ;（a）________
        LEA DI,B
        ADD DI,N-1
        MOV CX,N
MOVE:
        MOV AL,[SI]
        MOV [DI],AL
        INC SI
        DEC DI
        LOOP MOVE                   ;（b）________
        MOV AH,4CH
        INT 21H
CODE    ENDS
        END START
```

4.10　现要将字符串中的全部大写字母转换为小写字母，并存放回原地址处，试编程实现。（说明：字符串内容由用户自己定义，譬如“Hello Students !”）

4.11　计算$[Z-(X\times Y+60)]/4$的值，将商送入 $V$ 单元，余数送入 $W$ 单元。设 $X$、$Y$、$Z$ 均为 16 位有符号数据，具体数据由用户自己定义。

4.12　在数据段 BUF 开始的存储区中有一组有符号字数据，试编程找出它们当中的最小值，并求出平均值，依次存放至该数据区的后面（假设这组数据的和值不超过 16 位数据所能表示的范围，具体数据由用户自己定义，个数不能少于 10 个）。

4.13　编程实现：对键盘输入的小写字母用大写字母显示出来（要求：可连续输入，直至输入“#”键结束）。

4.14　编程实现：从键盘读入一不少于 20 个字符的字符串，然后用 09H 号系统功能调用输出该字符串（要求：①要有输入字符串的提示信息；②字符串的输入用 0AH 号功能实现）。

4.15　编写一个统计分数段的子程序，要求将 100 分、90～99 分、80～89 分、70～79 分、60～69 分、60 分以下的学生人数统计出来，并分别送往 S10、S9、S8、S7、S6、S5 各单元中（说明：假设学生总人数不超过 200 人，满分为 100 分；具体学生人数和每人的成绩由用户自己定义）。

# 第5章　存储器

**导学：** 存储器在整个微机系统中占据着很重要的位置。本章主要介绍半导体存储器，分为四个部分。第一部分介绍半导体存储器的构成与分类、性能指标及各类存储器的特点；第二部分介绍存储器的扩展设计；第三部分简单介绍内存条的发展；第四部分简单介绍高速缓冲存储器 Cache。

学习本章内容，要了解存储器的基本概念及不同类型的半导体存储器的特点；熟练掌握半导体存储器的扩展设计方法；了解内存条技术的发展；了解 Cache 缓存基本概念及其在微机中的作用。

## 5.1　概述

### 5.1.1　存储系统与多级存储体系结构

存储系统是指计算机中由存放程序和数据的各种存储设备、控制部件及管理信息调度的硬件设备和软件算法所组成的系统。存储系统的性能在现代微机中的地位日趋重要，主要原因是：①冯·诺伊曼体系结构是建筑在存储程序概念基础上的，访问存储器的操作占 CPU 时间的 70%左右；②对存储系统管理与组织的好坏影响到整个计算机的效率；③现代的信息处理，如图像处理、数据库、知识库、语音识别、多媒体等对存储系统的要求越来越高。

随着 CPU 速度的不断提高和软件规模的不断扩大，人类总希望存储器能同时满足速度快、容量大、价格低等要求，而采用单一工艺制造的半导体存储器很难同时满足这三方面的要求。为了解决这一矛盾，现代微机系统中普遍采用速度由慢到快、容量由大到小的多级层次存储体系结构构成的存储系统，如图 5.1 所示。存储系统呈现金字塔形结构，越往上存储器件的速度越快，CPU 的访问频度越高，同时存储量也越小；位于塔底的存储设备，其容量最大，价格最低，但速度相对也是最慢的。

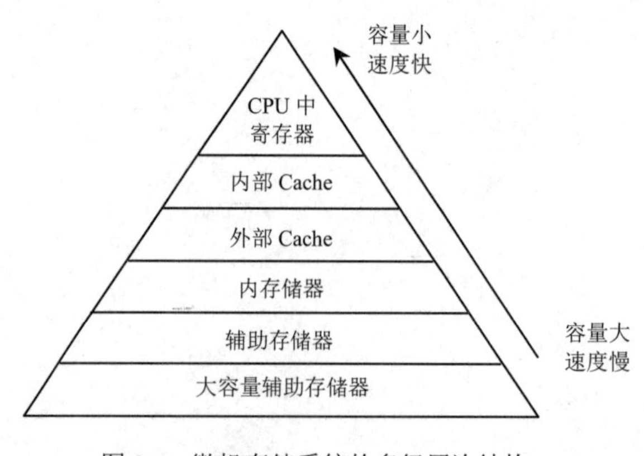


图 5.1　微机存储系统的多级层次结构

**说明**：存储系统与存储器是两个不同的概念。

### 5.1.2　半导体存储器的分类与组成

1. 半导体存储器的分类

存储器的种类繁多，根据存储器存储介质的性能及使用方法的不同，可以从不同角度对存储器进行分类。

存储介质是指能寄存“0”和“1”两种代码并能区别两种状态的物质或元器件。按照存储介质的不同，存储器可分为半导体存储器、磁存储器和光存储器。由于半导体存储器具有存取速度快、集成度高、体积小、功耗低、应用方便等优点，因此微型计算机内存多由半导体存储器构成。下面主要介绍半导体存储器的分类。

半导体存储器的分类如图 5.2 所示，其按照存储原理可分为 RAM 和 ROM 两大类。其中 RAM（Random Access Memory）为随机存取存储器，ROM（Read Only Memory）为只读存储器。RAM 按照制造工艺又可分为双极型 RAM 和 MOS 型 RAM，而 MOS 型 RAM 又可分为静态 RAM（SRAM）和动态 RAM（DRAM）两种。ROM 根据其不同的编程写入方式，又可分为掩膜 ROM、PROM、EPROM、$E^2$PROM 和闪速存储器。

概念解析

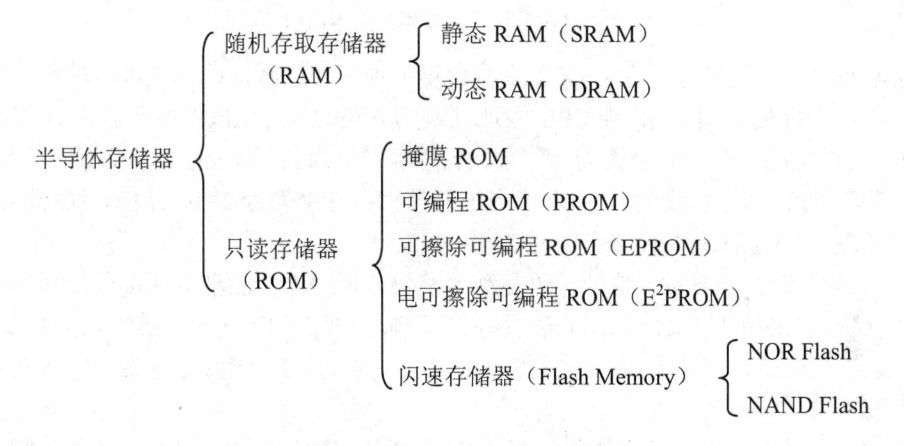


图 5.2　半导体存储器的分类

2. 半导体存储器的组成

半导体存储器由存储体、地址寄存器、地址译码驱动电路、读/写控制逻辑、数据寄存器、读/写驱动器等 6 个部分组成，通过系统数据总线、地址总线和控制总线与 CPU 相连，如图 5.3 所示。

（1）存储体。存储体（也称存储矩阵）是存储器的核心，由若干个存储单元组成，每个存储单元又由多个基本存储电路（也称基本存储单元）组成。通常，一个存储单元存放一个 8 位二进制数据。为了区分不同的存储单元和便于读/写操作，每个存储单元都有一个编号，这个编号称为存储单元的地址，CPU 访问存储单元时按地址访问。为了减少存储器芯片的封装引脚数和简化译码器结构，存储体总是按照二维矩阵的形式来排列存储单元电路。存储体内基本存储单元的排列结构通常有两种方式：一种是“多字一位”的结构（简称位结构），即将多个存储单元的同一位排在一起，其容量表示成 $N$ 字×1 位，如 1K×1 位、4K×1 位等；另一种是“多字多位”的结构（简称“字结构”），即将多个存储单元的若干位（如 4 位、8 位）连在一起，其容量表示为 $N$ 字×4 位/字或 $N$ 字×8 位/字。譬如，静态 RAM 6116 为一 2K×8 位的存储结构芯片，6264 为一 8K×8 位的存储结构芯片。

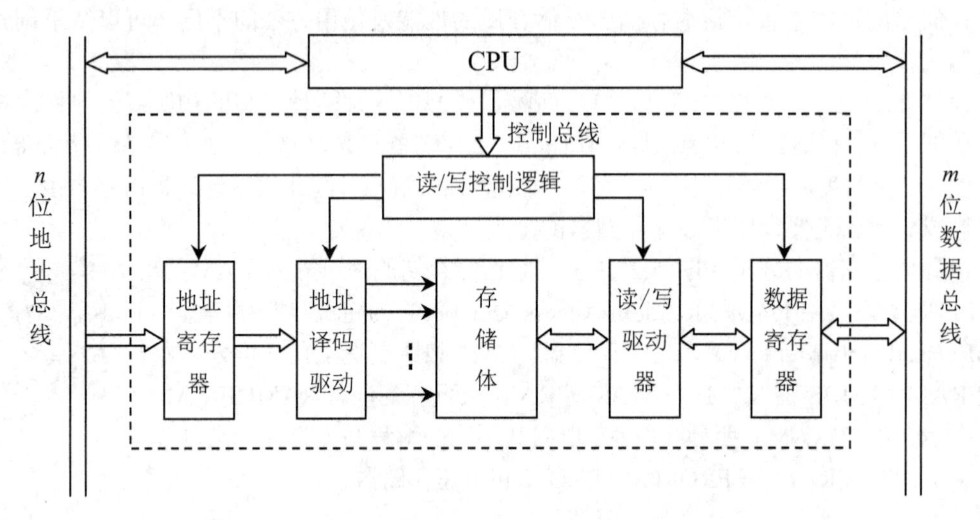


图 5.3　半导体存储器的基本组成

存储器的最大存储容量取决于 CPU 本身提供的地址线条数，这些地址线的每一位编码对应一个存储单元的地址。因此，当 CPU 的地址线为 $n$ 条时，可生成的编码状态有 $2^n$ 个，也就是说 CPU 可寻址的存储单元个数为 $2^n$ 个。若采用字节编址，那么存储器的最大容量为 $2^n×8$ 位。例如 8086 CPU 的地址线为 20 条，可寻址的最大存储空间为 $2^{20}$B=1MB，80486 CPU 的地址线为 32 条，可寻址的最大存储空间为 $2^{32}$B=4GB。

（2）地址译码驱动电路。地址译码驱动电路包含译码器和驱动器两部分。译码器的功能是将地址总线输入的地址码转换成与其对应的译码输出线上的高电平（或低电平）信号，以表示选中了某一存储单元，并由驱动器提供驱动电流去驱动相应的读/写电路，完成对被选中单元的读/写操作。

（3）地址寄存器。地址寄存器用于存放 CPU 要访问的存储单元地址，经译码驱动后指向相应的存储单元。通常，微型计算机中访问的地址由地址锁存器提供，如 8086 CPU 中的地址锁存器 8282。存储单元地址由地址锁存器输出后，经地址总线送到存储器芯片内直接译码。

（4）读/写驱动器。读/写驱动器包括读出放大器、写入电路和读/写控制电路，用以完成对被选中单元中各位的读/写操作。存储器的读/写操作是在 CPU 的控制下进行的，只有当接收到来自 CPU 的读/写命令 $\overline{RD}$ 和 $\overline{WR}$ 后，才能实现正确的读/写操作。

（5）数据寄存器。数据寄存器用于暂时存放从存储单元读出的数据，或从 CPU、I/O 端口送出的要写入存储器的数据。暂存的目的是为了协调 CPU 和存储器之间在速度上的差异，故又称之为存储器数据缓冲器。

（6）读/写控制逻辑。读/写控制逻辑接收来自 CPU 的启动、片选、读/写及清除命令，经控制电路综合处理后，产生一组时序信号来控制存储器的读/写操作。

虽然现代微机的存储器多由多个存储器芯片构成，但任何存储器的结构都保留着这 6 个基本组成部分，只是在组成各种存储器时做了一些相应的调整。

### 5.1.3　半导体存储器的性能指标

存储器的性能指标是评价存储器性能优劣的主要参数，也是选购存储器的主要依据。衡量半导体存储器性能的指标有很多，但从功能和接口电路角度来看，主要的有以下几项：

（1）存储容量。存储容量是存储器的一个重要指标，是指存储器所能容纳二进制信息的总量。容量越大，意味着所能存储的二进制信息越多，系统处理能力就越强。半导体存储器是由多个存储器芯片按照一定方式组成的，所以其存储容量为组成存储器的所有存储芯片容量的总和。

（2）存取速度。存储器的存取速度可以用存取时间和存取周期来衡量。所谓存取时间是指完成一次存储器读/写操作所需要的时间，具体指存储器从接收到寻址地址开始，到取出或存入数据为止所需要的时间，通常用 ns 表示。存取时间越短，存取速度越快。存取周期指连续进行读/写操作所需的最小时间间隔。由于在每一次读/写操作后，都需有一段时间用于存储器内部线路的恢复操作，所以存取周期要比存取时间大。

（3）可靠性。可靠性是指在规定的时间内，存储器无故障读/写的概率，通常用平均无故障时间 MTBF（Mean Time Between Failures）来衡量。MTBF 可以理解为两次故障之间的平均时间间隔，其越长，说明存储器的可靠性越高。

（4）性能价格比。性能价格比是衡量存储器的综合指标，不同用途的存储器对其性能要求不同，比如对外存储器主要看容量，对 Cache 则主要看速度。

（5）功耗。功耗反映存储器的耗电多少，同时也反映了其发热的程度。功耗越小，存储器的工作稳定性越好。

## 5.2　RAM 存储器

RAM 的特点是在使用过程中能随时进行数据的读出和写入，故又称为读/写存储器，使用非常灵活，但 RAM 中存放的信息不能被永久保存，断电后会自动丢失。所以，RAM 是易失性存储器，只能用来存放暂时性的输入/输出数据、中间运算结果和用户程序，也常用来与外存交换信息或作堆栈使用。通常人们所说的微机存储容量指的就是 RAM 存储器的容量。

### 5.2.1　SRAM 存储器

SRAM 是一种静态随机存储器（用双稳态触发器保存信息），其特点是只要不断电，所存信息就不会丢失；速度非常快，工作稳定，不需要外加刷新电路，使用方便灵活。但由于 SRAM 所用的 MOS 管较多，致使集成度降低，功耗较大，成本也高。所以在微机系统中，SRAM 常用做小容量的高速缓冲存储器 Cache 使用。

1．SRAM 的基本存储电路

SRAM 的基本存储电路是由两个增强型的 NMOS 反相器交叉耦合而成的触发器，每个基本的存储单元由 6 个 MOS 管构成，所以，静态存储电路又称为六管静态存储电路，如图 5.4 所示。其中 $T_1$、$T_2$ 为工作管，$T_3$、$T_4$ 为负载管，$T_5$、$T_6$ 为控制管，$T_7$、$T_8$ 也为控制管，它们为同一列线上的存储单元所共用。

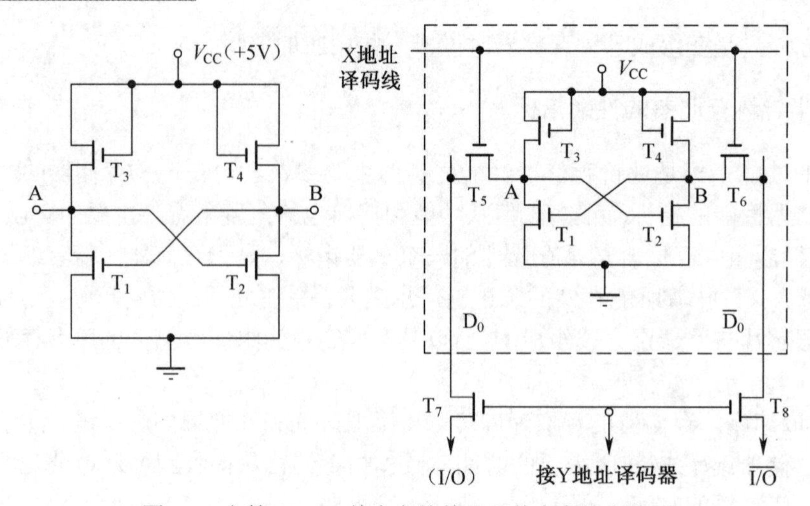


图 5.4 六管 SRAM 基本存储单元及基本存储电路图

2. SRAM 的基本结构

SRAM 的基本结构如图 5.5 所示，其中存储体是一个由 64×64=4096 个 6 管静态存储电路组成的存储矩阵。在存储矩阵中，X 地址译码器输出端提供 $X_0$～$X_{63}$ 共 64 根行选择线，而每一行选择线接在同一行中的 64 个存储电路的行选端，故行选择线能同时为该行 64 个行选端提供行选择信号。Y 地址译码器输出端提供 $Y_0$～$Y_{63}$ 共 64 根列选择线，而同一列中的 64 个存储电路共用同一位线，故由列选择线同时控制它们与输入/输出电路（I/O 电路）连通。显然，只有行、列均被选中的某个单元存储电路，在其 X 向选通门与 Y 向选通门同时被打开时，才能进行读出信息和写入信息的操作。

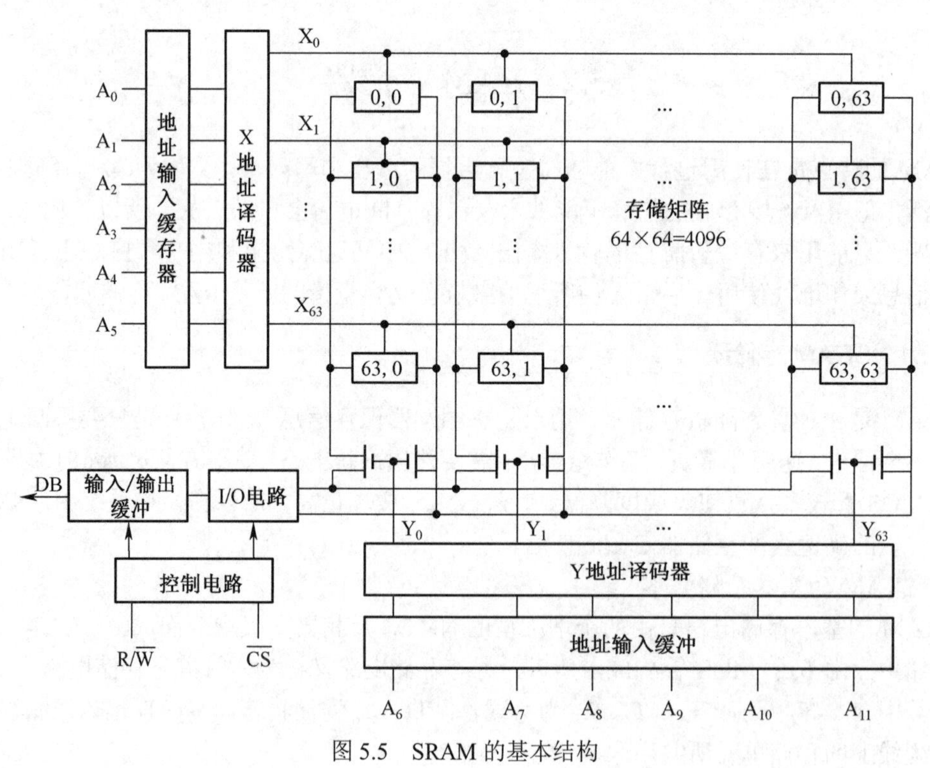


图 5.5 SRAM 的基本结构

图 5.5 所示的存储体是容量为 4K×1 位的存储器，因此，它仅有一个 I/O 电路，用于存取各存储单元中的 1 位信息。如果要组成字长为 4 位或 8 位的存储器，则每次存取时，同时应有 4 个或 8 个单元存储电路与外界交换信息。因此，在这种存储器中，要将列的列向选通门控制端引出线按 4 位或 8 位来分组，使每根列选择线能控制一组的列向选通门同时打开；相应地，I/O 电路也应有 4 个或 8 个。每一组的同一位共用一个 I/O 电路。这样，当存储体的某个存储单元在一次存取操作中被地址译码器输出端的有效输出电平选中时，则该单元内的 4 位或 8 位信息将被一次读写完毕。

通常，一个 RAM 芯片的存储容量是有限的，需要用若干片才能构成一个实用的存储器。这样，地址不同的存储单元就可能处于不同的芯片中，因此，在选中地址时，应先选择其所属的芯片。对于每块芯片，都有一个片选控制端（$\overline{CS}$），只有当片选端有效时，才能对该芯片进行读写操作。一般地，片选信号由地址码的高位译码产生。

3. SRAM 的读/写过程

（1）读出过程。

1）地址码 $A_0$～$A_{11}$ 加到 RAM 芯片的地址输入端，经 X 与 Y 地址译码器译码，产生行选与列选信号，选中某一存储单元，经过一定时间，该单元中存储的代码出现在 I/O 电路的输入端。I/O 电路对读出的信号进行放大、整形，送至输出缓冲寄存器。缓冲寄存器一般具有三态控制功能，没有开门信号，所存数据也不能送到 DB 上。

2）在传送地址码的同时，还要传送读/写控制信号（$R/\overline{W}$ 或 $\overline{RD}$、$\overline{WR}$）和片选信号（$\overline{CS}$）。读出时，使 $R/\overline{W}=1$，$\overline{CS}=0$，这时，输出缓冲寄存器的三态门将被打开，所存信息送至 DB 上。于是，存储单元中的信息被读出。

（2）写入过程。

1）地址码加在 RAM 芯片的地址输入端，选中相应的存储单元，使其可以进行写操作。

2）将要写入的数据放在 DB 上。

3）加上片选信号 $\overline{CS}=0$ 及写入信号 $R/\overline{W}=0$。这两个有效控制信号打开三态门，使 DB 上的数据进入输入电路，送到存储单元的位线上，从而写入该存储单元。

4. SRAM 芯片举例

不同 SRAM 的内部结构基本相同，只是在容量不同时其存储矩阵排列结构不同，即有些采用多字一位结构，有些采用多字多位结构。

常用的 SRAM 芯片有 2114、6116、6264、62256、628128、628512、6281024 等，它们的引脚信号功能及操作方式基本相同，下面以 6116 为例加以介绍。

Intel 6116 的引脚信号如图 5.6 所示，其是一 24 引脚双列直插式芯片，采用 CMOS 工艺制造，存储容量为 2KB。有 11 条地址线（$A_0$～$A_{10}$），其中 $A_0$～$A_3$ 用作列地址译码，$A_4$～$A_{10}$ 用作行地址译码；有 3 条控制线 $\overline{CE}$、$\overline{WE}$ 和 $\overline{OE}$。6116 的操作方式就是由这 3 条控制线共同作用决定的，具体如下：

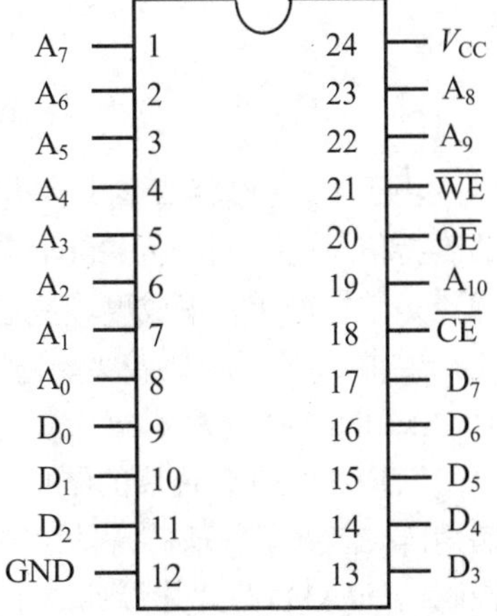

图 5.6　Intel 6116 引脚信号图

（1）写入。当 $\overline{CE}$ 和 $\overline{WE}$ 为低电平时，数据输入缓冲器打开，数据由数据线 $D_7$～$D_0$ 写入被选中的存储单元。

（2）读出。当 $\overline{CE}$ 和 $\overline{OE}$ 为低电平，且 $\overline{WE}$ 为高电平时，数据输出缓冲器选通，被选中单元的数据送到数据线 $D_7$～$D_0$ 上。

（3）保持。当 $\overline{CE}$ 为高电平、$\overline{WE}$ 和 $\overline{OE}$ 为任意电平时，芯片未被选中，处于保持状态，数据线呈现高阻态。

### 5.2.2 DRAM 存储器

DRAM 是一种动态随机存储器，其特点是集成度高、功耗低、价格便宜。但由于电容存在漏电现象，电容电荷会因为漏电而逐渐丢失，因此，需要外加刷新电路定时对 DRAM 进行刷新，即对电容补充电荷，才能保存数据。DRAM 的工作速度相比 SRAM 要慢很多，而且是行列地址复用的，许多都有页模式。微机系统中的内存储器（即内存条）多采用 DRAM。

1. DRAM 的基本存储电路

典型的单管 DRAM 基本存储电路如图 5.7 所示，由存储部分 $C_s$ 和选择电路 $T_1$、$T_2$ 构成，其中 $T_1$、$T_2$ 是 MOS 开关管。DRAM 电路在读出数据时，$C_s$ 放电，原有信息被破坏，因此需要恢复原有存储的信息，这个恢复过程称为再生或重写。

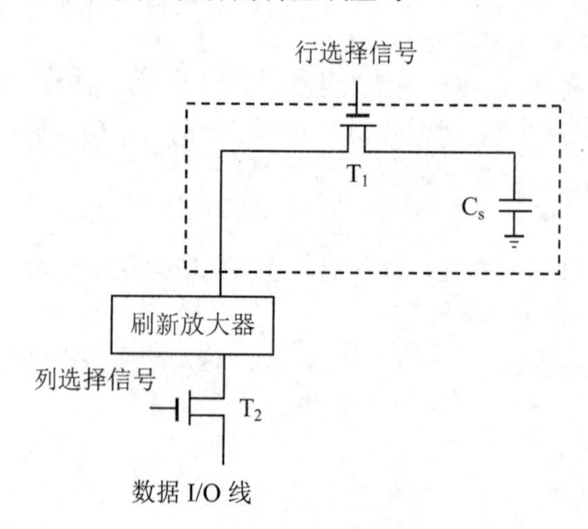


图 5.7 单管 DRAM 基本存储单元电路

由于 $C_s$ 的电容值很小且电容会漏泄，尤其是在温度上升时，漏泄放电会加快，所以典型的维持信息的时间约为 2ms，超过 2ms 信息就会丢失，因此需要进行动态刷新。这种电路的优点是结构简单、集成度较高且功耗小；缺点是列线对地间的寄生电容大，噪声干扰也大。因此，要求 $C_s$ 值做得比较大，刷新放大器应有较高的灵敏度和放大倍数。

2. DRAM 的基本结构

（1）DRAM 芯片的结构。DRAM 也是由许多基本存储电路按行、列排列组成的二维存储矩阵，但为了降低芯片的功耗，保证足够的集成度，减少芯片对外封装引脚数目和便于刷新控制，DRAM 芯片都设计成了位结构形式，即每个存储单元只有一位数据位，一个芯片上含有若干字，如 4K×1 位、8K×1 位、16K×1 位、64K×1 位或 256K×1 位等。二维存储矩阵的这一结构形式也是 DRAM 芯片的结构特点之一。而且，这种存储矩阵结构也使得 DRAM 的地址线总是分成行地址线和列地址线两部分，芯片内部设置有行、列地址锁存器。在对 DRAM 进行访问时，总是先由行地址选通信号 $\overline{RAS}$（CPU 产生）把行地址打入内置的行地址锁存器，随后再由列地址选通信号 $\overline{CAS}$ 把列地址打入内置的列地址锁存器，再由读/写控制信号控制数据的读出/写入。所以在访问 DRAM 时，访问地址需要分两次打入，这又是 DRAM 芯片的特点之一。行、列地址线的分时工作，可以使 DRAM 芯片的对外地址线引脚大大减少，仅需与行地址线相同即可。

（2）DRAM 的刷新。所有的 DRAM 都是利用电容存储电荷的原理来保存信息的，虽然利用 MOS 管间的高阻抗可以使电容上的电荷得以维持，但由于电容总存在漏泄现象，时间长了其存储的电荷会消失，从而使其所存信息自动丢失。所以，必须定时对 DRAM 的所有基本存储单元进行补充电荷，即进行刷新操作，以保证存储的信息不变。所谓刷新，就是不断地每隔一定时间（一般每隔 2ms）对 DRAM 的所有单元进行读出，经读出放大器放大后再重新写入原电路中，以维持电容上的电荷，进而使所存信息保持不变。虽然每次进行的正常读/写存储器的操作也相当于进行了刷新操作，但由于 CPU 对存储器的读/写操作是随机的，并不能保证在 2ms 时间内能对存储器中的所有单元都进行一次读/写操作，所以，对 DRAM 必须设置专门的外部控制电路和安排专门的刷新周期来系统地对 DRAM 进行刷新。

3. DRAM 芯片举例

常用的 DRAM 芯片有 2164（64K×1 位）、41256（256K×1 位）、41464（64K×4 位）以及 414256（256K×4 位）等产品，下面以 Intel 2164 芯片为例，介绍其结构及工作原理。

Intel 2164 是 64K×1 位的 DRAM 芯片，采用单管动态基本存储电路，具有 16 个管脚。其内部结构如图 5.8 所示，芯片引脚与逻辑符号如图 5.9 所示。2164 的存储体由 4 个 128×128 的存储矩阵组成，每个存储矩阵由 7 条行地址线和 7 条列地址线进行选择，7 条行地址经过 128 选 1 行译码器产生 128 条行选择线，7 条列地址经过 128 选 1 列译码器产生 128 条列选择线，分别选择 128 行和 128 列。

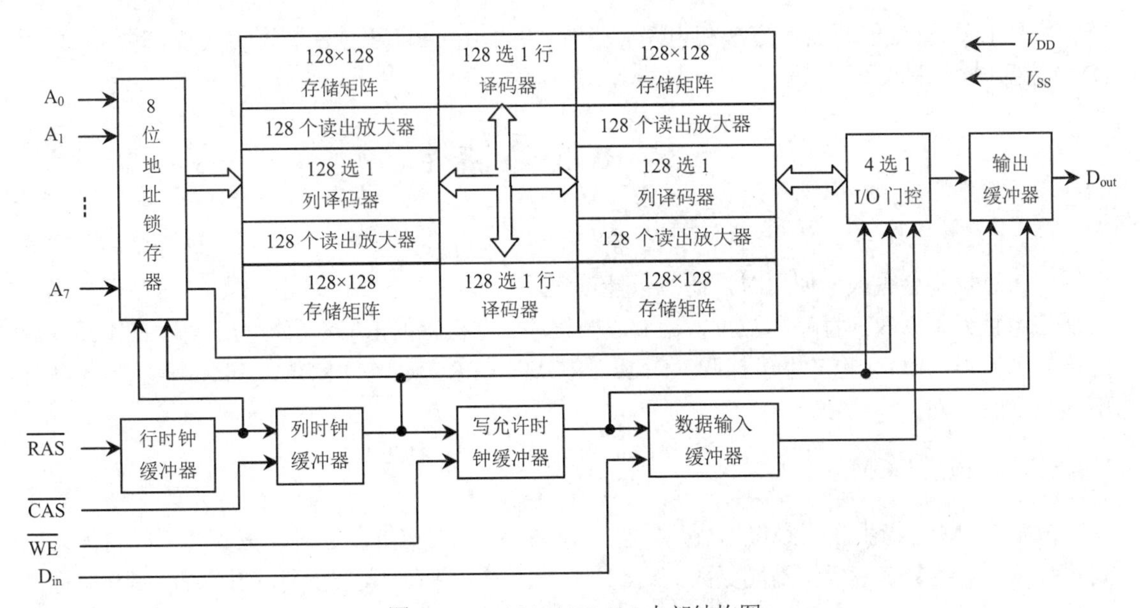


图 5.8　Intel 2164 DRAM 内部结构图

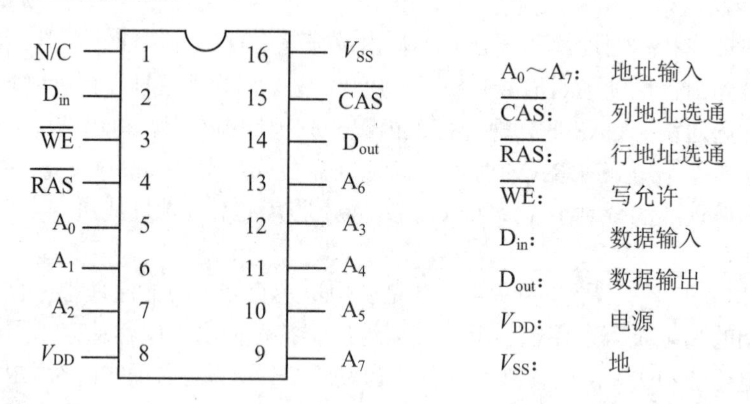


图 5.9 Intel 2164 DRAM 芯片引脚图

从图中可知，2164 芯片本身只有 $A_7$～$A_0$ 共 8 条地址线，每个存储单元只有一位，若要构成 64KB 的 DRAM 存储器实现 64KB 的 DRAM 寻址，则需要共 16 条地址线、8 片 2164。因此，该芯片采用了行地址线和列地址线分时工作的方式。其工作原理是：利用内部地址锁存器和多路开关，先由行地址选通信号 $\overline{RAS}$ 把 8 位地址信号 $A_7$～$A_0$ 送到行地址锁存器锁存，随后出现的列地址选通信号 $\overline{CAS}$ 把后送来的 8 位地址信号 $A_7$～$A_0$ 送到列地址锁存器锁存。锁存在行地址锁存器中的 7 位行地址 $RA_6$～$RA_0$ 同时加到 4 个存储器矩阵上，在每个存储矩阵中选中一行；锁存在列地址锁存器中的 7 位列地址 $CA_6$～$CA_0$ 选中 4 个存储器矩阵中的一列，选中 4 行 4 列交点的 4 个存储单元，再经过由 $RA_7$ 和 $CA_7$ 控制的“4 选 1”I/O 门控电路，选中其中的一个单元进行读/写。

2164 数据的读出和写入是分开的，具体由 $\overline{WE}$ 信号控制。当 $\overline{WE}$ 为高电平时，读出数据；当 $\overline{WE}$ 为低电平时，写入数据。在对芯片进行刷新时，只需加上行选通信号 $\overline{RAS}$ 即可，即把地址加到行译码器上，使指定的四行存储单元只被刷新，而不被读/写，一般 2ms 可全部刷新一次。

实现 DRAM 定时刷新的方法和电路有多种，可以由 CPU 通过控制逻辑实现，也可以采用 DMA 控制器实现，还可以采用专用 DRAM 控制器实现。

## 5.3 ROM 存储器

ROM 存储器是一种非易失性半导体存储器件，其特点是信息一旦写入，就固定不变，断电后，信息也不会丢失。使用时，信息只能读出，一般不能修改。因此，ROM 常用于保存可长期使用且无须修改的程序和数据，譬如监控程序、主板上的 BIOS 系统程序等。在不断发展变化的过程中，ROM 也产生了掩膜 ROM、PROM、EPROM、$E^2$PROM、Flash 存储器等各种不同类型的器件。

### 5.3.1 掩膜 ROM

掩膜 ROM 是指生产厂家根据用户需要，在 ROM 的制作阶段通过“掩膜”工序将信息做到芯片里，一经制作完成就不能更改其内容。因此，掩膜 ROM 适合于存储永久性保存的程序和数据，大批量生产时成本较低。譬如国家标准的一、二级汉字字模就可以做到一个掩膜 ROM

芯片中，这类 ROM 可由二极管、双极型晶体管和 MOS 电路组成。如图 5.10 所示为一个简单的 4×4 位的 MOS ROM，其地址译码采用字译码方式，有 2 位地址输入，经译码后输出 4 条字选择线，每条字选择线选中一个字，此时位线的输出即为这个字的每一位。

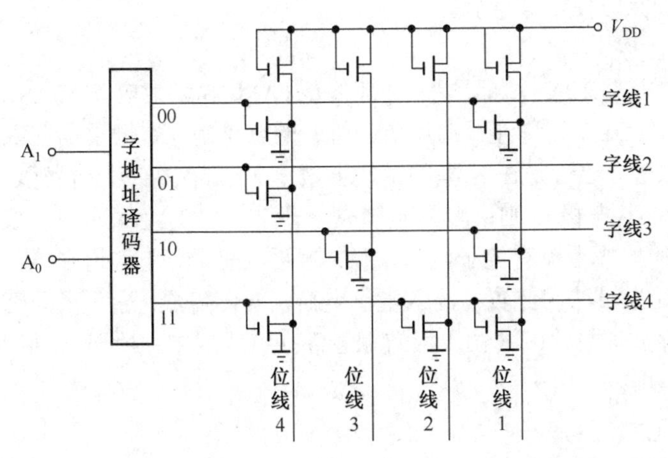


| 字 | 位 | | | |
|---|---|---|---|---|
| | 4 | 3 | 2 | 1 |
| 1 | 0 | 1 | 1 | 0 |
| 2 | 0 | 1 | 1 | 1 |
| 3 | 1 | 0 | 1 | 0 |
| 4 | 0 | 1 | 0 | 0 |

图 5.10　4×4 位 MOS ROM 存储阵列

在图 5.10 中，若 $A_1A_0$=00，则第一条字线输出高电平，位线 1 和 4 与其相连的 MOS 管导通，于是该两条位线输出为“0”；而位线 2 和 3 没有管子与字线 1 相连，则输出为“1”。由此可知，当某一字线被选择（输出高电平）时，连有管子的位线输出为“0”，没有管子相连的位线输出为“1”。

### 5.3.2　可编程 ROM

可编程 ROM（又称 PROM）是一种允许用户编程一次的 ROM，在出厂时器件中没有任何信息，为空白存储器；在使用时由用户根据需要，利用特殊的方法写入程序和数据，一旦写入后就不能擦除和改写。PROM 类型有多种，基本存储单元通常用二极管或三极管实现，这里以三极管熔丝式 PROM 为例来说明其存储原理。

如图 5.11 所示，存储单元的双极型三极管的发射极串接了一个可熔金属丝，因此这种 PROM 也称为“熔丝式”PROM。这种 PROM 存储器在出厂时，所有存储单元的熔丝都是完好的，编程时，通过字线选中某个晶体管。若准备写入“1”，则向位线送高电平，此时管子截止，熔丝将被保留；若准备写入“0”，则向位线送低电平，此时管子导通，控制电流使熔丝烧断。

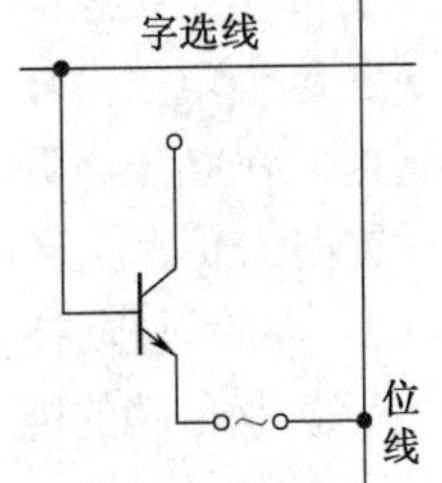


图 5.11　熔丝式 PROM 的基本存储结构

所有的存储单元在出厂时均存放信息“1”，一旦写入“0”，即将熔丝烧断，不可能再恢复，故只能进行一次编程，适合于小批量生产。

### 5.3.3　可擦除可编程 ROM

在实际工作中，一个新设计的程序往往需要经历调试、修改过程，如果将这个程序写在 ROM 和 PROM 中，就很不方便了。可擦除可编程 ROM（也称 EPROM）是一种可以多次进行擦除和重写的 ROM，允许用户按照规定的方法对芯片进行多次编程。当需要改写时，通过紫外线灯制作的抹除器照射约 15～20 分钟，便可使存储器全部复原，用户可以再次写入新的内容。EPROM 的这种特性对于工程研制和开发特别方便，因此应用较为广泛。但在使用时需要注意，应在玻璃窗口处用不透明的纸封严，以免信息丢失。

1. EPROM 基本存储电路

EPROM 的基本存储电路结构如图 5.12（a）所示，关键部件是 FAMOS 场效应管。FAMOS（Floationg grid Avalanche injection MOS，简称浮置栅场效应管）的意思是浮置栅雪崩注入型 MOS，图 5.12（b）显示了其结构原理。该管是在 N 型的基底上做出 2 个高浓度的 P 型区，从中引出场效应管的源极 S 和漏极 D；其栅极 G 则由多晶硅构成，悬浮在 $SiO_2$ 绝缘层中，故称为浮置栅。出厂时所有 FAMOS 管的栅极上没有电子电荷，源、漏两极间无导电沟道形成，管子不导通，此时它存放信息“1”；如果设法向浮置栅注入电子电荷，就会在源、漏两极间感应出 P 沟道，使管子导通，此时它存放信息“0”。由于浮置栅悬浮在绝缘层中，所以一旦带电后，电子很难泄漏，使信息得以长期保存。

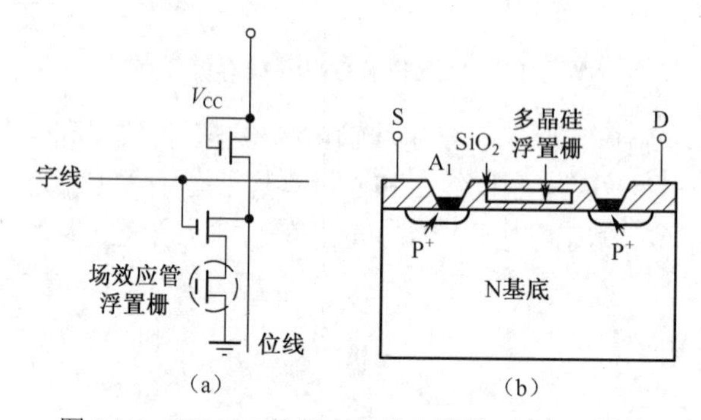


图 5.12 EPROM 的基本存储电路和 FAMOS 结构

2. EPROM 编程和擦除过程

（1）编程过程。EPROM 的编程过程实际上就是对某些单元写入“0”的过程。基本原理是：在漏极和源极之间加上+25V 的电压，同时加上编程脉冲信号（宽度约为 50ns），所选中的单元在这个电压的作用下，漏极与源极之间被瞬时击穿，就会有电子通过 $SiO_2$ 绝缘层注入到浮置栅。在高压电源去除之后，因为浮置栅被 $SiO_2$ 绝缘层包围，所以注入的电子无泄漏通道，浮置栅为负，就形成了导电沟道，从而使相应单元导通，此时说明将“0”写入了该单元。

（2）擦除过程。EPROM 的擦除原理与编程相反，必须用一定波长的紫外光照射浮置栅，使负电荷获取足够的能量，摆脱 $SiO_2$ 的包围，以光电流的形式释放掉，这时，原来存储的信息也就不存在了。

由这种存储电路所构成的 ROM 存储器芯片，在其上方有一个石英玻璃的窗口，紫外线正是通过这个窗口来照射其内部电路而擦除信息的，一般擦除信息需用紫外线照射 15～20 分钟。

注意：EPROM 经编程后正常使用时，应在其照射窗口贴上不透光的胶纸作为保护层，以避免存储电路中的电荷在阳光或正常水平荧光灯照射下的缓慢泄露。

3. 典型的 EPROM 芯片

EPROM 芯片有多种型号，市场上常见的 Intel 公司产品有：2716（2K×8 位）、2732（4K×8 位）、2764（8K×8 位）、27128（16K×8 位）、27256（32K×8 位）、27512（64K×8 位）等。下

面以 Intel 2732A 为例，介绍 EPROM 芯片的基本特点和操作方式。

Intel 2732A 的容量为 4KB，是 24 引脚双列直插式芯片，最大读出时间为 250ns，单一+5V 电源供电，其引脚信号如图 5.13 所示。

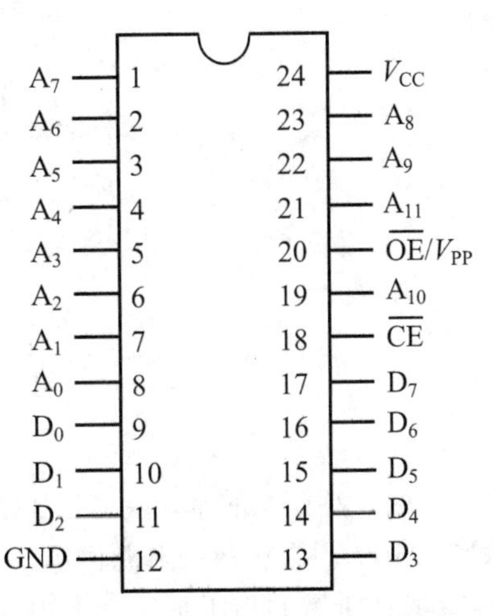


图 5.13　2732A 引脚信号示意图

2732A 有读出、待用、编程、编程禁止、输出禁止和 Intel 标识符共 6 种操作方式。具体操作为：

（1）读出。将芯片内指定单元的内容读出。此时 $\overline{OE}$ 和 $\overline{CE}$ 为低电平，$V_{CC}$ 接+5V，数据线处于输出状态。

（2）待用。此时 $\overline{CE}$ 为高电平，数据线呈现高阻状态，2732A 处于待用状态，且不受 $\overline{OE}$ 的影响。

（3）编程。将信息写入芯片内，此时，$\overline{OE}/V_{PP}$ 接+21V 的编程电压，$\overline{CE}$ 输入宽度为 50ms 的低电平编程脉冲信号，将数据线上的数据写入指定的存储单元。编程之后应检查编程的正确性，当 $\overline{OE}/V_{PP}$ 和 $\overline{CE}$ 都为低电平时，可对编程进行检查。

（4）编程禁止。当 $\overline{OE}/V_{PP}$ 引脚接+21V 电压，$\overline{CE}$ 为高电平时，处于不能进行编程方式，数据输出为高阻状态。

（5）Intel 标识符。当 $A_9$ 引脚为高电平，$\overline{OE}$ 和 $\overline{CE}$ 引脚为低电平时，处于 Intel 标识符方式，可从数据线上读出制造厂和器件类型的编码。

### 5.3.4　电可擦除可编程 ROM

1. 基本结构

电可擦除可编程 ROM（也称 $E^2PROM$）的特点是不像 EPROM 那样整体地被擦除，而是与 RAM 一样能随机地以字节为单位进行改写。改写时，不需要把芯片从用户系统中取下来用编程器编程，而是在用户系统中即可进行改写，与 ROM 一样在断电时信息不丢失。所以，$E^2PROM$ 兼有 RAM 和 ROM 的双重功能特点。如图 5.14 所示为 $E^2PROM$ 管子的结构示意图，它的工作原理与 EPROM 类似。当浮置栅上没有电荷时，管子的漏极和源极之间不导电，若设法使浮置栅带上电荷，则管子就导通。在 $E^2PROM$ 中，使浮置栅带上电荷和消去电荷的方法与 EPROM 中是不同的。在 $E^2PROM$ 中，漏极上面增加了一个隧道二极管，它在第二栅与漏极之间电压 $V_G$ 的作用下，可以使电荷通过它流向浮置栅（即起编程作用）；若 $V_G$ 的极性相反也可以使电荷从浮置栅流向漏极（起擦除作用），而编程与擦除所用的电流是极小的，可用极普通的电源就可供给 $V_G$。

$E^2PROM$ 的另一个优点是擦除可以按字节分别进行。由于字节的编程和擦除都只需要 10ms，并且不需要特殊装置，因此可以进行在线的编程写入。

2. 常见的 $E^2PROM$ 芯片

常见的 $E^2PROM$ 芯片有 Intel 公司生产的高压编程芯片 2816、2817，低压编程芯片 2816A、2817A、2864A、28010 和 28040 等，这些芯片的读出时间为 120～250ns，字节擦写时间在 10ms 左右。下面以 2817A 为例简单了解 $E^2PROM$ 芯片的基本特点和操作方式。

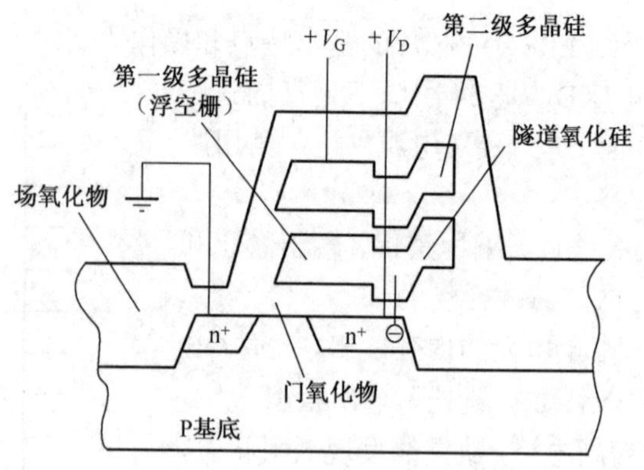


图 5.14　$E^2$PROM 结构示意图

（1）2817A 的基本特点。2817A 是一容量为 2KB、28 引脚双列直插式芯片，最大读出时间为 250ns，单一+5V 电源供电，最大工作电流为 150mA，维持电流为 55mA。由于 2817A 片内有编程所需的高压脉冲产生电路，因而其工作不需要外加编程电压和编程脉冲，其引脚信号如图 5.15 所示。引脚 RDY/$\overline{\text{BUSY}}$ 为状态输出，一旦擦写过程开始，该引脚即呈低电平，直到擦写完成才恢复为高电平。RDY/$\overline{\text{BUSY}}$ 引脚为开漏输出，使用时要通过电阻挂到高电平上。

|  |  |  |  |
| --- | --- | --- | --- |
| RDY/$\overline{\text{BUSY}}$ | 1 | 28 | $V_{CC}$ |
| NC | 2 | 27 | $\overline{\text{WE}}$ |
| $A_7$ | 3 | 26 | NC |
| $A_6$ | 4 | 25 | $A_8$ |
| $A_5$ | 5 | 24 | $A_9$ |
| $A_4$ | 6 | 23 | NC |
| $A_3$ | 7 | 22 | $\overline{\text{OE}}$ |
| $A_2$ | 8 | 21 | $A_{10}$ |
| $A_1$ | 9 | 20 | $\overline{\text{CE}}$ |
| $A_0$ | 10 | 19 | $D_7$ |
| $D_0$ | 11 | 18 | $D_6$ |
| $D_1$ | 12 | 17 | $D_5$ |
| $D_2$ | 13 | 16 | $D_4$ |
| GND | 14 | 15 | $D_3$ |

图 5.15　2817A 引脚信号示意图

（2）2817A 的操作方式。2817A 有读出、保持和编程 3 种工作方式，由 $\overline{\text{CE}}$、$\overline{\text{OE}}$、$\overline{\text{WE}}$ 和 RDY/$\overline{\text{BUSY}}$ 信号共同作用决定，见表 5.1。

**表 5.1　2817A 操作方式**

| 操作方式 | $\overline{\text{CE}}$ | $\overline{\text{OE}}$ | $\overline{\text{WE}}$ | RDY/$\overline{\text{BUSY}}$ | $D_7$～$D_0$ |
| --- | --- | --- | --- | --- | --- |
| 读出 | 0 | 0 | 1 | 高阻 | 数据输出 |
| 保持 | 1 | × | × | 高阻 | 高阻 |
| 编程 | 0 | 1 | 0 | 0 | 数据输入 |

从 2817A 的操作方式可以看出，对 2817A 进行读/写操作与对静态 RAM 的不是完全相同的。不同点在于：2817A 在每个字节编程写入之前自动擦除该单元的内容，即编程写入和擦除是同时进行的，因此所需时间要长一些。

### 5.3.5　Flash 存储器

Flash 存储器简称 Flash 或闪存，是一种新型的、寿命较长的、可编程的只读存储器，其结合了 ROM 和 RAM 的长处，不仅具备电子可擦除可编程（$E^2$PROM）的性能，还不会因断电而丢失数据，同时可以快速读取数据。

由于 Flash 具有在线电擦写、低功耗、大容量、擦写速度快等特点，同时还具有与 DRAM 等同的低价位、低成本优势，因此受到了广大用户的青睐，是近年来发展非常快的一种新型半导体存储器。目前，Flash 在微机系统、嵌入式系统、智能仪器仪表、PDA 和数码相机等家用电子领域都得到了广泛的应用。

1. Flash 的种类

目前，Flash 主要有 NOR Flash 和 NAND Flash 两种。NOR Flash 是 Intel 公司于 1988 年首先开发的，其彻底改变了原先由 EPROM 和 $E^2$PROM 一统天下的局面；NAND Flash 是 Toshiba 公司于 1989 年开发的。下面从 6 个方面对两者加以比较。

（1）存储读取。NOR Flash 的特点是在芯片内执行，即用户可以直接运行装载在 NOR Flash 里面的代码，不必再把代码读到系统 RAM 中。因为其传输效率高，读取速度快，一般小容量的用 NOR Flash，多用来存储操作系统等重要信息。

NAND Flash 以一次读取一个块的形式进行，通常一次性读取 512B。用户不能直接运行 NAND Flash 上的代码，因此，好多使用 NAND Flash 的开发板除了使用 NAND Flah 以外，还另附加一块小的 NOR Flash 来运行启动代码。

（2）擦除操作。任何 Flash 器件的写入操作只能在空或已擦除的单元内进行，所以大多数情况下，在进行写入操作之前必须先执行擦除。对 NOR Flash 擦除以 64～128KB 的块进行，执行一次写入/擦除操作时间为 5s，在进行擦除前先要将目标块内所有的位都写为 0；对 NAND Flash 擦除以 8～32KB 的块进行，执行一次写入/擦除操作时间最多需要 4ms。

（3）接口性能。NOR Flash 带有 SRAM 接口，有足够的地址引脚进行寻址，可以很容易存取其内部的每一个字节。

NAND Flash 使用复杂的 I/O 口串行地存取数据，读/写操作均采用 512B 的块，各个产品或厂商采用的方法也不尽相同。

（4）容量和成本。NAND Flash 的单元尺寸几乎是 NOR Flash 的一半，由于生产过程更为简单，NAND Flash 的结构可以在给定的模具尺寸内提供更高的容量，相应地也就降低了价格。

NOR Flash 主要应用在代码存储介质中，占据了容量为 1～16MB 的大部分闪存市场；NAND Flash 只是用在 8～128MB 的产品，适合数据存储，在 Compact Flash、Secure Digital、PC Cards 和 MMC 存储卡市场上所占份额最大。

（5）可靠耐用性。NOR Flash 和 NAND Flash 在可靠耐用性方面也是有差别的。NAND Flash 中每个块的最大擦写次数是 100 万次，而 NOR Flash 的擦写次数是 10 万次；典型的 NAND Flash 尺寸比 NOR Flash 要小 8 倍，每个 NAND Flash 在给定的时间内的删除次数要比 NOR Flash 少。

（6）软件支持。对 NOR Flash 和 NAND Flash 进行写入和擦除操作时都需要驱动程序（即内存技术驱动程序，MTD），但在 NOR Flash 上运行代码时不需要任何软件支持，在 NAND Flash 上运行代码时通常需要 MTD。MTD 还用于对 DiskOnChip 产品进行仿真和 NAND Flash 的管理，包括纠错、坏块处理和损耗等。目前，市面上的 Flash 主要来自 Intel、AMD、Fujitsu 和 Toshiba，生产 NAND Flash 的主要厂家有 Samsung 和 Toshiba。

2. Flash 的存储结构

Flash 有整体擦除、自举块和快擦写文件三种存储结构。整体擦除结构是将整个存储阵列组织成一个单一的块，在进行擦除操作时，将清除所有存储单元的内容。自举块结构是将整个存储器划分为几个大小不同的块，其中一部分做自举块和参数块，用来存储系统自举代码和参数表，其余部分为主块，用来存储应用程序和数据。在系统编程时，每个块都可以进行独立的擦写。这种结构的特点是存储密度高、速度快，主要应用于嵌入式微处理器中。快擦写文件结构是将整个存储器划分成大小相等的若干块，也是以块为单位进行擦写，它与自举块结构相比，存储密度更高，可用于存储大容量信息，如闪存盘。

早期的 Flash 多采用整体擦除结构，现在的 Flash 则采用自举块或快擦写文件结构，以块为单位进行擦写，这既增加了读/写的灵活性，也提高了读/写速度。

3. Flash 的工作原理

目前，市场上的 Flash 产品种类较多，如 Intel 公司推出的 28F 系列、美国 Atmel 公司生产的 29 系列芯片（如 AT29C256、AT29C512、AT29C010、AT29C020、AT29C040 和 AT29C080 等）都是影响较大的 Flash 存储器，其中 29 系列芯片使用起来更方便些。下面以 AT29C040A 为例简单介绍 Flash 芯片的工作原理。

AT29C040A 的容量为 512KB，采用 DIP 封装，具有 32 个引脚（如图 5.16 所示），与 Intel 27 系列的 EPROM 引脚兼容。其中 $\overline{CE}$ 为片选线，$\overline{OE}$ 为输出允许，$\overline{WE}$ 为写控制，控制信号和 SRAM 相同，所以，它的正常工作方式（即读方式）和 SRAM 完全相同，而擦除和编程则是一次完成的。

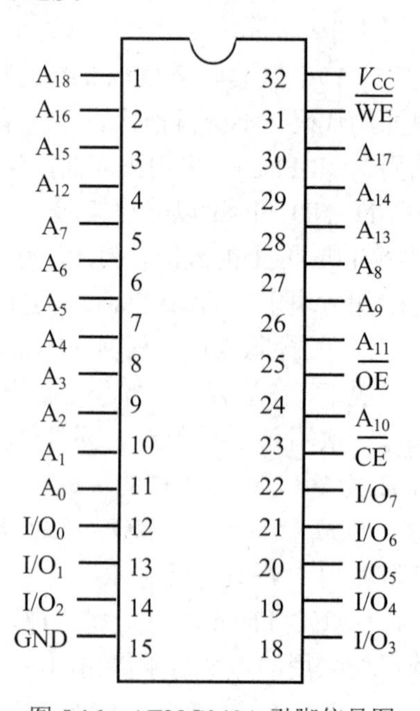

图 5.16 AT29C040A 引脚信号图

编程时，预先准备好一个扇区（256B）的数据（不足一扇区，自动地将未写入的字节擦除为 FFH），然后以不超过 150μs 的时间间隔连续将它们写入到 29C040A 内部的数据缓冲区（其间应为高电平），编程电压为+5V。检测扇区编程是否结束有两种方式：一种是循环检测方式，读出本扇区最后一个地址单元的内容，若其最高位（对应 $I/O_7$ 线）是写入该单元真实值的反码，则表明编程周期没有结束；若读出的值就是写入时该单元的真实值，则说明编程周期已经结束，可进行下一扇区的编程。另一种是检测触发位 $I/O_6$ 方式，在扇区编程期间，可将本扇区任一地址单元连续读出，若该值的次高位（对应 $I/O_6$ 线）在连续读出时状态不一样，说明编程周期没有结束，反之，说明编程周期已经结束。

Flash 存储器具有多种数据保护方式。硬件方面的保护主要有噪音滤波、电源电压检测和控制信号检测；软件数据保护特性是可向器件写入 3 字节或 6 字节的命令，使软件保护方式有效或无效。当器件保护编程为有效时，要对某一扇区进行编程，就必须先向器件写入与该软件数据保护有效相同的 3 字节命令序列。

4. Flash 的应用

目前，Flash 主要用来构成存储卡，以代替软磁盘。存储卡的容量可以比软盘大，但具有软盘的方便性。Flash 现已大量用于便携式计算机、数码相机、个人数字助理、MP3 播放器等设备中。另外，Flash 也用作内存，用于存放程序或不经常改变且对写入时间要求不高的场合，如微机的 BIOS、显卡的 BIOS 等。

## 5.4　存储器的扩展设计

微机系统的规模、应用场合不同，对存储器的容量、类型的要求也就不同。一般单片存储芯片的容量总是有限的，很难满足实际存储容量的要求，所以在实际应用中，需要将若干个不同类型、不同规格的存储芯片通过与 CPU 的适当连接，构成实际所需的大容量存储器。

### 5.4.1　半导体存储器芯片与 CPU 连接概述

在微机系统中，CPU 对存储器进行读/写操作，首先要由地址总线给出地址信号，选择要进行读/写操作的存储单元，然后通过控制总线发出相应的读/写控制信号，最后才能在数据总线上进行数据交换。所以，存储器芯片与 CPU 之间的连接，实质上就是其与 CPU 系统总线的连接，具体如下：

（1）数据线的连接。将存储器芯片的数据线与 CPU 的数据线对应相连，如果存储器芯片的数据条数少于 CPU 数据线的条数，则需要考虑使用多片并联。

（2）地址线的连接。将存储器芯片的地址线与 CPU 同名的地址线对应相连，实现片内寻址；将其他的 CPU 高位地址线参与译码。

（3）控制线的连接。一般将同名的控制线互连即可。

在连接时，如果遇到有存储器接口电路设计的情况，则地址译码电路的设计是关键问题之一。通常情况下，应考虑到 CPU 的全部地址线。如果忽略了高位地址线，则实际效果就等于没有这些地址线，结果造成了 CPU 的有效存储器空间被压缩。当然，如果系统只需要一个较小的存储器空间，那么丢弃高位地址线反而是一个经济实用的设计方案。

1. 存储器的地址分配

将存储器芯片与 CPU 连接前，首先要确定存储容量的大小，并选择相应的存储器芯片。选择好的存储器芯片如何与 CPU 有机连接，并能进行有效寻址，这就是所要考虑的存储器地址分配问题。另外，还要知道内存分为 RAM 和 ROM 区，RAM 区又分为系统区和用户区，在进行存储器地址分配时，一定要将 ROM 和 RAM 分区域安排。在由多个芯片所组成的微机内存储器中，这些往往是通过译码器来实现的。

2. 存储器的地址译码

要实现CPU对存储单元的访问，需先选择存储器芯片（称为片选），然后再从选中的芯片中依照地址码选择相应的存储单元（称为字选），以进行数据的存取。通常，芯片内部存储单元的地址由 CPU 输出的 $n$ 条低位地址线完成选择（$n$ 由存储芯片本身的地址线决定），存储芯片的片选信号由 CPU 的高位地址线经译码后产生，片选信号的译码方式有全译码、部分译码和线选法 3 种。

（1）全译码。全译码法是指将 CPU 的地址线除低位地址线用于存储器芯片的片内寻址外，剩下的高位地址线全部参与地址译码，经译码电路全译码后输出，作为各存储器芯片的片选信号，以实现对存储器芯片的读/写操作。

译码和译码器

全译码法充分发挥了 CPU 的寻址能力（不浪费存储地址空间），存储器芯片中的每一个单元都有一个唯一确定的地址，而且也是连续的；但译码电路较复杂，需要的元器件也较多。

（2）部分译码。部分译码法是指用存储器芯片片内寻址以外的 CPU 高位地址线的部分地址线参与译码。对于被选中的芯片而言，未参与译码的 CPU 高位地址线可以为 0，也可以为 1，这就使得每组芯片的地址不唯一，即可以确定出多组地址，存在地址重叠现象。若有 $m$ 条地址线未参加译码，则会有 $2^m$ 个地址重叠区。

采用部分译码法，可以简化译码电路，节约硬件，但由于地址重叠，会造成存储地址空间资源的部分浪费。

（3）线选法。线选法是指用存储器芯片片内寻址以外的 CPU 高位地址线中的某一条直接接至各个存储芯片的片选端。其优点是选择芯片不需要外加逻辑电路，线路简单；缺点是把地址空间分成了相互隔离的区域，不能充分利用系统的存储空间。此外，当通过线选的芯片增多时，还有可能出现可用地址空间不连续的情况，所以，这种方法适用于扩展容量较小的系统。

在实际应用时，如果系统中不要求提供 CPU 可直接寻址的全部存储单元，则可采用线选法或部分译码法，否则采用全译码法。

### 5.4.2 存储器扩展方法

在任何时代下，任何存储器芯片的存储容量都是有限的。要构成一定容量的存储器，单个内存芯片一般不能满足要求，往往需要将多个存储器芯片进行组合，并与 CPU 相连接。这种组合连接就称为存储器的扩展。扩展方法通常有位扩展、字扩展以及字和位同时扩展 3 种方式。

1. 位扩展

位扩展指存储器芯片的字数与存储器的字数一致，只是位数不能满足要求，需在位数方向扩展的情况。位扩展可利用芯片并联的方式实现，即将各存储芯片的地址线、读/写信号线等控制线和片选信号线对应并联在一起，将各个芯片的数据线分别接到 CPU 数据总线的不同位上。通过位扩展构成的存储器，其每个存储单元中的内容被存储在不同的存储芯片上。

存储器位扩展方法

**【例 5.1】**用 1K×4 位的 2114 存储器芯片构成 1KB 容量的存储器。

1K×4 位的 2114 芯片是一双列直插式的 18 引脚 SRAM 芯片（具体引脚见表 5.2），单一+5V 电源供电，所有的输入端和输出端都与 TTL 电平兼容。

分析：1K×4 位的 2114 存储器芯片，其单元个数为 1K 个，已满足要求；但由于每个芯片只能提供 4 位数据，未满足存储器的 8 位字长要求，故需这样的芯片共 2 片，采用位扩充的方法来实现。

表 5.2 1K×4 位的 2114 芯片引脚功能

| 引脚名称 | 引脚功能 |
|---|---|
| $A_0 \sim A_9$ | 地址输入 |
| $I/O_0 \sim I/O_3$ | 数据输入/输出 |
| $\overline{WE}$ | 写允许 |
| $\overline{CS}$ | 片选 |
| $V_{CC}$ | +5V |
| GND | 地 |

设计要点：将两片 2114 的 10 条地址线按引脚名称对应一一并联，按次序逐条接至 CPU 地址线的低 10 条；将其中 $1^{\#}$ 芯片的 4 条数据线依次接至 CPU 系统数据总线的 $D_3 \sim D_0$，$2^{\#}$ 芯片的 4 条数据线依次接至 CPU 系统数据总线的 $D_7 \sim D_4$；将两个芯片的 $\overline{WE}$ 端并联后接至 CPU 系统控制总线的存储器写信号（如 $\overline{WR}$）；译码电路采用线选法，将 $\overline{CS}$ 引脚并联后接至 CPU 地址总线的高位线 $A_{10}$，其连接示意图如图 5.17 所示。

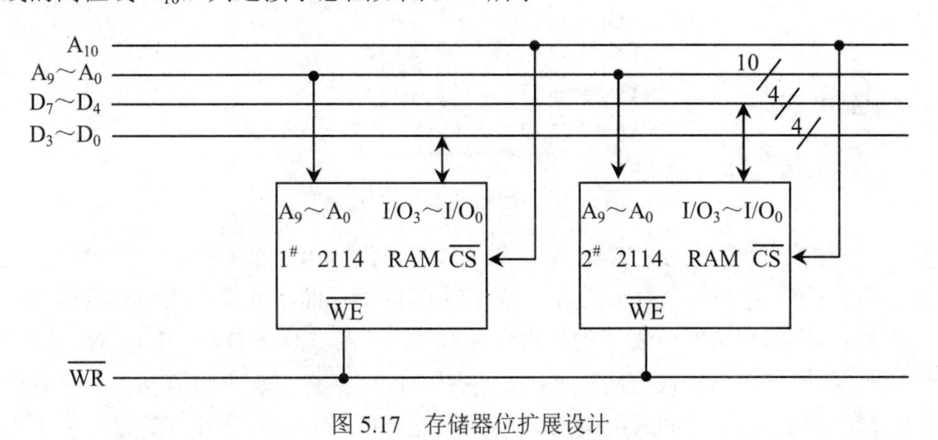


图 5.17 存储器位扩展设计

硬件连接之后便可确定出存储单元的地址，该存储器的地址分配情况见表 5.3，$A_9 \sim A_0$ 的编码状态 0000H～03FFH 就是 1KB 存储单元的地址。

表 5.3 存储器位扩展地址分配情况

| $A_{10}$ | $A_9 \sim A_0$ | 芯片的地址范围 |
|---|---|---|
| 0 | 0000000000 | 000H |
| ⋮ | ⋮ | ⋮ |
| 0 | 1111111111 | 3FFH |

这种扩展存储器的方法称为位扩展，它可以适用于多种芯片。譬如，用 8 片 2164 就可以扩展成一个 64K×8 位的存储器。

2. 字扩展

字扩展是对存储器容量的扩展，即是指存储芯片上每个存储单元的位数已满足存储器的要求，但存储单元的个数不够，需要增加存储单元个数的情况。字扩展可利用存储芯片地址串联的方式实现，即将各存储芯片的地址线、数据线和读/写等控制信号线按信号名称全部对应并联在一起，只将片选信号线分别引出接到地址译码器的不同输出端。因此，字扩展是通过片选引脚来区别各个芯片的地址的。

**【例 5.2】**用 32K×8 位的 62256 RAM 存储芯片构成容量为 64KB 的存储器。62256 引脚图如图 5.18 所示。

存储器字扩展方法

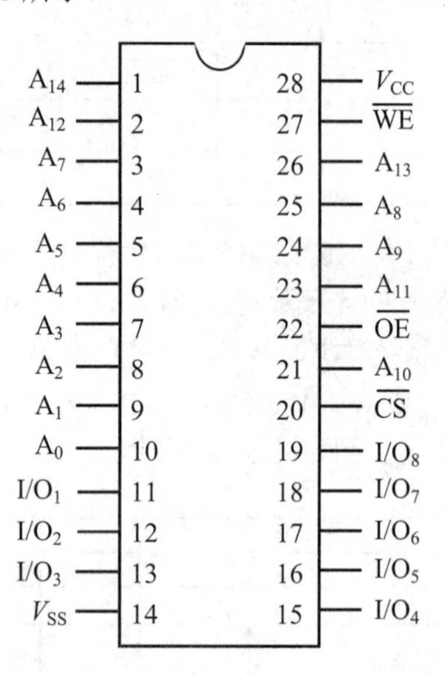


图 5.18　62256 引脚信号示意图

分析：现有的芯片容量为 32K×8 位，要构成容量为 64KB 的存储器，位数已满足要求；由于每个芯片只能提供 32K 个存储单元，故构成 64K 个存储单元共需用两片这样的芯片。

设计要点：将两片 62256 芯片的片内信号线 $A_{15}$～$A_0$、$D_7$～$D_0$、$\overline{OE}$、$\overline{WE}$ 分别与 CPU 的 $A_{15}$～$A_0$ 地址线、$D_7$～$D_0$ 数据线和读/写控制线 $\overline{RD}$、$\overline{WR}$ 对应并联连接；将两存储芯片的片选端 $\overline{CS}$ 分别与地址译码器的不同输出端相连。这里的译码电路采用线选法，将 1#芯片的片选信号线 $\overline{CS}$ 与 $A_{16}$ 连接，将 2#芯片的片选信号线 $\overline{CS}$ 与反相之后的 $A_{16}$ 连接，其连接示意图如图 5.19 所示。当 $A_{16}$ 为低电平时，选择 1#芯片；当 $A_{16}$ 为高电平时，选择 2#芯片。

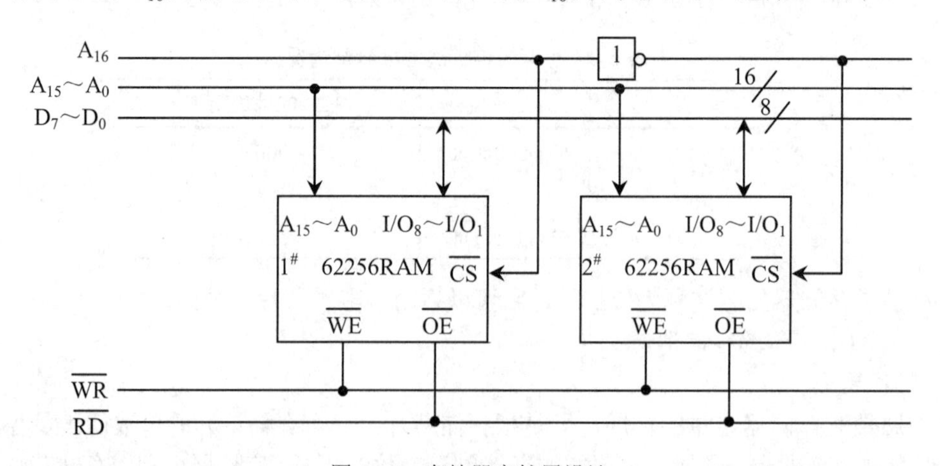


图 5.19　存储器字扩展设计

根据硬件连线图,可知 1#芯片的地址范围是 0000H～7FFFH,2#芯片的地址范围是 8000H～FFFFH，地址分配情况见表 5.4。

表 5.4 存储器字扩展地址分配情况

| 芯片号 | $A_{16}$ | $A_{15}$～$A_0$ | 地址范围 |
|---|---|---|---|
| 1# | 0 | 000000000000000 | 0000H |
| | ⋮ | ⋮ | ⋮ |
| | 0 | 111111111111111 | 7FFFH |
| 2# | 1 | 000000000000000 | 8000H |
| | ⋮ | ⋮ | ⋮ |
| | 1 | 111111111111111 | FFFFH |

3. 字位同时扩展

字位同时扩展是指存储芯片的存储单元个数与位数都不能满足存储器要求的情况。在实际应用中，常将位扩展与字扩展两种方法相互结合，以达到所需存储器容量的需求。由此可见，无论需要多大容量的存储器，均可利用容量有限的存储器芯片，通过位和字的扩展方法来实现。

进行字位同时扩展时，一般先进行位扩展，在构成字长满足要求的前提下，再用若干个这样的模块（芯片组）进行字扩展，从而达到总存储容量满足的要求。

**【例 5.3】**用 2164A DRAM 芯片构成容量为 128KB 的存储器。

分析：2164A 为 64K×1b 的存储芯片，现要构成 128KB 的存储器，需先进行位扩展，即用 8 片 2164A 组成 64KB 的芯片组，然后再用两组这样的芯片组进行字扩展。因此，共需 16 片 2164A 芯片。线路连接示意图如图 5.20 所示。

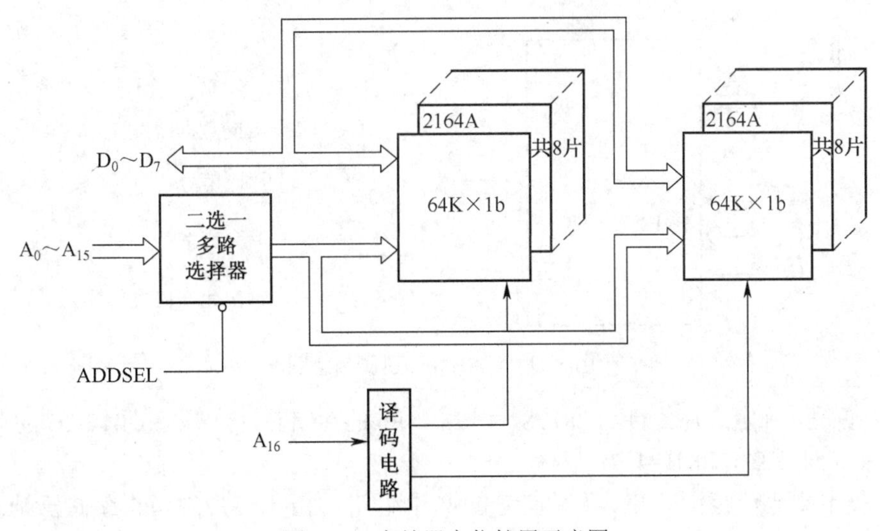


图 5.20 存储器字位扩展示意图

从设计图可知，第一组芯片形成的地址为 00000H～0FFFFH，第二组芯片形成的地址为 10000H～1FFFFH，见表 5.5。

表 5.5 存储器字和位扩展地址分配情况

| 芯片组 | $A_{16}$ | $A_{15}$～$A_0$ | 地址范围 |
|---|---|---|---|
| 第 1 组（1#～8#） | 0 | 0000000000000000<br>┆<br>1111111111111111 | 00000H<br>┆<br>0FFFFH |
| 第 2 组（9#～16#） | 1 | 0000000000000000<br>┆<br>1111111111111111 | 10000H<br>┆<br>1FFFFH |

存储器容量扩展的关键是存储单元地址的分配和片选信号的处理，基本原则是：地址安排不要重叠，也不要断档，最好是连续的。这样，存储器容量和 CPU 地址资源的利用率最高，也便于编程。在实际扩展时，如果系统中不要求提供 CPU 可直接寻址的全部存储单元，则可采用线选法或部分译码法，否则采用全译码法。

### 5.4.3 存储器扩展设计举例

通常按以下步骤进行存储器的扩展设计：

（1）根据系统实际装机存储容量，确定存储器在整个存储空间中的位置。

（2）选择合适的存储芯片，列出地址分配表。

（3）按照地址分配表选用译码器，依次确定片选和片内单元的地址线，进而画出片选译码电路。

（4）画出存储芯片与 CPU 系统总线的连接图。

**【例 5.4】**现有 628128 SRAM 存储芯片若干，试设计一容量为 512KB 的存储器，要求所形成的地址范围为 10000H～7FFFFH。628128 的引脚示意图如图 5.21 所示。

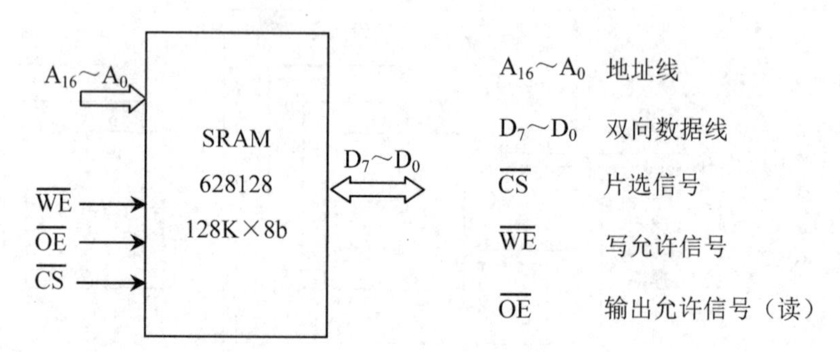


图 5.21 628128 的引脚示意图

分析：首先，确定芯片数目。628128 为 128K×8b 的存储芯片，要构成 512KB 的存储空间，共需要 4 片（512KB/128KB=4）。

接下来计算地址范围，确定 $\overline{CS}$ 信号的产生电路。由于 512KB 的存储器地址范围为 10000H～7FFFFH，因此 4 片存储芯片的地址范围分别为 10000H～2FFFFH、30000H～4FFFFH、50000H～6FFFFH、70000H～7FFFFH。

设计要点：采用 3-8 译码器 74LS138，通过全译码设计译码电路。将 4 片存储芯片的片内

信号线 $A_{16}$～$A_0$、$D_7$～$D_0$、$\overline{OE}$、$\overline{WR}$ 分别与 CPU 的地址线 $A_{16}$～$A_0$、数据线 $D_7$～$D_0$ 和读/写控制线 $\overline{RD}$、$\overline{WR}$ 对应并联连接，将各芯片的片选端 $\overline{CS}$ 分别与地址译码器的 $\overline{Y}_0$～$\overline{Y}_3$ 输出端相连。连接示意图如图 5.22 所示。

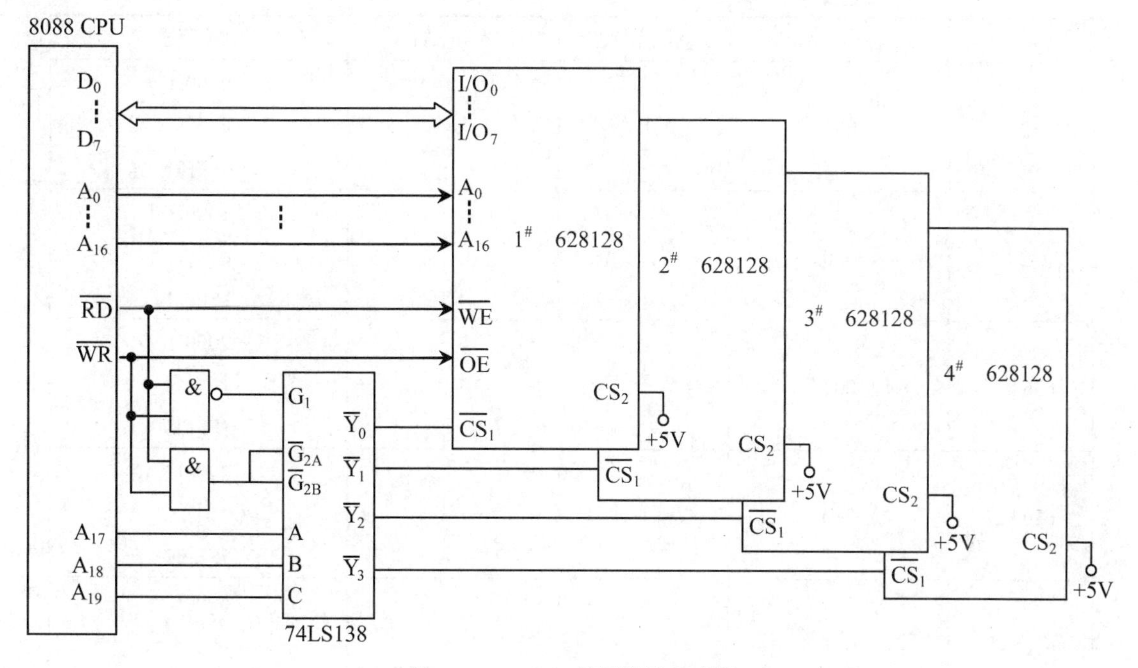


图 5.22　512KB 扩展设计示意图

**【例 5.5】**现有某 8 位机，地址总线有 16 条。为此机设计一 32KB 容量的存储器，要求采用 2732A 存储芯片构成 8KB 的 EPROM 区，地址从 0000H 开始；采用 6264 芯片构成 24KB 的 RAM 区，地址从 2000H 开始；片选信号采用全译码法。

设计方法及步骤如下：

（1）确定实现 8KB EPROM 存储区所需要的 EPROM 芯片数量和实现 24KB RAM 存储区所需要的 RAM 芯片数量。

每片 2732A（4K×8 位）提供 4KB 的存储容量，所以，实现 8KB 存储容量共需要 2 片这样的芯片；每片 6264（8K×8 位）提供 8KB 的存储容量，所以，实现 24KB 存储容量共需要 3 片这样的芯片。

存储器扩展设计实例解析

（2）存储芯片片选择信号的产生及电路设计。

采用 74LS138 译码器的全译码法产生片选信号。根据已知条件，设计存储器的地址分配如图 5.23 所示。

由图 5.23 可知，$A_{12}$～$A_0$ 作为片内地址线（$A_{12}$ 仅在 6264 中作为片内地址），$A_{15}$～$A_{13}$ 作为 3-8 译码器 74LS138 的输入，产生的译码输出 000～011 作为芯片的片选信号。设计的存储器扩展电路如图 5.24 所示，将两片 2732A 的片内地址 $A_{11}$～$A_0$ 与 CPU 地址线 $A_{11}$～$A_0$ 对应相连，译码器输出端 $\overline{Y}_0$ 和 $A_{12}$ 经“或门”输出与 2732A 1#的 $\overline{CE}$ 连接，$A_{12}$ 反相后和译码器输出端 $\overline{Y}_0$ 经“或门”输出与 2732 2#的 $\overline{CE}$ 连接。三片 6264 的片内地址 $A_{12}$～$A_0$ 对应与 CPU 地址

线的 $A_{12}$～$A_0$ 连接；片选信号 $\overline{CS_1}$ 分别接至译码器的输出端 $\overline{Y_1}$、$\overline{Y_2}$、$\overline{Y_3}$；$CS_2$ 都接+5V。CPU 的地址线 $A_{13}$～$A_{15}$ 接至译码器 74LS138 的输入端 A、B、C。

| | ←片选译码→ | ←片内译码 | → | |
|---|---|---|---|---|
| 芯　片 | $A_{15}A_{14}A_{13}$ | $A_{12}$ | $A_{11}$～$A_0$ | 地址范围 |
| 2732A 1# | 000 | 0 | 0 … 0<br>⋮<br>1 … 1 | 0000H<br>⋮<br>0FFFH |
| 2732A 2# | 000 | 1 | 0 … 0<br>⋮<br>1 … 1 | 1000H<br>⋮<br>1FFFH |
| 6264 1# | 001 | 00 … 0<br>⋮<br>1 … 1 | | 2000H<br>⋮<br>3FFFH |
| 6264 2# | 010 | 00 … 0<br>⋮<br>1 … 1 | | 4000H<br>⋮<br>5FFFH |
| 6264 3# | 011 | 00 … 0<br>⋮<br>1 … 1 | | 6000H<br>⋮<br>7FFFH |

图 5.23　存储器地址分配情况

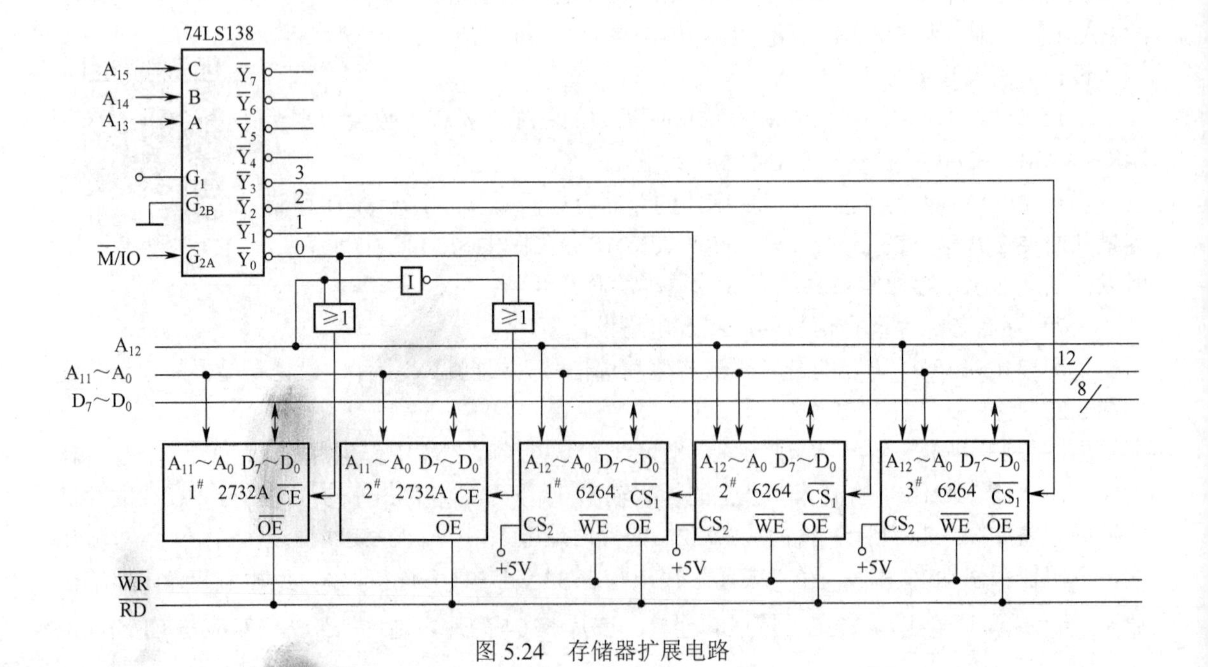


图 5.24　存储器扩展电路

## 5.5　内存条技术的发展

在 PC 技术发展的初期，PC 机中使用的内存是一块块集成的电路芯片 IC，需将其焊接到主板上才能正常使用，这给后期的维护与维修都带来许多麻烦。随着软件程序和硬件对内存性能和容量的更高要求，集成式 IC 电路芯片内存就不能再满足需求了，模块化的条装内存（即内存条）也就应运而生了。

内存条从 80286 微机开始使用，发展到现在，其在规格、技术、总线带宽等方面也在不断地更新换代。下面主要以内存条的种类及外观等形态为主介绍内存条的发展历程，目的是让读者对内存条有一个系统、全面的了解，这也是用户在装机过程中需要分辨和了解的。

**说明**：从外观上区分不同的内存条，主要关注内存条的长度、引脚数量及引脚上对应的缺口。

1．SIMM 内存

80286 主板上最初使用的内存条采用的是 SIMM（Single In-line Memory Modules，单边接触内存模组）接口，如图 5.25 所示。其共有 30 个引脚，数据总线只有 8 条，所以用在 286、386SX 等 16 位处理器上就需要两个内存条，用在 386DX、486 等 32 位的处理器上就需要 4 个内存条一起使用。由于成本高，而且还会增加故障率，所以 30pin SIMM 内存不能完全被大家接受。

图 5.25　30 引脚 SIMM 内存条

随着 1988－1990 年间 32 位 386DX 和 486 的到来，30 引脚的 SIMM 内存不再能满足需求了，于是出现了 72 引脚的 SIMM 内存（有 1 个缺口），如图 5.26 所示。72 引脚 SIMM 支持 32 引脚快速页模式内存，单条内存容量一般为 512KB～2MB，容量大幅度提升，从 386DX、486 到后来的奔腾、奔腾 Pro、早期的奔腾 II 处理器多采用这种内存条。

图 5.26　72 引脚 SIMM 内存条

2. EDO DRAM 内存

EDO DRAM（Extended Data Out DRAM，外扩充数据模式动态存储器）是 1991－1995 年间盛行的内存条，是 72 引脚 SIMM 的一种（有 1 个缺口），如图 5.27 所示。凭借着制造工艺的飞速发展，EDO DRAM 在成本和容量上都有了很大的突破，单条 EDO 内存容量已经达到 4MB～16MB，工作电压一般为 5V，速度在 40ns 以上，主要应用在当时的奔腾 Pro、早期的奔腾 II 计算机中。

图 5.27　72 引脚 EDO DRAM 内存条

后来由于 Pentium 及更高级别的 CPU 数据总线宽度都是 64 位甚至更高，所以再用 EDO DRAM 就须成对使用，此时，市面上同时使用的还有比较少见的 168 引脚 EDO 条（有 2 个不对称的缺口，两侧各有一个缺口），如图 5.28 所示，通常用在服务器上。

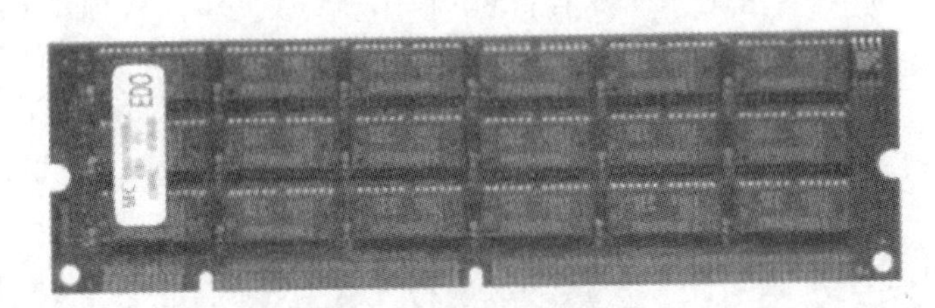


图 5.28　168 引脚 EDO 内存条

3. SDRAM 内存

自 Intel Celeron 系列以及 AMD K6 处理器以及相关的主板芯片组推出后，EDO DRAM 内存性能再也无法满足需要，于是内存又开始进入比较经典的 SDRAM 时代。

SDRAM 的内存频率与 CPU 外频同步，大幅提升了数据传输效率，再加上 64 位的带宽与当时 CPU 的数据总线一致，因此只需要一条内存便可工作，进一步提高了便捷性、降低了使用成本。

第一代 SDRAM 内存为 PC66 规范，之后随着 Intel 与 AMD 的 CPU 的频率提升，相继出现了 PC100 与 PC133，还有后续为超频玩家准备的 PC150 与 PC166 内存条（如图 5.29 所示为 PC150 的 SDRAM）。SDRAM 标准工作电压为 3.3V，容量从 16MB～512MB 不等。

图 5.29　SDRAM 内存条

SDRAM 的存在时间相当长。Intel 的奔腾 II、奔腾 III 与奔腾 4（Socket 478），以及 Slot 1、Socket 370 与 Socket 478 的赛扬处理器，AMD 的 K6 与 K7 处理器，都可以使用 SDRAM。

4. Rambus DRAM 内存

Rambus DRAM（也称为 RDRAM）内存条是 Intel 与 Rambus 联合推出的产品，如图 5.30 所示。其与 SDRAM 的不同点在于，RDRAM 采用了新一代高速简单内存架构，基于一种类 RISC（Reduced Instruction Set Computing，精简指令集计算机）理论，可以减少数据的复杂性，使得整个系统性能得到提高。

图 5.30 Rambus DRAM 内存条

硬件技术竞争的特点实际上就是频率竞争。由于 CPU 主频的不断提升，Intel 推出了高频 Pentium Ⅲ以及 Pentium 4 CPU 的同时，推出了 Rambus DRAM。Rambus DRAM 内存以高时钟频率来简化每个时钟周期的数据量，因此内存带宽相当出色，譬如 PC 1066，1066 MHz 32 位带宽可达到 4.2G Byte/s。Rambus DRAM 一度被认为是 Pentium 4 的绝配。

尽管如此，Rambus RDRAM 并未在市场竞争中立足长久，很快被更高速的 DDR 内存所取代。

5. DDR 内存

DDR（Double Data Rate）是双倍速率 SDRAM 的简称，是 SDRAM 的升级版本。SDRAM 在时钟的上升沿传输数据，一个时钟周期内只传输一次数据。DDR 内存能够在时钟的上升沿和下降沿各传输一次数据，实现在一个时钟周期内传输两次数据，因而 DDR 的时钟频率倍增，传输速率和带宽也相应提高。

DDR 的第一代 DDR200 规范未得到普及，第二代 PC266（133MHz 时钟×2 倍数据传输=266MHz 带宽）是由 PC133 SDRAM 内存衍生而来的。它将 DDR 内存推向第一个高潮，不少赛扬和 AMD K7 处理器都采用了 DDR266 规格的内存，后来的 DDR333 内存也属于一种过渡，而 DDR400 内存曾是当时的主流平台选配，双通道 DDR400 内存已经成为前端总线 800FSB 处理器搭配的基本标准，随后的 DDR533 内存则成为超频用户的选择对象，如图 5.31 所示。

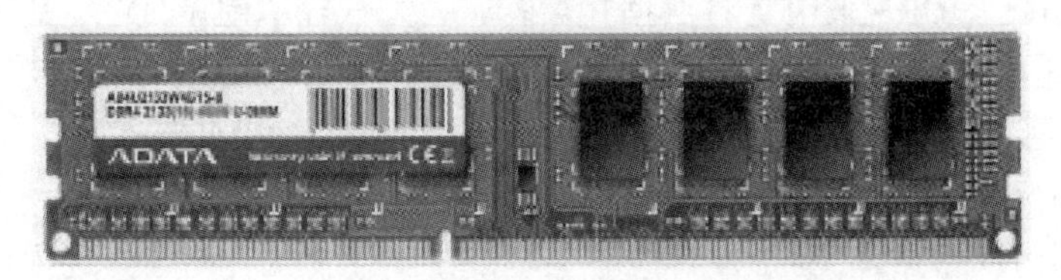


图 5.31 DDR 内存条

（1）DDR2。随着 CPU 性能的不断提高，对内存性能的要求也逐步在升级，仅靠高频率提升带宽的 DDR 已力不从心，于是 JEDEC（Joint Electron Device Engineering Council，电子设备工程联合委员会）组织很早就开始酝酿 DDR2 标准，加上 LGA775 接口的 915/925 以及最新的 945 等新平台开始对 DDR2 内存的支持，DDR2 内存开始成为内存之星。

针对 PC 等市场的 DDR2 内存有 400MHz、533MHz、667MHz 等不同的时钟频率，高端的 DDR2 内存速度已经提升到 800/1000MHz 两种频率。DDR2 内存拥有两倍于 DDR 的内存预读取能力，每个时钟能够以 4 倍外部总线的速度读/写数据，并且能够以 4 倍于内部控制总线的速度运行。另外，DDR2 内存采用 200/220/240 针脚的 FBGA 封装形式，为 DDR2 内存的稳定工作与未来频率的发展提供了坚实的基础，如图 5.32 所示。

图 5.32 DDR2 内存条

（2）DDR3。DDR3 在 DDR2 的基础上采用了新型设计，如图 5.33 所示，与 DDR2 相比较主要有以下不同之处。

图 5.33 DDR3 内存条

1）突发长度。DDR3 从 DDR2 的 4 位预读上升为 8 位，而且不予支持任何突发中断，取而代之的是更灵活的突发传输控制。

2）寻址时序。DDR3 的 CL（CAS Latency）周期范围从 DDR2 的 2～5 之间上升到 5～11 之间，而且还增加了一个时序参数——写入延迟（CWD）。

3）重置（Reset）功能。新增的 Reset 引脚是 DDR3 的一项重要功能。当 Reset 有效时，DDR3 内存将停止所有操作，并切换至最少量活动状态，可以节约电力。

4）参考电压分成两个。DDR3 内存将非常重要的参考电压信号 VREF 分成了为命令与地址信号服务的 VREFCA 和为数据总线服务的 VREFDQ，这有效地提高了系统数据总线的信噪等级。

5）点对点连接。DDR3 采用点对点拓扑架构，大大减轻了地址/命令/控制与数据总线的负载。点对点连接是 DDR3 与 DDR2 的一个重要区别。

6）DDR3 内存的速度从 1333MHz 起跳，最高能达到 2400MHz。

面向 64 位构架的 DDR3 显然在频率和速度上拥有更多的优势。此外，由于 DDR3 采用了根据温度自动自刷新、局部自刷新等其他一些功能，DDR3 在功耗方面也很出色。DDR3 内存的市场需求在 2012 年达到顶峰，占有率约为 71%。

（3）DDR4。DDR4 内存的性能更高、DIMM 容量更大、数据完整性更强且能耗更低。DDR4 每个引脚速度超过 2Gbps，且功耗低于 DDR3 的低电压，能够在提升性能和带宽 50%的同时降低总体计算环境的能耗。除了性能优化、更加环保、低成本计算外，DDR4 还提供用于提高数据可靠性的循环冗余校验（CRC），并可对链路上传输的“命令和地址”通过奇偶检测验证芯片的完整性。除此之外，它还具有更强的信号完整性及其他强大的 RAS 功能。

DDR4 与 DDR3 最大的区别有三点：16 位预取机制（DDR3 为 8 位），同样内核频率下速度是 DDR3 的两倍；更可靠的传输规范，数据可靠性进一步提升；工作电压降为 1.2V，更节能。DDR4 内存条如图 5.34 所示。

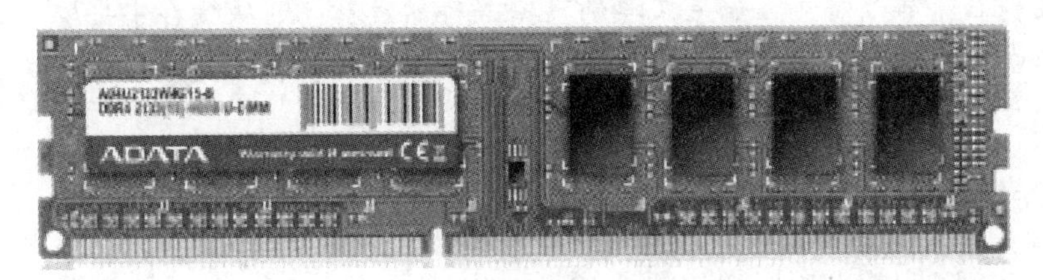


图 5.34　DDR4 内存条

# 5.6　高速缓冲存储器

## 5.6.1　高速缓冲存储器的基本概念

现代微机系统中，内存储器除了向 CPU 提供指令和数据外，还要承担大量同 CPU 并行工作的外设信息输入/输出任务，负担很重。内存提供信息的快慢，已经成为了影响整个微机系统运行速度的一个关键因素。

另外，CPU 的运行速度在不断提高，而通常由 DRAM 组成的内存的存取速度相对于 CPU 的处理速度来说较慢，这就导致了两者速度的不匹配问题，从而影响了微机系统的整体运行速度，并限制了微机性能的进一步发挥和提高。高速缓冲存储器就是在这种情况下产生的。

高速缓冲存储器（简称高速缓存，又叫 Cache）位于 CPU 与内存之间，如图 5.35 所示。CPU 在与内存交换信息时，首先会访问 Cache，如果所需要的数据能够在 Cache 中找到，就不会再花费更多的时间去内存中寻找数据。Cache 通常采用与 CPU 同样的半导体材料制成，速度一般比内存高 5 倍左右，全部功能由硬件实现，并且对程序员来说是透明的。由于 Cache 速度快，价格也高，故容量通常较小，现在一般为几十 KB 到几百 KB，用来保存内存中经常用到的一部分内容的副本。目前 PC 机的高速缓存都分为两级：L1 Cache 和 L2 Cache。L1 Cache 集成在 CPU 芯片内，时钟周期与 CPU 相同；L2 Cache 通常封装在 CPU 芯片之外，时钟周期比 CPU 慢一半或更低。就容量而言，L2 Cache 的容量通常比 L1 Cache 大一个数量级以上，从几百 KB 到几兆 KB 不等。

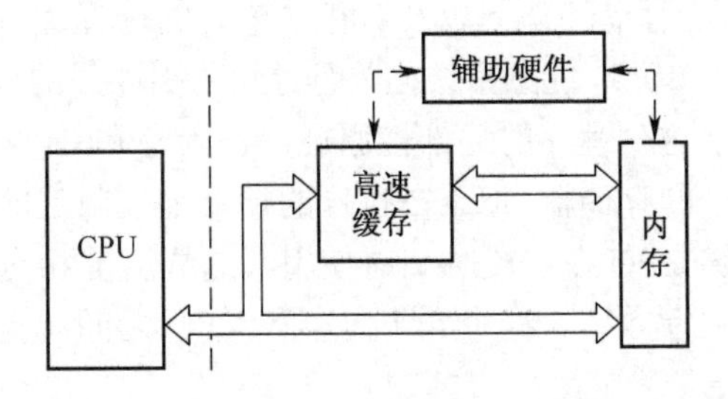


图 5.35　Cache—内存结构示意图

**生活启迪**：以阅读书籍为例来理解 Cache。我在读的书，捧在手里（相当于寄存器）；我最近频繁阅读的书，放在书桌上（相当于缓存），可以随时取来读，当然书桌上只能放有限几本书；我更多的书在书架上（相当于内存）；如果书架上没有的书，就去图书馆（相当于磁盘）找。我要读的书如果手里没有，就去书桌上找，如果书桌上没有，就去书架上找，如果书架上没有就去图书馆找。可以对应，如果需要的数据寄存器没有，则从缓存中去取，如果缓存中没有，则从内存中取到缓存，如果内存中没有，则先从磁盘读入到内存，再读入到缓存，最后读入到寄存器。

### 5.6.2 Cache 的基本结构和工作原理

Cache 的基本结构和工作原理如图 5.36 所示，主要由 Cache 存储器、地址转换部件和替换部件 3 大部分组成。其中 Cache 存储器用于存放由内存调入的指令与数据块；地址转换部件用于建立目录表以实现内存地址到缓存地址的转换；替换部件在缓存已满时按一定策略进行数据块替换，并修改地址转换部件。

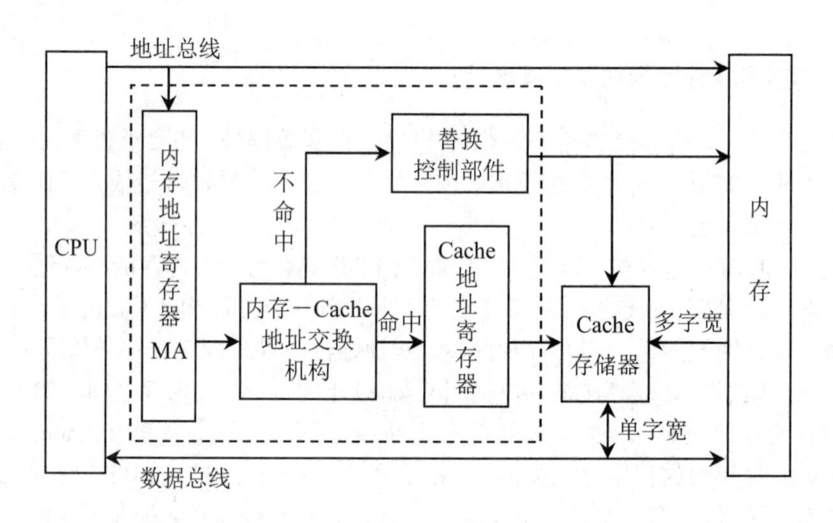


图 5.36 Cache 的基本结构及工作原理

Cache 的工作是基于程序的局部性原理的。通过大量程序的运行可知，程序中的指令和数据具有局部性，即在一个较短的时间间隔内，程序或数据往往集中在很小的存储器地址范围内。对于程序，因为指令地址的分布本来就是连续的，再加上循环程序段和子程序段要重复执行多次，所以对这些地址的访问就自然地具有时间上集中分布的倾向；对于数据，这种集中倾向虽然没有指令明显，但对数组的存储和访问以及对存储单元的选择都可以使存储单元地址相对集中。这种对局部范围的存储单元地址频繁访问，而对此范围以外的地址访问较少的现象，就称为程序访问的局部性。基于这种程序的局部性原理，在内存和 CPU 的通用寄存器之间设置一个速度很快而容量相对较小的存储器，把正在执行的指令地址附近的一部分指令或者数据从内存预先调入这个存储器，供 CPU 在一段时间内使用，这样就能相对的提高 CPU 的运算速度，从而提高微机系统的整体运行效率。这个介于内存和 CPU 之间，高速、小容量的存储器就被称为高速缓冲存储器 Cache。

由于局部性原理不能保证 CPU 所要访问的数据百分之百地在 Cache 中，这便存在着一个命中率，即 CPU 在任一时刻从 Cache 中可靠获取数据的几率。命中率越高，正确获取数据的可靠性就越大。一般来说，Cache 的存储容量比内存的容量要小得多，但不能太小，太小会使命中率太低；也没有必要过大，过大不仅会增加成本，而且当容量超过一定值后，命中率随容量的增加将不会有明显的增长。只要 Cache 的空间与内存空间在一定范围内保持适当比例的映射关系，Cache 的命中率还是相当高的。一般规定 Cache 与内存的空间比为 4:1000，即 128KB Cache 可映射 32MB 内存；256KB Cache 可映射 64MB 内存。在这种情况下，命中率都在 90%以上。至于没有命中的数据，CPU 只好直接从内存获取，获取的同时也把它复制进 Cache，以备下次访问。

由此可知，在微机系统中引入 Cache 的目的是为了提高 CPU 对内存储器的访问速度，为此需要解决两个技术问题：一是内存地址与缓存地址的映射及转换；二是按一定原则对 Cache 的内容进行替换。

## 习题与思考题

5.1　半导体存储器有几类？各自有什么主要特点？

5.2　请指出下列存储部件中，哪些是由半导体材料构成的？按照存取速度，将它们由快至慢排列。

内存储器　硬盘　Cache　CPU 内的通用寄存器　Flash

5.3　存储器的性能指标主要有哪些？对微机有何影响？

5.4　存储器的地址译码方式有几种？简述各自的连接方法和所具有的特点。

5.5　请解释 SRAM 和 DRAM 的主要区别。

5.6　解释多级存储体系结构及采用这样结构的主要目的。

5.7　某 RAM 芯片的存储容量为 2K×8 位，该芯片的外部引脚应有几条地址线和数据线？

5.8　现已知某 RAM 芯片共有 12 条地址线、8 条数据线，该存储芯片的容量为多少字节？若该芯片所占存储空间的起始地址为 2000H，则其结束地址是多少？

5.9　现提供 62256 SRAM （32K×8 位）的存储芯片若干，欲与 8088 组成 64KB 的 RAM 存储空间，所形成的地址范围为 A0000H～AFFFFH。请画出 CPU 与存储芯片的连接示意图。设：8088CPU 有 $A_{19}$～$A_0$ 共 20 条地址线、8 条数据线，对存储器的读、写、控制信号线分别为 $\overline{WR}$ 、$\overline{RD}$ 、$\overline{M}/IO$ 。

# 第 6 章　总线技术

**导学**：无论是微机本身还是微机系统在其他方面的应用（譬如十字路口交通灯），都离不开总线。总线是微机硬件的重要组成部分，总线的设计与性能直接影响到整个微机系统的功能和性能。

学习本章，要深入理解总线的基本概念及主要功能、总线的特性及性能指标，以及总线的分类方法；了解现代微机系统的总线结构、常用系统总线的性能和特点、常用外总线的功能特点和连接使用方法，以对现代微机总线技术有一个全面的了解。

## 6.1　总线概述

### 6.1.1　总线基本概念

总线概念在第 1 章已提及。总线是计算机中连接各部件、各模块或者各设备的一组公用信号线的集合。总线是微机硬件的重要组成部分，在微机系统中起着重要作用，目前已被作为一个独立的功能部件来看待。

总线的特点在于其公用性，即它同时可挂接多个模块或设备。总线上任何一个部件发送的信息都可被连接到总线上的其他所有设备接收到，但某一个时刻只能有一个设备进行信息传送。所以，当总线上挂接的部件过多时，就容易引起总线争用情况，总线对信号响应的实时性也会降低。

微机从诞生以来就采用总线结构（以系统总线为连接的结构）。采用总线结构具有以下优点：

（1）便于采用模块结构设计方法，简化了系统设计。

（2）大大减少连线数目，便于布线，减小体积，提高系统的可靠性。

（3）可以得到多个厂商的广泛支持，便于生产与之兼容的硬件和软件，所有与总线连接的设备均可采用类似的接口。

（4）便于系统的扩充、更新与灵活配置，易于实现系统模块化，尤其是制定统一的总线标准更易于使不同设备之间实现互连。

（5）便于设备的软件设计和故障的诊断、维修，同时也降低了成本。

采用总线结构是微机得以迅速推广和普遍使用的一个重要因素，但同时也有缺点，譬如模块部件传输的分时性、传输控制的复杂性和总线的竞争问题等。

### 6.1.2　总线分类

微型计算机中的总线可以从不同的层次和角度进行分类，下面是两种常用的分类方法。

1．按照传送信息的内容分类

按照总线上所传送的信息（数据信息、地址信息、控制信息）不同，相应地总线也有三种不同功能的总线，这就是第 1 章所述及的数据总线 DB、地址总线 AB 和控制总线 CB。

数据总线和地址总线比较简单，各种型号不同但位数相同的微处理器，其 DB 和 AB 基本相同，功能也比较单纯。其中数据总线是双向、三态的，用于传送数据信息，它既可以把 CPU 的数据传送到存储器或 I/O 接口等其他部件，也可以将其他部件的数据传送到 CPU。数据总线的条数是微型计算机的一个重要指标，其表示了总线传输数据的能力，通常与微处理器的字长一致。

总线的三态性

地址总线是专门用来传送地址的，由于地址只能从 CPU 传向内存或 I/O 接口，所以地址总线总是单向、三态的。地址总线的条数决定了 CPU 可以直接寻址的空间大小。譬如 16 位微机的地址总线条数为 20 条，其可寻址的空间为 $2^{20}=1\text{MB}$。一般来说，若地址总线为 $n$ 条，则可寻址的空间为 $2^n$ 个字节。

控制总线主要用来传送控制信号和状态信号，相对较复杂，也是最能体现总线特点的，其决定着总线功能的强弱和适应性。控制总线因 CPU 型号的不同而相差甚大，具体条数要根据系统的实际控制需要而定，传送方向由具体控制信号决定，有的是 CPU 送往存储器和 I/O 接口电路的，譬如读/写信号、片选信号、中断响应信号等；也有其他部件反馈给 CPU 的，譬如中断请求信号、复位信号、总线请求信号、设备就绪信号等，具体情况主要取决于 CPU。正是控制总线的这样特点，决定了各种 CPU 的不同接口特点。

**生活启迪**：假如将主板比作一座城市，总线则像是城市里的公共汽车，能按照固定行车路线传输来回不停运作的位（双向路线的相当于数据线，单向路线的相当于地址线）。

2. 按照总线的层次位置分类

按照总线在系统中所处的位置，总线可分为片内总线、片总线、系统总线和外总线 4 种，如图 6.1 所示。

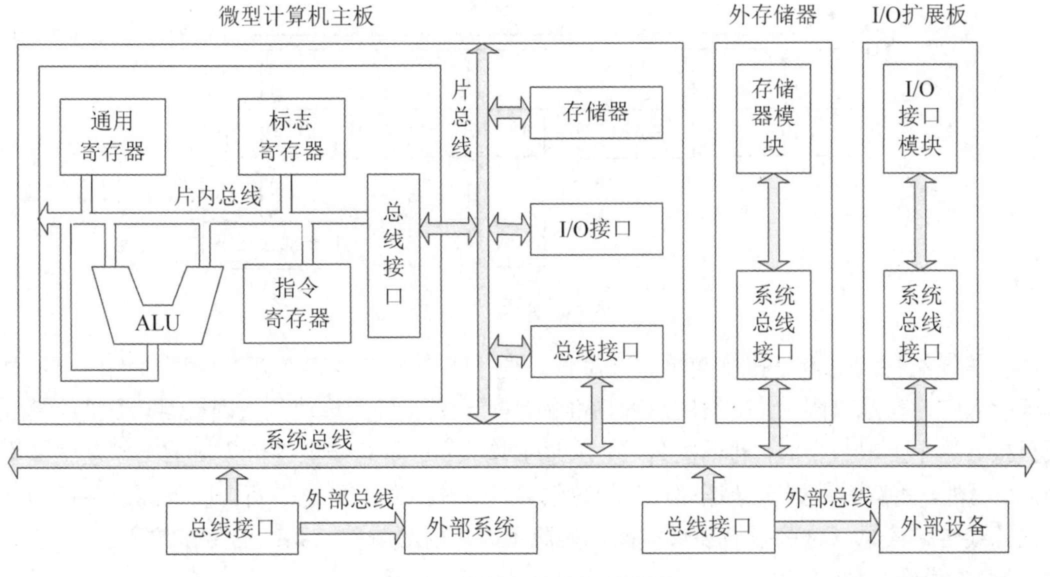

图 6.1　总线按层次位置分类

片内总线位于集成电路芯片（如 CPU 或 I/O 接口）内部，用于片内各功能单元之间的互连，譬如CPU内ALU与各寄存器之间、寄存器与寄存器之间的互连。片内总线的设计都是由芯片生产厂家来完成的，计算机设计者主要关心芯片的外部特性和使用方法。随着微电子技术的发展，片内总线已经从8位发展到了64位。

片总线（也称元件级总线或局部总线）是一个电路板上芯片与芯片间的互连，譬如主版上CPU与内存储器、片外Cache、控制芯片组以及多个CPU之间的互连。片总线只针对具体处理器设计，没有统一的标准。

系统总线（也称I/O通道总线）是微机系统中特有的、最重要的一种总线，用于微机系统内各扩展插件板与系统主板之间的连接，譬如连接显卡、声卡的总线。系统总线有统一的标准，以便按标准设计各类适配卡，通常所说的微机系统总线指的就是这种总线。

外总线是用于微机系统之间或微机系统与其他电子仪器设备之间连接的总线，不是微机所特有的，一般是借用电子工业的标准，所以又称通信总线。较常用的外总线有RS-232C、USB、IEEE488和IEEE 1394等总线。

**说明：**以上对总线的划分并不是绝对的，某一条总线可能属于多个类别，像PCI总线既属于片总线，又属于系统总线。这种情况对于其他总线也同样存在。

### 6.1.3 总线结构的类型

微机的总线结构从最初的单总线结构逐步过渡到了现在的多总线结构。

1. 单总线结构

单总线结构是指将CPU、内存、I/O设备（通过I/O接口）都挂在一组总线上，CPU与内存或者I/O设备间、I/O设备与内存间、各种I/O设备间都是通过单一系统总线直接交换数据，如图6.2所示。

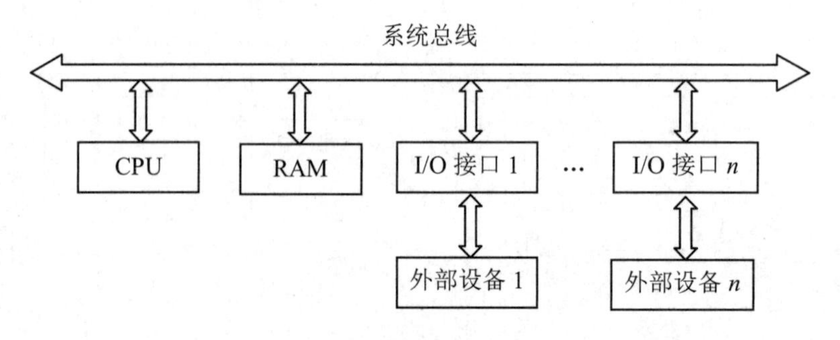


图6.2 单总线结构

单总线结构的优点是控制简单、成本低、便于扩充，但也存在两个主要缺点：一是总线上能接入的模块是有限的，一般的总线标准都是规定能够接入模块的上限数目，当接入模块的数目接近这个上限数目时，通信的延迟也会明显增大；二是总线上各个模块的工作速度都不尽相同。另外，所有的数据传送都通过系统总线这条共享总线，不允许两个以上的设备在同一时刻向总线传输信息，这些都极易形成微机的瓶颈，从而影响整个系统的工作效率。

2. 多总线结构

为了克服单总线结构缺点，微机总线逐步过渡到了多总线结构。

（1）双总线结构。双总线结构是指将速度较低的I/O设备从单总线上分离出来，形成内存总线与I/O总线分开的结构。双总线结构又分为面向CPU的双总线结构与面向存储器的双总线结构。

如图6.3所示为一面向CPU的双总线结构。其中一组总线为CPU与I/O设备间进行信息交换的公共通路，称为输入输出总线；另一组总线为CPU与内存储器间进行信息交换的公共通路，称为存储总线。这种结构在CPU与内存、CPU与I/O设备间分别设置了总线，从而提高了微机系统信息传送效率。但由于I/O设备与内存间没有直接的通路，它们之间的信息交换必须通过CPU来中转，这样就会占用的CPU大量时间，从而降低CPU的工作效率。

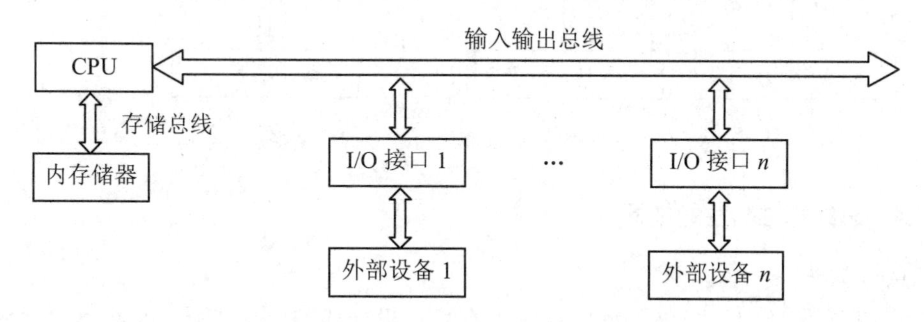


图6.3　面向CPU的双总线结构

如图6.4所示为一面向存储器的双总线结构，这种结构在CPU与内存之间专门开辟了一条高速总线，称其为存储总线。这样，CPU与内存之间就可以绕开系统总线，而直接通过存储总线交换信息。面向存储器的这种双总线结构减轻了系统总线的负担，同时也具备单总线结构的优点（所有设备和部件之间均可直接通过系统总线交换信息）；但其硬件造价较高，通常仅被高档微机所采用。

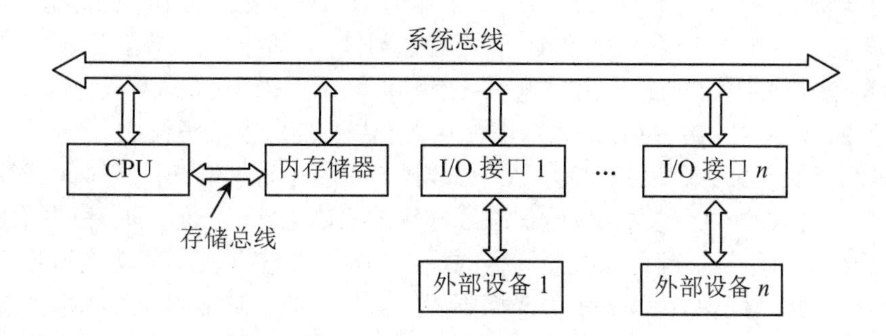


图6.4　面向存储器的双总线结构

（2）多总线结构。随着对微机性能要求的越来越高，双总线结构逐渐显得力不从心，多总线结构也就应运而生了。现代的微机都带有高速缓冲存储器，总线多设计成“系统总线+局部总线+I/O总线”型结构，如图6.5所示。这种结构能保证I/O接口与内存之间的数据传送不影响CPU的工作。

**想一想：**第1章中的图1.4属于什么总线结构？

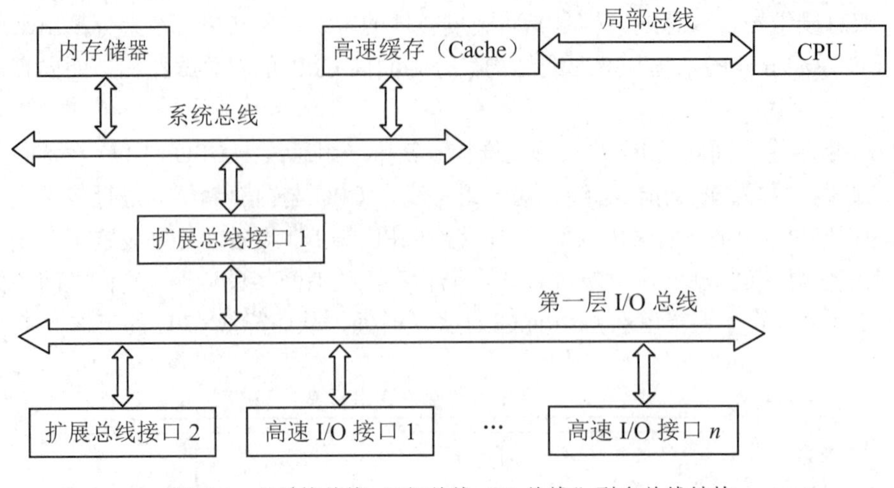


图 6.5 “系统总线+局部总线+I/O 总线”型多总线结构

### 6.1.4 总线标准与性能指标

1．总线标准

正像公路有公路设计标准一样，总线也有总线设计标准。总线标准是指微机系统内部的各个部件之间或者微机系统与外部设备之间的互联规范，由国际标准化组织制定。每种总线标准都须有详细和明确的规范说明，一般包含以下 4 个内容。

（1）物理特性（也称机械特性）。定义总线的物理连接方式，包括总线的数量，总线的插头、插座的类型、形状、尺寸、牢靠等级、数量、次序以及具体位置等。

（2）功能特性。定义一组总线中各信号线的功能，不同的信号线实现不同的功能。譬如数据总线、地址总线和控制总线。

（3）电气特性。定义信号的传递方向、工作电平、负载能力的最大额定值等。譬如控制总线中的部分信号为控制信号（由 CPU 发给其他部件），部分为状态信号（由其他部件送给 CPU）；又如，多数总线标准使用 TTL 电平（用+5V 表示逻辑 1、0V 表示逻辑 0），而串行总线标准 RS-232C 则采用+5V～+15V 表示逻辑 0，-5V～-15V 表示逻辑 1。

（4）时间特性（又称过程特性）。定义总线操作过程中每根线在什么时间有效，即规定了总线上各信号有效的时序关系，以确保总线操作的正确进行，一般用时序图描述。

有了总线标准，不同厂商可以按照同样的标准和规范生产各种不同功能的芯片、模块和整机，用户可以根据自己的功能需求去选择不同厂家生产的、基于同种总线标准的模块和设备，甚至可以按照标准自行设计功能特殊的专用模块和设备，以组成自己所需的应用系统。此外，采用总线结构和符合总线接口标准的部件来构建系统，不仅可以简化设计，缩短研制周期，同时也为灵活配置系统以及系统的升级、改造和维护带来了方便。

2. 总线的性能指标

总线的主要功能是模块间的通信，因而，总线能否保证模块间的通信通畅是衡量总线性能的关键指标，主要的性能指标有以下 3 个。

（1）总线带宽。总线带宽又称总线最大传输率，是指单位时间内总线上可传送的数据量，用字节数/秒（B/s）或比特数/秒（b/s）表示。总线带宽是总线诸多指标中最重要的一项。

（2）总线位宽。总线位宽是指总线能同时传送的二进制数据位数，用位（bit）表示。常见的总线位宽有 8 位、16 位、32 位、64 位等。在总线工作频率一定时，总线位宽越宽，总线带宽越宽。

（3）总线工作频率。总线工作频率是指用于控制总线操作周期的时钟信号频率，所以也叫总线时钟频率，通常以 MHz 为单位。总线带宽与总线位宽、总线工作频率的关系为：

总线带宽＝总线位宽×总线工作频率

可见，总线位宽越宽，总线工作频率越高，总线带宽便越宽。这三者之间的关系就如同高速公路上的车流量和车道数、车速之间的关系，车道数越多，车速越快，车流量也就越大。当然，单方面提高总线的位宽或工作频率都只能部分提高总线的带宽，并容易达到各自的极限。只有两者配合，才能使总线的带宽得到更大的提升。

在现代微机系统中，一般可做到一个总线时钟周期完成一次数据传输。因此，总线的最大数据传输率为总线位宽除以 8（每次传输的字节数）再乘以总线时钟频率。例如，PCI 总线的位宽为 32 位，总线时钟频率为 33MHz，则最大数据传输率为 32÷8×33＝132MB/s。但有些总线采用了一些新技术，使最大数据传输率比上面的计算结果高。

### 6.1.5 总线操作与总线传送控制方式

1. 总线操作

在微机系统中，通过总线进行信息交换的过程称为总线操作。在同一时刻，总线上只能允许一对模块进行信息交换，当有多个模块同时要使用总线时，只能采用分时方式。总线为完成一次数据传送一般要经历以下 4 个阶段。

（1）总线请求和仲裁阶段。当系统总线上有多个主控模块时，要使用总线的主控模块需要预先向总线仲裁机构提出总线使用请求，由总线仲裁机构确定把下一个传输周期的总线使用权分配给哪一个请求源。

（2）寻址阶段。取得总线使用权的主控模块通过总线发出本次要访问的从模块的存储器地址或 I/O 接口地址以及相关的命令，启动参与本次传输的从模块。

（3）传输阶段。在主控模块发出的控制信号作用下，由主控模块和从模块或者是各从模块之间进行数据交换，数据由源模块发出，经数据总线传送到目的模块。

（4）结束阶段。主、从模块的有关信息均从系统总线上撤除，让出总线，以便其他模块能继续使用。

**说明：**对于只有一个主控模块的单处理器系统，数据传输周期只需要寻址和传输两个阶段。但对于包含中断控制器、DMA 控制器和多处理器的系统，则必须有某种总线管理机制或相应的功能模块。

2. 总线传送控制方式

为了完整、可靠地实现模块间的数据传送，需要解决主、从模块间的协调配合关系问题，这种关系实质上就是一种协议或者是规则，具体有如下 4 种方式。

（1）同步方式。总线上所有模块共用同一时钟脉冲来控制操作过程，各模块的发送、接收操作均是在时钟周期的开始启动，通过强制性同步进行的，如图 6.6 所示。这种方式电路简单，适合双方都是高速设备的数据传送，当双方速度悬殊较大时，以低速设备为准。

（2）半同步方式。总线上各模块操作的时间间隔可以不同，但必须是时钟周期的整数倍，信号的出现、采样与结束仍以公共时钟为基准，如图 6.7 所示，wait/ready 信号是单向的。后面讲到的 ISA 系统总线采用的就是这种方式。

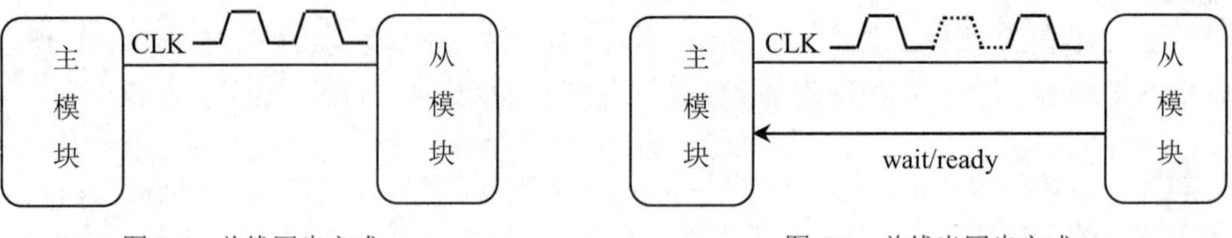


图 6.6　总线同步方式　　图 6.7　总线半同步方式

（3）异步方式。总线上各模块操作没有统一的时钟，没有固定的时间间隔，完全依靠双方相互制约的“握手”信号实现定时控制，如图 6.8 所示。这种方式比同步方式慢，总线频带窄，总线传输周期长。

（4）分离方式。这种方式将总线读周期分成两个子周期（寻址子周期与数据传送子周期）进行，即当模块取得总线控制权后，先寻址找到传送数据的模块首地址，找到之后即退出总线，然后从设备准备数据，并进行多个数据的传送，如图 6.9 所示。

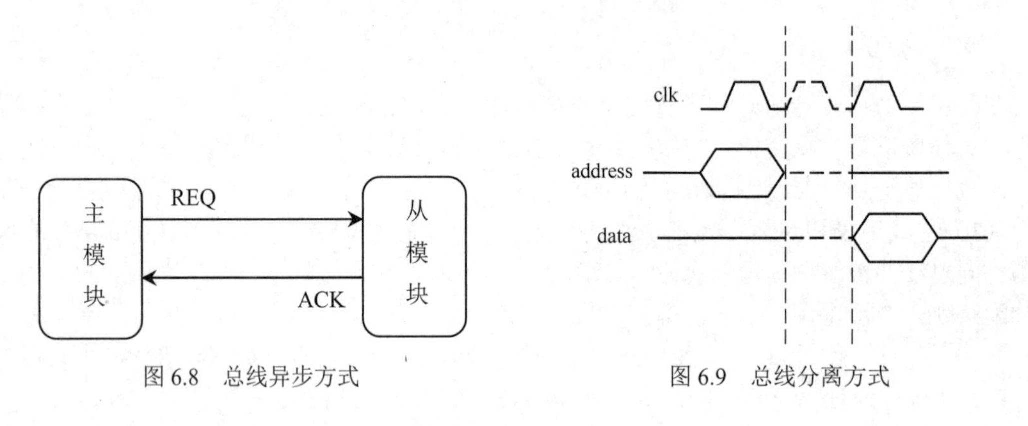


图 6.8　总线异步方式　　图 6.9　总线分离方式

## 6.2　微机常用系统总线

在微机系统的各级总线中，系统总线（包括用于扩展模块的“局部总线”）是最重要的总线，它的性能与整个系统的性能有直接的关系。就 PC 系列微机来说，自从 IBM 公司推出第一台 PC 机以来（从 8 位机到现在的 64 位机），为了适应数据宽度的增加和系统性能的提高，依次推出并为广大计算机界同行所认可、采用的内部扩展总线标准主要有 XT 总线、AT 总线（即 ISA 总线）、MCA 总线、EISA 总线、VESA 总线、PCI 总线、AGP 总线和 PCI Express 总线等。到了 486、586 微机时代，应用最多的是 ISA 系统总线和 VESA、PCI 两种局部总线，市场上流通的各种 486 系统或 486 主板，其结构大都建立在 ISA+VESA 总线的基础上；而各种 586 系统或 586 主板的结构则基本上是以 ISA+PCI 总线为基础；Pentium 4 系统或主板则基本上是采用 PCI+AGP 结构。

不难看出，ISA 总线是自 PC 机问世以来应用时间最长的系统总线，PCI 总线是 PC 系列微机中使用最广泛的总线，AGP 总线是应用于 Pentium 计算机中的先进总线之一，PCI Express

总线是目前最先进的总线，Core i7 采用的就是这种总线。因此，本节主要介绍这 4 种总线。

### 6.2.1 ISA 总线

ISA（Industrial Standard Architecture）总线是 IBM 公司于 1984 年为推出 PC/AT 机而建立的系统总线标准，它同 8 位的 PC/XT 总线保持了兼容，是 8/16 位的系统总线，最大传输率仅为 8MB/s，但允许多个 CPU 共享系统资源。由于 ISA 的兼容性好，所以其在 20 世纪 80 年代是最广泛采用的系统总线，以兼容这一标准为前提的微机纷纷问世。从 286、386、486 再到 Pentium 的各代微机，尽管工作频率各异，内部功能和系统性能有别，但都采用了 ISA 总线标准。不过随着技术的进步和微机性能的提高，目前 ISA 总线已逐渐被淘汰，除了用于微机原理与接口实验室的 PC 机中为便于教学实验而普遍要求保留一个 ISA 插槽外，大多数新型 PC 机主板上已不再提供 ISA 插槽了。

ISA 总线

ISA 总线的主要性能特点概括如下：

（1）ISA 总线具有比 XT 总线更强的支持能力。ISA 总线能支持 64KB I/O 地址空间（0000H～FFFFH）和 16MB 存储器地址空间（000000H～FFFFFFH），8 位或 16 位数据存取，8MHz 最高时钟频率和 16MB/s 最大稳态传输率，15 级硬中断，7 级 DMA 通道等。

（2）ISA 总线是一种多主控模块总线，允许多个主控模块共享系统资源。系统中除了主 CPU 外，DMA 控制器、DRAM 刷新控制器和带处理器的智能接口控制卡都可以成为 ISA 总线的主控设备。

（3）ISA 总线可支持 8 种类型的总线周期，分别为 8/16 位的存储器读/写周期、8/16 位的 I/O 读/写周期、中断周期（包括中断请求周期和中断响应周期）、DMA 周期、存储器刷新周期和总线仲裁周期。

（4）ISA 共包含 98 条引脚信号，它们是在原 XT 总线 62 条引脚的基础上再扩充 36 条而成的。扩充卡插头、插槽由两部分组成，一部分是原 XT 总线的 62 条插头、插槽（分 A、B 两面，每面 31 条），另一部分是新增的 36 条插头、插槽（分 C、D 两面，每面 18 条），新增的 36 条与原有的 62 条之间有一凹槽隔开。

**说明：** ISA 总线在现代微机中已经不是系统总线了，只是用来连接一些采用 ISA 总线标准的外部设备。

### 6.2.2 PCI 总线

PCI（Peripheral Component Interconnect，外围部件互连）是一种高性能局部总线，是随着多媒体技术及高速数据采集技术的发展应用而产生的。其首先由 Intel 公司于 1991 年下半年提出，随后，Intel 公司联合 IBM、Compaq、AST、HP 和 DEC 等 100 多家公司成立了 PCI 特别兴趣组（PCI Special Interest Group，PCI-SIG），于 1992 年 6 月发布了第一个 PCI 总线规范（1.0 版），1993 年 4 月发布了 2.0 版，1995 年 6 月发布了 2.1 版，1998 年 12 月发布了 2.2 修改版。PCI 总线克服了 ISA、VESA 等总线的不足，实现了从共享总线结构式向交换式总线的过渡，成为了时下微机总线的主流。

**说明：** 流行的 ATX 结构台式机主板一般带有 5～6 个PCI 插槽，稍小点的 MATX 主板带有 2～3 个PCI 插槽。

PCI 总线

1. PCI总线的特点

（1）高传输速率。PCI与CPU一次可交换32位或64位数据。传输32位数据，时钟频率为33MHz，速率可达132MB/s；传输64位数据，时钟频率为66MHz，速率可达528MB/s。

（2）即插即用性。传统的扩展卡插入系统时，往往由用户使用开关、跳线或是通过软件设置扩展卡需要占用的系统内存空间、I/O端口、系统中断和DMA通道，而PCI使用了即插即用技术，使任何扩展卡在插入系统时能够由系统软件和硬件自动识别并装入相应的设备驱动程序，因而可立即使用，不存在因设置有错而使接口卡或系统无法工作的情况。

（3）独立于处理器。传统的系统总线实际上是处理器信号的延伸或再驱动，而PCI总线的结构与处理器的结构无关，它采用独特的中间缓冲器方式，将处理器子系统与外设分开。一般来说，在处理器总线上增加更多的设备或部件会降低系统的性能和可靠性，而有了这种缓冲器的设计方式，用户可以随意增添外设扩展系统，而不必担心系统性能下降。这种独立性也使得PCI总线有可能适应未来的处理器，从而延长PCI技术的生命周期。

（4）多路复用，高效率。PCI采用了地址线和数据线共用一组物理线路，即多路复用；另外，PCI控制器有多级缓冲，可以把一批数据快速写入缓冲器中。在这些数据不断写入PCI设备的过程中，CPU又可以去执行其他操作，即连在PCI总线上的外围设备可以与CPU并行工作；同时，PCI接插件尺寸小，减少了元件和管脚个数。这样就大大提高了效率。

（5）支持线性突发传输。总线通常的数据传输是先输出地址后再进行数据操作，即使所要传输的数据的地址是连续的。而PCI支持突发数据传输周期，即可以实现从内存某一地址起连续读/写数据，但只需传送一次地址。这意味着从某一个地址开始后，可以连续对数据进行操作，而每次的操作数地址是自动加1的。显然，这减少了无谓的地址操作，加快了传输速度，这种数据传输方式特别适合于多媒体数据传输和数据通信。

（6）低成本、高可靠性。PCI总线插槽短而精致，PCI芯片均为超大规模集成电路，体积小而可靠性高；PCI总线采用地址/数据引脚复用技术，减少了引脚需求。这使得PCI板卡的小型化成为可能，从而降低了成本，提高了可靠性。

（7）负载能力强，易于扩展。如果需要把许多设备连接到PCI总线上，而总线驱动能力不足时，可以采用多级PCI总线。这些总线上均可以并发工作，每个总线上均可挂接若干设备。

（8）支持多主控器。在同一条PCI总线上可以有多个总线主控器，各主控器通过PCI总线专门设置的总线占用请求信号和总线占用允许信号竞争总线的控制权。

（9）减少存取延迟。PCI总线能够大幅度减少外设取得总线控制权所需的时间，以保证数据传输的畅通。

（10）数据完整。PCI总线提供了数据和地址的奇偶校验功能，保证了数据的完整性和准确性。

（11）适用于多种机型。通过转换5V和3.3V工作环境，PCI总线可适用于各种规格的微机系统，如台式机、便携式计算机及服务器等。

2. PCI总线的连接方式及系统结构

从1992年创立规范至今，PCI总线已成为了事实上微机的标准总线，如图6.10所示的是一个典型的PCI总线系统结构。

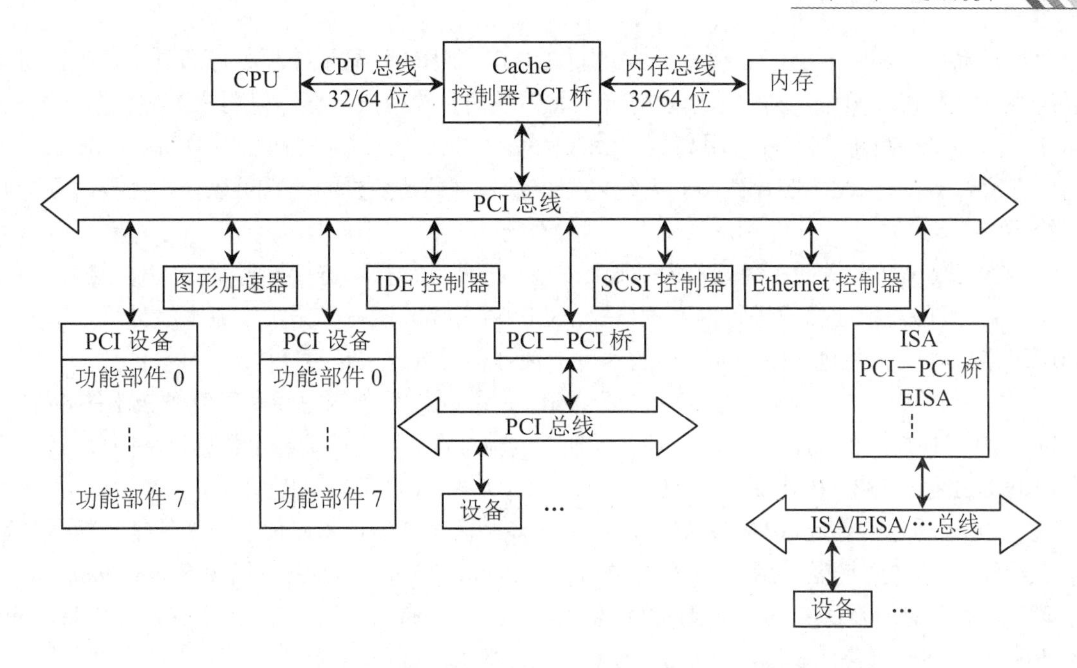


图 6.10　典型的 PCI 总线系统结构

典型的 PCI 系统包括两个桥接器，即南桥和北桥。其中北桥用于连接 CPU 和基本的 PCI 总线，使得 PCI 总线上的部件可以与 CPU 并行工作；南桥（即标准总线桥路）连接基本 PCI 总线到 ISA 或 EISA 总线，从而可以继续使用现有的 I/O 设备，以增加 PCI 总线的兼容性和选择范围。

### 6.2.3　AGP 总线

#### 1. AGP 总线简介

AGP（Accelerate Graphical Port，加速图形接口）是一种显示卡专用的局部总线，由美国 Intel 公司于 1996 年提出。当时由于缺乏硬件的支持，直到 1997 年该公司的 i440LX 主板芯片组问世后才真正得以实施和应用。AGP 是为提高视频带宽而设计的总线规范，其插槽的形状与 PCI 扩展槽相似，位置在 PCI 插槽的右边偏低一些。从目前的实际应用情况看，在支持 AGP 规范的电脑中，无论是 Pentium 还是在 Pentium Ⅱ 级的电脑中都仅有一个 AGP 扩展槽。

严格来说，AGP 不能被称为总线，但是人们习惯上仍然称之为“AGP 总线”。这是因为它与 PCI 总线不同，它仅在 AGP 控制芯片和 AGP 显示卡之间提供了点到点的连接。AGP 是基于 PCI 2.1 规范的，工作频率是 66MHz，其直接与主板的北桥芯片相连，且通过该接口让显示芯片与系统内存直接相连，避免了窄带宽的 PCI 总线形成的系统瓶颈，增加了 3D 图形数据的传输速度；同时在显存不足的情况下可调用系统内存，所以它拥有较快的传输速度。

#### 2. AGP 规范的技术要点和性能特点

AGP 规范为解决微机处理 3D 图形的瓶颈问题采取了多种技术措施，其中最主要的措施有两点。第一点是建立显卡与系统之间的专用信息高速传输通道；第二点是采用 DIME（Direct Memory Execution，直接存储器执行）技术。这两点都是提高微机处理和显示 3D 图形速度的关键，也是 AGP 技术的精髓所在。

这里简单介绍一下 DIME 技术。AGP 的 DIME 技术就是显示控制芯片通过主板芯片组对系统内存进行直接操作，利用地址映射方法将系统内存模拟成显存，以用来存储大量的数据。AGP 技术允许显示控制芯片占用高达 32MB 的系统内存（条件是微机必须具备 64MB 或更大的内存容量），显示控制芯片占用的系统内存容量和时间是随机的，它可以在不需要时立即归还给系统。

AGP 以 66MHz PCI 2.1 版规范为基础，采用了一些其他技术进行扩充而成，其主要特点有：

（1）采用流水线技术进行内存读/写。AGP 对内存的读写操作实行流水线处理，即充分利用等待延时，大大地增加了读内存的速度，使其与写内存的速度相当。

（2）具有 2×、4×、8×数据传输频率。AGP 使用了 32 位数据总线和多时钟技术的 66MHz 时钟，多时钟技术允许 AGP 在一个时钟周期内传输 2 次、4 次甚至 8 次数据，从而使 AGP 总线传输率达到了 533MB/s（2×）、1066MB/s（4×）和 2132MB/s（8×）。

（3）采用边带寻址 SBA 方式。AGP 采用多路信号分离技术，使总线上的地址信号与数据信号分离。一方面充分利用了读写请求与数据传输之间的空闲，使总线效率达到最高；另一方面可以有效地分配系统资源，避免了死锁的发生，并通过使用边带寻址 SBA（Side Band Address）总线来提高随机内存访问的速度。

（4）显示 RAM 和系统 RAM 可以并行操作。在 CPU 访问系统 RAM 的同时允许 AGP 显卡访问 AGP 内存，显卡可以独享 AGP 总线带宽，从而进一步提高了系统性能。

（5）增加了 Execute 模式（执行模式）。PCI 使用的 DMA 模式适用于从系统内存到图形内存之间的大批量数据传输，其中系统内存中的数据并不能被图形加速器所直接调用，只有调入图形内存才能被加速芯片所寻址。而在 Execute 模式中，加速芯片（以 i740 为代表的一些显示芯片）将图形内存与系统内存看作一体，通过 Graphics Address Remapping 机制，加速芯片可直接对系统内存进行寻址，这样就缓解了 PCI 总线上的数据拥挤。

### 6.2.4 PCI Express 总线

1. PCI Express 总线简介

PCI Express 总线（第 3 代 I/O 总线，原名 3GIO，也称 PCI-E）是一种新型高速串行 I/O 互连接口，是目前最新的总线和接口标准，由 Intel 公司于 2001 年提出，有 X1、X2、X4、X8、X12、X16 和 X32 多种规格。PCI Express 的主要优势是数据传输率高，支持双向传输模式和数据分通道传输模式，能满足现在和将来一定时间内出现的低速设备和高速设备的需求。目前，PCI Express 3.0 双向 16 通道带宽最高可达到 32GB/s，而且还有相当大的发展潜力。PCI Express 将逐渐全面取代 PCI 和 AGP，最终实现总线标准的统一。

PCI Express 的主要功能如下：

（1）采用先进的点到点互连，能为每一个设备分配独享通道；彻底消除了设备间由于共享资源带来的总线竞争现象，降低了系统硬件平台设计的复杂性和难度，大大降低了系统的开发制造成本，能极大提高系统的性价比和健壮性。

（2）软件方面与 PCI 保持了很好的兼容，具有很好的通用性，增加了计算机的可移植性和模块化。PCI Express 除了用于南桥和其他设备的连接外，还可以延伸到芯片组间的连接，甚至可以连接图形芯片，能将整个 I/O 系统重新统一起来，更进一步简化了计算机系统。

（3）每个引脚都可以实现高带宽。PCI-E 3.0 的信号频率从 PCI-E 2.0 的 5GT/s 提高到 8GT/s，编码方案也从原来的 8b/10b 变为 128b/130b。

（4）数据传输率高，目前最高可达到 10GB/s 以上。

（5）低功耗，并具备电源管理功能。

（6）支持热插拔、热交换、数据完整性和错误处理机制；支持+3.3V、3.3Vaux 以及+12V 三种电压。

（7）采用 QoS（Quality of Service）连接方式和仲裁机制。

（8）支持同步数据传输和双向传输模式，还可以运行全双工模式。

（9）通过主机芯片进行基于主机的传输，并通过开关进行点对点传输。

（10）分包和分层协议架构。

（11）每个物理连接可以作为多个虚拟通道。

（12）终端到终端和连接机数据校验。

（13）使用小型接口节省空间。

2. PCI Express 总线的体系结构

PCI Express 的体系结构采用分层设计，就像网络通信中的 7 层 OSI 结构一样，这样有利于跨平台的应用，如图 6.11 所示为 PCI Express 的分层结构模型。

| | |
|---|---|
| 软件层 | PCI PnP 模型（中断、枚举、设置） |
| 事务处理层 | 数据包封装 |
| 数据链路层 | 数据完整性 |
| 物理层 | 点对点、串行化、异步、热插拔、<br>可控带宽、编/解码 |

图 6.11　PCI Express 的分层结构模型

（1）物理层。PCI Express 的物理层负责接口或者设备之间的连接，决定了 PCI Express 总线接口的物理特性，如点对点串行连接、微差分信号驱动、热插拔、可配置带宽等，为链路层提供透明的传输数据包服务。其中“连接”由一对分离驱动收发器组成，分别负责发送和接收数据，层内置有嵌入式的数据时钟信号，在初始化过程中，两个 PCI Express 连接的设备通过协商来确定实际通道宽度和工作频率，建立一个 PCI Express 连接，这个过程不需要任何软件的介入，完全由硬件实现。

PCI Express 的这种分层使得将来在速度、编码技术、传输介质等方面的改进都将只影响到物理层，而与上层无关。

（2）数据链路层。数据链路层的主要职责是确保数据包可靠、正确传输，所以其首要任务就是确保数据包的完整性，并在数据包中添加序列号和发送冗余校验码到事务处理层。数据链路层为每一个来自事务处理层的数据包增加顺序号和 CRC 校验码，通过对顺序号和 CRC 校验码的检测，将自动请求重发以实现数据的完整性。

大多数数据包是由事务处理层递交给数据链路层的，数据流控制协议确保了数据包只能在接收设备的缓冲区可用情况下才被发送。

（3）事务处理层。事务处理层的作用主要是接收来自软件层的读、写请求，并建立一个请求包传输到数据链路层，同时接收从数据链路层传来的响应包，并与原始的软件请求关联。所有的请求都被分离处理成若干个数据包，其中一部分数据包需要目的设备回送响应数据包；事务处理层接收来自数据链路层的响应数据包并把它们与原有的读/写请求数据包相匹配；每个数据包都会有一个唯一标识符以保证响应数据包能够和原始请求数据包有序对应。

事务处理层支持 4 个寻址空间，其中 3 个是原有的 PCI 寻址空间（存储器、I/O 和配置地址空间），另外一个是新增加的通信地址空间“信息空间”。

（4）软件层。软件层被称为是 PCI Express 体系结构中最重要的部分，因为它是保持与 PCI 总线兼容的关键。PCI Express 的软件层主要包括初始化和运行时两个方面，其体系结构完全兼容 PCI 的 I/O 设备配置空间和可编程性，所有支持 PCI 的操作系统无需作修改就能支持基于 PCI Express 的平台。PCI Express 兼容 PCI 所支持的运行时的软件模型。而 PCI Express 所提供的新特性只在一些新型设备中才会得到应用。

3．PCI Express 的前景

PCI Express 主要应用于台式机、服务器、通信和嵌入式系统中，按照 PCI-SIG 的计划，它将全面取代 PCI 而成为下一代 I/O 总线标准。

### 6.2.5 常用外总线

1．USB 总线

USB（Universal Serial Bus，通用串行总线）是由 Intel、DEC、Microsoft 和 IBM 等公司于 1994 年 11 月联合推出的一种新的串行总线标准，主要用于 PC 机与外设的互连。经过多年的发展，USB 已经发展到 3.1 版本，成为二十一世纪微机中的标准扩展接口。USB 的连接方式很简单，只用一条长度可达 5m 的 4 针（USB 3.0 标准为 9 针）插头作为标准插头，采用菊花链形式就可以把所有的外设连接起来，最多可以连接 127 个外部设备，并且不会损失带宽。USB 需要主机硬件、操作系统和外设三方面的支持才能工作，目前的主板一般都采用支持 USB 功能的控制芯片组，主板上也安装有USB 接口插座，而且除了背板的插座之外，主板上还预留有 USB 插针，可以通过连线接到机箱前面作为前置 USB 接口，以方便使用。

（1）USB 总线的特点。USB 之所以能被大家广泛接受，主要是其有以下主要特点：

1）易于使用。易于使用是 USB 的主要设计目标，主要表现在 4 个方面：其一是支持即插即用。当插入 USB 设备时，微机系统检测该设备，并且自动加载相关驱动程序，对该设备进行配置，使其正常工作。其二是不需要用户设定，节省硬件资源。USB 减轻了各个设备（像鼠标、MODEM、键盘和打印机等）对目前 PC 机中所有标准端口的需求，因而降低了硬件的复杂性和对端口的占用。整个 USB 系统只有一个端口，使用一个中断，节省了系统资源。其三是采用简易电缆，易于连接。一个普通的 PC 机有 2 到 6 个 USB 端口，还可以通过连接 USB 集线器来扩展端口的数量。其四是支持热插拔，不需要另备电源。USB 可以在任何时候连接和断开外设，不管系统和外设是否开机，不会损坏 PC 机或外设；USB 不仅可以通过电缆为连接到 USB 集线器或主机的设备供电，还可以通过电池或者其他的电力设备为其供电，或者使用两种供电方式的组合，并且支持节约能源的挂机和唤醒模式。

2）速度较快。USB 提供全速 12Mb/s、低速 1.5Mb/s、高速 480Mb/s（USB 2.0）和超高速 5Gb/s（USB 3.0）、10Gb/s（USB 3.1）5 种速率来适应各种不同类型的外设。

3）可靠性高。USB 的可靠性来自于硬件设计和数据传输协议两个方面。USB 驱动器、接收器和电缆的硬件规范消除了大多数可能引起数据错误的噪声；USB 协议采用了差错控制和缺陷发现机制，所以可以对有缺陷的设备进行认定，并对错误的数据进行恢复或报告。

4）低成本、低功耗。USB 的设备与带有相同功能的老式接口的设备所需的费用几乎相同，甚至更低。对于低成本外设来说，选择低速传输以降低对硬件的要求，使成本控制在合理的范围内。

当 USB 外设不使用时，省电电路和代码会自动关闭它的电源，但仍然能够在需要的时候做出反应。降低电源消耗除了可以带来保护环境的好处之外，这个特征对于电源供应非常敏感的笔记本电脑尤其有用。

（2）USB 总线的结构。USB 系统是一个层次化星型拓扑结构，由 USB 主机、集线器 HUB 和功能设备组成，如图 6.12 所示。每个星型结构的中心是集线器，主机与集线器或功能设备之间，或者集线器与另一个集线器或功能设备之间都是点对点连接。主机处于最高层（根层），受时序限制，结构中最多有 7 层，具有集线器和功能设备的组合设备占两层。

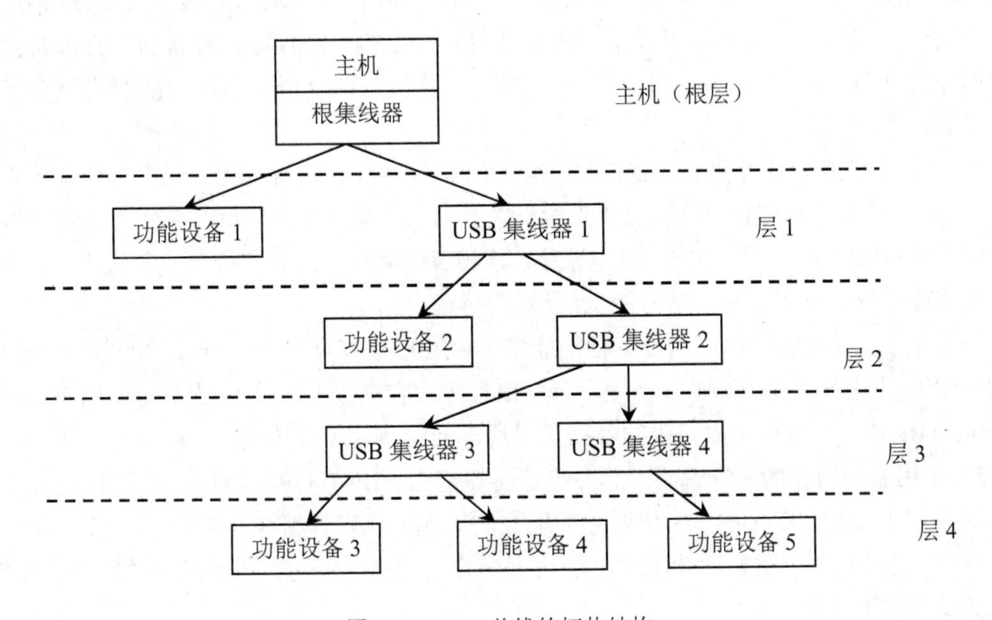


图 6.12 USB 总线的拓扑结构

在整个 USB 系统中只允许有一个 USB 主机（在微机主板上），其主要作用是检测 USB 设备的加入或去除状态；管理主机与 USB 设备之间的数据流和控制流；收集 USB 设备的状态与活动属性。主机是 USB 主控制器和根集线器的合称，其中的主控制器主要负责 USB 总线上的数据传输；根集线器集成在主机系统中。一个 USB 系统中只能有一个根集线器，根集线器可以提供一个或多个接入点来连接 USB 设备。

USB 设备包括集线器和功能设备。集线器是专门用于提供额外 USB 接入点的 USB 设备；功能设备是向系统提供特定功能的 USB 设备，如 USB 接口的鼠标、显示器、U 盘、摄像头等。

**说明：**USB 总线虽然从物理连接上是分层的，但在实际通信过程中，所有 USB 设备对 USB 主机而言地位都是平等的，即 USB 总线的逻辑拓扑结构是不分层的星型拓扑结构。

2. IEEE 1394 总线

IEEE 1394 是 1995 年批准和发布的一种高性能串行总线标准，其与 USB 有很多相似之处，但它一开始是针对高速外设而提出的，I/O 速度是 USB 最高速度的 8 倍以上。IEEE 1394 使微机、微机外设、各种家电能非常简单地连接在一起，改变了当前微机本身拥有众多附加插卡和连接线的现状。1998 年，在 Microsoft、Intel、Compaq 等公司制定的个人计算机规格 PC 98 中，将具备 IEEE 1394 接口作为一项重要内容。目前，IEEE 1394 已广泛应用于数字摄像机、数字照相机、电视机顶盒、家庭游戏机、微机及其外部设备。

IEEE 1394 总线

（1）IEEE 1394 总线的性能和特点。

1）纯数字接口。IEEE 1394 是一种纯数字接口，不必将数字信号转换成模拟信号，造成无谓的损失。

2）拓扑结构灵活多样，具有可扩展性。IEEE 1394 在一个端口上最多可以连接 63 个设备，在同一个网络中的设备间可以采用树形或菊花链结构，并且可以将新的串行设备接入串行总线节点所提供的端口，从而扩展串行总线，可将拥有两个或更多端口的节点以菊花状接入总线。

3）占用空间小，价格廉价。IEEE 1394 串行总线共有 6 条信号线，其中 2 条用于设备供电，4 条用于数据信号传输，对于像数码相机之类的低功耗设备就可以从总线电缆内部取得动力，而不必为每台设备配置独立的供电系统。这相对于并行总线和其他串行总线来说，节省资源，实现成本低，不需要解决信号干扰问题。

4）速度快，并具有可扩展的数据传输速率。IEEE 1394 能够以 100Mb/s、200Mb/s、400Mb/s 和 800Mb/s 的速率来传送动画、视频、音频信息等大容量数据，目前已经制定出 1.6Gb/s 和 3.2Gb/s 的规格，并且同一网络中的数据可以用不同的速度进行传输。

5）采用基于内存的地址编码，具有高速传输能力。IEEE 1394 总线采用 64 位的地址宽度（16 位网络 ID，6 位节点 ID，48 位内存地址），将资源看作寄存器和存储单元，可以按照“CPU——内存”的传输速率进行读/写操作，因此具有高速的传输能力。对于高品质的多媒体数据，可以实现“准实时”传输。

6）同时支持同步和异步两种数据传输模式，支持点对点传输。任何两个支持 IEEE 1394 的设备通过电缆把想使用的设备连接起来即可进行数据交换，而不需要通过微机控制。例如在微机关闭的情况下，仍可以将 DVD 播放机与数字电视连接起来。

7）安装方便且容易使用。IEEE 1394 支持即插即用、热插拔、公平仲裁，具有设备供电方式灵活，标准开放等特点。

（2）IEEE 1394 总线协议。IEEE 1394 是一种基于数据包的数据传输总线，总线协议分为物理层、链路层和事务层共 3 层。另外还有一个串行总线管理层。其中物理层和链路层由硬件构成，事务层主要由软件实现，如图 6.13 所示。

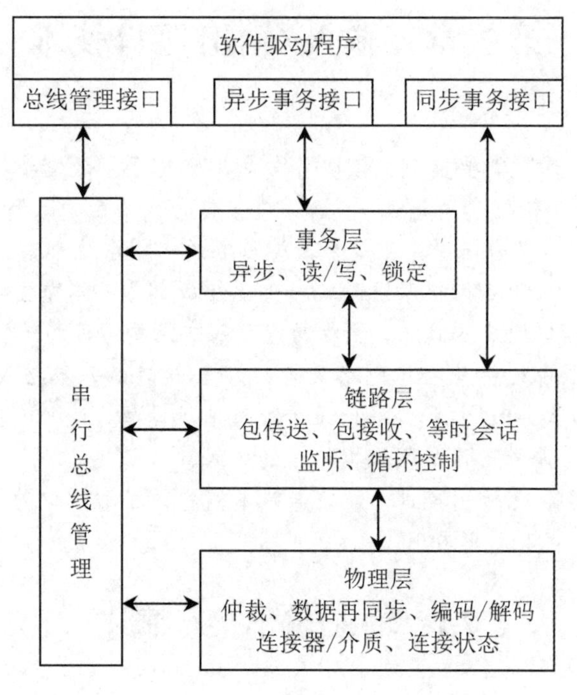


图 6.13　IEEE 1394 三层次协议集

# 习题与思考题

6.1　什么叫总线？在微机系统中为什么采用总线结构？

6.2　总线标准化的目的是什么？总线标准一般包括哪些内容？

6.3　微机系统中共有哪几类总线？简述各类总线的应用场合。

6.4　衡量总线性能的重要指标有哪些？

6.5　目前微机中常用的总线有哪些？

6.6　简述 PCI 总线的主要特点。

6.7　AGP 总线是一种通用标准总线吗？为什么？它有哪几种工作模式？对应的数据传输速率分别为多少？

6.8　简要说明 USB 总线的主要特点。

6.9　简述 PCI Express 总线的主要特点。

6.10　USB 总线与 IEEE 1394 总线主要有哪些相同点与不同点？

# 第 7 章　输入/输出接口技术

导学：十字路口交通灯需要监测、读取各方向车辆信息，还需要输出红、黄、绿灯及相应的显示时间。无论是车辆信息还是红、黄、绿灯各自时长的显示，都需要具有输入和输出信息功能的输入输出设备。换句话说，凡是为人类服务的机器系统都需具有输入/输出功能及相应的设备。因此，输入/输出是微机系统的又一重要组成部分。本章主要介绍三部分内容：第一部分介绍输入/输出接口的基本概念、主要功能及基本结构，目的是使读者了解什么是输入/输出接口，为什么需要输入/输出接口电路及输入/输出接口的基本组成；第二部分介绍输入/输出端口的两种编址方式、PC 机端口的地址分配及地址译码方法，8086 CPU 的输入/输出指令；第三部分介绍 CPU 与外部设备间数据传送的方式。

学习本章，需了解输入/输出接口、端口等基本概念；了解端口的编址方式；深入理解基本的数据输入、输出方式及简单应用。

## 7.1　输入/输出接口概述

### 7.1.1　I/O 接口的基本概念

输入、输出设备是微机系统的重要组成部分。源程序、原始数据等外部信息需要通过输入设备送入微机，而微机的处理结果、发出的控制命令等信息需要通过输出设备呈现给用户。外部设备与微机之间的信息传送都是通过输入/输出接口电路来实现的。所谓接口是指 CPU 与存储器、外部设备或者两种外部设备之间，或者两种机器之间通过系统总线进行连接的逻辑部件（或称电路），其是 CPU 与外界进行信息交换的中转站。可能有读者会问，外部设备为什么一定要通过输入/输出接口电路与微机相连接，而不能像内存储器那样直接通过系统总线与 CPU 相连呢？这是因为内存储器只有保存信息这一单一功能（涉及的传送方式单一、品种单一、格式单一、工作速度匹配）；而外部设备的功能各异且种类繁多。譬如光、机、电、声、磁等各种设备，有些只可以作为输入设备，有些只可以作为输出设备，还有些既可以作为输入设备也可以作为输出设备；每种外部设备又可能具有不同的工作原理，使用不同的信息格式，如可能是数字信息、模拟信息或者脉冲，可能是并行信息或串行信息。对于机械式或机电结合式的外部设备，它们的速度相对于高速的 CPU 来说要慢得多。因此，须通过 I/O 接口把外部设备与 CPU 连接起来，完成它们之间的信息格式转换、速度匹配及某些相关控制。

可见，I/O 接口就是为了解决主机和外部设备之间的信息变换问题而提出来的，每个外部设备都需要通过接口来与主机相连。

### 7.1.2　CPU 与 I/O 设备之间交换的信息

CPU 与外部设备之间交换的信息主要有数据信息、状态信息和控制信息 3 类，如图 7.1 所示。

1. 数据信息

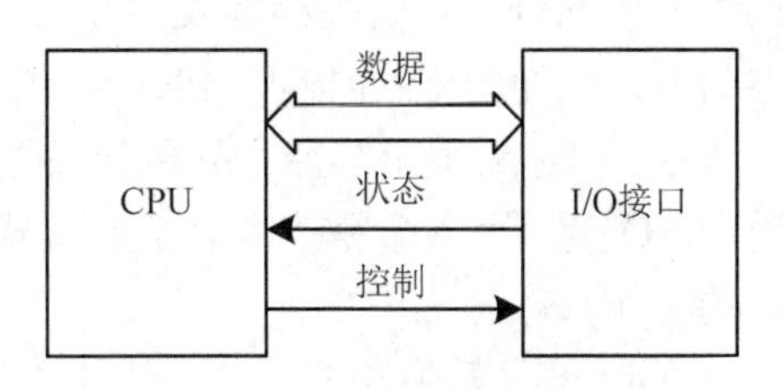

图 7.1　CPU 与外设之间传送的信息

数据是 CPU 与外部设备之间交换最多的一类信息，微机中的数据通常为 8 位、16 位、32 位或 64 位。数据信息按其不同性质可分为以下三类。

（1）数字量。数字量可以是以二进制形式表示的数据或以 ASCII 码表示的数据及字符。例如从键盘、磁盘机等读入的信息，或由 CPU 送到打印机、磁盘机、显示器的信息。

（2）模拟量。当微机用于检测或过程控制时，通过传感器把现场大量连续变化的物理量如温度、位移、流量、压力等非电量转换成电压或电流等电量，并经过放大器放大，然后经过采样器和 A/D 转换器转换为数字量后才能被微机接收；微机输出的数字量也要经过 D/A 转换器转换成相应的模拟量才能控制现场设备。

（3）开关量。开关量是一些只有两个状态的量，如开关的闭合和断开、阀门的打开与关闭、电机的运行和停止等，通常这些开关量需要经过相应的电平转换才能与微机连接。开关量只需一位二进制数即可表示，因此对于字长为 8 位或 16 位的微机，一次可以输入或输出 8 个或 16 个开关量。

2. 状态信息

状态信息反映了当前外部设备的工作状态，是 CPU 与外部设备之间进行信息交换时的联络信号。对于输入设备，通常用准备好（Ready）信号来表示当前输入数据是否准备就绪，若准备好则 CPU 可以从输入设备接收数据，否则 CPU 需要等待；对于输出设备，通常用忙（Busy）信号来表示外部设备是否处于空闲状态，若为空闲则 CPU 可以向输出设备发送数据，否则 CPU 应暂停发送数据。可以看出，状态信息是保证 CPU 和外部设备能正确进行信息交换的重要条件。

3. 控制信息

控制信息是 CPU 对外部设备发出的控制命令，以设置外部设备的工作方式等。譬如像外部设备的启动、停止等信号。由于不同的外部设备有不同的工作原理，因而其控制信息含义也往往不同。

**说明：**在微机系统中，CPU 与外部设备之间交换信息时只有输入指令（IN）和输出指令（OUT），因此无论是数据信息、状态信息还是控制信息，都被看作一种广义的数据信息，都是通过数据总线来传送的，即状态信息被看作一种输入数据，控制信息被看作一种输出数据。但这三种信息分别进入接口电路不同的寄存器中。

### 7.1.3　I/O 接口的主要功能

为了实现 CPU 与外部设备之间的正常通信，完成信息传递任务，I/O 接口电路一般都具有以下 4 种功能。

（1）地址译码或设备选择功能。在微机系统中通常会有多个外部设备同时与主机相连，而 CPU 在同一时刻只能与一个外部设备进行数据传送。因此 I/O 接口电路应该能够通过地址译码选择相应设备，只有被选中的设备才能与 CPU 进行数据交换或通信。

（2）数据缓冲功能。外部设备的数据处理速度通常都远远低于 CPU 的数据处理速度，因此在 CPU 与外部设备间进行交换数据时，为了避免因速度不匹配而导致数据丢失，在接口电路中一般都设有数据寄存器或锁存器来缓冲数据信息，同时还提供“准备好”“忙”“闲”等状态信号，以便向 CPU 报告外部设备的工作状态。

（3）输入/输出功能。外部设备通过 I/O 接口电路实现与 CPU 之间的信息交换，CPU 通过向 I/O 接口写入命令控制其工作方式，通过读入命令可以随时监测、管理 I/O 接口和外部设备的工作状态。

（4）信息转换功能。由于外部设备所需要的信息格式往往与 CPU 的信息格式不一致，因此需要接口电路能够进行相应的信息格式变换，如正负逻辑关系转换、时序配合上的转换、电平匹配转换、串－并转换等。

### 7.1.4 I/O 接口的基本结构与分类

1. I/O 接口的基本结构

I/O 接口电路可以很简单也可以很复杂。一个简单的 I/O 接口电路可以只由几个甚至一个三态门构成，而一个由 VLSI 芯片构成的接口电路，其复杂程度有的甚至不亚于 8 位的 CPU。不同规模和功能的接口电路，其结构虽然不尽相同，但一般都由端口寄存器和控制逻辑两大部分组成，每部分又包含几个基本模块，如图 7.2 所示。

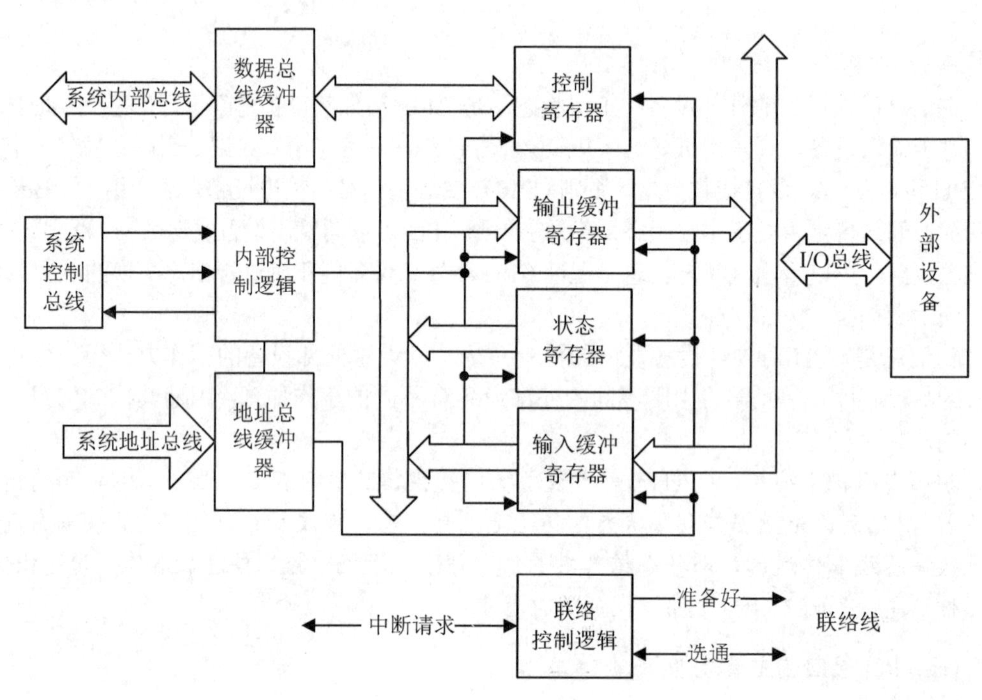


图 7.2 接口电路的基本结构

（1）端口寄存器。端口寄存器包括数据缓冲寄存器、控制寄存器和状态寄存器，它们是接口电路的核心。

1）数据缓冲寄存器又分为输入缓冲寄存器和输出缓冲寄存器。输入缓冲寄存器用于暂时存放输入设备送来的数据，供 CPU 读取之用；输出缓冲寄存器用于暂时存放 CPU 送出的数据，缓冲后送给输出设备。输入/输出缓冲寄存器在高速 CPU 与低速外部设备之间起协调、缓冲的作用，

实现数据传送的同步。数据缓冲寄存器通常具有三态功能。

2）控制寄存器只能写不能读，用来存放 CPU 向外部设备发送的控制命令和工作方式命令字等。

3）状态寄存器只能读而不能写，用来存放外部设备当前的工作状态信息，供 CPU 查询。

实际上，这三种不同的寄存器分别对应 CPU 与外部设备之间传输的三类不同信息，即数据信息通过输入、输出数据缓冲寄存器进行传输，状态信息通过状态寄存器进行传输，控制信息通过控制寄存器进行传输。

（2）控制逻辑电路。为了确保 CPU 能够通过接口正确地传输数据，接口中还必须包含以下控制逻辑电路。

1）数据总线缓冲器。接口芯片内部的数据总线经数据总线缓冲器与系统总线相连接，如果芯片负载较重，可在芯片外再加一级总线缓冲与系统数据总线相连。

2）地址译码。系统的高位地址总线经片外的地址译码器译码后用来选择接口芯片，低位地址线在片内译码后选择接口芯片内部相应的端口寄存器，使 CPU 能够正确无误地与指定的外部设备完成相应的 I/O 操作。

3）内部控制逻辑。接收来自系统的控制输入，产生接口电路内部的控制信号，实现系统控制总线与内部控制信号之间的转换。

4）联络控制逻辑。接收来自 CPU 的有关控制信号，生成给外部设备的准备好信号和相应的状态；接收外部设备的选通信号，产生相应状态标志和中断请求信号。

图 7.2 所示的是接口电路的一般组成，并非所有接口都具备。一般而言，数据缓冲寄存器、端口地址译码器和输入输出控制逻辑是必不可少的，其他部分视接口功能强弱和 I/O 操作的同步方式而定。

2. 接口分类

对 I/O 接口电路可以从不同角度进行分类，以下是常见的分类方法。

（1）按数据传送方式分类，可分为并行接口和串行接口。

（2）按功能选择的灵活性分类，可分为可编程接口和不可编程接口。

区分串行接口与并行接口

（3）按通用性分类，可分为通用接口和专用接口。通用接口适用于大部分外设；专用接口仅适用于某台外设或某种微处理器，用于增强 CPU 的功能。此外，在微机控制系统中专为某个被控制的对象而设计的接口，也是专用接口。

（4）按数据控制方式分类，可分为程序型接口和 DMA 型接口。

近年来，由于大规模集成电路和微机技术的发展，I/O 接口电路大多采用大规模、超大规模集成电路，并向智能化、系列化和一体化方向发展。虽然新的接口芯片层出不穷，甚至今后还会有功能更多、速度更快的 I/O 接口电路芯片，但许多大规模、多功能 I/O 电路芯片内基本上是一些功能单一的接口电路的组合与集成。作为接口技术的基本原理、基本方法，没有多大变化。因此，本教材仍然以单功能的接口电路为重点进行介绍，这有利于读者掌握微机接口技术的原理与方法，并能正确掌握与选用各种接口电路以组成所需的微机应用系统。

## 7.2 I/O 端口

由图 7.2 中接口电路的基本结构可知，每个接口电路内部都有若干个寄存器，分别用来存储不同类型的信息，这些寄存器称为I/O端口。系统通过为各个端口分配不同的地址来加以区分和寻址，这些地址称为I/O端口地址，每个端口对应一个I/O端口地址。接口电路中，一般有数据端口、状态端口和控制端口3类。

数据端口用来存储CPU与外部设备之间传送的数据信息；状态端口用来存放外部设备或接口部件的状态信息，CPU通过状态端口来检测外部设备和接口部件的当前工作状态；控制端口用于存放CPU发出的命令，以便控制接口和外部设备的动作。

CPU与外部设备之间的信息传送是通过对I/O接口的端口地址进行读/写操作来完成的，实现对这些端口的访问，要涉及I/O端口的编址问题。

**说明**：I/O接口与I/O端口间的关系：

（1）端口由一个或多个寄存器组成；接口由若干个端口加上相应的控制逻辑组成。

（2）CPU对外设输入/输出的控制是通过对接口中各I/O端口的读/写操作来完成的。

### 7.2.1 I/O端口的编址方式

对I/O端口的编址通常有以下两种方式。

1. 统一编址

统一编址是将I/O端口地址与存储单元一起编址，即端口与存储单元的编址在同一个地址空间中进行。如图7.3所示为I/O端口与存储单元统一编址的示意图。对于统一编址，通常是在整个地址空间中划分出一小块连续的地址分配给I/O端口，被端口占用了的地址，存储器不能再使用。

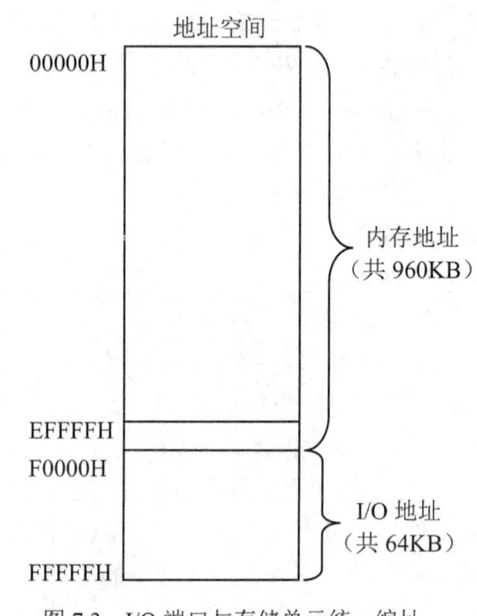

图7.3 I/O端口与存储单元统一编址

统一编址方式有以下优点：

（1）由于访问内存的指令种类丰富、功能齐全、寻址方式多样，因此这种编址方式为访问外设带来了很大的灵活性。从理论上讲，凡是能对存储器使用的指令都可以用于I/O端口，无需再设置专门的I/O指令；同时，I/O控制信号也可与存储器的控制信号共用，从而给应用带来了很大的方便。

（2）如果CPU具有保护内存的功能，则使用访问内存的指令来访问I/O端口时，也为I/O端口的访问提供了保护作用。

统一编址方式同时也带来了一些缺点，具体如下：

（1）I/O端口占用了部分存储器地址空间，这样就减少了存储器可用的地址空间，对内存容量有潜在影响。

（2）访问存储器的指令长度比专门的I/O指令长，因而执行时间较长。

（3）访问存储器的指令和访问I/O端口的指令在形式上完全相同，不便于程序的阅读和理解，而且I/O端口地址信息的增加使端口译码电路相对复杂。

MCS-51、MCS-96 等单片机系列，Motorola 的 M6800 系列和嵌入式，都采用统一编址方式。

2. 独立编址

独立编址方式是指 I/O 端口地址与存储单元地址空间相互独立，分别编址，即 I/O 端口与存储单元可以有重叠的地址，CPU 通过相关控制信号线和不同的指令来区分是访问 I/O 端口还是存储单元，如图 7.4 所示。

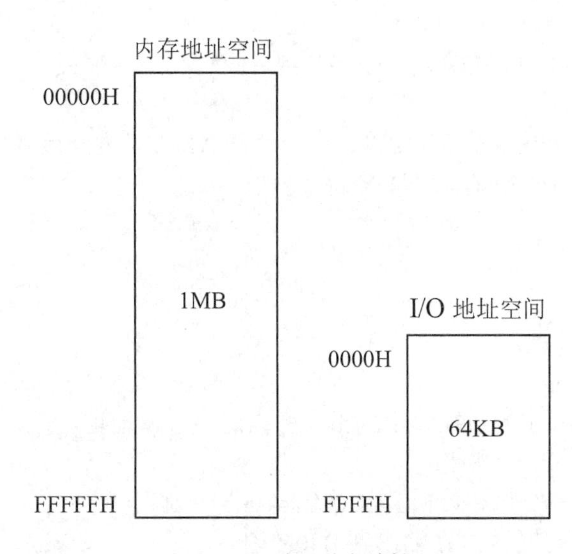


图 7.4　I/O 端口独立编址

独立编址方式的优点是 I/O 端口地址空间与存储器空间相互独立，互不影响，而且有专门的 I/O 指令对端口进行操作，I/O 指令短，执行速度快，同时 I/O 指令与存储器访问指令有明显的区别，便于程序的阅读和理解；缺点是访问 I/O 端口的指令功能较弱，一些操作必须由外部设备先输入到 CPU 的寄存器后才能进行。

80x86 系列微处理器采用的就是独立编址方式。CPU 通过 $M/\overline{IO}$ 来区分对存储器还是对 I/O 操作，当 $M/\overline{IO}$ 为低电平时访问 I/O 地址。I/O 操作只使用 20 根地址线中的低 16 根 $A_{15}$～$A_0$，可寻址的 I/O 端口数为 64K（65536）个，I/O 端口的地址范围为 0～FFFFH，IBM PC 机只使用了 1024 个 I/O 地址（0～3FFH）。

### 7.2.2　I/O 指令

前已述及，8086 CPU 对 I/O 端口地址采用独立编址方式，端口地址空间为 0000H～FFFFH（共 64KB），对端口的寻址提供了专门的 I/O 指令 IN 和 OUT，本节介绍这两条指令。IN 和 OUT 指令只能在 AL 或 AX 寄存器与 I/O 端口之间进行，端口的寻址方式可以是直接寻址或通过 DX 寄存器实现的间接寻址，直接寻址的指令只能寻址 256 个（端口地址为 0～255），间接寻址的指令可寻址 64K 个（端口地址为 0～65535）。

1. 输入指令

指令格式：

IN　AL/AX,端口地址

功能：把 8 位或 16 位的数据由外设的端口地址输入到 AL 或 AX 寄存器中。

80x86 CPU 中的 16 条地址线（$A_{15}$～$A_0$）可形成 64K 个传送 8 位或 32K 个传送 16 位数据的端口地址。当端口地址范围为 00H～FFH 时，指令中的端口地址可直接使用端口地址值表示，这称为直接寻址；当端口地址为 16 位（即端口地址值超过 FFH，范围在 100H～FFFFH）时，指令中的端口地址只能用 DX 寄存器表示，这称为间接寻址。因此，对于间接寻址，在执行指令前，需将地址值预先存放在 DX 中。

IN 输入指令
动画演示

以下指令实现从端口 FEH 输入一个字节到 AL 中，为直接寻址方式。

```
IN AL,0FEH
```

以下的 IN 指令实现从端口 350H 输入一个字到 AX 中，为间接寻址方式。在执行 IN 指令前，需预先将端口地址 350H 存放到 DX 寄存器中。

```
MOV DX,350H
IN AX,DX
```

2. 输出指令

指令格式：

OUT　端口地址,AL/AX

功能：把 8 位或 16 位的数据输出到指令中指定的端口地址。

示例：

```
OUT 90H,AX    ; 将一个 16 位数据由 AX 寄存器输出到 90H 端口
```

以下的 OUT 指令实现将 55H 输出到 B40H 端口。

```
MOV AL,55H
MOV DX,0B40H
OUT DX,AL
```

OUT 输出指令
动画演示

### 7.2.3 I/O 端口地址分配

不同的微机系统对 I/O 端口地址的分配也不尽相同，搞清楚系统的 I/O 端口地址分配对于接口电路设计而言是非常必要的。设计者只有了解系统中 I/O 端口地址的分配情况，才能知道哪些地址已为系统所占用，哪些地址可以被用户使用。下面以 IBM-PC 机为例说明 I/O 地址的分配情况。

IBM-PC 机按照外部设备的配置情况把 I/O 空间分成两部分：一部分供系统板上的 I/O 芯片使用，像定时/计数器、中断控制器、DMA 控制器、并行接口等；另一部分供 I/O 扩展槽上的接口控制卡使用，像软驱卡、硬驱卡、图形卡、声卡、打印卡、串行通信卡等。

虽然 PC 机的 I/O 地址线可用的有 16 条，对应的 I/O 端口编址可达 64KB，但由于 IBM 公司当初设计微机主板及规划接口卡时，只考虑了低 10 位地址线 $A_9$～$A_0$，故总共只有 1024 个 I/O 端口，其地址范围为 0000H～03FFH，并且把前 512 个端口分配给了主板，后 512 个端口分配给了扩展槽上的常规外部设备。后来在 PC/AT 系统中又作了一些调整，将前 256 个端口（00H～FFH）供系统板上的 I/O 接口芯片使用，见表 7.1；后 768 个端口（0100～03FFH）供扩展槽上的 I/O 接口控制卡使用，见表 7.2。此两表中所示的是端口的地址范围，实际使用时，有的 I/O 接口可能仅用到其中的前几个地址。

表 7.1　IBM-PC 机中系统板上芯片的端口地址分配表

| I/O 接口名称 | 端口地址 |
| --- | --- |
| DMA 控制器 1 | 000H～01FH |
| DMA 控制器 2<br>DMA 页面寄存器 | 0C0H～0DFH<br>080H～09FH |
| 中断控制器 1<br>中断控制器 2 | 020H～03FH<br>0A0H～0BFH |
| 定时器<br>键盘控制器<br>RT/CMOS RAM<br>协处理器 | 040H～05FH<br>060H～06FH<br>070H～07FH<br>0F0H～0FFH |

表 7.2　IBM-PC/AT 机中扩展槽上 I/O 接口控制卡的端口地址分配表

| I/O 接口名称 | 端口地址 |
| --- | --- |
| 游戏控制卡 | 200H～20FH |
| 并行口控制卡 1<br>并行口控制卡 2 | 370H～37FH<br>270H～27FH |
| 串行口控制卡 1<br>串行口控制卡 2 | 3F8H～3FFH<br>2F0H～2FFH |
| 原型插件板（用户可用） | 300H～31FH |
| 同步通信卡 1<br>同步通信卡 2 | 3A0F～3AFH<br>380H～38FH |
| 单显 MDA<br>彩显 CGA<br>彩显 EGA/VGA | 3B0H～3BFH<br>3D0H～3DFH<br>3C0H～3CFH |
| 硬驱控制卡<br>软驱控制卡 | 1F0H～1FFH<br>3F0H～3F7H |

为了避免端口地址发生冲突，在使用和设计接口电路时，应遵循以下原则：

（1）凡是已被系统使用的端口地址，不能再作为它用。

（2）凡是被系统声明为保留的地址，尽量不要作为它用，否则，可能与其他或未来的产品发生 I/O 端口地址重叠或冲突，从而造成与系统的不兼容。

（3）一般用户可使用 300H～31FH 地址。同时，为了避免与其他用户开发的插板发生地址冲突，最好采用地址开关。

### 7.2.4　I/O 端口地址的译码

在 IBM PC 机中，所有输入/输出接口与 CPU 之间的通信都是由 I/O 指令来完成的。在执行 I/O 指令时，CPU 首先需要将要访问的端口地址放到地址总线上（即选中该端口），然后才能对其进行读/写操作。将来自地址总线上的地址译为所需要访问端口的选通信号，这个操作就称为端口地址的译码。

有关译码，从第 5 章的讲述已知，使一个存储器芯片在整个存储空间中占据一定的地址范围是通过对 CPU 的高位地址线的译码来确定的。对于输入/输出中端口地址的译码，也同样是这种方法，但这里需要注意以下几点：

（1）对于内存寻址，8086 CPU 的全部 20 根地址总线都要使用，能够寻址的内存空间为 1MB，其中高位地址线（$A_{19}$～$A_i$）用于确定芯片的片选信号，低位地址线（$A_{i-1}$～$A_0$）用于片内寻址。而对于 I/O 接口的寻址，只使用了 20 根地址总线中的低 16 条（$A_{15}$～$A_0$），CPU 仅能够寻址的 I/O 端口为 64K 个。所以，对于只有一个 I/O 端口地址的外设，这 16 条地址线一般应全部参与译码，译码输出直接选择该外设的端口；对于具有多个端口地址的外设，则需将 16 条地址线的高位地址线参与译码，产生 I/O 接口电路的片选信号 CS，实现系统中的接口芯片寻址（决定接口的基地址），将低位地址线直接接到 I/O 接口芯片的对应地址引脚，进行 I/O 接口芯片的片内端口寻址（确定要访问哪一个端口）。

示例：设某外设接口有 4 个端口，地址为 3E0H～3E3H，则其基地址为 3E0H，可由 $A_{15}$～$A_2$ 经译码电路得到，而 3E0H～3E3H 这 4 个端口中的每一个则由 $A_1$、$A_0$ 来确定。

（2）除了地址线外，还要根据 CPU 与 I/O 端口交换数据时的流向（读/写）、数据宽度（8/16 位）等要求引入相应的控制信号（输入需要缓冲，输出需要锁存），参加地址译码。例如用 $\overline{IOR}$、$\overline{IOW}$ 信号控制对端口的读、写，用 $\overline{BHE}$ 信号控制端口的奇偶地址，用 $\overline{AEN}$ 信号控制非 DMA 传送等。

（3）地址总线上呈现的信号是内存的地址还是 I/O 端口的地址取决于 8086 CPU 的 $M/\overline{IO}$ 引脚的状态。当 $M/\overline{IO}$ 为高电平时表示 CPU 正在对内存进行读/写操作；当 $M/\overline{IO}$ 为低电平时表示 CPU 正在对 I/O 端口进行读/写操作。

I/O 端口地址译码的方法有多种，综合起来主要分为两种。一种是用基本门电路构成的译码器，另一种是用专门的译码器进行译码。其译码电路与存储器的译码电路基本相同，具体在第 5 章中已经介绍，在此不再重复。

## 7.3 CPU 与外设间的数据传送方式

由于外部设备的差异性非常大，因此它们与 CPU 之间进行信息传送的方式也各不相同。按照 I/O 接口电路复杂程度的演变顺序和外部设备与 CPU 并行工作的程度，CPU 与外部设备之间的信息传送方式主要有程序控制传送、中断传送和 DMA 传送三种。

### 7.3.1 程序控制传送方式

程序控制传送方式是由程序直接控制外部设备与 CPU 之间的数据传送过程，通常是在需要进行数据传送时由用户在程序中安排执行一系列由 I/O 指令组成的程序段，直接控制外部设备的工作。由于数据的交换是由相应程序段完成的，因此需要在编写程序之前预先知道何时进行这种数据交换工作。根据外部设备的特点，程序控制传送方式又可以分为无条件传送和查询传送。

1. 无条件传送

无条件传送是一种最简单的程序控制传送方式，其主要用于外部控制过程的各种动作是固定的而且是已知的，控制的对象是一些简单的、随时“准备好”的外设。也就是说在这些设备工作时，随时都可以接收 CPU 输出的数据或者它们的数据随时都可以被 CPU 读出，即当 CPU 能够确信一个外部设备已经准备就绪时，可以不必查询外部设备的状态而直接进行信息传送。在与这样的外设交换数据的过程中，数据交换与指令的执行是同步的，因此这种方式也称为同步传送方式。这种方式要使数据传送可靠就需要编程人员熟知外部设备的状态，保证每次数据传送时外部设备都处于就绪态，因而这种方式较少使用，一般只用于像开关、数码管、步进电机等一些较简单的外部设备的控制。这种方式的接口电路最简单，只需要有传送数据的端口就可以了，如图 7.5 所示。

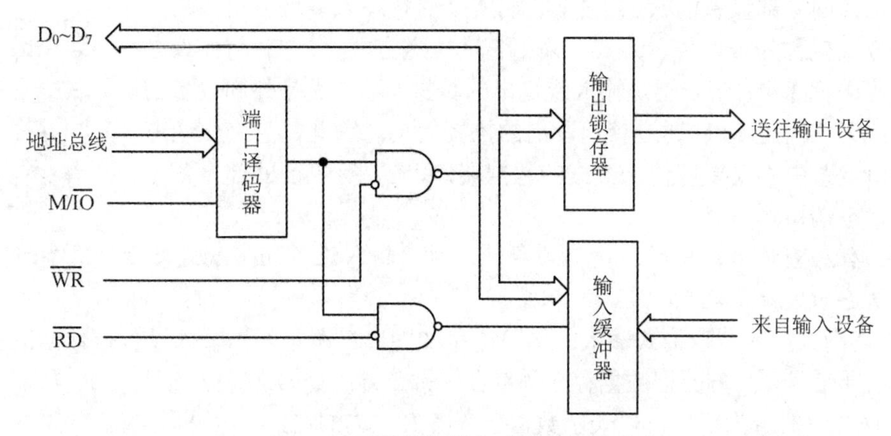


图 7.5　无条件传送方式的工作原理

以下是无条件传送的程序段示例：

```
          ⋮
NEXT:   MOV   DX,PORT_IN
        IN  AL,DX                        ;读入状态
        NOT  AL
        OUT  DX,AL                       ;控制显示
        CALL  DELAY
        JMP  NEXT
          ⋮
DELAY:
          ⋮
```

无条件传送流程动画演示

在使用简单外部设备作为输入设备时，其输入数据的保持时间远远快于 CPU 处理所需要的时间，所以可以直接使用三态缓冲器和数据总线相连。当 CPU 执行 IN 指令输入数据时，M/$\overline{IO}$ 信号为低电平，且读信号 $\overline{RD}$ 有效，因而输入缓冲器被选中，把其中准备好的数据放到数据总线上，再传送到 CPU 内部。但此时要求 CPU 在执行 IN 指令的时候外部设备已经把数据送到三态缓冲器中，否则会使读取的数据发生错误。

在使用简单外部设备作为输出设备时，同样由于 CPU 的处理速度远远大于外部设备的处理速度，因而一般需要有锁存器先把 CPU 送来的数据锁存起来，等待外部设备取走。当 CPU 执行 OUT 指令输出数据时，M/$\overline{IO}$ 信号为低电平，且写信号 $\overline{WR}$ 有效，因而输出锁存器被选中，CPU 经数据总线送来的数据被装入输出锁存器中。输出锁存器保持该数据，直到被外部设备取走。与输入操作一样，此时要求 CPU 在执行 OUT 指令时输出锁存器应为空，即外部设备已取走前一个数据，否则也会发生写入数据错误。

2. 查询传送

查询传送也是一种程序传送，但与前述的无条件同步传送不同，是有条件的异步传送。对于那些慢速的或总是“准备好”的外设，当它们与 CPU 同步工作时，采用无条件传送方式是适用的，也是很方便的。但在实际应用中，大多数的外设并不是总处于“准备好”或“空闲”状态，在 CPU 需要与它们进行数据交换时，它们或许并不一定满足可进行数据交换的条件。对这类外设，CPU 在传送数据之前需要先查询一下外设的状态，当外部设备的状态信息满足条件时才进行数据传送，否则 CPU 就一直等待直到外部设备的状态条件满足为止。这种利用程序不断地询问外部设备的状态，根据它们所处的状态来实现数据的输入和输出的方式就称为查询传送方式。采用查询传送方式，CPU 与外设之间的数据传送有 3 类：第一类是输入或输出的数据；第二类是外部设备的状态信息；第三类是 CPU 通过接口发出的控制信息。因此，查询传送方式下的接口电路中不仅要有传送数据的数据端口，还要有表征外部设备工作状态的状态端口。

查询传送流程动画演示

**说明**：程序查询方式中的所谓满足条件，对于输入设备而言就是处于“准备好”状态，对于输出设备而言就是处于“空闲”状态。

（1）查询式输入。查询式输入的接口电路如图 7.6 所示。当输入设备把数据准备好后，发出一个选通信号，一方面把数据存入锁存器，另一方面使 D 触发器输出为 1，从而置状态端口中的 READY 信号为“1”，以表示数据已准备好。CPU 在读取数据之前，首先通过状态端口读取 READY 信号，检测数据是否准备就绪，即是否已存入锁存器中。如果已就绪，则读取锁存器（数据端口）中的数据，同时清除 D 触发器的输出，即将状态端口的 READY 信号清零，以准备下一个数据的传送。

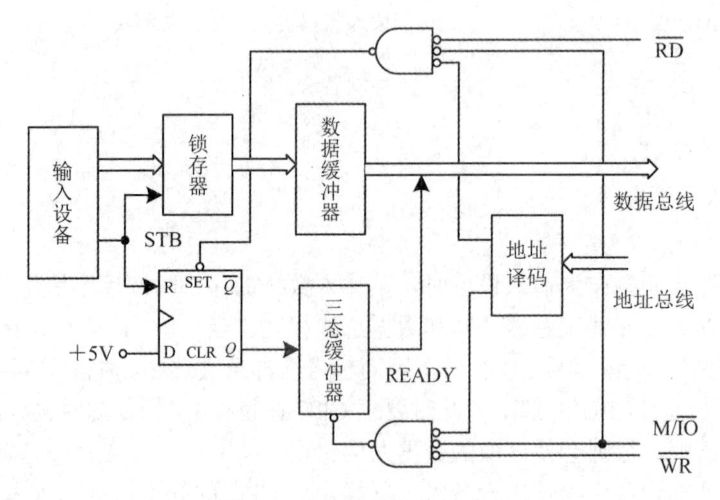


图 7.6 查询式输入接口电路

以下是查询式输入的程序段示例：

```
            ⋮
          ;状态口 STATUS，数据口 DATAS
IN_TEST:  IN    AL,STATUS              ;读入状态信息
          TEST  AL,01H                 ;检查 READY 是否为 1（D1 位）
          JZ    IN_TEST                ;条件不满足，继续查询
          IN    AL,DATAS               ;条件满足，读入 8 位数据
            ⋮
```

（2）查询式输出。查询式输出的接口电路如图 7.7 所示。当 CPU 向输出设备发送数据时，CPU 首先读取输出设备的状态信息，检测“忙”状态标志。如果 BUSY=0，说明输出设备缓冲区为空，CPU 可以向输出设备发送数据；否则，说明输出设备正忙，不能向其发送新数据，CPU 必须等待。当输出设备把前一个数据处理完毕以后，它会发出一个 $\overline{ACK}$ 响应信号，使“忙”状态标志清零，从而使 CPU 可以通过执行输出指令向输出设备发送下一个数据。当 CPU 执行 OUT 输出指令时，由 $M/\overline{IO}$ 信号和 $\overline{WR}$ 信号产生选通信号，该信号一方面把数据送入锁存器锁存，另一方面把“忙”状态标志置 1，通知外部设备数据准备好，同时也告知 CPU 不能发送新的数据。

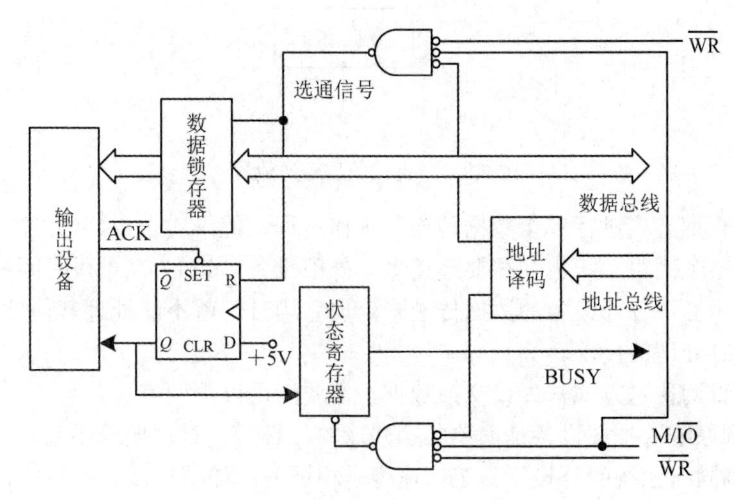


图 7.7　查询式输出接口电路

以下是查询式输出的程序段示例：

```
            ⋮
           MOV   BX,OFFSET  STORE     ; STORE 为变量
OUT_TEST:  IN    AL,STATUS            ; 读入状态信息
           AND   AL,80H               ; 检查 BUSY 位（D7 位）
           JNZ   OUT_TEST             ; BUSY 则等待
           MOV   AL,[BX]              ; 空闲，从缓冲区 STORE 中取数据
           OUT   DATAS,AL             ; 输出 8 位数据
           INC   BX
            ⋮
```

归纳起来，采用程序查询方式传送数据一般需要以下三个步骤，其工作过程如图 7.8 所示。

（1）从外部设备的状态端口读入状态信息到 CPU 相应寄存器。

（2）通过检测状态信息中的相应状态位，判断外部设备是否“准备就绪”。

（3）如果外部设备已经“准备就绪”，则开始传送数据；如果外部设备没有“准备就绪”，则重复执行（1）（2）步，直到外部设备“准备就绪”。

这样，一个数据的传送过程就结束了。

从图 7.8 可以看到，当外部设备未“准备就绪”时，CPU 一直在反复执行“读取状态”“判断状态”的指令，不能进行其他操作。由于外部设备的工作速度通常都远远低于 CPU 的工作速度，因而 CPU 的等待浪费了大量时间，这大大降低了 CPU 的利用率和系统的效率。

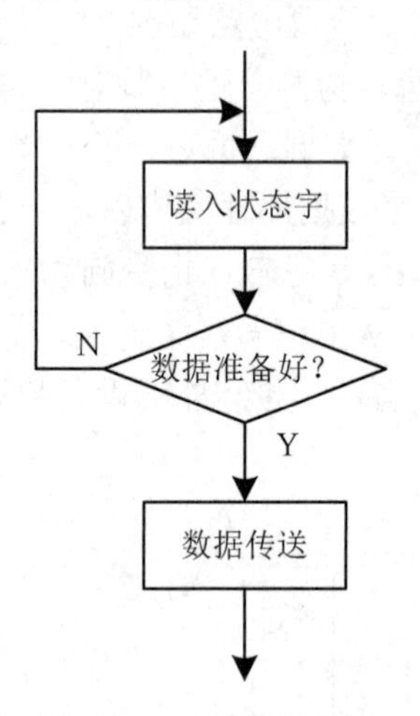


图 7.8　查询式数据传送流程

以上是通过查询方式进行单个数据传送的工作过程。但事实上，CPU 往往要与一个外设传送多个数据，一个微机系统也往往要连接多个外部设备。CPU 在一段时间内只能和一个外部设备交换数据，当该外部设备的数据传送未处理完毕时，就不能处理其他外部设备的数据，因而不能达到实时处理的要求。

因此，利用查询传送方式与外设交换数据，需要满足以下两点：

（1）连接到系统的外部设备是简单的、慢速的，且对实时性要求不高。

（2）连接到同一系统的外设，其工作速度是相近的。如果速度相差过大，可能会造成某些设备的数据丢失。

### 7.3.2　中断传送方式

中断传送流程动画演示

查询传送方式与无条件传送方式相比，实现了有条件的异步传送，能较好地协调外设与 CPU 之间的定时关系，但其仍然是由 CPU 去管理外部设备。在管理过程中 CPU 将大量时间耗费在了读取外设状态及进行检测上，真正用于传送数据的时间很少，而且也不能满足多个外设同时传送数据的要求，这对具有多个外设且要求实时性较强的计算机控制系统是不适合的，由此就引进了中断传送方式。中断传送方式的基本思想是当外部设备准备就绪（输入设备将数据准备好或输出设备可以接收数据）时，就会主动向 CPU 发出中断请求，使 CPU 中断当前正在执行的程序，转去执行输入/输出中断服务程序进行数据传送，传送完毕后再返回原来的断点处继续执行。有关中断的详细内容将在第 8 章介绍。

使用中断传送方式可以使 CPU 在外部设备未准备就绪时，继续执行原来的程序而不必花费大量时间去查询外部设备的状态，因此在一定程度上实现了 CPU 与外部设备的并行工作，提高了 CPU 的利用率。同时，当有多个外部设备时，CPU 只需把它们依次启动，就可以使它们同时进行数据传送的准备。若在某一时刻有多个外部设备同时向 CPU 提出中断请求，则 CPU 按照预先规定好的优先级顺序，依次处理这几个外部设备的数据传送请求，从而实现了外部设备的并行工作。如图 7.9 所示为中断传送方式接口电路。

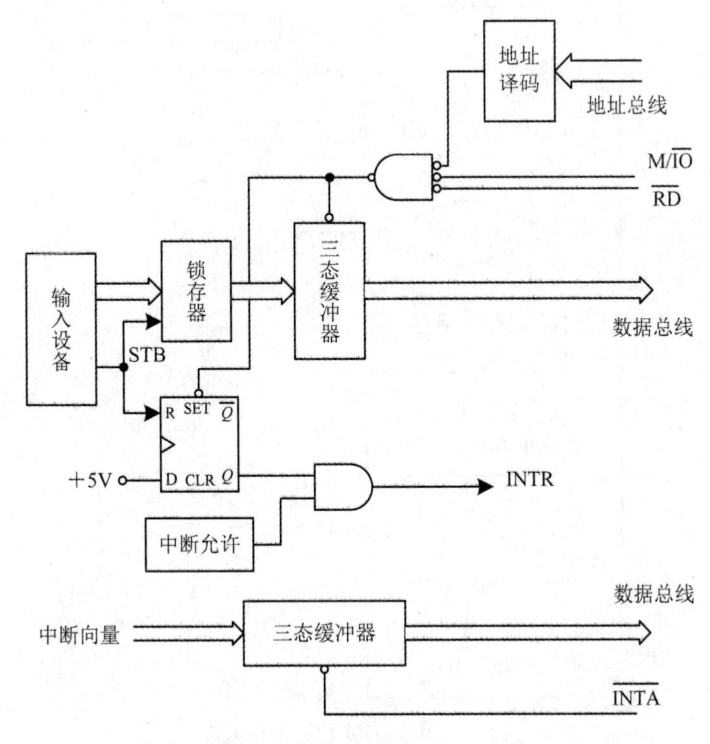


图 7.9　中断传送方式接口电路

在中断传送方式接口电路中，当输入设备把数据准备好后，就发出一个选通信号。该选通信号一方面把数据送入锁存器，另一方面把触发器置 1，产生中断请求，如果该中断未被屏蔽，则向 CPU 发出中断请求信号 INTR。CPU 接收到中断请求，在当前指令执行结束后，进入中断响应总线周期，发出中断响应信号 $\overline{\text{INTA}}$，以响应该设备的中断请求。外部设备收到 $\overline{\text{INTA}}$ 信号后，该中断所对应的中断向量被送到数据总线上，同时清除中断请求信号。CPU 根据中断向量得到中断处理程序的入口地址，转入中断处理程序。当中断处理完毕后，返回原来的程序断点处继续执行。如图 7.10 所示为其数据传送的流程。

采用中断方式传送数据大大提高了 CPU 的利用率，也保证了 CPU 对外部设备的快速响应，提高了系统的实时性能。但为了能接收中断请求信号，CPU 内部要有相应的中断控制电路，外部设备要能提供中断请求信号、中断向量等。同时，由于中断方式仍然是通过 CPU 执行程序来进行数据传送，而执行指令总要花费一定的时间，特别是每传送一次数据都要产生一次中断，而每次中断都需要保护断点和现场，这使得 CPU 浪费了很多不必要的时间。因此，中断传送方式一般适合于传送数据量少的中低速外部设备，对于高速外部设备及批量数据（譬如磁盘与内存数据的交换）传送来说是不能满足要求的。

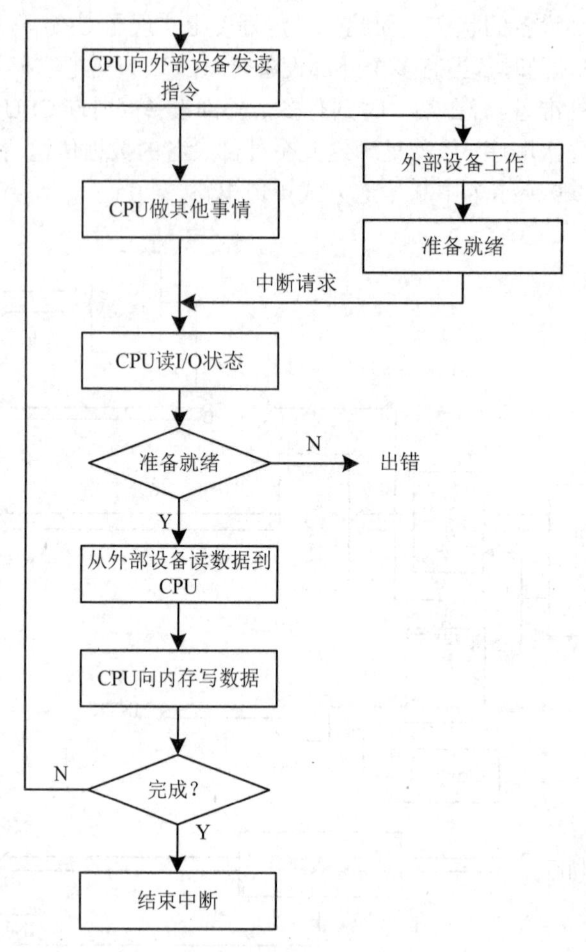


图 7.10　中断方式数据传送流程

### 7.3.3　DMA 传送方式

所谓 DMA（Direct Memory Access，直接存储器访问）传送方式就是在不需要 CPU 参与的情况下，在外部设备与存储器之间开辟直接的数据交换通路，由专门的硬件 DMAC（DMA Controller，DMA 控制器）控制数据在内存与外设、外设与外设之间进行直接传送。由于 DMA 传送方式是在硬件控制下而不是在 CPU 软件的控制下完成数据的传送，所以这种数据传送方式不仅减轻了 CPU 的负担，而且数据传送的速度上限取决于存储器的工作速度，从而大大提高了数据传送速率。在 DMA 方式下，DMAC 成为系统的主控部件，获得总线控制权，由它产生地址码及相应的控制信号，而 CPU 不再控制系统总线。一般微处理器都设有用于 DMA 操作的应答联络线，如图 7.11 所示为 DMA 方式数据传送的流程。

在 DMA 传送方式中，为保证数据能够正确传送，需要对 DMAC 进行初始化，即确定数据传送所用到的源和目标的内存首地址、传送方向、操作方式（单字节传送还是数据块传送）、传送的字节数等。在 DMA 启动后，DMAC 只负责送出地址及控制信号。数据传送是直接在接口和内存之间进行的，对于内存到内存之间的传送是先用一个 DMA 存储器读周期将数据从内存读出，放在 DMAC 中的内部数据暂存器中，再利用另一个 DMA 存储器写周期将数据写入内存指定的位置。

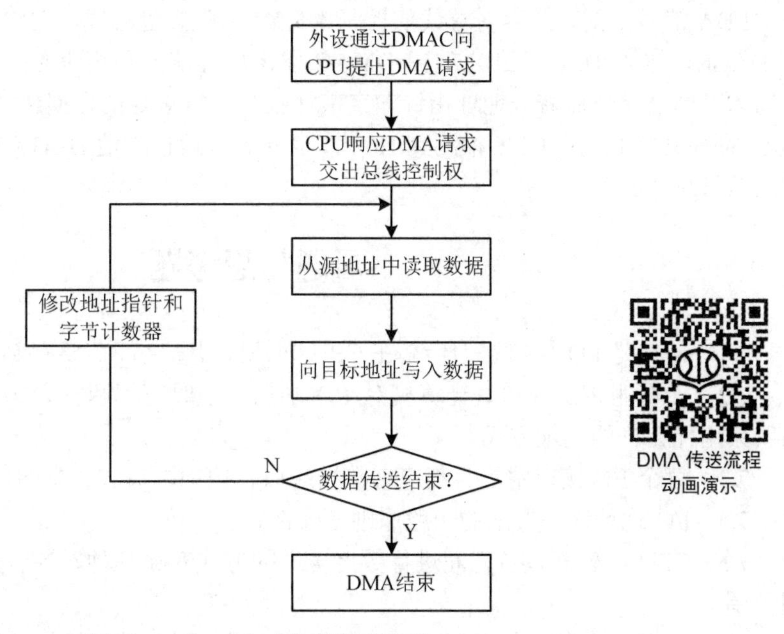


图 7.11 DMA 方式数据传送流程

下面以外设与内存间的数据传送为例，说明 DMA 方式的大致工作过程。如图 7.12 所示为其接口电路。

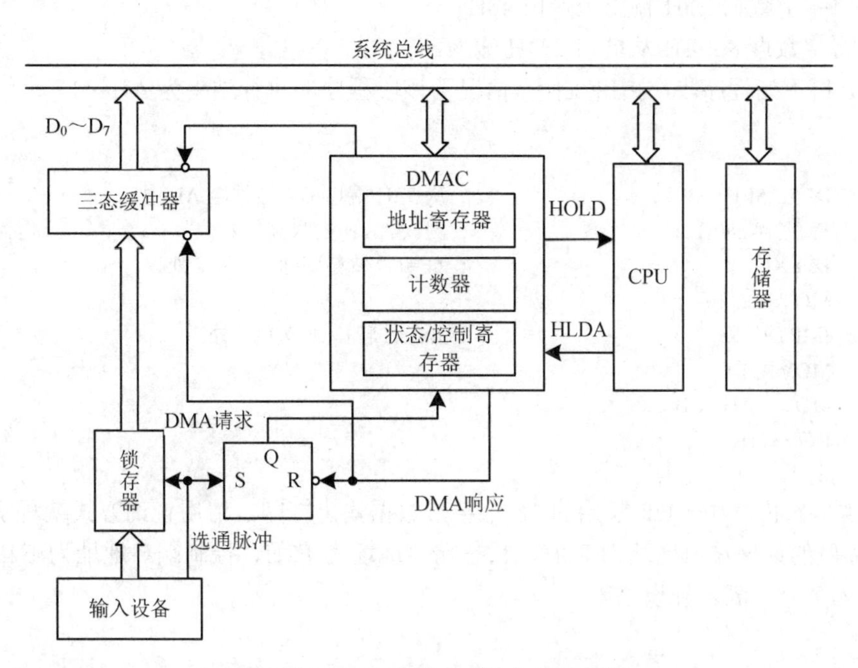


图 7.12 DMA 传送方式输入接口电路

当输入设备把数据准备好后，发出选通信号，一方面把数据存入锁存器，另一方面把 DMA 请求触发器置 1，向 DMAC 发出 DMA 请求信号 DRQ。DMAC 收到外设的 DMA 请求后向 CPU

发出 HOLD 信号，请求使用总线。当 CPU 完成当前总线周期后会对 HOLD 信号予以响应，发出 HLDA 信号，同时放弃对总线的控制权。DMAC 接管总线，向输入设备发出 DMA 响应信号 DACK，进入 DMA 工作方式。DMAC 发出地址信号和相应的控制信号，把外设输入的数据写入存储器，然后修改地址指针和字节计数器，待规定的数据传送完后，DMAC 撤消发向 CPU 的 HOLD 信号。CPU 检测到 HOLD 信号失效后也撤消 HLDA 信号，并在下一时钟周期重新接管总线。

## 习题与思考题

7.1　什么是 I/O 接口？为什么在 CPU 和外部设备之间需要有 I/O 接口电路？

7.2　什么叫 I/O 端口？计算机对 I/O 端口编址时有哪两种方式？各有什么优缺点？8086 系统采用什么样的编址方式？

7.3　每个 I/O 接口中是否都应有数据端口、控制端口和状态端口？

7.4　I/O 地址译码方法的一般原则是什么？

7.5　CPU 与外部设备之间进行数据传送的方式有哪几种？各有什么特点？简述各自的适用范围。

7.6　通过程序查询方式进行 I/O 数据传送时，对于端口地址的操作一般按什么样的顺序完成？

7.7　试编写程序完成以下操作：

（1）将字节数据 EFH 输出至端口 48H。

（2）将字数据 86FBH 从端口 284H 输入。

7.8　分析下列程序段，指出在什么情况下该段程序的执行结果为 AH=-1？

```
          ⋮
NEXT:
          IN AL,5EH                    ; 从 5EH 端口读入数据至 AL 中
          TEST AL,80H                  ; 测试 AL 中的最高位
          JZ EXIT                      ; ZF=1，转移到标号 EXIT 处
          MOV AH,-1
          JMP DONE                     ; 无条件转移到 DONE 处
EXIT:     MOV AH,1
DONE:     MOV   AH,4CH
          INT   21H
          ⋮
```

7.9　现要将内存中 BUF 起始的 16 个字节数据输出打印，请用查询方式编程实现。设打印机输出接口的数据端口地址为 E0H、状态端口地址为 E2H、控制端口地址为 E4H。当状态端口的 $D_7$ 为 0 时，表示外设空闲。

# 第 8 章　中断技术

**导学**：中断技术在微机系统中的应用极为广泛，它不仅可用于数据传输及提高数据传输过程中 CPU 的利用率，还可以用来处理一些需要实时响应的事件，是现代微机系统中用来处理应急事件及提高微机效率的一种最常见手段。对于十字路口交通灯的设计，根据路口实际的车流量，可以通过中断来实时更换时间，以使交通指挥更具有灵活性。

本章包含两部分内容。第一部分介绍中断、中断类型、中断响应过程、中断向量等与中断有关的基本概念，8086 CPU 的中断系统；第二部分介绍常用的可编程中断控制器 8259A。本章的学习重点是掌握 8086 CPU 的中断机制，中断向量与中断向量表、中断类型号与中断向量地址等在中断过程中的作用，理解可编程中断控制器 8259A 的特性、结构、工作原理及初始化编程应用，同时要了解中断服务程序的设计方法。

## 8.1　中断基础

### 8.1.1　中断相关基本概念

中断是指 CPU 在正常执行程序的过程中，由于内、外部事件或由程序预先安排引起的，使得 CPU 暂停正在运行的程序而转去执行相应的事件处理程序，待处理事件完毕后再返回到原来被中止的程序处继续执行的过程。因此，中断实质上是一个硬件逻辑电路和软件相结合的处理过程，在这个处理过程中有些步骤可以通过硬件逻辑电路完成，有些步骤则需要通过软件编程实现。

可见，中断技术是 CPU 与外部设备间进行数据交换的一种方式，不仅能使 CPU 与外部设备并行工作，较好地发挥 CPU 的工作效率，同时，也使微机系统具有一定的实时性，能够进行应急事件的处理，解决 CPU 与各种外设间的速度匹配问题。中断在故障检测、实时处理与控制、分时系统、多级系统与通信、并行处理、人机交互等诸多领域都得到了广泛应用和不断发展。

下面解释与中断有关的一些基本概念。

（1）中断源。中断源是指产生中断请求的外设或引发内部中断的原因和事件。中断源通常有三类：第一类是外设请求，如实时时钟请求、I/O 接口电路请求等；第二类是由硬件故障引起的，如电源掉电、硬件损坏、存储器奇偶校验错误等；第三类是由软件引起的，如程序出错、设置断点等。

（2）中断请求。中断请求是指中断源为获得 CPU 的处理而向 CPU 发出的请求信号。

（3）中断响应。中断响应是指当 CPU 接到中断源产生的中断请求信号后，若决定响应此中断请求，则向外设发出中断响应信号的过程。

（4）断点。断点是指响应中断时，被打断的程序中紧接当前指令的下一条指令的地址。只有保护了断点，才能保证中断服务程序被执行完后，CPU 能够正确返回到原程序继续执行。

（5）中断服务程序。中断服务程序是处理中断源并能完成其所要求功能的程序。

（6）中断处理。中断处理是指 CPU 执行中断服务程序的过程。

（7）中断返回。当中断服务程序运行结束后，返回原程序断点处继续执行，称为中断返回。

（8）中断屏蔽。禁止中断响应称为中断屏蔽。

微机响应中断的过程与执行子程序调用指令 CALL 的过程类似，也是需要把当前程序（主程序）的下一条指令地址（即断点）存入堆栈，然后转入相应中断服务程序，待执行完毕后再从堆栈取出断点地址，返回当前程序。但 CALL 指令是程序员在程序中事先安排好的，只有执行到该指令时才会转去执行，而中断是随机发生的（软件中断指令 INT 除外），程序员无法事先知道其准确的执行时间点。

引起中断的程序转移示意图如图 8.1 所示。

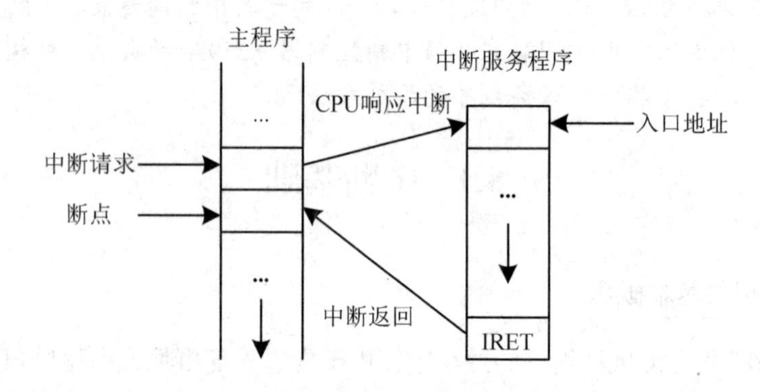


图 8.1 引起中断的程序转移示意图

### 8.1.2 中断系统的功能

中断系统是指为实现中断而设置的硬件和软件集合，包括中断控制逻辑、中断管理及相应的中断指令。中断系统应具有以下功能。

（1）进入和返回中断。能完成上述中断响应和中断返回的过程。

（2）对某些中断进行屏蔽。不是每一个中断源发出中断请求时，CPU 都必须立即响应，中断系统可以设置中断允许或中断屏蔽控制字，使某些中断源发出的中断请求信号被暂时屏蔽。

（3）实现中断判优。当系统中出现多个中断源同时提出中断请求的情况时，中断系统能根据各中断源任务的轻重缓急进行优先级排队，从中选出最高优先级的中断请求予以响应。

（4）实现中断嵌套。在中断处理过程中，高级别的中断能打断较低级别的中断处理，类似于子程序嵌套。

### 8.1.3 中断优先级与中断嵌套

在微机系统中，通常都会有多个外部设备以中断方式与 CPU 进行通信，即存在多个中断源。由于中断的随机性，往往会有以下两种情况发生：

（1）多个中断源在同一时间向 CPU 发出中断请求信号。

（2）当CPU正在响应某一中断源的请求并执行相应中断服务程序时，又有别的中断源产生新的中断请求。

由于CPU在某一时刻只能响应一个中断请求，对于上述两种情况，就需要CPU依据各中断源所请求任务的轻重缓急，安排好中断处理的次序。通过为每个中断源指定CPU响应的优先级别（简称优先级，也称优先权）来确定CPU响应哪个中断源的中断请求。一般应遵从以下的处理原则：

（1）若是不同级别的中断源，则按级别高低处理。

中断嵌套解析

（2）在处理低级别中断的过程中，若又有高级别的中断产生，则暂停低优先级的，而转去为高优先级的服务。换句话说，当CPU正在处理中断时，也能响应优先级更高的中断请求，但要先中断同级或低级的中断请求，这就是所谓多重中断或中断嵌套（中断嵌套的层数即嵌套深度原则上不受限制，只取决于堆栈大小）。

（3）在处理高优先级的过程中若又有低优先级或同一级别的中断，则不予理睬，待处理完后再服务它们。

（4）对优先级别相同的则按先后排队。

可见，无论是对于多中断源同时申请中断还是中断嵌套，中断优先级都起着至关重要的作用。通常，解决中断的优先级有以下两种方法。

1. 软件查询方式

软件查询方式是最简单的一种确定中断优先级的方法，如图8.2所示显示了其接口电路的形式。从图8.2可知，一方面各中断源的中断请求信号都被锁存于锁存器（中断状态端口）中，另一方面，所有的中断请求信号相“或”后作为INTR信号，向CPU提出中断请求。因此，当任何一个中断源有中断请求时，其在锁存器中的相应位置1，同时向CPU送出INTR信号。CPU响应中断后，通过一段公共查询程序来确定相应的中断源，并转入相应的中断服务程序。软件查询程序的流程图如图8.3所示。在查询程序中查询状态端口的顺序就决定了中断源的优先级高低，先查询的中断源优先级高，后查询的中断源优先级就低。

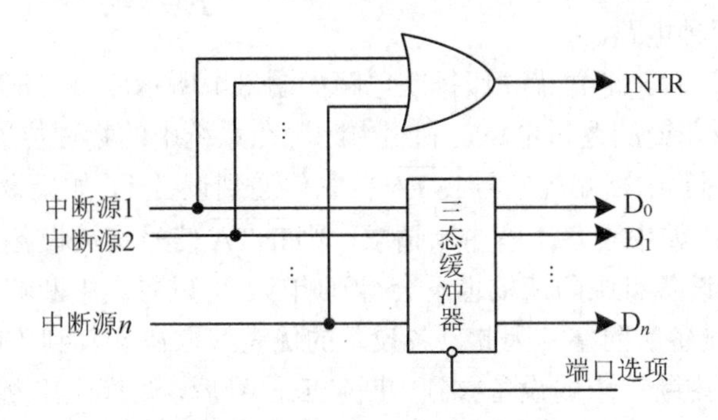


图8.2　软件查询方式接口电路

软件查询方式的优点是硬件电路简单，不需要优先级的硬件排队电路，可通过修改软件的查询顺序来改变中断源的优先级。但软件查询方式由于需要对中断源逐一查询，当中断源较多时耗时较长，影响中断响应的实时性。特别是对于优先级较低的中断源，由于每次必须先将优先级高的设备查询一遍，如果设备较多，可能使其很难得到执行。

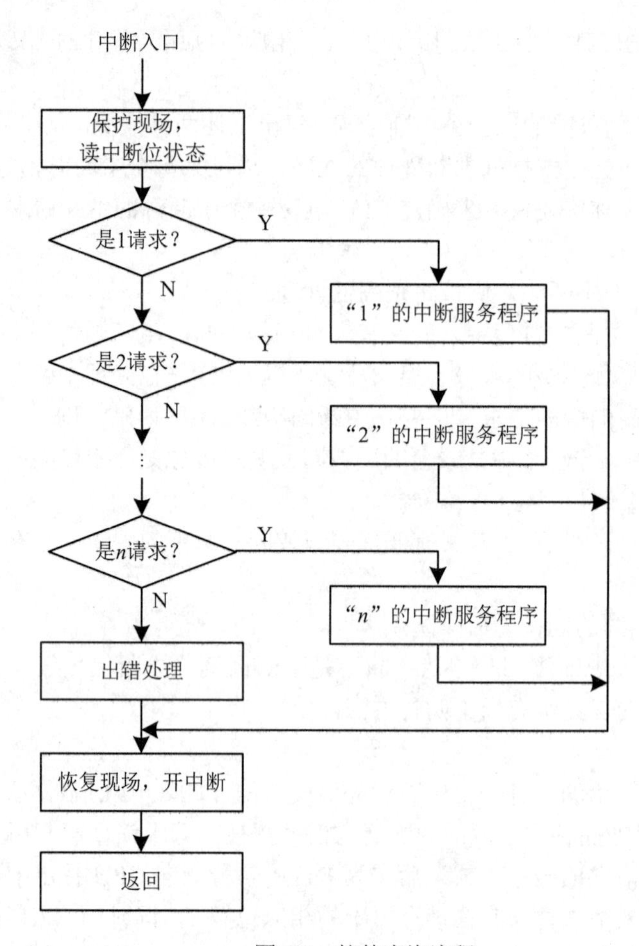


图 8.3 软件查询流程

2. 硬件排队方式

硬件排队方式是指利用专门的硬件电路实现中断源优先级的排队，主要有链式优先级排队和向量优先级排队两种电路。

（1）链式优先级排队。链式优先级排队电路如图 8.4 所示。该方法是在每个中断源接口电路中设置一个称为菊花链的逻辑电路，利用中断源在系统中的物理位置确定其中断优先级。当 CPU 响应中断请求时，中断响应信号 $\overline{\text{INTA}}$ 首先传递到设备 1，如果设备 1 无中断请求，则 $\overline{\text{INTA}}$ 被传递到设备 2；如果设备 1 有中断请求，则 $\overline{\text{INTA}}$ 信号将被设备 1 封锁，不再向下传递，因而即便是后面的设备有中断请求也不会得到响应。可以看出中断响应信号总是被最靠近 CPU 且有中断请求的设备所阻塞。因此，各设备的优先级取决于其到 CPU 的距离，距 CPU 越近优先级越高。当有中断请求的设备收到中断响应信号后，则产生中断回答信号，该信号一方面使此设备的中断请求信号失效，另一方面把此设备的中断识别标志送入 CPU，从而转去执行相应的中断服务程序。

（2）向量优先级排队。在链式优先级排队电路中，由于外设的中断优先级是由其接口电路在菊花链中的位置决定的，要调整优先级就涉及到硬件的改动，因而使用不太方便。为此，目前微机系统中大多用专门的优先级中断控制器构成向量优先级中断系统来管理中断优先级。

优先级中断控制器电路由优先级编码器和比较器等构成。用户可以通过编程实现中断源优先级的灵活调整而无需改动硬件接口电路。8086 系统中的 8259A 芯片就是一种可编程的中断控制器，在 8.3 节中将详细介绍。向量优先级中断系统如图 8.5 所示。

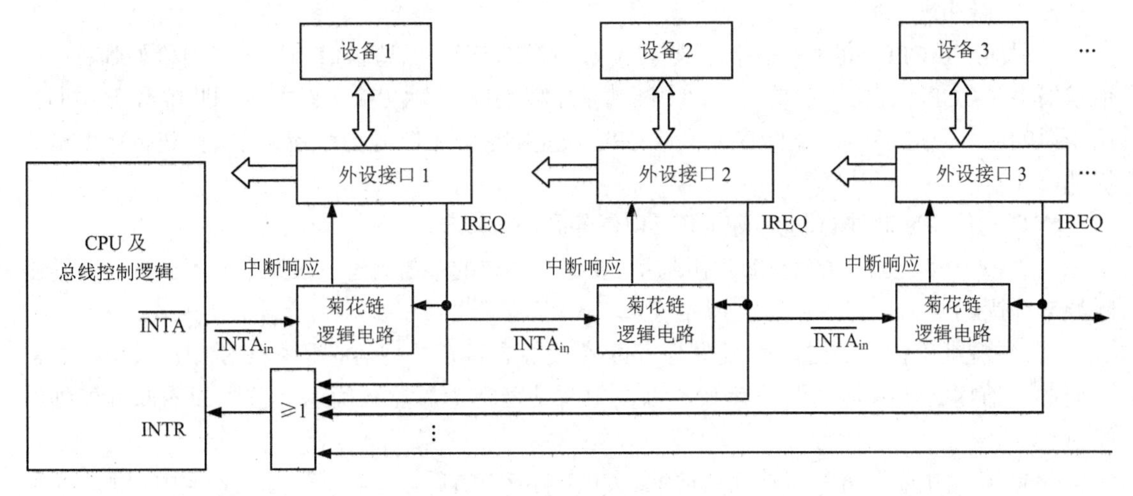


图 8.4　链式优先级排队电路

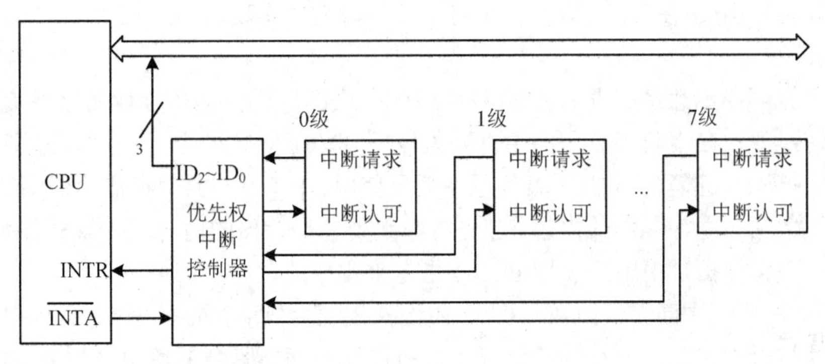


图 8.5　向量优先级中断系统示意图

**生活启迪**：中断嵌套其实就是更高一级的中断的“加塞”，CPU 正在执行着中断，又接受了更急的另一件“急件”，转而处理更高一级的中断的行为。譬如：你正在写作业，突然电话来了，在接听电话的过程中，门铃响了。你在完成了门铃的任务后回来继续通电话，电话接听完毕后回来继续写作业。

### 8.1.4　中断过程

对于不同的微机系统，CPU 实现中断时的具体过程不完全相同，即使同一台微机系统，其中断处理过程也会由于不同的中断源产生的不同类型的中断而有些许差别，但一个完整的中断处理过程一般都会包括中断请求、中断响应、中断处理和中断返回等阶段。

1. 中断请求

中断源能否向 CPU 提出中断请求取决于两个条件：其一是中断源（如外设）需要 CPU 为其服务，且其本身已经准备就绪；另一个条件是系统允许该中断源提出申请。在多中断源的情况下，为增加控制的灵活性，常常在外设接口电路中设置一个中断屏蔽寄存器，只有在该中断源的中断请求未被屏蔽时，它的中断请求才能被送到 CPU 处。因此，只有满足这两个条件，中断源才会通过发送中断请求信号向 CPU 提出中断请求。

2. 中断响应

一般而言，CPU 会在每条指令执行结束后检测有无中断请求信号发生。当检测到有中断请求发生时，CPU 有权决定是否对该中断请求予以响应。若 CPU 允许中断（即 IF=1 开中断），则予以响应，否则 CPU 不予响应。一旦 CPU 决定响应该中断源的中断请求，则进入中断响应周期。

CPU 响应中断时要自动完成以下三项任务。

（1）关中断。因为 CPU 响应中断后，要进行必要的中断处理，在此期间不允许有其他中断源来打扰。

（2）断点保护。通过内部硬件保存断点及标志寄存器内容，即将 CS、IP 以及标志寄存器的当前内容压入堆栈保护起来，以便中断处理完毕后能正确返回被中断的原程序处继续执行。

（3）获得中断服务程序的入口地址。CPU 响应中断后，将以某种方式查找中断源，从而获得中断服务程序的入口地址，转向对应的中断服务程序。

通常，前两步由硬件完成，最后一步可由硬件或软件实现。

3. 中断处理

中断处理也叫中断服务，是由中断服务程序完成的。不同的中断服务程序完成不同的功能，但一般情况下，在中断服务程序中都要做以下几项工作。

（1）保护现场。主程序和中断服务程序都要使用 CPU 内部的寄存器等资源，为使中断服务程序不破坏主程序中寄存器的内容，应先将断点处各寄存器的内容压入堆栈保护起来，再进入中断处理。现场保护是由用户使用 PUSH 指令来实现的。

（2）开中断。在中断响应阶段，CPU 由硬件控制会自动执行关中断，以保护 CPU 在中断响应时不会被再次中断。但在某些情况下，有比该中断更紧急的情况需要处理时，CPU 就应停止对该中断的服务而转到优先级更高的中断服务程序，以实现中断嵌套。需要注意的是，用 STI 指令开放中断时，是在 STI 指令的后一条指令执行完后，才真正开放中断。中断过程中，可以多次开放和关闭中断，但一般只在程序的关键部分才关闭中断，其他部分则要开放中断以允许中断嵌套。

（3）中断服务。中断服务是执行中断的主体部分，不同的中断请求有各自不同的中断服务内容，需要根据中断源所要完成的功能，事先编写相应的中断服务程序并存入内存，等待中断请求响应后调用执行。

（4）关中断。若在第二步中执行了开中断操作，则需关中断以为恢复现场做准备。

（5）恢复现场。当中断服务处理完毕后，在返回主程序前需要将前面通过 PUSH 指令保护的寄存器内容从堆栈中弹出，以便返回到主程序后能继续正确运行。注意 POP 指令的顺序应按先进后出的原则与进栈指令一一对应。

4. 中断返回

在中断服务程序的最后要安排一条中断返回指令 IRET。执行该指令，系统自动将堆栈内保存的 IP 和 CS 值弹出，从而恢复主程序断点处的地址值，同时还自动恢复标志寄存器 Flags 的内容，使 CPU 转到被中断的程序中继续执行。

中断过程如图 8.6 所示。

中断处理过程

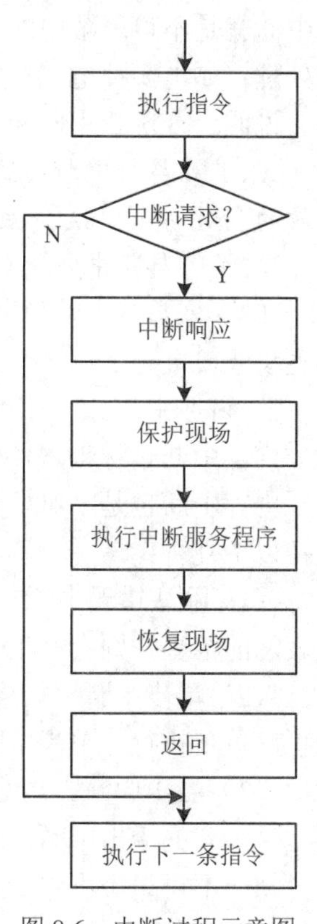


图 8.6　中断过程示意图

## 8.2　8086 CPU 的中断系统

### 8.2.1　8086 CPU 中断类型

8086 CPU 的中断系统可以处理 256 种不同类型的中断。为了便于识别，8086 系统中给每种中断都赋予了一个中断类型号，编号为 0～255（00H～FFH）。CPU 可根据中断类型号的不同来识别不同的中断源。中断源可以来自 CPU 内部，称为内部中断；也可以来自 CPU 外部，称为外部中断，如图 8.7 所示。

1. 外部中断

外部中断也被称为硬件中断，是由外部设备通过硬件请求的方式所产生的中断。外部中断又可分为可屏蔽中断和不可屏蔽中断两种。

（1）可屏蔽中断。当 8086 CPU 的 INTR 引脚收到一个高电平信号时，会产生一个可屏蔽中断请求。这种中断请求受 CPU 的中断允许标志位 IF 的控制。当 IF=1 时，CPU 可以响应中断请求；当 IF=0 时，则禁止 CPU 响应中断。绝大部分外设提出的中断请求都是可屏蔽中断，譬如键盘、鼠标、打印机、扫描仪等所产生的中断。在 8086 系统中，通常使用可编程中断控制器 8259A 管理所有可屏蔽中断。

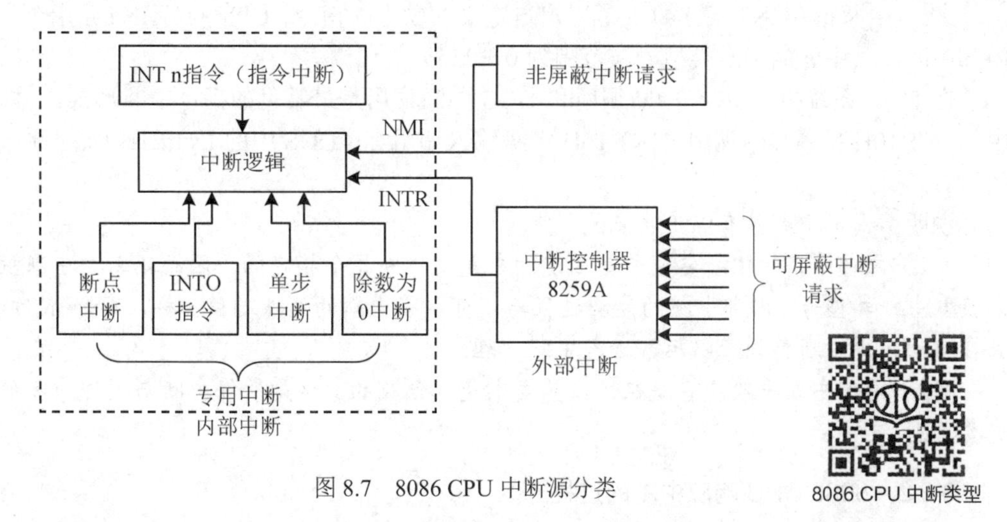


8086 CPU 中断类型

图 8.7　8086 CPU 中断源分类

（2）不可屏蔽中断。不可屏蔽中断也称为非屏蔽中断。当外设通过非屏蔽中断请求信号 NMI 向 CPU 提出中断请求时，CPU 在当前指令执行结束后，就立即无条件地予以响应，这样的中断就是不可屏蔽中断。不可屏蔽中断在外部中断源中优先级最高，主要用于紧急情况的故障处理，如电源掉电、存储器读/写错误、扩展槽中输入/输出通道错误等。

**说明**：可屏蔽中断和不可屏蔽中断的不同点如下：

（1）可屏蔽中断由高电平有效的 INTR 引脚引入，而不可屏蔽中断由上升沿的边沿触发有效的 NMI 引脚引入，且不可屏蔽中断的优先级高于可屏蔽中断。

（2）可屏蔽中断受 CPU 的中断允许标志位 IF 的控制，不可屏蔽中断不受 IF 位的影响。

（3）可屏蔽中断的中断类型号需要通过执行中断响应周期去获得，而不可屏蔽中断的中断类型号固定为 2。

2. 内部中断

内部中断也称为软件中断，是由 CPU 运行程序错误或执行内部程序调用所引起的一种中断。内部中断也是不可屏蔽的，它们的中断类型号是固定的。在 8086 系统中，内部中断主要包括以下几种：

（1）除法错误中断。当 CPU 在执行除法运算时，如果除数为零或者商值超出了寄存器所能表示的范围，则会产生一个类型号为 0 的内部中断。

（2）单步中断。如果 CPU 的单步标志 TF=1 时，则在每条指令执行后就引起一次中断，使程序单步执行。单步中断为用户调试程序提供了强有力的手段，其中断类型号为 1。

（3）溢出中断。当 CPU 的溢出标志位 OF=1，且执行 INTO 指令时，则会产生一个中断类型号为 4 的溢出中断。该中断的产生需要满足两个条件，即 OF 位为 1，且执行 INTO 指令，两者缺一不可。溢出中断通常在用户需要对某些运算操作进行溢出监控时使用。

（4）断点中断。8086 指令系统中有一条专用于设置断点的指令 INT 3H，当 CPU 执行该指令时就会产生一个中断类型号为 3 的中断。INT 3H 指令是单字节指令，因而它能很方便地插入到程序的任何位置，专门用于在程序中设置断点来调试程序，即断点中断。系统中并没有提供断点中断的服务程序，通常由实用软件支持，如 DEBUG 的断点命令 G 命令允许设置 10 个断点，并对断点处的指令执行结果进行显示，供用户调试检查。

（5）中断指令 INT *n*。INT *n* 是用户自定义的软中断指令，CPU 执行 INT *n* 指令也会引起内部中断，其中 *n* 为中断类型号（范围为 0～255）。

在 8086 系统中，BIOS 中断调用和 DOS 中断调用是最常见的指令中断形式。譬如 BIOS 中的 INT 10H 屏幕显示调用，INT 16H 键盘输入调用等；DOS 中的 INT 21H DOS 系统功能调用等。

**说明**：内部中断具有以下特点：

（1）内部中断的中断类型号是固定的或是由中断指令指定的，因而不需要中断响应周期来获取中断类型号。内部中断的处理过程与不可屏蔽中断的处理过程一样，不受 IF 位的影响，且在自动获得中断类型号以后就进入中断处理。

（2）内部中断一般没有随机性，其发生是可预测的，这是软件中断与硬件中断的一个最重要区别。

### 8.2.2 8086 CPU 响应中断的过程

8086 CPU 对不同类型的中断，其响应过程也不相同，如图 8.8 所示为 8086 中断响应的流程。

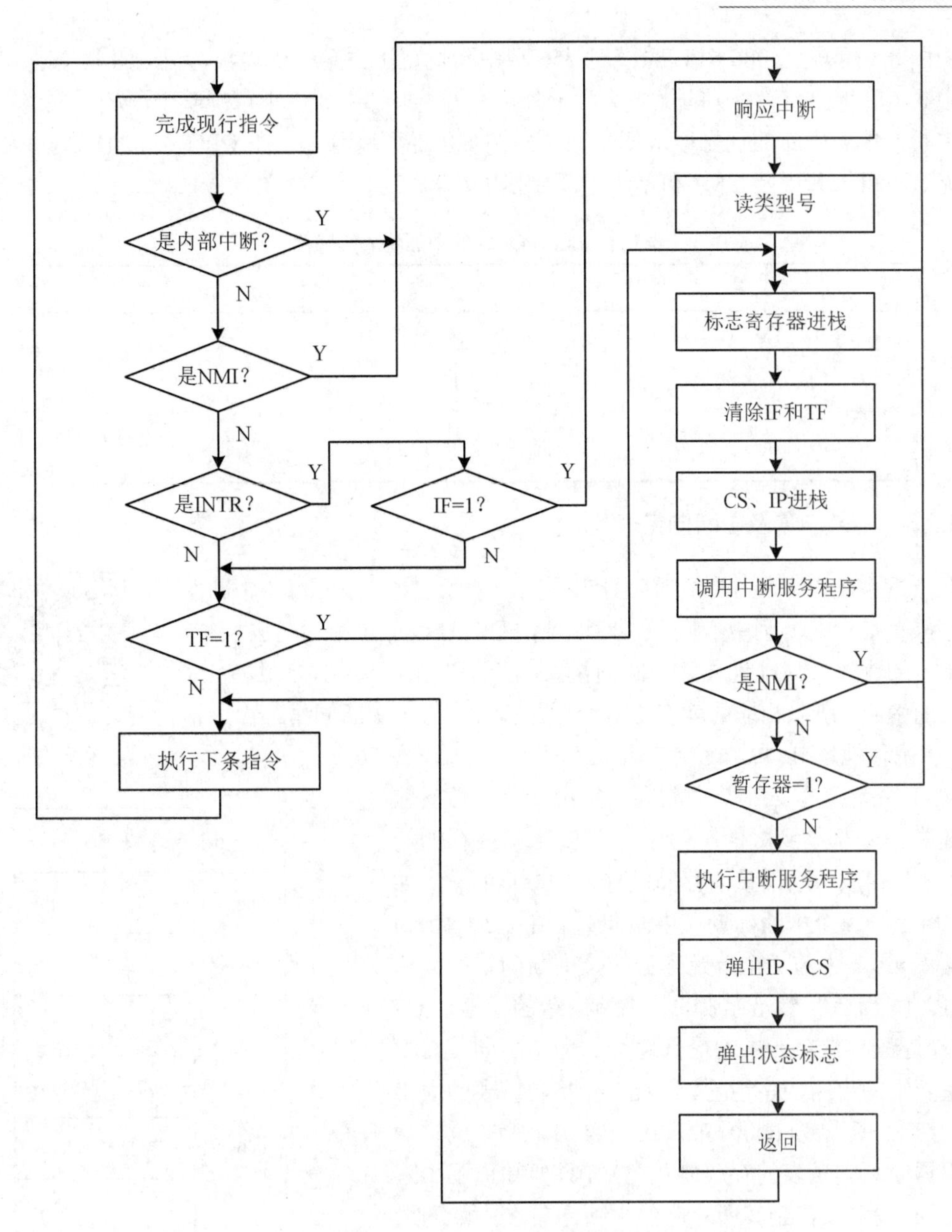


图 8.8　8086 中断响应流程图

对于内部中断请求，CPU 在执行完当前指令后（实际上是在当前指令执行到最后一个时钟周期时）予以响应，自动获得中断类型号，并转去执行中断服务程序。

对于不可屏蔽中断，CPU 同样在执行完当前指令后予以响应，即在当前指令周期的最后一个时钟周期对其采样，若有中断请求，则 CPU 进入中断响应周期并自动获得中断类型号 2，然后转去执行中断服务程序。

对于可屏蔽中断请求，CPU 先检查 IF 位的状态，若 IF 为 0 则 CPU 不响应该可屏蔽中断请求；若 IF 为 1 则允许响应中断，并在当前指令结束后进入中断响应周期。在中断响应周期中完成关中断、保护断点和现场及获取中断类型号等工作，最后转去执行中断服务程序。

由图 8.8 可知，8086 CPU 系统对 256 种中断规定了固定的优先级，见表 8.1。概括来说，内部中断（单步中断除外）的优先级高于外部中断，外部中断中不可屏蔽中断的优先级高于可屏蔽中断，单步中断的优先级最低。同时由图 8.8 也可以看出，在 CPU 中断响应过程中，其仍然能对不可屏蔽中断 NMI 和单步中断予以响应。

表 8.1　8086 CPU 的中断优先级顺序

| 中　断 | 优 先 级 |
|---|---|
| 除法出错、INTO、INT *n* | 最高 |
| NMI | ↓ |
| INTR | |
| 单步 | 最低 |

### 8.2.3　中断向量及中断向量表

在微机系统中，不同的中断源对应不同的中断服务程序，每个中断服务程序都有唯一的一个中断程序入口地址，供 CPU 响应中断后转去执行，这个唯一的程序入口地址称为中断向量。从前面已知，8086 CPU 共有 256 个类型的中断，所以相应的就有 256 个中断向量，每个中断向量都由段地址 CS 和偏移地址 IP 共 4 个字节组成。

中断向量有关概念解析

8086 系统把这 256 个中断向量集中起来，按对应的中断类型号从小到大的顺序依次存放到了内存的最低端，这个存放中断向量的存储区称为中断向量表，如图 8.9 所示。每个中断向量在中断向量表中占用连续 4 个存储单元，其中前 2 个单元存放的是中断向量的偏移地址 IP 值，后 2 个单元存放的是中断向量的段地址 CS 值，4 个连续存储单元中的最低地址称为中断向量在中断向量表中的中断向量地址。因此，中断向量表的大小为 1K 字节，范围为 00000H～003FFH。

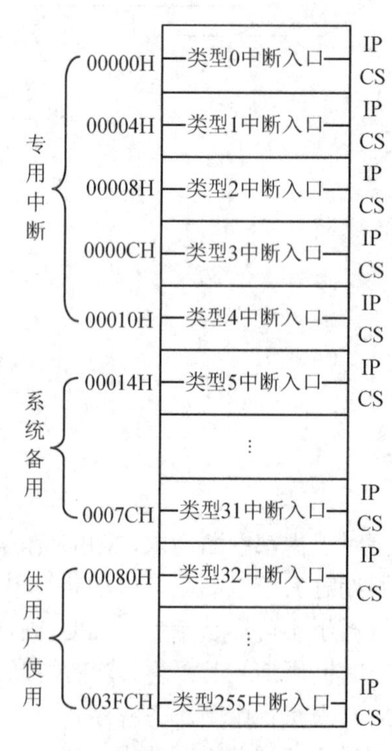


图 8.9　中断向量表

根据中断向量表的存放格式已知，只要知道了中断类型号 $n$ 就可以找到其所对应的中断向量在中断向量表中的地址，它们之间的关系如下：

$$中断向量地址=中断类型号\ n\times 4$$

因此，当 CPU 获取中断类型号后，就可以得到中断向量地址，然后将连续的 $4n$ 与 $4n+1$ 字节单元中的内容装入 IP，将 $4n+2$ 与 $4n+3$ 单元中的内容装入 CS，即可转入中断服务程序。例如，设有中断类型号为 80H 的中断服务程序，其中断向量为 23A4:57B8H，则该中断向量地址为 80H×4=200H，即在 00200H 开始的连续 4 个单元依次存放 B8H、57H、A4H、23H，如图 8.10 所示。

| 中断向量表地址 | 中断向量 |
| --- | --- |
| 00200H | B8H |
| 00201H | 57H |
| 00202H | A4H |
| 00203H | 23H |

图 8.10　80H 号中断在中断向量表中的存储示意图

## 8.3　可编程中断控制器 8259A

可编程中断控制器 8259A 是 Intel 公司专为 80x86 CPU 控制外部中断而设计开发的芯片。单片 8259A 可以管理 8 级外部中断，多片 8259A 通过级联还可以管理多达 64 级的外部中断。8259A 将中断源识别、中断源优先级判优和中断屏蔽电路集于一体，不需要附加任何电路就可以对外部中断进行管理，并可以通过编程使 8259A 工作在多种不同的工作方式，使用起来非常灵活。

### 8.3.1　8259A 的内部结构和引脚

1. 8259A 的内部结构

8259A 芯片采用 NMOS 工艺制造，使用单一＋5V 电源供电，其内部结构如图 8.11 所示，由数据总线缓冲器、读/写控制电路、级联缓冲/比较器、中断请求寄存器 IRR、中断屏蔽寄存器 IMR、中断服务寄存器 ISR、优先权分析器 PR 及控制逻辑 8 大部分组成。

IRR/IMR/ISR 解析

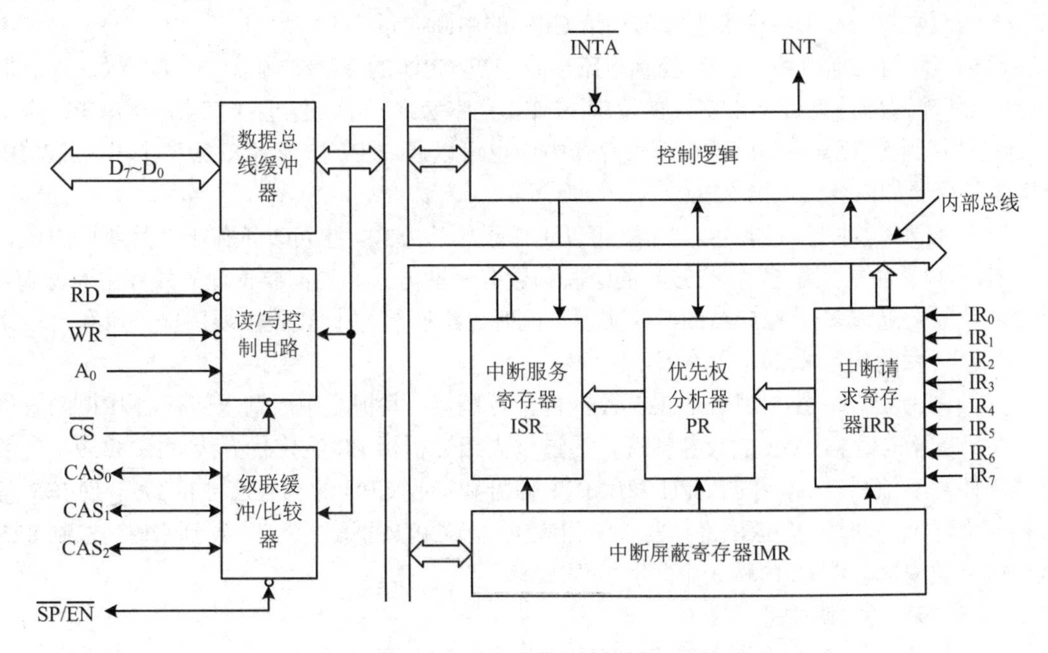


图 8.11　8259A 内部结构框图

（1）中断请求寄存器 IRR。中断请求寄存器 IRR 是一个具有锁存功能的 8 位寄存器，存放外部输入的中断请求信号 $IR_7$～$IR_0$。当某个 $IR_i$ 端有中断请求时，IRR 寄存器中的相应位置 1。8259A 可以允许 8 个中断请求信号同时进入，此时 IRR 寄存器被置成全 1。当中断请求被响应时，IRR 的相应位复位。外设产生中断请求有两种：一种是电平触发方式，另一种是边沿触发方式。采用何种触发方式可通过编程决定。

（2）中断屏蔽寄存器 IMR。中断屏蔽寄存器 IMR 是一个 8 位寄存器，与 8259A 的 $IR_7$～$IR_0$ 相对应，用来存放对各级中断请求的屏蔽信息。当 IMR 寄存器中某一位为 0 时，允许 IRR 寄存器中相应位的中断请求进入中断优先权分析器，即开放该级中断；若为 1，则此位对应的中断请求被屏蔽。通过编程可设置 IMR 的内容。

（3）中断服务寄存器 ISR。中断服务寄存器 ISR 是一个 8 位寄存器，保存正在处理中的中断请求信号。某个 IR 端的中断请求被 CPU 响应后，当 CPU 发出第一个 $\overline{INTA}$ 信号时，ISR 寄存器中的相应位置 1，一直保存到该级中断处理结束为止。一般情况下，ISR 中只有一位为 1，只有在允许中断嵌套时，ISR 中才有可能多位同时被置成 1，其中优先级最高的位是被正在服务的中断源的对应位。

（4）优先权分析器 PR。优先权分析器 PR 用来管理和识别 IRR 中各个中断源的优先级别，完成的基本功能有：①当有多个中断请求同时出现并经 IMR 允许后，PR 选出其中级别最高的中断请求送往 CPU；②当允许中断嵌套时，PR 会将后产生的中断请求与 ISR 中正在服务的中断请求的优先级相比较，如果新的中断请求的优先级高于正在被服务的中断，则 PR 会向 CPU 发出中断请求 INT，以中止当前的中断服务，执行更高一级的中断。

（5）数据总线缓冲器。数据总线缓冲器是一个 8 位的双向三态缓冲器，其使 8259A 与 CPU 的数据总线 $D_7$～$D_0$ 直接挂接，完成 8259A 与 CPU 间的信息传送。具体传送的内容有：CPU 对 8259A 编程时要写入的控制字，8259A 读入给 CPU 的状态信息，以及在中断响应周期，8259A 送至数据总线的中断类型号与送给 CPU 的中断向量。

（6）读/写控制电路。读/写控制电路接收来自 CPU 的读/写控制命令，配合 $\overline{CS}$ 片选信号和 $A_0$ 地址输入信号完成对 8259A 的读/写操作，具体为：它可以通过 OUT 指令将 CPU 送来的命令字写入到 8259A 中相应的命令寄存器中，也可以通过 IN 指令将 8259A 中 IRR、IMR 和 ISR 等寄存器的内容读入给 CPU。

（7）级联缓冲/比较器。8259A 既可以工作于单片方式，也可以工作于多片级联方式，级联缓冲/比较器主要用于多片 8259A 的级联和数据缓冲方式。当需要管理的外部中断源超过 8 个时，就需要通过多片 8259A 的级联实现。此时，级联缓冲/比较器主要用来存放和比较系统中各相互级联的从片 8259A 的 3 位识别码。

（8）控制逻辑。控制逻辑是 8259A 的内部控制器，其根据中断请求寄存器 IRR 的置位情况和中断屏蔽寄存器 IMR 的设置情况，通过优先级分析器 PR 判定优先级，向 8259A 内部及其他部件发出控制信号，并向 CPU 发出 INT 信号和接收 CPU 的响应信号 $\overline{INTA}$，使 ISR 寄存器相应位置 1，同时清除 IRR 寄存器中的相应位。当 CPU 的第二个 $\overline{INTA}$ 到来时，控制 8259A 送出中断类型号，使 CPU 转入中断服务程序。

2. 8259A 的引脚信号

8259A 是 28 脚双列直插式芯片，其引脚如图 8.12 所示。

$D_7 \sim D_0$：双向、三态数据信号。在较小系统中可直接与系统数据总线相连，在较大系统中须经总线驱动器与系统总线相连，实现 8259A 和 CPU 的数据交换。

$IR_0 \sim IR_7$：8 条外设中断请求输入信号，由外设传给 8259A。通常 $IR_0$ 的优先级最高，$IR_7$ 的优先级最低。在采用主从式级联中断系统中，主片的 $IR_0 \sim IR_7$ 分别和各从片的 INT 端相连，接收来自各从片的中断请求 INT，由从片的中断请求输入端 $IR_0 \sim IR_7$ 和主片未连接从片的中断请求输入端接受中断源的中断请求。

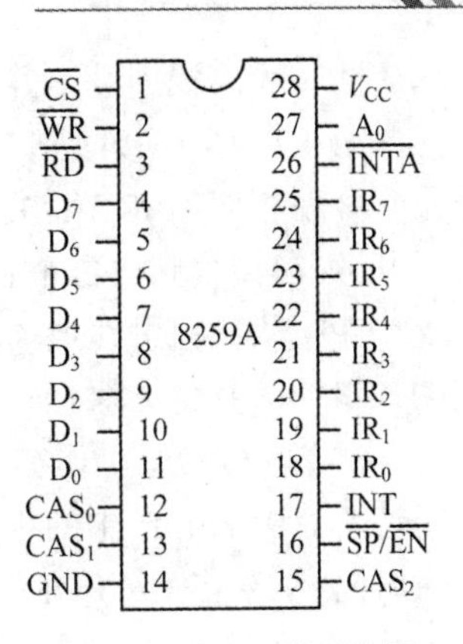

图 8.12　8259A 的引脚图

INT：中断请求信号，输出。若是主片，其与 CPU 的中断输入端 INTR 端相连，用于向 CPU 发中断请求信号；若是从片，则连接到主片的相应 $IR_i$ 端，由从片 8259A 传给主片 8259A。

$\overline{INTA}$：中断响应信号，输入。用来接收 CPU 送来的中断响应信号。

$\overline{RD}$：读命令信号，输入。当其低电平有效时，通知 8259A 将中断类型号或某个内部寄存器的内容送给 CPU。

$\overline{WR}$：写命令信号，输入。当其低电平有效时，通知 8259A 从数据总线上接收来自 CPU 发来的命令。

$\overline{CS}$：片选信号，输入。当其低电平有效时，8259A 被选中。

$A_0$：端口选择信号，输入。用于选择 8259A 内部的不同寄存器，通常直接接到 CPU 地址总线的 $A_0$。8259A 内部的寄存器被安排在两个端口中，其中一个端口的端口地址为偶地址（低端），另一个端口的端口地址为奇地址（高端），由 $A_0$ 端输入电平决定访问哪一个端口。

$CAS_2 \sim CAS_0$：3 根级联信号，为主片 8259A 与从片 8259A 的连接线。当 8259A 作为主片使用时，这 3 个信号为输出信号，当 CPU 响应中断时，用来输出级连选择代码，即根据它们的不同组合 000～111，以确定出请求中断的从片；当 8259A 作为从片使用时，这 3 个信号为输入信号，接收主片送来的选择代码，以此判别本从片是否被选中。

$\overline{SP}/\overline{EN}$：主从片/缓冲允许。该引脚在 8259A 工作在不同的方式下时有不同的作用，若 8259A 采用缓冲方式，则 $\overline{SP}/\overline{EN}$ 为输出线，以控制三态、双向总线驱动器的 $\overline{EN}$ 端；若采用非缓冲方式，则 $\overline{SP}/\overline{EN}$ 为输入线，由它决定该 8259A 编程为主片（$\overline{SP}$=1）还是从片（$\overline{SP}$=0）。

### 8.3.2　8259A 的工作过程

当系统通电后，首先要对 8259A 进行初始化，即由 CPU 执行一段程序，向 8259A 写入若干控制字，使其处于指定的工作方式。当初始化完成后，8259A 就处于就绪状态，随时可接受外设送来的中断请求信号。8259A 对外部中断请求的处理过程如下：

（1）若有一条或多条中断请求线（$IR_0 \sim IR_7$）有效，则中断请求寄存器 IRR 的相应位置位。

（2）若中断请求线中至少有一位是中断允许的，则 8259A 通过 INT 引脚向 CPU 的 INTR 引脚发出中断请求信号。

（3）当 CPU 检测到中断请求信号，且在处于开中断状态下，就会在当前指令执行完后，进入中断响应总线周期，并接连发送两个$\overline{INTA}$信号给8259A作为响应。

（4）8259A在接收到CPU发出的第一个$\overline{INTA}$信号后，中断源中优先级最高的ISR位被置位，并使相应的IRR位复位。

（5）在接收到第二个$\overline{INTA}$期间，8259A向CPU发出中断类型号，并将其放置在数据总线上。CPU从数据总线上读取该中断类型号并乘以4，就可以在中断向量表中得到中断服务程序的入口地址并转去执行。

（6）若8259A工作在自动中断结束AEOI方式，则在第二个$\overline{INTA}$脉冲结束时，就会使中断源所对应的ISR中的相应位复位；对于非自动中断结束方式，则由CPU在中断服务程序结束时向8259A写入EOI命令，才能使ISR中的相应位复位。

### 8.3.3 8259A的工作方式

8259A具有非常灵活的中断管理功能，通过编程可以工作在多种工作方式下，以满足用户各种不同的要求。

1. 中断优先方式与中断嵌套

（1）中断优先方式。为了满足实际应用的需要，8259A提供了两类优先级控制方式，即固定优先级和循环优先级方式。

1）固定优先级方式。固定优先级方式是在加电后8259A自动处于的一种工作方式。在这种方式下，8259A的$IR_0$～$IR_7$具有固定不变的优先级，默认$IR_0$最高，$IR_1$次之，$IR_7$最低，这个顺序固定不变。该方式适用于各中断源的工作速度或重要性有较明显差别的场合。

2）循环优先级方式。在实际应用中，许多中断源的优先级别是一样的，若采用固定优先级方式，则低级别中断源的中断请求有可能总是得不到服务，这是很不合理的。

循环优先级控制能使8259A在中断控制过程中，灵活地改变各中断源的优先顺序，使每个中断源都有机会得到及时服务，这就是循环优先级方式。

8259A设计了两种改变优先级的方法，即自动循环优先级方式与特殊循环优先级方式。

自动循环优先级方式，是指8259A将8个中断源$IR_0$～$IR_7$按下标序号顺序构成一个环，优先级顺序是变化的。当某个中断请求$IR_i$被响应之后，它的优先级自动变为最低，原来比它低一级的中断变为最高级，亦即优先级是轮流的。例如，当$IR_3$的中断请求被服务后，$IR_3$的优先级自动降为最低，$IR_4$成为最高优先级，这时中断源的优先级顺序变为$IR_4$、$IR_5$、$IR_6$、$IR_7$、$IR_0$、$IR_1$、$IR_2$、$IR_3$。这就是自动循环优先级方式，其适用于各外设的优级相等的情况。

特殊循环优先级方式是指可以通过发送特殊优先级循环方式操作命令来指定某个中断源的优先级别为最低级，其余中断源的优先级别也随之循环变化。例如，若设置$OCW_2$的R=1，SL=1，EOI=0，则$OCW_2$中$L_2$～$L_0$所对应的中断源级别最低。假如$L_2L_1L_0$编码为010，即指定$IR_2$的优先级最低，则8个中断源的优先级顺序将变为：$IR_3$、$IR_4$、$IR_5$、$IR_6$、$IR_7$、$IR_0$、$IR_1$、$IR_2$。另外，优先级也可以在执行EOI命令时进行改变，只要设置$OCW_2$的R=1，SL=1，EOI=1，同样也能使$OCW_2$中$L_2$～$L_0$所对应的中断源级别最低。

特殊循环优先级方式适用于中断源优先级需要任意改变的情况。

（2）中断嵌套方式。无论是固定优先级方式还是循环优先级方式，在中断处理过程中都允许中断嵌套。8259A有两种中断嵌套方式。

1）普通全嵌套方式。普通全嵌套方式简称为全嵌套方式，其是 8259A 最常用的工作方式，是指当 CPU 正在对某中断源进行服务时，在此中断源的中断服务程序完成之前，与它同级或优先级更低的中断源的中断请求将会屏蔽，只有优先级比它高的中断源的中断请求才能被响应。这种方式适用于使用单片 8259A 的系统。

2）特殊全嵌套方式。特殊全嵌套方式与全嵌套方式一样具有固定的优先级，只是在实现中断嵌套时，对于同一级别的中断请求，8259A 也能够予以响应，从而实现当前正处理的中断过程能被另一个同级别的中断请求所打断。

特殊全嵌套方式解析

对于多片 8259A 级联的系统，须采用特殊全嵌套方式。在这种情况下，只有主片 8259A 允许而且也必须设置为特殊全嵌套方式。这样，当来自某一从片的中断请求正在处理时，主片除对来自优先级较高的本片上其他 $IR_i$ 中断请求予以响应外，还能响应来自同一从片的较高优先级的其他 $IR_i$ 中断请求。譬如在如图 8.13 所示的系统中，设置主片工作在特殊全嵌套方式，从片工作在全嵌套方式。当从片 A 的 $IR_3$ 引脚有中断请求时，会将中断请求送到主片的 $IR_6$ 引脚。当该中断被响应后，主片将对应的 $ISR_6$ 置位。如果此时从片 A 的 $IR_2$ 又出现中断请求，则由于 $IR_2$ 的优先级高于 $IR_3$，因此该中断请求又会被送到主片的 $IR_6$ 引脚。对于主片来说，这个中断请求依然是 $IR_6$ 的中断。如果主片工作在全嵌套方式，则不会予以响应，从而发生错误。但当主片工作在特殊全嵌套方式时，就可以正确响应并进行正常工作了。

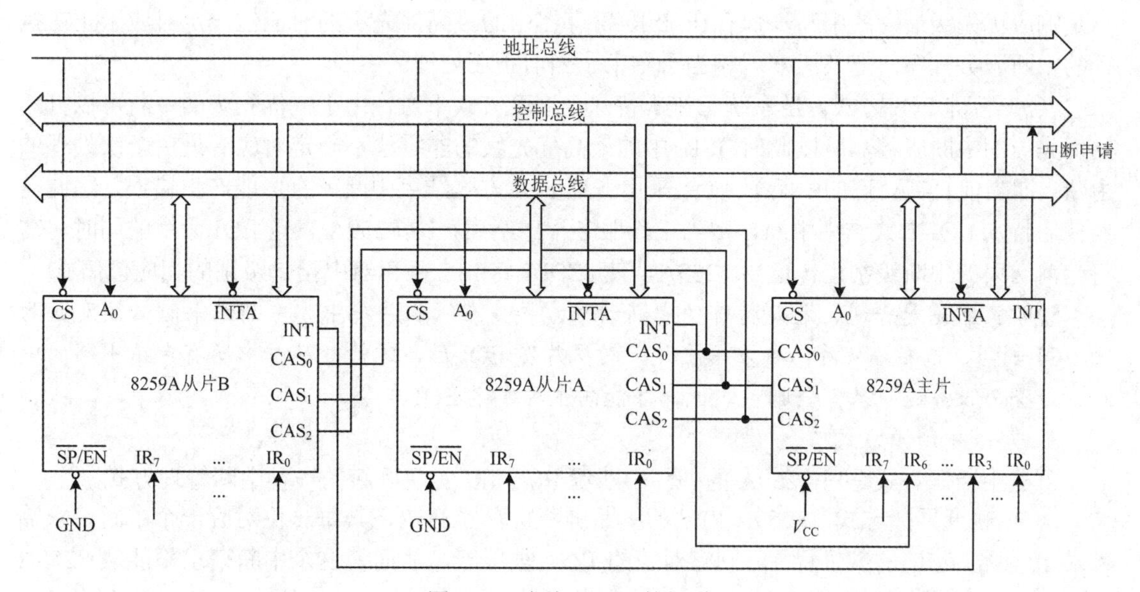


图 8.13　多片 8259A 的级联

因此，特殊全嵌套方式是专门为多片 8259A 系统提供的适合从片内部优先级的工作方式。

**说明：** 当某一从片的中断结束时，应通过软件检查刚结束的中断是否是从片的唯一中断。方法是先向从片发一正常结束中断命令 EOI，然后读中断服务寄存器 ISR 的内容，若其为 0，则表示只有一个中断服务，这时再向主片发一个 EOI 命令；否则，说明该从片至少还有一个中断，就不能向主片发 EOI 命令，即只有从片的所有中断服务全部结束后，才能给主片发送 EOI 命令。

2. 结束中断处理方式

不管采用哪种中断优先方式工作，当一个中断请求 $IR_i$ 得到响应时，8259A 都会将中断报务寄存器 ISR 的相应位 $IS_i$ 置 1；当中断服务结束时，应将这个位复位以标识中断处理结束，否则，8259A 的中断控制功能就会不正常。

8259A 提供了 3 种中断结束的处理方式。

（1）自动 EOI 方式。自动中断结束方式是最简单的中断结束方式。这种方式在中断服务程序结束时，不需要提供中断结束（EOI）命令，而是由 8259A 在中断响应周期的第二个中断响应信号 $\overline{INTA}$ 的上升沿，自动执行一个 EOI 操作，将 ISR 中的相应位清 0。需要注意的是：ISR 中为“1”位的清 0 是在中断响应过程中完成的，并非中断服务程序的真正结束。在任何一级中断的中断服务过程中，ISR 相应位已复位，8259A 没有保存任何标志，如果在此过程中有新的中断请求，则只要 IF=1，任何级别的中断请求都将得到响应而被优先执行。这就有可能出现低级中断打断高级中断或同级中断相互打断的现象，这种情况称为“重复嵌套”。由于重复嵌套的深度无法控制，很可能造成某些高级中断得不到及时处理的情况。因此，自动中断结束方式只适用于只有一片 8259A 且不会出现中断嵌套的情况。

（2）普通 EOI 方式。普通中断结束方式配合普通全嵌套方式使用。在这种方式下，在任一级中断服务结束后，在中断返回之前，需向 8259A 发送一条 EOI 命令，这样，8259A 会将 ISR 中当前优先级别最高的置 1 位清 0。因为在全嵌套方式下，中断优先级是固定的，8259A 总是响应优先级最高的中断，保存在 ISR 寄存器中的最高优先级的对应位一定对应于正在执行的中断服务程序，把其清 0 就相当于结束了当前正在处理的中断。

（3）特殊 EOI 方式。当系统工作于特殊全嵌套方式下时，由于低优先级的中断可以打断高优先级的中断服务，所以此时 ISR 中的最高优先级的非零位不一定对应着最后一次处理的中断（即当前正在处理的中断）。如果采用普通 EOI 方式结束中断就有可能产生错误，因此需要使用特殊 EOI 方式结束中断，即当中断服务程序结束，给 8259A 发送 EOI 命令的同时，需将当前结束的中断级别也传送给 8259A，使 8259A 将 ISR 寄存器中指定级别的相应位清 0。

**说明：**不论是普通、还是特殊的中断结束方式，在级联系统中，中断结束时必须发送两次 EOI 命令，先发给从片，再发给主片。向从片发 EOI 后，须检查从片中所有申请中断的中断源是否全服务过，只有全服务过了，才能向主片发送 EOI 命令。

3. 屏蔽中断源方式

屏蔽中断源方式是对 8259A 的外部中断源 $IR_0$～$IR_7$ 实现屏蔽的一种中断管理方式。

（1）普通屏蔽方式。8259A 内部的中断屏蔽寄存器 IMR，其每一位对应一个中断请求输入端 $IR_i$。将 IMR 的某位置 1，则它对应的 IR 就被屏蔽，从而使这个中断请求不能从 8259A 送到 CPU；如果该位置 0，则允许该 IR 中断传送给 CPU。通过编程可设置 IMR 中的某位为 1 或 0。

（2）特殊屏蔽方式。在某些特殊情况下，可能需要开放比本身优先级别低的中断请求，此时就可以使用特殊屏蔽方式来达到这一目的。在特殊屏蔽方式下，对 IMR 的某位置 1 时，同时也使 ISR 中的对应位清 0，这样，虽然系统当前仍然在处理一个较高级别的中断，但由于 8259A 的屏蔽寄存器 IMR 对应于此中断的位已经被置 1，且 ISR 中对应位被清 0，因此从外界看好像 CPU 现在没有处理任何中断，从而实现了能对低优先级中断请求的响应。这种方式能开放较低级中断请求，是一种非正常的中断优先级排队关系，在正常的应用系统中很少使用。

#### 4. 中断触发方式

中断触发方式决定了外设以何种信号通知 8259A 有中断请求，具体分为边沿触发和电平触发两种。

（1）边沿触发方式。以 $IR_i$ 引脚上出现的信号上升沿（由低电平向高电平的跳变）作为中断请求信号触发中断申请，跳变后高电平一直保持，直到中断被响应。

（2）电平触发方式。以 $IR_i$ 引脚上出现高电平作为中断请求信号触发中断申请。需要注意的是，在这种触发方式下，当该中断请求得到响应后，$IR_i$ 输入端必须及时撤除高电平，否则会引起不应有的第二次中断申请。

#### 5. 连接系统总线的方式

8259A 与系统总线的连接有缓冲和非缓冲两种方式。

（1）非缓冲方式。非缓冲方式主要适用于中小型系统中只有一片或少量几片 8259A 的情况。在这种方式下，各片 8259A 直接和数据总线相连，无需通过总线驱动器；8259A 的 $\overline{SP}/\overline{EN}$ 端作为输入端。当系统中只有一片 8259A 时，此 8259A 的 $\overline{SP}/\overline{EN}$ 端必须接+5V；当系统中有多片 8259A 时，主片的 $\overline{SP}/\overline{EN}$ 端接+5V，从片的 $\overline{SP}/\overline{EN}$ 端接地。

（2）缓冲方式。缓冲方式多用在有多片 8259A 的大系统中。在这种方式中，8259A 需要通过总线驱动器和数据总线相连。此时，将 8259A 的 $\overline{SP}/\overline{EN}$ 端和总线驱动器的允许端相连，因为 8259A 工作在缓冲方式时，会在输出状态字或中断类型号的同时，从 $\overline{SP}/\overline{EN}$ 端输出一个低电平，此低电平正好可以作为总线驱动器的启动信号。

无论采用缓冲方式还是非缓冲方式，在 8259A 的级联系统中，主片和从片都必须进行初始化设置，并指定它们的工作方式。

#### 6. 8259A 的级联

8259A 级联解析

当系统的外部中断源数量大于 8 个时，仅一片 8259A 将无法进行管理，这时可采用多片 8259A 的级联来管理这些中断源。8086 CPU 最多可以使用 9 个 8259A 芯片管理 64 个外部中断源。在级联时，只能有一个 8259A 作为主片，它的 $\overline{SP}/\overline{EN}$ 端接+5V，INT 接到 CPU 的 INTR 引脚；其余的 8259A 均作为从片，它们的 $\overline{SP}/\overline{EN}$ 端接地，INT 输出分别接到主片的 $IR_i$ 输入端；主片 8259A 的级联线 $CAS_0$～$CAS_2$ 作为输出线，连接到每个从片的 $CAS_0$～$CAS_2$ 上（从片为输入线）。图 8.13 所示就是由一片主 8259A 和两片从 8259A 构成的级联中断系统。

### 8.3.4　8259A 的编程

8259A 内部有 9 个可读写的寄存器。除了前面提到过的当前中断服务寄存器 ISR 与中断请求寄存器 IRR 外，还有两组可用 I/O 指令直接访问的 8 位寄存器，这两组寄存器分别为初始化命令字 $ICW_1$～$ICW_4$ 与操作命令字 $OCW_1$～$OCW_3$。8259A 对这 9 个寄存器的读写操作都是通过它的两个端口进行的，这两个端口的端口地址分别为 20H、21H（端口地址与 $A_0$ 引脚有关）。对两组寄存器中各个寄存器的端口地址分配，是通过写入命令字的特征位与写入的先后顺序来区分的，具体的端口地址与端口地址分配见表 8.2。

相应两组命令字，对 8259A 的编程也分为两部分，一部分为初始化编程，另一部分为操作方式编程。

表 8.2　8259A 的端口地址分配

| $A_0$ 引脚 | 端口地址 | 命令字 |
|---|---|---|
| 0 | 20H（偶地址） | $ICW_1$、$OCW_2$、$OCW_3$ |
| 1 | 21H（奇地址） | $ICW_2$、$ICW_3$、$ICW_4$、$OCW_1$ |

1. 初始化编程

中断系统进入正常运行之前，系统中的每片 8259A 都须进行初始化。初始化就是根据系统的实际需要，确定各初始化命令字的具体值以规定 8259A 的基本工作方式。这个工作是在系统加电和复位后，通过给 $ICW_1$～$ICW_4$ 写入初始化命令字来实现的，这就是初始化编程。初始化编程具体完成的功能如下，流程如图 8.14 所示。

（1）设定中断请求信号的触发方式，是电平触发还是边沿触发。

（2）设定 8259A 是单片还是多片级联的工作方式。

（3）设定 8259A 中断类型号基址，即 $IR_0$ 对应的中断类型号。

（4）设定优先级设置方式。

（5）设定中断结束方式。

**说明：**

（1）初始化命令字一旦设定，在工作过程中一般不再改变。

（2）$ICW_1$ ~ $ICW_4$ 这 4 个初始化命令字必须严格按照规定的顺序依次写入，其中 $ICW_1$ 和 $ICW_2$ 是必须设置的，$ICW_3$ 和 $ICW_4$ 是否需要设置由 $ICW_1$ 的相应位决定。当需要设置 $ICW_3$ 时，须对主片和从片的 $ICW_3$ 分别进行设置，因为它们的格式是不同的。

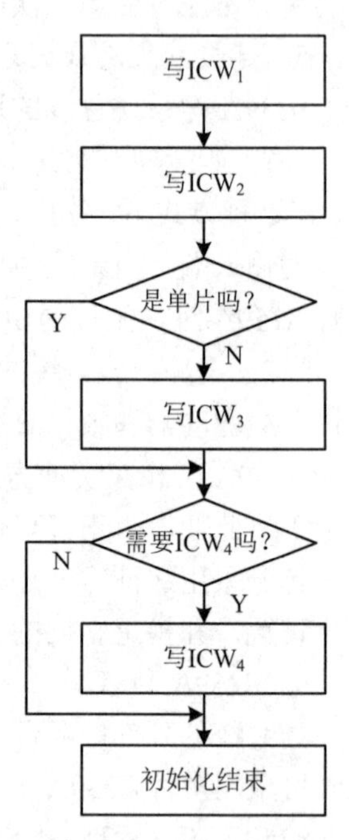


图 8.14　8259A 的初始化流程

（1）$ICW_1$（初始化命令字）。$ICW_1$ 启动了 8259A 中的初始化顺序，自动发生以下事件：

1）对中断请求信号边沿检测电路复位。

2）清除 IMR 和 ISR。

3）指定 $IR_0$ 优先级最高。

4）设定为普通屏蔽方式。

5）设定为非自动结束中断方式。

$ICW_1$ 的格式如下：

|  | $A_0$ | $D_7$ | $D_6$ | $D_5$ | $D_4$ | $D_3$ | $D_2$ | $D_1$ | $D_0$ |
|---|---|---|---|---|---|---|---|---|---|
| $ICW_1$ | 0 | × | × | × | 1 | LTIM | ADI | SNGL | $IC_4$ |

其中：

$D_7$～$D_5$：在 8086/8088 系统中不用，一般设定为“0”。

$D_4$：特征位，恒为“1”，表明该命令字是 $ICW_1$。

$D_3$：设置 8259A 的中断触发方式。$D_3=1$ 为电平触发，$D_3=0$ 为边沿触发。

$D_2$：在 8086/8088 系统中无效。

$D_1$：设置 8259A 有无级联。$D_1=1$ 为单片工作方式，$D_1=0$ 为多片级联方式。

$D_0$：设定是否需要初始化命令字 $ICW_4$。$D_0=1$ 表示需要 $ICW_4$，$D_0=0$ 表示不需要 $ICW_4$。对 8086 系统而言一般都需要设置 $ICW_4$，所以 $D_0$ 位须设为 1。

在 CPU 向 8259A 写入 $ICW_1$ 时，$D_4$ 位必须为 1，且必须写入偶地址，即 $A_0=0$。

（2）$ICW_2$（中断类型号字）。$ICW_2$ 命令字用于设置中断类型号的基值，即 8259A 的 $IR_0$ 所对应的中断类型号。其格式如下：

| | $A_0$ | $D_7$ | $D_6$ | $D_5$ | $D_4$ | $D_3$ | $D_2$ | $D_1$ | $D_0$ |
|---|---|---|---|---|---|---|---|---|---|
| $ICW_2$ | 1 | $T_7$ | $T_6$ | $T_5$ | $T_4$ | $T_3$ | 0 | 0 | 0 |
| | | 中断类型号的高 5 位 | | | | | 16 位机无效 | | |

在 8086 系统中，$D_7$～$D_3$ 表示中断类型号的高 5 位，$D_2$～$D_0$ 固定为 0，即 $ICW_2$ 必须是能被 8 整除的正整数。在 CPU 的第二个中断响应周期，8259A 通过数据总线向 CPU 送出中断类型号，该中断类型号的高 5 位即为 $ICW_2$ 中的 $D_7$～$D_3$，低 3 位由 $IR_0$～$IR_7$ 中的序号决定，由 8259A 自动插入。

$ICW_2$ 必须写入奇地址，即 $A_0=1$。

（3）$ICW_3$（级联控制字）。$ICW_3$ 仅在多片 8259A 级联时才需要写入，最多允许有一片主 8259A 和 8 片从 8259A 级连，使中断源扩展至 64 个，这时主片与从片 8259A 在格式上是不同的，需要分别写入。命令字的格式分别如下：

| | $A_0$ | $D_7$ | $D_6$ | $D_5$ | $D_4$ | $D_3$ | $D_2$ | $D_1$ | $D_0$ |
|---|---|---|---|---|---|---|---|---|---|
| 主片 $ICW_3$ | 1 | $IR_7$ | $IR_6$ | $IR_5$ | $IR_4$ | $IR_3$ | $IR_2$ | $IR_1$ | $IR_0$ |

| | $A_0$ | $D_7$ | $D_6$ | $D_5$ | $D_4$ | $D_3$ | $D_2$ | $D_1$ | $D_0$ |
|---|---|---|---|---|---|---|---|---|---|
| 从片 $ICW_3$ | 1 | 0 | 0 | 0 | 0 | 0 | $ID_2$ | $ID_1$ | $ID_0$ |
| | | | | | | | 从片标识码 | | |

主片 $ICW_3$ 中的 $D_0$～$D_7$ 分别对应其 8 条中断请求输入线 $IR_0$～$IR_7$，若某条线上接有从片 8259A，则其对应位为“1”，否则为“0”。从片 $ICW_3$ 中的 $D_7$～$D_3$ 固定为 0，$D_2$～$D_0$ 为从片标识码，表示该从片与主片的哪个中断请求输入线连接。例如，若从片连接至主片的 $IR_3$，则 $D_2$～$D_0$ 为 011。在中断响应时，主片通过级联线 $CAS_2$～$CAS_0$ 发出被允许的从片标识码，各从片把该码与自己 $ICW_3$ 中的标识码比较，如果相同就发送自己的中断类型号到数据总线。

$ICW_3$ 只有在 $ICW_1$ 的 $D_1=0$ 时才需要写入，且必须写入奇地址，即 $A_0=1$。

（4）$ICW_4$（方式控制字）。$ICW_4$ 用于设定 8259A 的工作方式，其格式如下：

| | $A_0$ | | $D_7$ | $D_6$ | $D_5$ | $D_4$ | $D_3$ | $D_2$ | $D_1$ | $D_0$ |
|---|---|---|---|---|---|---|---|---|---|---|
| $ICW_4$ | 1 | | 0 | 0 | 0 | SFNM | BUF | M/S | AEOI | $\mu$PM |

其中：

$D_7$～$D_5$：未定义，通常设置为 0。

$D_4$：SFNM 位，$D_4$=1 表示 8259A 工作于特殊全嵌套方式，$D_4$=0 表示工作于全嵌套方式。

$D_3$：BUF 位，$D_3$=1 表示 8259A 采用缓冲方式，此时 $\overline{SP}/\overline{EN}$ 引脚为输出线，对缓冲器进行控制；$D_3$=0 为非缓冲方式，此时 $\overline{SP}/\overline{EN}$ 引脚为输入线，用作主/从控制。

$D_2$：M/S 位，在非缓冲方式下，该位无意义。在缓冲方式下，$D_2$=1 表示该 8259A 为主片，$D_2$=0 表示为从片。

$D_1$：AEOI 位，用于指明中断结束方式。$D_1$=1 表示采用自动结束方式，即 ISR 在中断响应周期自动复位，无须发送中断结束命令；$D_1$=0 表示采用非自动结束方式，在中断服务程序结束时需要向 8259A 发送 EOI 命令以清除 ISR。

$D_0$：$\mu$PM 位，用于表明 CPU 的模式。$D_0$=0 表示 8259A 工作于 8080/8085 系统；$D_0$=1 表示 8259A 工作于 8086/8088 系统，对于 8086 系统，此位恒为 1。

$ICW_4$ 只有在 $ICW_1$ 的 $D_0$=1 时才需要写入，且必须写入奇地址，即 $A_0$=1。

8259A 在任何情况下从 $A_0$=0 的端口接收到一个 $D_4$ 位为 1 的命令就是 $ICW_1$，后面紧跟的就是 $ICW_2$～$ICW_4$。8259A 接收完 $ICW_1$～$ICW_4$ 后，就处于就绪状态，可接收来自 $IR_i$ 端的中断请求。

下面通过实例来说明 8259A 的初始化编程方法。

设某一单片 8259A 工作于 8086 系统，8259A 的 I/O 端口地址为 20H 和 21H。对 8259A 的初始化规定为：边沿触发、缓冲方式，中断结束为 EOI 命令方式，中断优先级管理采用全嵌套方式，8 级中断源的类型码为 08H～0FH，则其初始化程序段如下：

```
MOV    AL, 00010011B        ; 设置ICW1为边沿触发，单片8259A，需要ICW4
OUT    20H, AL
MOV    AL, 00001000B        ; 设置ICW2中断类型号基数为08H
OUT    21H, AL              ; 则可响应的8个中断类型号为08H～0FH
MOV    AL, 00001101B        ; 设置ICW4为全嵌套、缓冲、主片、普通EOI结束，与8086/8088配合
OUT    21H, AL
```

2. 操作命令字及其编程

在对 8259A 进行初始化编程后就进入工作状态，准备接受 $IR_i$ 端的中断请求了。此后，可以通过操作命令字 OCW 对 8259A 的工作方式进行修改与控制。8259A 有 3 个操作命令字 $OCW_1$～$OCW_3$，它们都有各自的特征位，可单独使用。与初始化命令字不同，操作命令字写入时没有顺序要求，而且可以多次重复写入。

（1）$OCW_1$。$OCW_1$ 是中断屏蔽命令字，其格式如下：

| | $A_0$ | | $D_7$ | $D_6$ | $D_5$ | $D_4$ | $D_3$ | $D_2$ | $D_1$ | $D_0$ |
|---|---|---|---|---|---|---|---|---|---|---|
| $OCW_1$ | 1 | | $M_7$ | $M_6$ | $M_5$ | $M_4$ | $M_3$ | $M_2$ | $M_1$ | $M_0$ |

当 $M_i$=1 时，表示该位对应的 $IR_i$ 的中断请求被屏蔽；当 $M_i$=0 时，表示相应中断请求被允

许。在初始化开始时，默认屏蔽字为全“0”，即所有的中断源都未被屏蔽。

$OCW_1$ 必须写入奇地址，即 $A_0=1$。

例如，设某中断系统要求屏蔽 $IR_3$ 和 $IR_5$，则对 8259A 编程指令应为：

```
MOV    AL, 00101000B
OUT    21H, AL              ; 写入 OCW1，即 IMR
```

（2）$OCW_2$。$OCW_2$ 主要用于设置中断优先级循环方式和中断结束方式，其格式如下：

| | $A_0$ | $D_7$ | $D_6$ | $D_5$ | $D_4$ | $D_3$ | $D_2$ | $D_1$ | $D_0$ |
|---|---|---|---|---|---|---|---|---|---|
| $OCW_2$ | 0 | R | SL | EOI | 0 | 0 | $L_2$ | $L_1$ | $L_0$ |
| | | 优先级循环 | 指定中断等级 | 中断结束命令 | 特征位 | | 中断等级编码 | | |

其中：

$D_7$：R 位，为优先级方式控制位。当 $D_7=0$ 时，中断优先级固定（$IR_0$ 最高，$IR_7$ 最低）；$D_7=1$ 时，中断优先级自动循环。

$D_6$：SL 位，决定 $D_2$～$D_0$ 是否有效。当 $D_6=1$ 时，低 3 位 $L_2$～$L_0$ 有效；$D_6=0$ 时，$L_2$～$L_0$ 无效。

$D_5$：EOI 位，为中断结束命令位。当 $D_5=1$ 时，在中断服务程序结束时向 8259A 回送中断结束命令 EOI，以便使中断服务寄存器 ISR 中当前最高优先级位复位（普通 EOI 方式），或由 $L_2$～$L_0$ 表示的优先级位复位（特殊 EOI 方式）；当 $D_5=0$ 时，该位不起作用。

$D_4$～$D_3$：$OCW_2$ 的特征位，$D_4D_3=00$。

$D_2$～$D_0$：指定 $L_2$～$L_0$。

$OCW_2$ 的 $D_7$～$D_5$（R、SL、EOI）可以组合产生不同的工作方式，具体见表 8.3。

表 8.3　$OCW_2$ 规定的工作方式

| $D_7$ (R) | $D_6$ (SL) | $D_5$ (EOI) | 工作方式 | $L_2L_1L_0$ 值有无意义 | 说明 |
|---|---|---|---|---|---|
| 1 | 0 | 0 | 中断优先级自动循环方式 | 无 | 只规定了中断优先级方式 |
| 0 | 0 | 0 | 设定固定优先级 | | |
| 1 | 1 | 0 | 特殊优先级循环方式 | 有 | |
| 0 | 1 | 0 | | 无 | |
| 1 | 0 | 1 | 中断优先级自动循环方式及中断一般结束方式 | 无 | 规定了中断优先级循环方式，并执行中断返回前的中断一般结束命令，使对应 ISR 位清零 |
| 1 | 1 | 1 | 中断优先级特殊循环方式和特殊中断结束方式 | 有 | |
| 0 | 1 | 1 | 中断特殊结束方式 | 有 | 中断返回前执行中断特殊结束命令，使相应的 ISR 位清零 |
| 0 | 0 | 1 | 中断一般结束方式 | 无意义 | 中断返回前执行中断一般结束命令，使相应的 ISR 位清零 |

从表 8.3 可以看出，当 $D_5$=1 时，$OCW_2$ 作为中断结束命令，但是一般 EOI 命令还是特殊 EOI 命令则由 $D_6$ 位决定。当 $D_5$=0 时，$OCW_2$ 作为优先级设置命令，由 $D_7$ 位决定是否设置优先级循环。若设置为优先级循环，再由 $D_6$ 位决定是自动循环优先级方式还是特殊循环优先级方式。

$OCW_2$ 必须写入偶地址，即 $A_0$=0，而且要保证特征位 $D_4D_3$=00。

（3）$OCW_3$。$OCW_3$ 命令字主要用于管理特殊屏蔽方式和查询方式，并控制 8259A 的中断请求寄存器 IRR 和中断服务寄存器 ISR 的读取。其格式如下：

| | $A_0$ | $D_7$ | $D_6$ | $D_5$ | $D_4$ | $D_3$ | $D_2$ | $D_1$ | $D_0$ |
|---|---|---|---|---|---|---|---|---|---|
| $OCW_3$ | 0 | 0 | ESMM | SMM | 0 | 1 | P | RR | RIS |
| | | 无关 | 特殊屏蔽允许 | 特殊屏蔽方式 | 特征位 | | 查询位 | 读寄存器允许 | 读 ISR |

其中：

$D_6$：特殊屏蔽方式允许位（ESMM 位），用于开放或关闭 SMM 位。当 $D_6$=1 时，SMM 位有效，否则 SMM 位无效。

$D_5$：SMM 位，与 ESMM 组合可用来设置或取消特殊屏蔽方式。当 ESMM=1、SMM=1 时，设置特殊屏蔽；当 ESMM=1、SMM=0 时，取消特殊屏蔽。

$D_4$～$D_3$：$OCW_3$ 的特征位，$D_4D_3$=01。

$D_2$：P 位，为中断状态查询位。当 P=1 时，可通过读入状态寄存器的内容，查询是否有中断请求正在被处理，如果有则给出当前处理中断的最高优先级。

$D_1$：RR 位，用于控制对寄存器的读取。当 $D_1$=1 时，允许读取 $D_0$ 所指定的寄存器，$D_1$=0 时不允许读取。

$D_0$：RIS 位，用于确定读取 ISR 还是 IRR 寄存器。在 $D_1$=1 时，若 $D_0$=1，则读取 ISR 寄存器；若 $D_0$=0，则读取 IRR 寄存器。

$OCW_3$ 同样也必须写入偶地址，即 $A_0$=0，但要使特征位 $D_4D_3$=01，以区别于 $OCW_2$。

对 8259A 的读/写信号、地址信号及 ICW、OCW 各命令字的区分总结见表 8.4。

**表 8.4　8259A 的读/写操作**

| $\overline{CS}$ | $\overline{RD}$ | $\overline{WR}$ | $A_0$ | $D_4$ | $D_3$ | 读/写操作 | 指令 |
|---|---|---|---|---|---|---|---|
| 0 | 1 | 0 | 0 | 1 | × | CPU 写入 $ICW_1$ | OUT |
| 0 | 1 | 0 | 1 | × | × | CPU 写入 $ICW_2$、$ICW_3$、$ICW_4$、$OCW_1$ | |
| 0 | 1 | 0 | 0 | 0 | 0 | CPU 写入 $OCW_2$ | |
| 0 | 1 | 0 | 0 | 0 | 1 | CPU 写入 $OCW_3$ | |
| 0 | 0 | 1 | 0 | | | CPU 读取 IRR/ISR、查询字 | IN |
| 0 | 0 | 1 | 1 | | | CPU 读取 IMR | |
| 1 | × | × | × | | | 高阻 | |
| × | 1 | 1 | × | | | 高阻 | |

由表 8.4 可知，设置 $ICW_1$、$OCW_2$、$OCW_3$ 时，对 8259A 执行写操作，并且都是写入相同的偶地址，这就需要依靠特征位 $D_4D_3$ 对它们进行区分。设置 $ICW_2$、$ICW_3$、$ICW_4$、$OCW_1$ 这 4 个命令字也都是对 8259A 进行写操作且写入地址为同一奇地址。由于 $ICW_2$、$ICW_3$、$ICW_4$ 是在 $ICW_1$ 之后顺序写入的，而 $OCW_1$ 是在初始化之后的工作期间写入，因此可以区分出来。当使用输入指令对 8259A 执行读取操作时，通过不同的地址可以分别读取 IMR（奇地址）、IRR/ISR 及查询字（偶地址）。虽然 IRR/ISR 及查询字都是通过偶地址读取，但因为在读取之前需要发送不同的 $OCW_3$ 命令，所以也可以正确区分它们。

## 8.4　8259A 在微机中的应用

**【例 8.1】**现要将 8259A 接入 8086 系统中（连接图如图 8.15 所示），设计的端口地址为 FFF0H 和 FFF1H，试对 8259A 进行初始化编程。

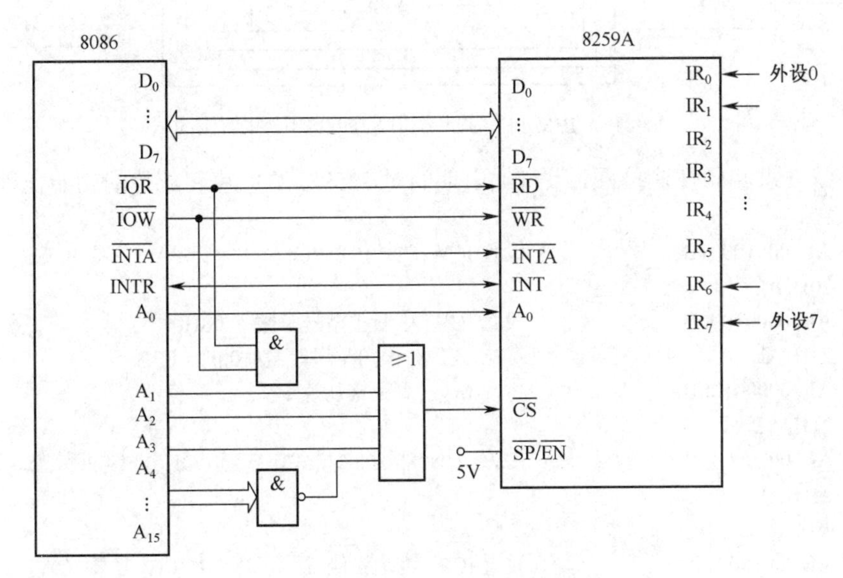


图 8.15　8259A 与 8086 系统的连接

初始化程序如下：

```
MOV    DX,0FFF0H        ; 8259A 口地址，A0=0
MOV    AL,13H           ; 初始化字“00010011”送 ICW1
OUT    DX,AL            ; 单片，边沿触发，需要 ICW4
MOV    DX,0FFF1H        ; 8259A 口地址，A0=1
MOV    AL,0F8H          ; 初始化字“11111000”送 ICW2
OUT    DX,AL            ; 设置起始中断向量码(IR0)为 F8H
MOV    AL,03H           ; 初始化字“00000011”送 ICW4
OUT    DX,AL            ; 8086/8088 模式，AEOI，非缓冲，一般全嵌套方式
```

**【例 8.2】**8259A 在 IBM PC/AT 系统中的应用。

如图 8.16 所示，IBM PC/AT 系统共有两片 8259A 芯片，从片的 INT 引脚直接连到主片的 $IR_2$ 引脚。主片的端口地址为 20H 和 21H，从片的端口地址为 A0H 和 A1H。主、从片均为边沿触发，均采用全嵌套方式，优先级依次为 0 级、1 级、8～15 级、3～7 级。系统采用非缓冲方式，主片的中断类型号为08H～0FH，从片的中断类型号为70H～77H。

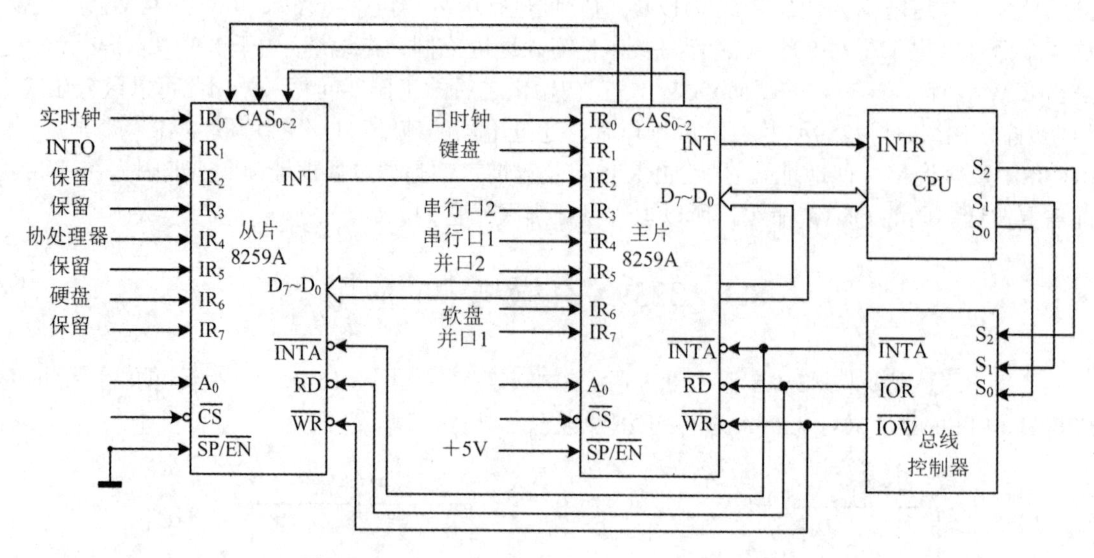


图 8.16　IBM PC/AT 系统中 8259A 的硬件连接图

根据系统要求和硬件连接图，系统加电期间对8259A的主片和从片的初始化程序段如下：

```
;初始化主片
MOV    AL, 00010001B          ;设置ICW1为边沿触发，多片 8259A，需要ICW4
OUT    20H, AL
MOV    AL, 00001000B          ;设置ICW2中断类型号基数为08H
OUT    21H, AL                ;可响应的8个中断类型号为08H～0FH
MOV    AL, 00000100B          ;主片IR2引脚上接从片
OUT    21H, AL
MOV    AL, 00000001B          ;ICW4为8086/8088模式，普通EOI、非缓冲、普通全嵌套
OUT    21H, AL
;初始化从片
MOV    AL,00010001B           ;设置ICW1为边沿触发，多片 8259A，需要ICW4
OUT    0A0H,AL
MOV    AL,01110000B           ;设置ICW2中断类型号基数为70H
OUT    0A1H,AL                ;可响应的8个中断类型号为70H～77H
MOV    AL,00000010B           ;从片接主片的IR2引脚
OUT    0A1H,AL
MOV    AL,00000001B           ;ICW4为8086/8088模式，普通EOI、非缓冲、普通全嵌套
OUT    0A1H,AL
```

以下是对级联工作部分的指令段，读中断服务寄存器ISR的内容：

```
MOV    AL,0BH
OUT    0A0H,AL
NOP
IN     AL,0A0H
```

从片发EOI命令：

```
MOV    AL,20H
OUT    0A0H,AL                ;端口A0H
```

主片发 EOI 命令：

```
MOV    AL,20H
OUT    20H,AL                        ;端口 20H
```

## 习题与思考题

8.1　结合中断概念，列举至少一个日常生活中的中断例子。

8.2　简述中断向量、中断向量表、中断向量地址概念及它们之间的关系。8086 CPU 中的中断向量表存放在内存的哪个区域？占多大存储空间？

8.3　什么是中断优先级？其对于实时控制有何意义？在 8086 CPU 系统中，NMI 与 INTR 哪个优先级高？

8.4　可屏蔽中断 INTR 有何特点？

8.5　8086 系统在中断时需要进行现场保护，哪些现场由系统自动保护？哪些现场需要用户进行保护？

8.6　8086 的中断返回指令 IRET 和子程序返回指令 RET 有何不同？

8.7　在中断处理时，8259A 协助 CPU 完成哪些功能？

8.8　在采用 8259A 作为中断控制器的系统中，由 $IR_i$ 输入的外部中断请求，能够获得 CPU 响应的基本条件是什么？

8.9　简要说明中断控制器 8259A 中，IRR、IMR 和 ISR 的功能。

8.10　8259A 对外只有两个端口地址，却有 7 个命令字，它是如何正确区分不同的命令字的？

8.11　8086 系统采用单片 8259A 作为外部可屏蔽中断的优先级管理，正常全嵌套方式，边沿触发，非缓冲连接，非自动中断结束，端口地址为 20H 和 21H。其中某中断源的中断类型号为 0DH，其中断服务程序入口地址为 2010:3A50H。

（1）请按上述要求编写初始化程序。

（2）本题中的中断源应该与 8259A 的哪个中断请求输入端相连接？其中断向量地址是多少？中断向量地址区对应的 4 个单元内容是什么？试用存储示意图表示。

8.12　设 8259A 的端口地址为 20H 和 21H，工作于正常全嵌套方式，要求在为中断源 $IR_4$ 服务时，设置特殊屏蔽方式，开放低级中断请求。请编写有关程序段。

8.13　试说明 CPU 响应中断的两个控制条件。

# 第 9 章　常用可编程接口芯片

**导学**：CPU 与外部设备间的信息交换是通过接口来实现的，外设输入的信息要通过接口，CPU 要输出的信息也须经过接口。像十字路口交通灯的设计，利用三态门、锁存器这样的简单接口就可以实现，但在功能上较单一，使用中也会有很大的局限性。可编程接口则可以通过软件编程方法设置接口电路和接口芯片的工作方式，其具有通用性强，使用灵活方便等特点。“十字路口交通灯”中就使用了 8255A、8253 这样的可编程接口芯片。对于现代微机智能系统，可编程接口芯片更是必不可少的。

本章主要介绍 Intel 系列的 8255A、8253、8251A 等典型通用的常用数字接口芯片，常用的 A/D 转换接口芯片 ADC0809 和 D/A 转换接口芯片 DAC0832。学习重点是了解各种芯片的内部结构、外部引脚和工作方式，理解各芯片的工作原理和在不同工作方式下的特点，掌握各种芯片的初始化编程及其在微机系统中的应用方法，并能够运用在具体的生活实际中。

## 9.1　可编程并行接口 8255A

前面已经介绍了接口的一些基本概念及作用，已知按照数据传送方式的不同，接口可分为并行接口和串行接口。本节介绍并行接口的有关概念及并行接口芯片 8255A。

### 9.1.1　并行通信

在微机系统中，当需要传输的数据距离较短、数量较多时，一般采用并行通信的方式，即把一个字符的各数位分别用不同的几条线同时进行传输。与串行通信相比，并行通信能够提供更高的数据传输速度。当然，由于并行通信比串行通信所用的电缆要多，随着传输距离的增加，通信成本也会大大增加。

实现与外部设备并行通信的接口电路就是并行接口。并行接口是微机中最重要的接口之一，多数设备与微机系统总线之间都是通过并行方式进行通信的，譬如打印机、硬盘、CD-ROM、扫描仪等设备。并行接口的发展经历了从最简单的一个并行数据寄存器，到专用接口集成芯片，再到比较复杂的 SCSI 或 IDE 并行接口的过程。并行接口通常具有如下特点：

（1）在多条数据线上以数据字节为单位与外设或被控对象传送信息，如打印机接口、A/D 或 D/A 转换器接口、IEEE-488 接口、开关量接口、控制设备接口等。这里需要注意，并行接口的“并行”含义不是指接口与系统总线一侧的并行数据线，而是指接口与外设或被控对象一侧的并行数据线。

（2）在并行接口中，除了少数场合之外，一般都要求在接口与外设之间设置并行数据线的同时，至少还要设置两条握手信号线，以便实现互锁异步握手方式的通信。握手信号线可以是固定的，也可以是通过软件编程指定的。

（3）在并行接口中，8 位或 16 位数据的传送是同时的，因此，当采用并行接口与外设交换数据时，即使只是用到其中的一位，也是一次输入/输出 8 位或 16 位。

（4）并行传送的信息不要求有固定格式。

按照并行接口的电路结构，并行接口可以分为硬件连接接口和可编程接口。硬件连接接口的工作方式及功能用硬件连接来设定，用软件编程的方法不能改变；可编程接口就是指接口的工作方式及功能可以用软件编程的方法改变。现代微机系统中的并行接口都是可编程的并行接口。

典型的并行接口电路如图 9.1 所示，其采用不同的数据通道完成输入和输出功能。下面分别介绍各自的工作过程。

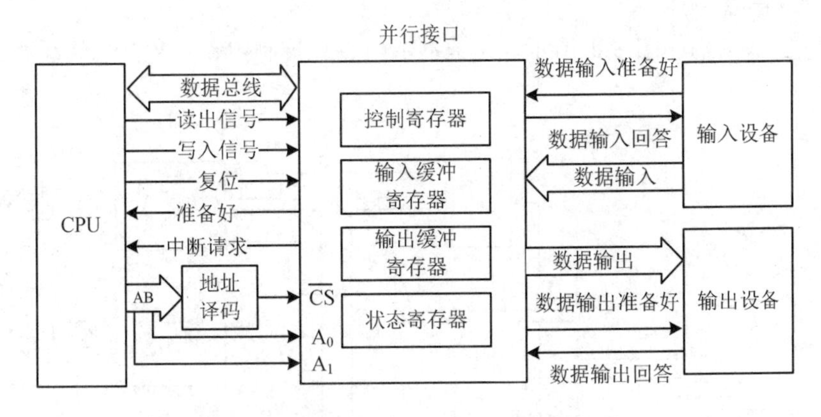


图 9.1　并行接口电路示意图

在输入过程中，外设把数据准备好以后，使“数据输入准备好”信号有效（一般是变为高电平）。接口电路把数据接收到输入缓冲寄存器中，并使“数据输入回答”信号有效（一般也是变为高电平），外设收到该信号后撤消数据和“数据输入准备好”信号。数据到达接口电路的输入缓冲寄存器后，通常会把状态寄存器中的“输入准备好”状态位置“1”，以便 CPU 通过读取接口电路的状态寄存器了解外设的情况，或者接口电路也可以在此时向 CPU 发一个中断请求信号通知 CPU。换句话说，CPU 既可以使用查询方式，也可以使用中断方式来读取接口电路中的数据。CPU 读取并行接口电路中的数据后，会自动清除状态寄存器中的“准备好”状态位，并且使数据总线处于高阻状态，随后就可以进行下一个数据的输入。

在输出过程中，当外设从并行接口的输出缓冲寄存器取走数据后，接口电路就会将状态寄存器中“输出准备好”状态位置“1”，表示目前并行接口的输出缓冲寄存器已空，CPU 可以向接口发送数据了。或者接口电路也可以在此时向 CPU 发一个中断请求，以中断方式由 CPU 向并行接口输出数据。当 CPU 输出的数据到达接口电路的输出缓冲寄存器后，接口会自动清除“输出准备好”状态位，以表示目前输出缓冲寄存器中的数据尚未被外设取走，从而阻止 CPU 向接口电路发送新的数据。与此同时，接口电路向外设发一个“数据输出准备好”信号，以通知外设可以取走数据。外设接到该信号后，便从输出缓冲寄存器中取走数据，并向接口电路发一个“数据输出回答”信号，以表示数据已经接收。接口收到该回答信号后，又将状态寄存器中“输出准备好”状态位置“1”，以便 CPU 输出下一个数据。

**注意**：在输入过程中，状态寄存器中的“输入准备好”状态是指输入缓冲寄存器已满，

CPU 可以从接口中读取数据；接口电路输入信号“数据输入准备好”是指外设通知接口电路其数据已经准备好，接口电路可以接收数据到其输入缓冲寄存器中。

在输出过程中，状态寄存器中的“输出准备好”状态是指输出缓冲寄存器已空，CPU 可以向接口发送新的数据；接口电路输出信号“数据输出准备好”指接口电路的输出缓冲寄存器中已有数据，通知外设来接收。

### 9.1.2 8255A 内部结构与外部引脚

8255A 是 Intel 公司生产的一种通用可编程并行 I/O 接口芯片，是专门为 Intel 公司的微处理器设计的，也可用于其他系列的微机系统。

1. 8255A 内部结构

8255A 的内部结构如图 9.2 所示，由数据端口、组控制电路、数据总线缓冲器、读/写控制逻辑等 4 部分组成。

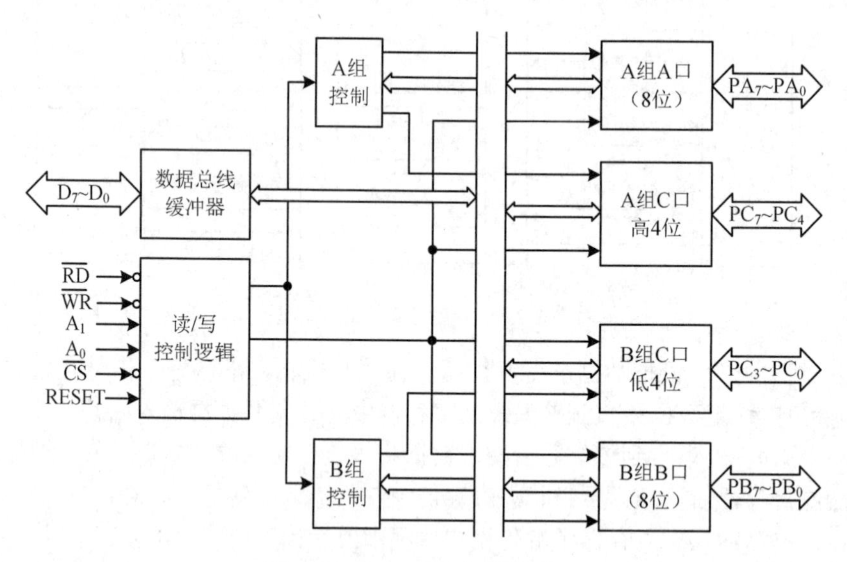


图 9.2 8255A 的内部结构图

（1）数据端口。8255A 具有 3 个 8 位的数据端口，分别为端口 A（PA）、端口 B（PB）和端口 C（PC）。每个端口都有一个数据输入寄存器和一个数据输出寄存器，可以由程序设定为输入方式或者输出方式，但各个端口作为输入或者输出端口时又有所不同。端口 A 具有一个 8 位数据输入锁存器和一个 8 位数据输出锁存器/缓冲器，当用端口 A 作为输入或输出时，数据均受到锁存，故端口 A 可以用在数据双向传输的场合；端口 B 和端口 C 均具有一个 8 位数据输入缓冲器和一个 8 位数据输出锁存器/缓冲器。因此，当用端口 B 或端口 C 作为输入端口时，不能对数据锁存，而作为输出端口时，数据才具有锁存功能。

端口 A 和端口 B 通常作为 8 位 I/O 端口独立使用。在与不需要控制联络的外设连接时，端口 C 既可以作为 8 位端口独立使用，也可以分为高/低两个 4 位 I/O 端口，可同时作为输入或输出，也可不一同来使用；在与需要控制联络的外设连接时，C 口被定义为控制端口和状态端口，配合端口 A 和端口 B 工作。

（2）A 组和 B 组控制部件。A 组控制电路包括端口 A 及端口 C 的高 4 位，B 组控制电路包括端口 B 及端口 C 的低 4 位。这两组控制部件主要有两个功能：其一是接收来自芯片内部数据总线上的控制字，决定两组端口的工作方式或者实现对端口 C 的按位置位/复位操作；二是接收来自读/写控制逻辑电路的读/写命令，产生相应的读/写操作。其中控制字寄存器只能写入，而不能读出。

（3）数据总线缓冲器。数据总线缓冲器是一个双向、三态的 8 位数据缓冲器，8255A 正是通过它实现与系统数据总线的连接。所有输入数据、输出数据、CPU 发给 8255A 的控制字以及 8255A 的状态信息等都是通过该部件进行传送的。

（4）读/写控制逻辑。读/写控制逻辑电路完成对 8255A 内部 3 个数据端口的译码，从系统控制总线接收 RESET、$\overline{RD}$ 和 $\overline{ACK}$ 信号组合后产生控制命令，并将由此产生的控制命令传送给 A 组和 B 组控制电路，从而完成对数据信息的传输控制。控制信号和基本操作的对应关系见表 9.1。

表 9.1　8255A 端口地址选择及基本操作

| $\overline{CS}$ | $\overline{RD}$ | $\overline{WR}$ | $A_1$ | $A_0$ | 端口选择及其操作 |
|---|---|---|---|---|---|
| 0 | 0 | 1 | 0 | 0 | 读端口 A 数据给数据总线 |
| 0 | 0 | 1 | 0 | 1 | 读端口 B 数据给数据总线 |
| 0 | 0 | 1 | 1 | 0 | 读端口 C 数据给数据总线 |
| 0 | 1 | 0 | 0 | 0 | 写数据给端口 A |
| 0 | 1 | 0 | 0 | 1 | 写数据给端口 B |
| 0 | 1 | 0 | 1 | 0 | 写数据给端口 C |
| 0 | 1 | 0 | 1 | 1 | 写控制字给控制寄存器 |

2. 8255A 的外部引脚

8255A 采用 NMOS 工艺制造，单一+5V 电源供电，40 引脚双列直插式封装。其引脚如图 9.3 所示。

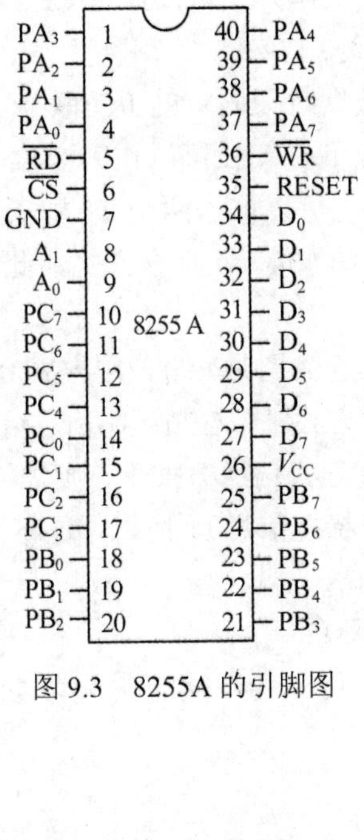

|  |  |  |  |
|---|---|---|---|
| $PA_3$ | 1 | 40 | $PA_4$ |
| $PA_2$ | 2 | 39 | $PA_5$ |
| $PA_1$ | 3 | 38 | $PA_6$ |
| $PA_0$ | 4 | 37 | $PA_7$ |
| $\overline{RD}$ | 5 | 36 | $\overline{WR}$ |
| $\overline{CS}$ | 6 | 35 | RESET |
| GND | 7 | 34 | $D_0$ |
| $A_1$ | 8 | 33 | $D_1$ |
| $A_0$ | 9 | 32 | $D_2$ |
| $PC_7$ | 10 | 31 | $D_3$ |
| $PC_6$ | 11 | 30 | $D_4$ |
| $PC_5$ | 12 | 29 | $D_5$ |
| $PC_4$ | 13 | 28 | $D_6$ |
| $PC_0$ | 14 | 27 | $D_7$ |
| $PC_1$ | 15 | 26 | $V_{CC}$ |
| $PC_2$ | 16 | 25 | $PB_7$ |
| $PC_3$ | 17 | 24 | $PB_6$ |
| $PB_0$ | 18 | 23 | $PB_5$ |
| $PB_1$ | 19 | 22 | $PB_4$ |
| $PB_2$ | 20 | 21 | $PB_3$ |

8255 A

图 9.3　8255A 的引脚图

对各引脚介绍如下：

$PA_0$～$PA_7$：端口 A 的数据输入/输出引脚，与外设相连。

$PB_0$～$PB_7$：端口 B 的数据输入/输出引脚，与外设相连。

$PC_0$～$PC_7$：端口 C 的数据输入/输出引脚，与外设相连。

$D_7$～$D_0$：双向、三态数据线。用于 CPU 向 8255A 发送命令、数据及 8255A 向 CPU 回送状态、数据。

$\overline{RD}$：读信号。当其为低电平有效时，CPU 从 8255A 的端口中读取数据或状态信息。

$\overline{WR}$：写信号。当其为低电平有效时，CPU 向 8255A 发送数据或控制命令。

RESET：复位信号。当其为高电平有效时，8255A 内部的所有寄存器被清零，A、B、C 三个端口均被设置为输入方式。

$\overline{CS}$：片选信号。只有其为低电平有效时，才能对 8255A 进行读/写操作。该片选信号通常由系统地址总线经过地址译码器译码产生。

$A_1$、$A_0$：芯片内部端口地址线，通常与系统地址总线的低位相连。$A_1$、$A_0$ 的编码与 $\overline{RD}$、$\overline{WR}$、$\overline{CS}$ 各引脚电平的组合可以形成对 8255A 的基本读/写操作（见表 9.1）。

**说明：** 8086 CPU 的外部数据总线为 16 条，其中数据总线的低 8 位总对应一个偶地址，高 8 位总对应一个奇地址。在 8255A 和 8086 CPU 相连时，若将 8255A 的数据线 $D_7$ ~ $D_0$ 接到 8086 CPU 数据总线低 8 位上时，从 CPU 角度看，要求 8255A 的端口地址应为偶地址，这样才能保证对 8255A 的端口读/写能在一个总线周期内完成。故将 8255A 的 $A_1$ 和 $A_0$ 分别和 8086 数据总线的 $A_2$ 和 $A_1$ 对应相连，而将 8086 地址总线的 $A_0$ 总设为 0，即 8255A 的端口地址为 4 个相邻的偶地址。例如，如果端口 A 地址为 0060H，则端口 B、端口 C 和控制端口的地址分别为 0062H、0064H 和 0066H。

### 9.1.3 8255A 的工作方式

8255A 共有 3 种工作方式，每种工作方式都有各自的特点，并且不同方式所对应的引脚信号定义和工作时序也不相同，这些工作方式可以通过 CPU 向 8255A 写命令控制字来设置。

1. 方式 0（基本输入/输出方式）

方式 0 的特点是与外设传送数据时无固定的 I/O 联络（应答）信号。A、B、C 三个端口都可以工作于方式 0，其中端口 A 和端口 B 可以作为 8 位的输入或输出端口使用，端口 C 既可以作为 8 位的输入或输出端口，也可以作为两个 4 位（高 4 位和低 4 位）的输入或输出端口使用。因此，8255A 可产生 16 种不同的 I/O 组合方式，此时输出是锁存的，但输入只有缓冲而无锁存功能。

在使用无条件传送或查询式传送数据时，常使用方式 0。无条件传送方式适合于同步数据传输的场合，若工作在无条件传送方式下，CPU 和外设之间不需要应答信号，可以对 3 个端口直接进行读/写操作。若工作在查询式传送方式下，则需将端口 C 中的某些位分别作为 A 口和 B 口的联络信号（即控制信息和状态信息）。所以，这时需将端口 C 的低 4 位和高 4 位分别定义为输入和输出。

2. 方式 1（选通输入/输出方式）

在方式 1 下，端口 A 和端口 B 可作为数据的输入或输出端口使用，但必须利用端口 C 中的某些位提供的选通、应答信号进行工作，而且这些信号与端口 C 中的这些位有着固定的对应关系，不可以通过程序改变。

方式 1 与方式 0 的区别

方式 1 主要用于中断方式的传送数据，也可用于查询方式，但很少使用。

**注意**：在方式 0 中，虽然也可以指定端口 C 中的某些位作为选通、应答信号，但这种指定是由用户完成的，即用户可以通过编程指定利用端口 C 的哪些位。但在方式 1 中，这些选通、应答信号是固定不变的，用户不能改变。

C 口的某些位作为选通和应答信号时，输入和输出工作状态不同，各位所代表的意义也不同。下面按照输入和输出两种情况进行介绍。

（1）方式 1 输入。端口 C 配合端口 A 和端口 B 输入数据时，各指定了 3 条线用作外部设备和 CPU 之间的应答信号，如图 9.4 所示。

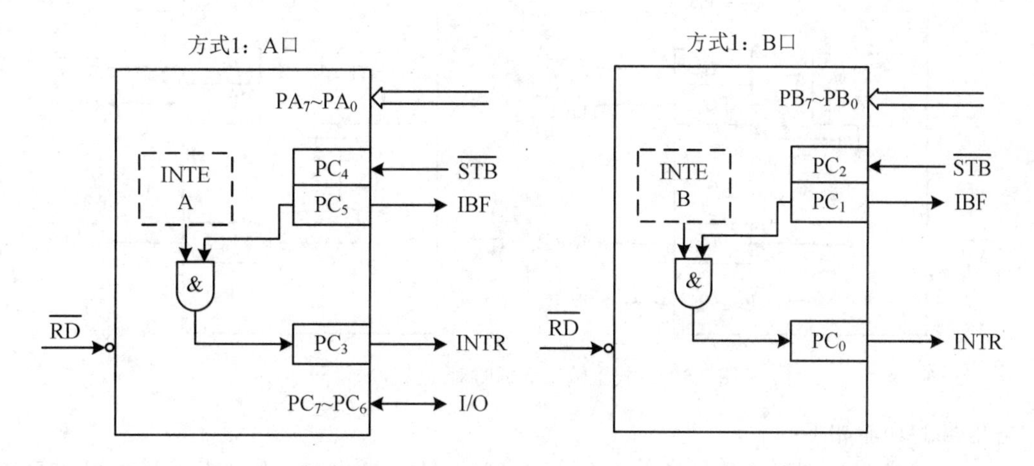


图 9.4　方式 1 输入数据时对应的控制信号

C 口的相应选通、应答信号定义如下：

$\overline{STB}$：选通输入信号，低电平有效。该信号由外设提供给 8255A，当其有效时，表示外设已经准备好数据，8255A 可以从数据口读入数据到输入锁存器。该信号规定用 $PC_4$ 对应于 A 口，用 $PC_2$ 对应于 B 口。

IBF：输入缓冲器满信号，高电平有效。该信号由 8255A 提供给外设，当其有效时，表示数据已经锁存在输入锁存器中。当 CPU 从 8255A 中将数据取走后，在读信号的上升沿使 IBF 信号复位成低电平，以通知外设输入新的数据。该信号规定用 $PC_5$ 对应于 A 口，用 $PC_1$ 对应于 B 口。

INTR：中断请求信号，高电平有效。该信号是 8255A 向 CPU 发出的中断请求信号，在 $\overline{STB}$、IBF 均为高电平时有效，即当数据锁存于数据锁存器，并使 IBF 信号有效后，在选通信号 $\overline{STB}$ 由低变高的时刻，如果中断允许信号 INTE 有效（即允许中断），则 8255A 使 INTR 有效，向 CPU 发出中断请求，CPU 发出的读信号 $\overline{RD}$ 有效后，INTR 端降为低电平。该信号规定用 $PC_3$ 对应于 A 口，用 $PC_0$ 对应于 B 口。

INTE：中断允许信号。该信号为 8255A 的内部中断允许或屏蔽信号，当 INTE=1 时，允许中断；INTE=0 时，禁止中断。该信号没有外部引出端，其置“1”和清“0”是通过对 $PC_4$ 和 $PC_2$ 的按位置位/复位操作完成的。

**注意：**

（1）方式 1 输入时共用到 C 口的 6 个引脚，剩余的 2 个引脚 $PC_6$ 和 $PC_7$ 可作为输入/输出位，或是由 C 口的置/复位控制字决定其输出。

（2）在方式 1 下，作为联络信号的 $PC_4$、$PC_2$，不受 C 口按位置位/复位控制字控制，即对这些位的置位/复位不影响这些引脚信号的输入/输出，它们只对 8255A 内部的 INTE 信号起作用。

（2）方式 1 输出。方式 1 输出时端口 C 各位的含义如图 9.5 所示。

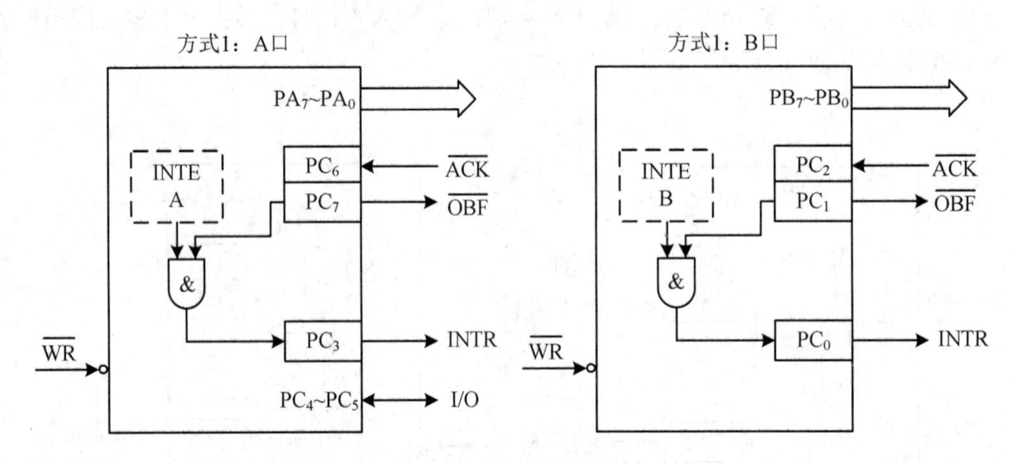


图 9.5　方式 1 输出数据时对应的控制信号

各信号的功能如下：

$\overline{OBF}$：输出缓冲器满信号，低电平有效。通常该信号由 8255A 提供给外设。当该信号有效时，表示 CPU 已经把数据输出到 8255A 的相应端口，外设可以取走数据了。该信号规定用 $PC_7$ 对应于 A 口，用 $PC_1$ 对应于 B 口。

$\overline{ACK}$：响应信号，低电平有效。该信号有效时，表示外设已经将数据从 8255A 取走。8255A 一方面利用该信号的下降沿使 $\overline{OBF}$ 变高，通知外设 8255A 没有新的数据，另一方面利用该信号的上升沿使 INTR 变高，向 CPU 申请发送新的数据。该信号规定用 $PC_6$ 对应于 A 口，用 $PC_2$ 对应于 B 口。

INTR：中断请求信号，高电平有效。该信号是 8255A 向 CPU 发出的中断请求信号。当 $\overline{ACK}$ 为高电平，且 $\overline{OBF}$ 也为高电平时，如果中断允许信号 INTE 有效（即允许中断），则 8255A 使 INTR 有效，作为请求 CPU 进行下一次数据输出的中断请求信号。该信号规定用 $PC_3$ 对应于 A 口，用 $PC_0$ 对应于 B 口。

INTE：中断允许信号。与方式 1 下的输入情况相同，该信号也没有外部引出端，其置“1”和清“0”是通过对 $PC_6$ 和 $PC_2$ 的按位置位/复位操作完成的。同样，对 $PC_6$ 和 $PC_2$ 的位操作只影响 INTE 的状态，而不会影响 $PC_6$ 和 $PC_2$ 引脚的电平状态。

**注意：**

（1）方式 1 输出时共用到 C 口 6 个引脚，剩余的 2 个引脚 $PC_4$、$PC_5$ 可作为输入/输出使用，或由 C 口的置/复位控制字决定其输出。

（2）作为联络信号的外部引脚 $PC_6$、$PC_2$，不受 C 口按位置位/复位控制字控制，只在 8255A 内部对 INTE 信号起作用。

3. 方式 2（双向选通输入/输出方式）

方式 2 仅适用于端口 A。在这种工作方式下，端口 A 同时既可以作为输入端口也可以作为输出端口使用。此时，使用端口 C 中的 5 位作为端口 A 的选通、应答信号。实际上，方式 2 是方式 1 下 A 口输入和输出的组合，其控制信号如图 9.6 所示。

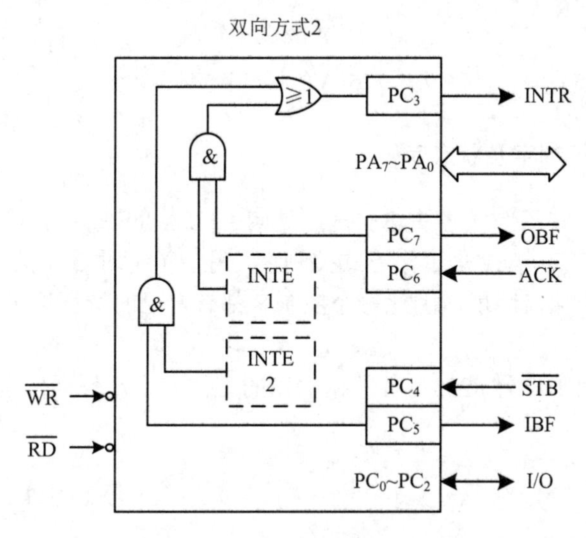


图 9.6　方式 2 对应的控制信号

由图 9.6 可知，在方式 2 中 $PC_3$ 定义为中断请求信号 INTR，该信号具有双重定义。在输入数据时，当输入缓冲器满，且中断允许触发器 INTE 为 1 时，INTR 有效，向 CPU 发出中断申请；在输出数据时，当输出缓冲器空，且中断允许触发器 INTE 为 1 时，INTR 有效，向 CPU 发出中断申请。虽然在方式 2 下 I/O 端口共用一个中断请求信号，但中断允许位仍然是各自独立的。输入的中断允许位是 $PC_4$（$INTE_2$），输出的中断允许位是 $PC_6$（$INTE_1$）。

$PC_7$～$PC_4$ 定义为 A 口的联络信号线，其中 $PC_4$ 定义为输入选通信号 $\overline{STB}$，$PC_5$ 定义为输入缓冲器满 IBF，$PC_6$ 定义为输出应答信号 $\overline{ACK}$，$PC_7$ 定义为输出缓冲器满 $\overline{OBF}$。

当 8255A 工作于方式 1 或方式 2 时，因为 C 口的某些位是作为固定联络信号的，所以可以通过读取 C 口的内容来测试或检验外设的状态。在不同的情况下，C 口的状态字格式不同，如图 9.7 所示。

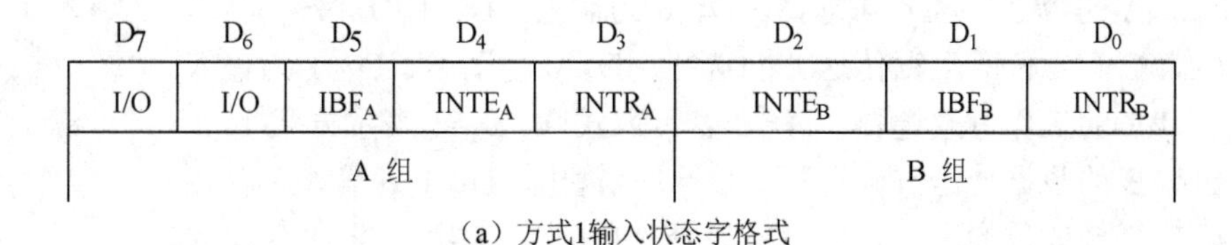

| $D_7$ | $D_6$ | $D_5$ | $D_4$ | $D_3$ | $D_2$ | $D_1$ | $D_0$ |
|---|---|---|---|---|---|---|---|
| I/O | I/O | $IBF_A$ | $INTE_A$ | $INTR_A$ | $INTE_B$ | $IBF_B$ | $INTR_B$ |
| A 组 | | | | | B 组 | | |

（a）方式1输入状态字格式

图 9.7　8255A 的状态字

| $D_7$ | $D_6$ | $D_5$ | $D_4$ | $D_3$ | $D_2$ | $D_1$ | $D_0$ |
|---|---|---|---|---|---|---|---|
| $OBF_A$ | $INTE_A$ | I/O | I/O | $INTR_A$ | $INTE_B$ | $OBF_B$ | $INTR_B$ |
| A 组 | | | | | B 组 | | |

（b）方式1输出状态字格式

| $D_7$ | $D_6$ | $D_5$ | $D_4$ | $D_3$ | $D_2$ | $D_1$ | $D_0$ |
|---|---|---|---|---|---|---|---|
| $OBF_A$ | $INTE_1$ | $IBF_A$ | $INTE_2$ | $INTR_A$ | × | × | × |
| A 组 | | | | | B 组 | | |

（c）方式2状态字格式

图 9.7　8255A 的状态字（续图）

### 9.1.4　8255A 的控制字及状态字

8255A 的工作方式和工作状态的建立是通过向 8255A 的控制端口写入相应控制字来实现的。8255A 有两个控制字：一个是工作方式控制字；另一个是对 C 口的按位置位/复位控制字。这两个控制字共用一个端口地址，因此每个控制字都有自己的特征位来标识。

1. 工作方式控制字

工作方式控制字用于设置 8255A 各数据端口的工作方式及数据传送方向，其格式如图 9.8 所示。

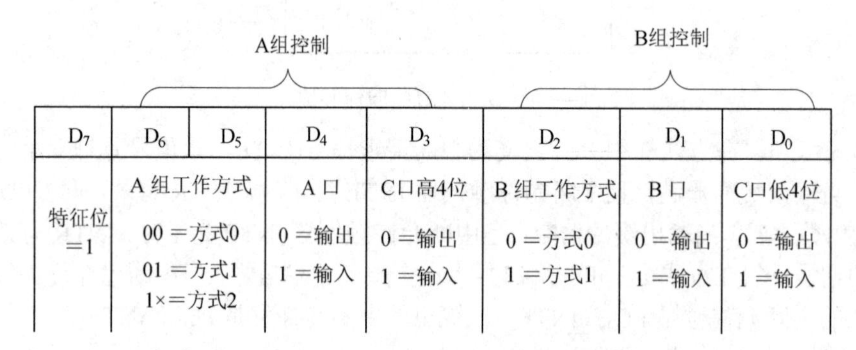


图 9.8　8255A 的方式控制字

各位的功能说明如下：

$D_7$：控制字特征位，其必须为 1，表示该控制字为工作方式控制字。

$D_6$～$D_5$：端口 A 的工作方式选择。$D_6D_5$=00 为方式 0，$D_6D_5$=01 为方式 1，$D_6D_5$=1×为方式 2。

$D_4$：端口 A 的数据传送方向选择。$D_4$=0 为输出，$D_4$=1 为输入。

$D_3$：端口 C 高 4 位的数据传送方向选择。$D_3$=0 为输出，$D_3$=1 为输入。

$D_2$：端口 B 的工作方式选择。$D_2$=0 表示方式 0，$D_2$=1 表示方式 1。

$D_1$：端口 B 的数据传送方向选择。$D_1$=0 为输出，$D_1$=1 为输入。

$D_0$：端口 C 低 4 位的数据传送方向选择。$D_0$=0 为输出，$D_0$=1 为输入。

例如，要把端口 A 指定为方式 1、输出，端口 C 高 4 位为输入；端口 B 指定为方式 0、输入，端口 C 低 4 位指定为输出，则工作方式控制字应为 10101010B（AAH）。

若将此控制字写到 8255A 的命令寄存器，即实现了对 8255A 工作方式及端口功能的设定。

2. 置位/复位控制字

8255A 的置位/复位控制字用于指定端口 C 的某一位输出为高电平（置位）还是低电平（复位），其格式如图 9.9 所示。

| $D_7$ | $D_6$ | $D_5$ | $D_4$ | $D_3$ | $D_2$ | $D_1$ | $D_0$ |
|---|---|---|---|---|---|---|---|
| 特征位=0 | 未用，通常置为0 | | | 位选择<br>000=$PC_0$　100=$PC_4$<br>001=$PC_1$　101=$PC_5$<br>010=$PC_2$　110=$PC_6$<br>011=$PC_3$　111=$PC_7$ | | | 置位/复位选择<br>1 ＝置位<br>0 ＝复位 |

图 9.9　C 口置/复位控制字格式

各位的功能说明如下：

$D_7$：特征位，必须为 0，表示该控制字是 C 口的置位/复位控制字。

$D_6$～$D_4$：未用，可以为任意值，通常设置为 0。

$D_3$～$D_1$：位选择。决定对端口 C 的哪一位按位操作，这 3 位组合后可选择 $PC_0$～$PC_7$ 中的某一位。

$D_0$：对 $D_3$～$D_1$ 所选择的位是置位（“1”）还是复位（“0”）。

例如，若要把 C 口的 $PC_2$ 引脚置成高电平输出，则命令字应该为 00000101B（05H）。

### 9.1.5　8255A 应用举例

8255A 作为通用的 8 位并行通信接口芯片，用途非常广泛，可以与 8 位、16 位和 32 位 CPU 相连接，构成并行通信系统。在实际应用时，需要先对 8255A 初始化，即在程序的开头通过 CPU 向 8255A 写入工作方式控制字，从而设定接口功能。下面通过实例说明 8255A 的初始化编程及其在应用系统中的接口设计方法和编程技巧。

**【例 9.1】** 8255A 初始化编程示例。在 8086 系统中，设 8255A 的端口 A 为输入，端口 B 为输出，端口 A 和端口 B 均工作在方式 0。已知 8255A 端口地址为 200H～203H，试编程对 8255A 进行初始化，并将 $PC_1$ 置位，$PC_2$ 复位。

解析：根据题意，本题的初始化编程包含两部分：一部分为写工作方式控制字给控制端口，另一部分为写置位/复位控制字给控制端口。

初始化程序如下：

```
MOV   AL, 99H          ; 工作方式控制字 10011001B=99H
MOV   DX, 203H         ; 控制端口地址为 203H
OUT   DX, AL           ; 将工作方式控制字写入 8255A 控制端口
MOV   AL,03H           ; C 口置位控制字 00000011B=03H，设置 PC1=1
OUT   DX, AL           ; 将控制字写入 8255A 控制端口
MOV   AL,04H           ; C 口复位控制字 00000100B=04H，设置 PC2=0
OUT   DX, AL           ; 将控制字写入 8255A 控制端口
```

初始化完成后就可以与 8255A 进行数据传送了。例如，可用如下程序段从 8255A 的端口 A 读取一个字节的数据，然后再输出到端口 B。

```
MOV   DX, 200H              ; A 口地址为 200H
IN   AL, DX                 ; 从端口 A 读取一个字节的数据
MOV   DX, 201H              ; B 口地址为 201H
OUT   DX, AL                ; 把读到的数据输出到端口 B
```

**【例 9.2】** 8255A 在键盘接口中的应用。现要通过 8255A 与 4×4 矩阵键盘相连，实现将按键对应的数值显示在七段数码管 LED 上。8255A 的 C 口工作在方式 0 下，其中 $PC_7$～$PC_4$ 为输出，与键盘的各行线相连；$PC_3$～$PC_0$ 为输入，与键盘的各列线相连。硬件电路如图 9.10 所示，设 8255A 的端口地址为 80H～83H，试编程实现。

解析：图中左边的七段数码管分别由 7 个发光二极管组成，这七段发光管按顺时针分别称为 a、b、c、d、e、f、g，通过这 7 个发光段的不同组合，可显示 16 进制数中的 16 个符号（"0"～"9"与"A"～"F"）。本例中的七段 LED 数码管是共阴极结构，要显示某个字符，只要将其对应段上的发光二极管亮，其他段暗即可。从图 9.10 中已知，a 段和 8255A 的 $PA_0$ 相连，b 段和 8255A 的 $PA_1$ 相连，c 段和 8255A 的 $PA_2$ 相连，因此，若要显示"7"，则需让 8255A 的 PA 口输出数据 00000111B（07H）。

8255A 应用仿真实例

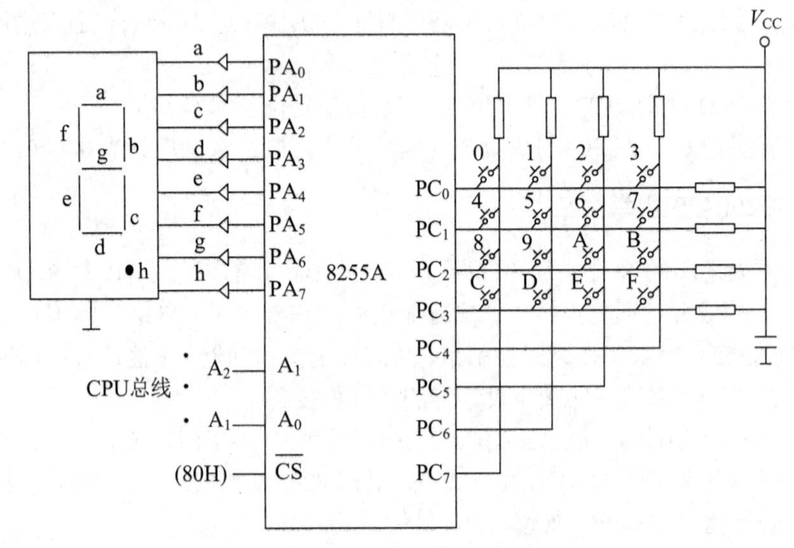

图 9.10 8255A 与键盘接口电路图

共阴极 LED 七段数码管显示的字符"0"～"F"的段码见表 9.2。

表 9.2 LED 七段数码管段码表

| 显示字符 | 0 | 1 | 2 | 3 | 4 | 5 | 6 | 7 | 8 | 9 | A | B | C | D | E | F |
|---|---|---|---|---|---|---|---|---|---|---|---|---|---|---|---|---|
| 段码（H） | 3F | 06 | 5B | 4F | 66 | 6D | 7D | 07 | 7F | 6F | 77 | 7C | 39 | 5E | 79 | 71 |

通过硬件电路图，可以判断出 8255A 的 A 口工作于方式 0 输出，B 口未用；已知 C 口的低 4 位输入，高 4 位输出。因此，8255A 的方式控制字是 10000001B=81H。

程序流程图如图 9.11 所示。

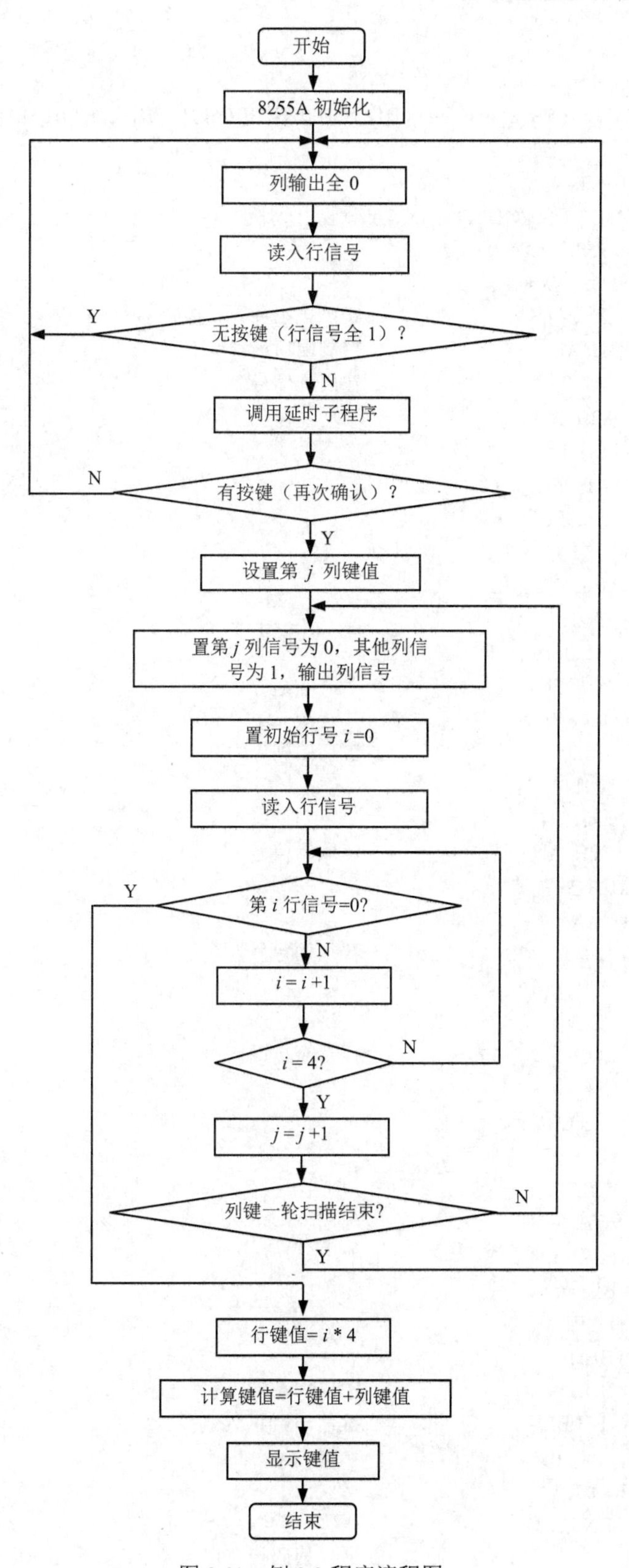


图 9.11　例 9.2 程序流程图

参考程序如下：

```
DATA      SEGMENT
TAB1      DB 3FH,06H,5BH,4FH ,66H,6DH,7DH,07H,7FH,6FH,77H,7CH,39H,5EH,79H,71H
DATA      ENDS
CODE      SEGMENT
          ASSUME  CS:CODE, DS:DATA
START:    MOV   AX, DATA
          MOV   DS, AX
          MOV   AL, 81H              ; 初始化工件方式控制字
          OUT 83H, AL                ; 控制端口地址 83H
          MOV   AL,0                 ; 输出列信号
          OUT   82H, AL
NO-KEY:   IN   AL,82H
          AND   AL,0FH
          CMP   AL,0FH
          JZ   NO-KEY
          CALL DELAYTIME
          IN   AL,82H
          AND   AL,0FH
          CMP   AL,0FH
          JZ   NO-KEY
          MOV   BL,0                 ; 置初始列号为 0
          MOV   CH,0EFH
LOP1:     MOV   AL,CH
          OUT   82H, AL              ; 读取行信号
          IN   AL,82H
          PUSH   CX
          MOV   BH,0                 ; 置初始行号为 0
          MOV   CX,4
LOP3:     SHR   AL,1
          JNC   LOP2                 ; 该行有按键
          INC   BH
          LOOP   LOP3
          POP   CX
          ROL   CH,1
          CMP   CH,0FEH
          JZ   NO-KEY
          INC   BL
          JMP   LOP1
LOP2:     SHL   BH,1
          SHL   BH,1                 ; BH*4 得列行值
          ADD   BH,BL                ; 键值=行值+列值
          MOV   AL, BH
          PUSH   BX
          LEA   BX,TAB1
          XLAT                       ; 通过换码指令得到显示码，在于 AL 中
```

```
        POP   BX
        OUT 80H, AL                ; 显示码送 8255A 的端口 A，在数码管上显示相应值
        MOV   AH, 4CH
        INT   21H
DELAYTIME PROC
        PUSH  CX
        MOV   CX,3000
WAT:    LOOP WAT
        POP   CX
        RET
DELAYTIME  ENDP
CODE    ENDS
        END   START
```

**【例 9.3】** 8255A 在打印机接口中的应用。将 8255A 的 A 口作为与打印机的连接接口，工作于方式 0，实现把内存缓冲区 BUFF 中的字符打印输出。试完成相应的软硬件设计。

分析：在打印机和主机之间采用 Centronics 并行接口。Centronics 是国际公认的工业标准 8 位并行接口，共有 36 个引脚，编号排列见表 9.3。

表 9.3　Centronics 标准引脚信号

| 引脚 | 名称 | 方向（对打印机） | 功能 |
|---|---|---|---|
| 1 | STROBE | 入 | 数据选通，有效时接收数据 |
| 2～9 | $DATA_1$～$DATA_8$ | 入 | 数据线 |
| 10 | ACKNLG | 出 | 响应信号，有效时准备接收数据 |
| 11 | BUSY | 出 | 忙信号，有效时不能接收数据 |
| 12 | PE | 出 | 纸用完 |
| 13 | SLCT | 出 | 选择联机，指出打印机不能工作 |
| 14 | AUTOLF | 入 | 自动换行 |
| 31 | INIT | 入 | 打印机复位 |
| 32 | ERROR | 出 | 出错 |
| 36 | SLCTIN | 入 | 有效时打印机不能工作 |

工作流程：主机将要打印的数据发送到数据线，然后发出选通信号。打印机将数据读入，同时使 BUSY 信号为高，通知主机停止传送数据。这时，打印机内部对读入的数据进行处理，处理完毕后使 ACKNLG 有效，同时使 BUSY 失效，通知主机可以发送下一个数据。

系统的硬件连线如图 9.12 所示。

由图 9.12 可知，系统通过对 $PC_0$ 的置位/复位产生选通信号，同时，由 $PC_7$ 接收打印机发出的 BUSY 信号作为能否输出的查询状态标志。

根据题目要求，设定 8255A 的控制字为 10001000B（88H），即端口 A 为方式 0、输出；端口 C 的高 4 位为方式 0、输入，低 4 位为方式 0、输出。选通信号 $PC_0$ 的置位命令为 00000001B（01H），复位命令为 00000000B（00H）。从图中可以分析出 8255A 的 4 个端口地址分别为 00H、01H、02H、03H。

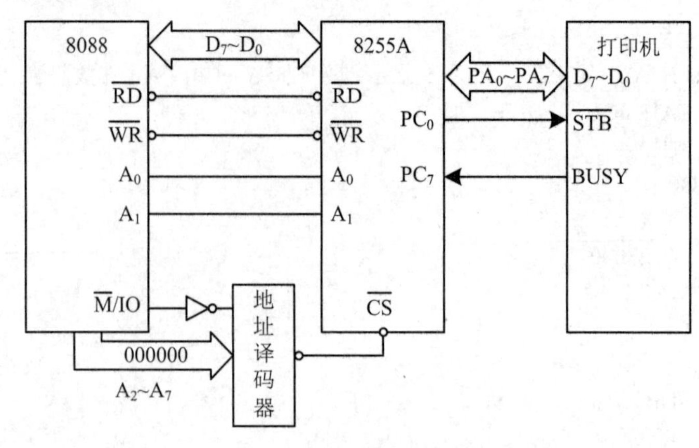


图 9.12 查询方式打印机接口硬件连线图

程序编写如下：

```
DATA    SEGMENT
BUFF    DB 'This is a print program!' ,'$'
DATA    ENDS
CODE    SEGMENT
        ASSUME   CS:CODE, DS:DATA
START:  MOV   AX, DATA
        MOV   DS, AX
        MOV   SI, OFFSET BUFF
        MOV   AL, 88H                ; 初始化控制字，端口 A 为方式 0，输出
        OUT   03H, AL                ; 端口 C 高 4 位方式 0，输入；低 4 位方式 0，输出
        MOV   AL,01H
        OUT   03H, AL                ; 使 PC0 置位，即使选通无效
WAIT1:  IN   AL,02H
        TEST   AL,80H                ; 检测 PC7 是否为 1，即是否“忙”
        JNZ   WAIT1                  ; 为忙则等待
        MOV   AL,[SI]
        CMP   AL, '$'                ; 是否为结束符
        JZ   DONE                    ; 是则输出回车符
        OUT   00H, AL                ; 不是结束符，则从端口 A 输出
        MOV   AL, 00H
        OUT   03H, AL
        MOV   AL, 01H
        OUT   03H, AL                ; 产生选通信号
        INC   SI                     ; 修改指针，指向下一个字符
        JMP   WAIT1
DONE:   MOV   AL, 0DH
        OUT   00H, AL                ; 输出回车符
        MOV   AL, 00H
        OUT   03H, AL
        MOV   AL, 01H
        OUT   03H, AL                ; 产生选通
WAIT2:  IN   AL, 02H
```

```
        TEST   AL, 80H             ; 检测PC7是否为1，即是否"忙"
        JNZ    WAIT2               ; 为忙则等待
        MOV    AL, 0AH
        OUT    00H, AL             ; 输出换行符
        MOV    AL, 00H
        OUT    03H, AL
        MOV    AL, 01H
        OUT    03H, AL             ; 产生选通
        MOV    AH, 4CH
        INT    21H
CODE    ENDS
        END    START
```

【例 9.4】将【例 9.3】中 A 口的工作方式改为方式 1，采用中断方式将 BUFF 开始的缓冲区中的 100 个字符从打印机输出。

假设打印机接口仍采用 Centronics 标准，仍用 $PC_0$ 作为打印机的选通，8255A 的 A 口作为数据通道，8255A 的中断请求信号（$PC_3$）接至系统中断控制器 8259A 的 $IR_3$，其他硬件连线同【例 9.3】，如图 9.13 所示。

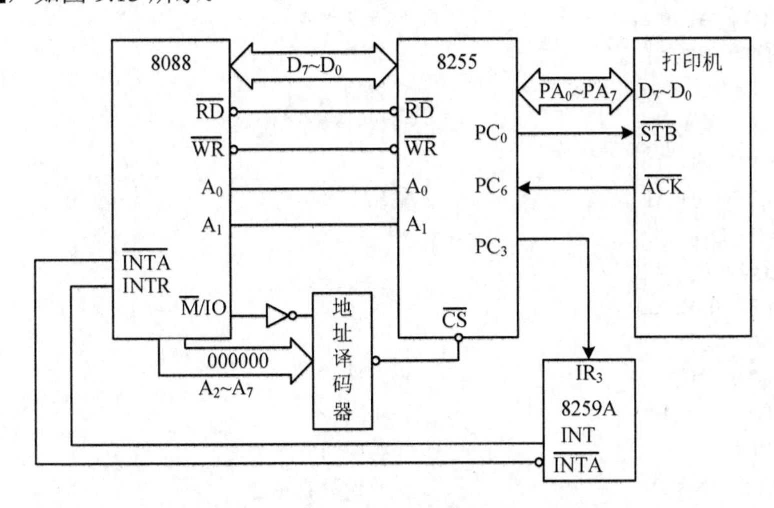


图 9.13　中断方式打印机接口硬件连线图

分析：根据题目要求，8255A 的工作方式控制字为 1010XXX0B；置位 $PC_0$ 的命令字为 00000001B（01H），复位命令字为 00000000B（00H）。置位 $PC_6$ 的命令字为 00001101B（0DH），以允许 8255A 的端口 A 通过中断输出数据。

通过图 9.13 可以分析出，8255A 的 4 个口地址分别为 00H、01H、02H、03H。假设 8259A 初始化时送 $ICW_2$ 为 08H，则 8255A 端口 A 的中断类型号是 0BH，此中断类型号对应的中断向量应放到中断向量表中从 0002CH 开始的连续 4 个单元中。

主程序及中断服务程序代码分别编写如下：

```
DATA    SEGMENT
        BUFF   DB  'This is a print program!' , '$'
DATA    ENDS
CODE    SEGMENT
```

```
        ASSUME CS:CODE,DS:DATA
START:  MOV   AX, DATA
        MOV   DS, AX
;主程序初始化 8255A 及 8259A，并初始化中断向量表
MAIN:   PUSH  DS
        XOR   AX, AX
        MOV   DS, AX
        MOV   BX, 002CH
        MOV   AX, OFFSET ROUTINTR
        MOV   WORD PTR [BX], AX
        MOV   AX, SEG  ROUTINTR
        MOV   WORD PTR [BX+2], AX      ; 送中断向量
        MOV   AL, 0DH
        OUT   03H, AL                  ; 使 8255A 端口 A 输出允许中断
        POP   DS
        MOV   AL, 0A0H
        OUT   03H, AL                  ; 设置 8255A 的控制字
        MOV   AL, 01H                  ; 使选通无效
        OUT   03H, AL
        MOV   DI, OFFSET BUFF          ; 设置地址指针
        MOV   CX, 99                   ; 设置计数器初值
        MOV   AL, [DI]
        OUT   00H, AL                  ; 输出一个字符
        INC   DI
        MOV   AL, 00H
        OUT   03H, AL                  ; 产生选通
        INC   AL
        OUT   03H, AL                  ; 撤消选通
        STI                            ; 开中断
NEXT:   HLT                            ; 等待中断
        LOOP  NEXT                     ; 修改计数器的值
        HLT
; 中断服务程序段
ROUTINTR: MOV   AL,[DI]
          OUT   00H,AL                 ; 从端口 A 输出一个字符
          MOV   AL,00H
          OUT   03H,AL                 ; 产生选通
          INC   AL
          MOV   03H,AL                 ; 撤消选通
          INC   DI                     ; 修改地址指针
          IRET                         : 中断返回
CODE      ENDS
          END   START
```

# 9.2 可编程定时/计数器 8253

在微机应用系统中经常会用到定时控制或计数控制，如定时中断、定时检测、定时扫描、各种计数等。定时和计数功能在工作原理上是相同的，都是记录输入脉冲的个数，只是定时是记录高精度晶振脉冲信号的，侧重于输出精确的时间间隔，称为定时器；而计数则记录时间间隔不等的随机到来的脉冲信号，侧重于输出脉冲的个数，称为计数器。

实现定时/计数大致可采用以下 3 种方法：

（1）软件定时。软件定时是利用程序段实现的，即采用循环方式让 CPU 执行一段不完成任何其他功能的程序段，通过改变循环次数来控制执行时间。这种方法的通用性和灵活性都比较好，但由于 CPU 在执行延时程序时并不作任何有意义的工作，从而降低了它的利用率。由于不同系统的时钟频率不一样，造成了同一定时程序段的定时时间也会有差别。所以，软件定时不适用于通用性和准确性要求较高的场合。

（2）硬件定时器。硬件定时器是通过硬件电路实现的定时/计数器，如采用专用定时芯片或数字逻辑电路构成的定时电路。这样的定时电路比较简单，但电路一旦形成，若要改变定时/计数的要求，就需改变电路的参数，所以，硬件定时器通用性、灵活性较差。

（3）可编程定时/计数器。可编程定时/计数器是一种具有定时/计数功能的专用芯片，其定时时间和计数值可以很容易通过软件编程来确定和改变。芯片设定好后可与 CPU 并行工作，不占用 CPU 时间，等计数器计时到预定时间，便自动形成一个输出信号，用来向 CPU 提出中断请求。这种方法可以很好地解决以上两种定时存在的不足，被广泛用在了各种定时或计数场合。

在各种微处理器芯片中都有可编程定时/计数器，应用较多的是 Intel 公司的 8253/8254 或是与其兼容的其他可编程定时/计数器芯片或模块。8253 和 8254 的计数脉冲频率不同，8253 最高为 2.6MHz，而 8254 可以达到 10MHz，这也是它们两者仅有的不同。本节主要介绍 8253 的基本工作原理及其应用。

## 9.2.1 8253 的内部结构与外部引脚

### 1. 8253 内部结构

8253 由数据总线缓冲器、读/写控制逻辑、控制字寄存器及三个计数器（计数器 0、1 和 2）组成，其内部结构如图 9.14 所示。

（1）数据总线缓冲器。数据总线缓冲器是一个三态、双向的 8 位寄存器，8 位数据线 $D_7$～$D_0$ 与 CPU 系统的数据总线连接，构成 CPU 和 8253 之间信息传送的通道，CPU 通过该数据总线缓冲器向 8253 写入控制命令、计数初值或读取计数值。

（2）读/写控制逻辑。读/写控制逻辑用来接收 CPU 系统总线的读/写控制信号、片选信号和端口选择信号，以决定 3 个计数器、控制字寄存器中的哪一个进行工作，以及数据传送的方向。

（3）控制字寄存器。控制字寄存器是一个只能写入而不能读出的 8 位寄存器，用来接收 CPU 送来的控制字，以选择计数器及其相应的工作方式等。

（4）计数器。8253 内部有 3 个结构完全相同而又相互独立的 16 位减“1”计数器，每个计数器都有 6 种不同的工作方式，各自可按照编程设定的方式进行工作。如图 9.15 所示，每个计数器均由一个 16 位的可预置初值的寄存器、一个 16 位减 1 计数器及一个输出锁存器构成，每个计数器可按二进制或 BCD 码进行减 1 计数。

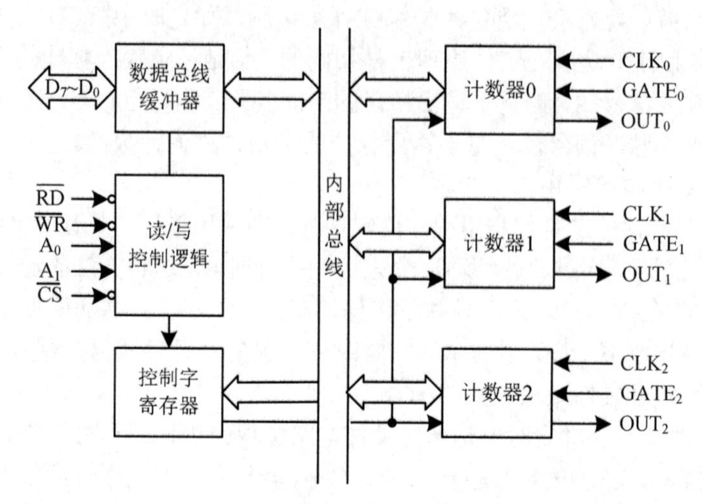


图 9.14　8253 的内部结构框图

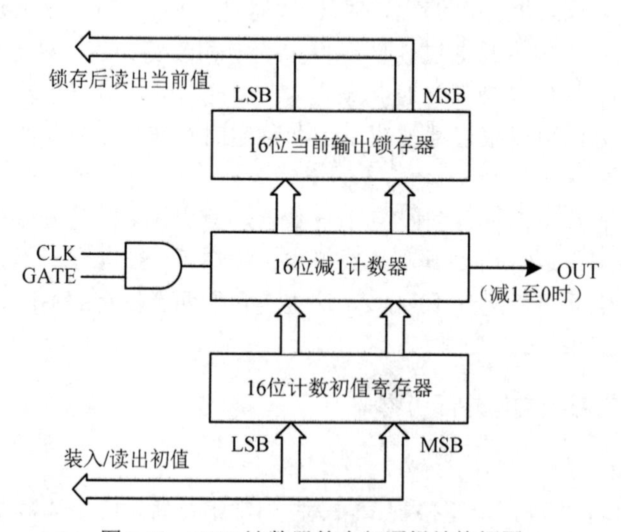


图 9.15　8253 计数器的内部逻辑结构框图

8253 初始化时，首先向计数通道装入计数初值，将其先送到计数初值寄存器中保存，然后再送到减 1 计数器。计数器启动后（GATE 信号有效），在时钟脉冲 CLK 的作用下，开始进行减 1 计数，直至计数值减到 0，输出 OUT 信号，计数结束。计数初值寄存器的内容在计数过程中保持不变。因此，若要想知道在计数过程中的当前值，则必须将当前值锁存后，从输出锁存器读出，而不能从减 1 计数器中读出。

2. 8253 外部引脚

8253 是双列直插式 24 脚封装的芯片，采用 NMOS 工艺制造，单一＋5V 电源供电。其引脚排列如图 9.16 所示。

对各引脚的功能解释如下：

$D_7$～$D_0$：双向、三态数据线。与 CPU 数据总线相连，用于传递 CPU 与 8253 之间的数据信息、控制信息和状态信息。具体包括写入 8253 的控制字、计数初值及读计数器的当前值等。

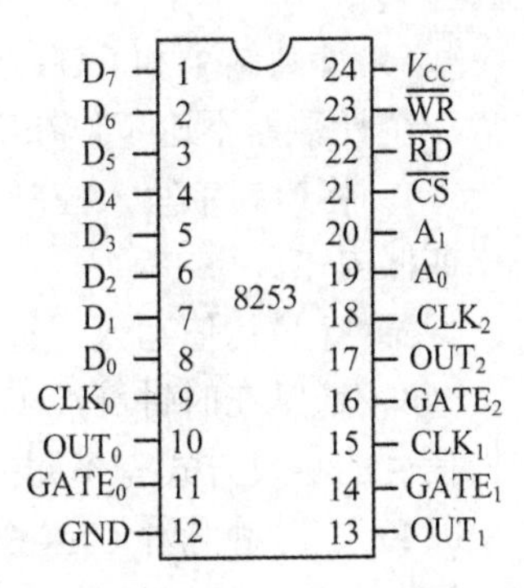

图 9.16　8253 引脚图

$\overline{CS}$：片选信号，输入。当其低电平有效时，表示 8253 被选中，允许 CPU 对其进行读/写操作。$\overline{CS}$通常与 I/O 端口地址译码电路的输出端相连接。

$\overline{RD}$：读信号，输入，低电平有效。用于控制 CPU 对 8253 的读操作，可与 $A_1$、$A_0$ 信号配合读取某个计数器的当前计数值。

$\overline{WR}$：写信号，输入，低电平有效。用于控制 CPU 对 8253 的写操作，可与 $A_1$、$A_0$ 信号配合以决定是写入控制字还是计数初值。

$A_1$、$A_0$：端口地址选择线，用于 8253 片内译码，以选择内部三个计数器和控制字寄存器的端口地址。一片 8253 共占用 4 个端口地址，$A_0$、$A_1$ 与片选信号及读/写信号共同决定了对 8253 各端口的操作功能，详见表 9.4。

表 9.4　8253 端口地址分配及读写操作

| $\overline{CS}$ | $\overline{RD}$ | $\overline{WR}$ | $A_1$ | $A_0$ | 寄存器选择及其操作 |
|---|---|---|---|---|---|
| 0 | 1 | 0 | 0 | 0 | 写计数器 0 |
| 0 | 1 | 0 | 0 | 1 | 写计数器 1 |
| 0 | 1 | 0 | 1 | 0 | 写计数器 2 |
| 0 | 1 | 0 | 1 | 1 | 写控制字 |
| 0 | 0 | 1 | 0 | 0 | 读计数器 0 |
| 0 | 0 | 1 | 0 | 1 | 读计数器 1 |
| 0 | 0 | 1 | 1 | 0 | 读计数器 2 |

$CLK_0$～$CLK_2$：时钟脉冲输入信号，用来输入定时基准脉冲或计数脉冲。

$GATE_0$~$GATE_2$：门控输入信号，用来控制计数器的启动或停止。当 GATE 为高电平时，允许计数器工作；当 GATE 为低电平时，禁止计数器工作。

$OUT_0$~$OUT_2$：计数器输出信号，当计数结束时，会在 OUT 端产生输出信号，不同的工作方式有不同的输出波形。

### 9.2.2　8253 的工作方式

8253 有 6 种不同的工作方式，每种方式都有其特点和应用范围，每个计数器都可以工作在不同的工作方式下，学习时应关注以下几点：

（1）哪个计数器在工作，它将影响对控制字的设置。

（2）计数初值的确定，它也将影响对控制字的设置。

（3）计数条件 GATE。

（4）计数启动方式。

（5）计数结束和 OUT 输出波形。

三个计数器不论工作在哪种方式下，都应遵循以下规则：

（1）将控制字写入控制寄存器后，控制逻辑电路复位，输出信号 OUT 进入初始状态（高电平或低电平）。

（2）计数初值写入“计数初值寄存器”后，经过一个时钟周期送入“减 1 计数器”。

（3）通常在时钟脉冲 CLK 的上升沿对门控信号 GATE 采样。在不同的工作方式下，对门控信号的触发方式有不同的要求。

（4）在时钟脉冲 CLK 的下降沿，计数器减“1”计数。

下面分别介绍这 6 种工作方式的工作过程和特点。

（1）方式 0（计数结束时产生中断）。方式 0 的工作时序如图 9.17 所示。其计数过程为：在写入控制字 CW 后，OUT 立即变为低电平，并且在计数过程中一直维持低电平；在 GATE=1 的前提下，写入计数初值 $n$ 之后，在 $\overline{WR}$ 信号上升沿之后的下一个 CLK 脉冲计数值装入计数器，并开始计数；在计数过程中，OUT 引脚一直保持低电平，直到计数为“0”时，其输出才由低电平变为高电平，并且保持高电平。

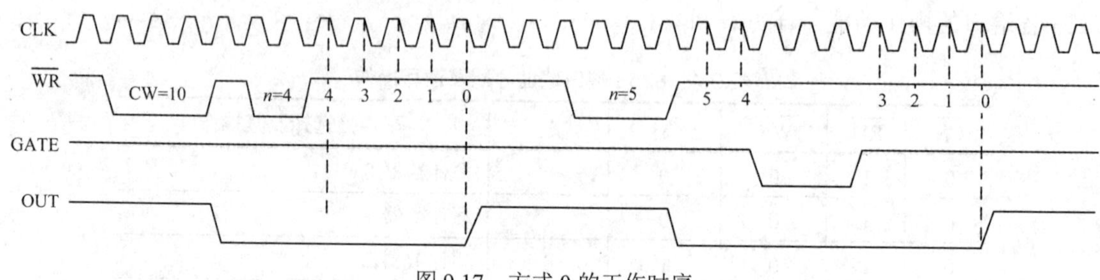


图 9.17　方式 0 的工作时序

方式 0 的特点如下：

1）OUT 初始电平为低电平。

2）计数初值无自动装入功能，若要继续计数，需重新写入计数初值。

3）当 GATE 为高电平时，才允许计数，且在计数过程中，如果 GATE 变为低，则暂停计数，直到 GATE 变高后再接着计数。

4）在计数期间若给计数器装入新值，则会在写入计数初值后重新开始计数过程。

（2）方式 1（可重复触发的单稳态触发器）。方式 1 的工作时序如图 9.18 所示。其计数过程为：在写入控制字 CW 后，OUT 立即变为高电平，写入计数初值 $n$ 后，计数器并不开始计数，而是直到 GATE 上升沿触发之后的第一个 CLK 的下降沿时才启动计数，并使 OUT 引脚由高电平变为低电平。在整个计数过程中，OUT 引脚始终保持低电平，直到计数为“0”时变为高电平。一个计数过程结束后，OUT 引脚输出一个宽度为 $n$ 个 CLK 周期的负脉冲。

方式 1 的特点如下：

1）硬件启动计数，即由门控信号 GATE 的上升沿触发计数。

2）可重复触发。计数到“0”后，不需再次送计数初值，只要再次出现 GATE 上升沿脉冲，即可产生一个同样宽度的单稳脉冲。

3）计数过程中，若装入新的计数初值，当前计数值将不受影响，仍继续计数直到结束。计数结束后，只有再次出现 GATE 上升沿脉冲，才按新初值启动计数。

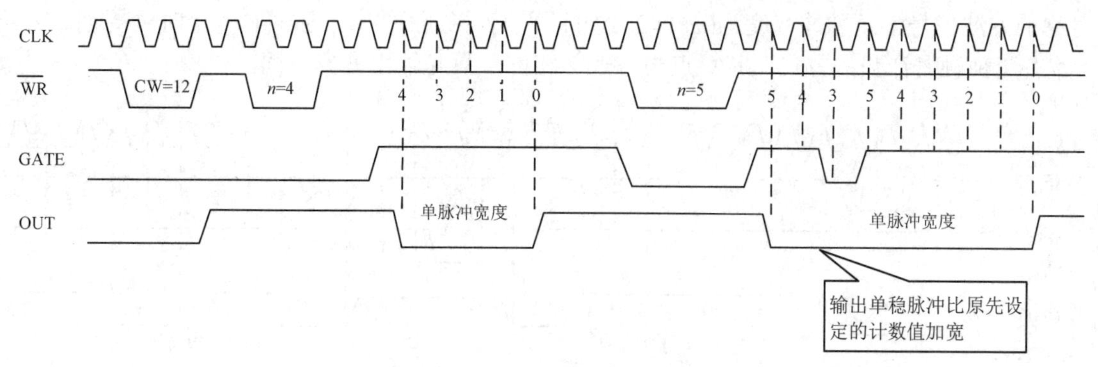


图 9.18　方式 1 的工作时序

4）计数过程中，若门控信号 GATE 又产生新的触发脉冲，则计数器将立即从初值开始重新计数，直到计数结束，OUT 端才变为高电平。利用这一功能，可延长 OUT 输出的单脉冲宽度。

（3）方式 2（频率发生器—分频器）。方式 2 的工作时序如图 9.19 所示。其工作过程为：写入控制字 CW 之后，OUT 立即变为高电平，在写入计数初值 $n$ 之后的第一个 CLK 下降沿将 $n$ 装入计数器，在门控信号 GATE 为高电平时，开始减 1 计数。在计数过程中，OUT 引脚始终保持高电平，直到计数器减为“1”时，OUT 引脚变为低电平，维持一个时钟周期后（即计数减为“0”），又恢复为高电平，同时自动将计数值 $n$ 加载到计数器，重新启动计数，形成循环计数过程，OUT 引脚连续输出负脉冲。

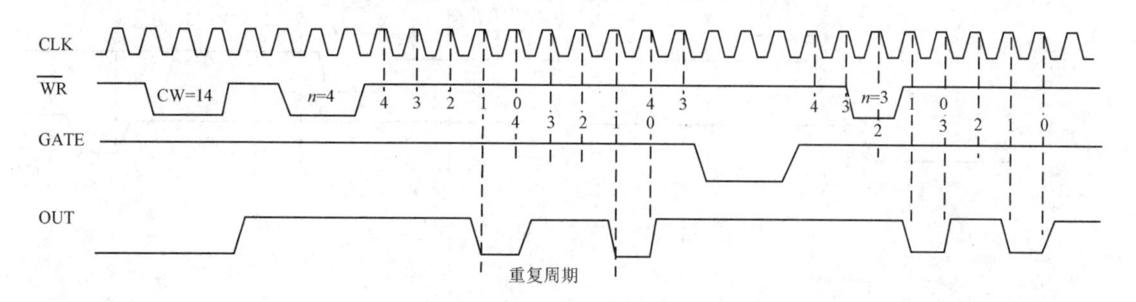


图 9.19　方式 2 的工作时序

方式 2 的特点如下：

1）计数初值有自动装入功能，不用重新写入计数值，计数过程可由 GATE 信号控制。

2）在计数过程中，当 GATE 为低电平时，暂停计数；在 GATE 变为高电平后的下一个 CLK 脉冲使计数器恢复计数初值，重新开始计数。

3）若计数初值为 $n$，则 OUT 引脚上每隔 $n$ 个时钟脉冲就输出一个负脉冲，其频率为输入时钟脉冲频率的 $1/n$，故方式 2 也称为分频器。输出 OUT 是输入 CLK 的 $n$（初值）分频。

4）在计数过程中，若装入新的计数初值，则当前输出不受影响。在下次自动装入初值时才按新值计数。

（4）方式 3（方波发生器）。方式 3 的工作时序如图 9.20 所示，其工作原理与方式 2 类似，有自动重复计数功能，但 OUT 引脚输出的波形不同。当计数初值 $n$ 为偶数时，OUT 输出对称的方波信号，正负脉冲的宽度为 $n/2$ 个时钟周期；当计数初值 $n$ 为奇数时，OUT 输出不对称的方波信号，正脉冲宽度为$(n+1)/2$个时钟周期，负脉冲宽度为$(n-1)/2$个时钟周期。方式3兼有两种触发计数的方式，其特点与方式2相同，只是输出波形不同。

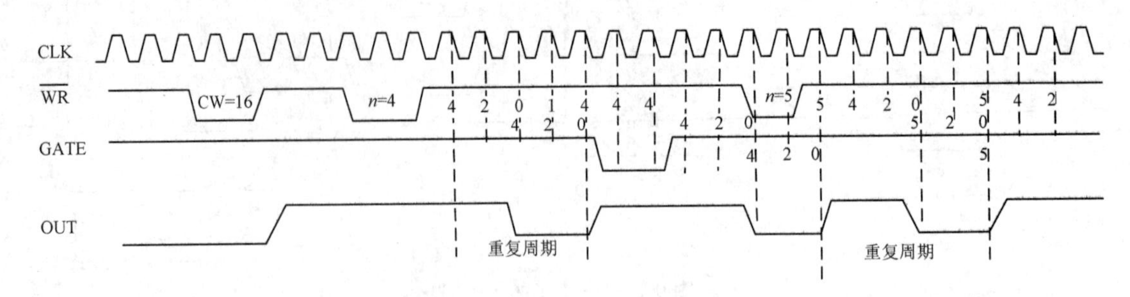


图9.20 方式3的工作时序

（5）方式4（软件触发的选通计数）。方式4的工作时序如图9.21所示。其工作过程为：写入控制字CW后，OUT立即变为高电平，在写入计数初值$n$之后的第一个CLK的下降沿将$n$装入计数器，待下一个计数脉冲信号CLK到来且门控信号GATE为高电平（即软件启动）时开始计数。当计数为“0”时，OUT引脚由高电平变为低电平，维持一个时钟周期后，OUT又从低电平变为高电平。一次计数过程结束后，OUT引脚输出宽度为一个时钟周期的负脉冲信号。

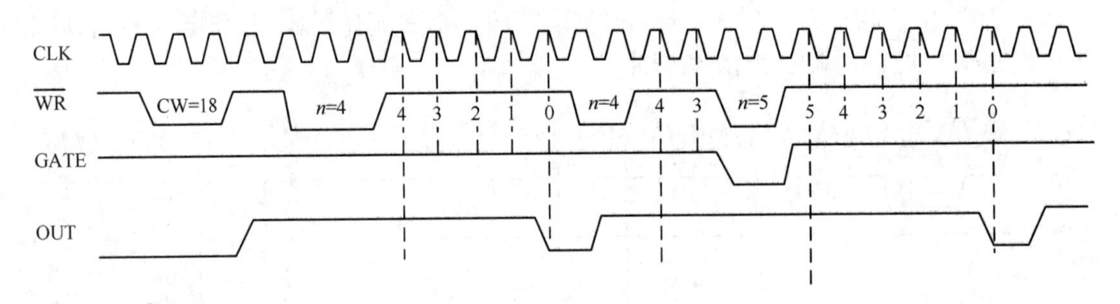


图9.21 方式4的工作时序

方式4的特点如下：

1）无自动重复计数功能，只有在写入新的计数初值后，才能开始新的计数。

2）若设置的计数初值为$n$，则在写入计数初值$n$个时钟脉冲之后，才使OUT引脚产生一个负脉冲信号。

（6）方式5（硬件触发选通计数器）。方式5与方式1的工作原理相似，也是由GATE门控信号的上升沿触发计数器来计数，但它的输出波形为单脉冲选通信号，同方式4，时序如图9.22所示。

方式5的特点如下：

1）硬件启动计数，即由门控信号GATE的上升沿触发计数。

2）可重复触发。计数到“0”后，不需要再次送计数初值，只要GATE信号再次出现上升沿，即可产生一个同样宽度的单稳脉冲。

3）计数过程中，若装入新的计数初值，只要GATE信号不出现上升沿，则当前输出不受影响。如果在这以后，GATE出现上升沿，计数器才开始按新值计数。

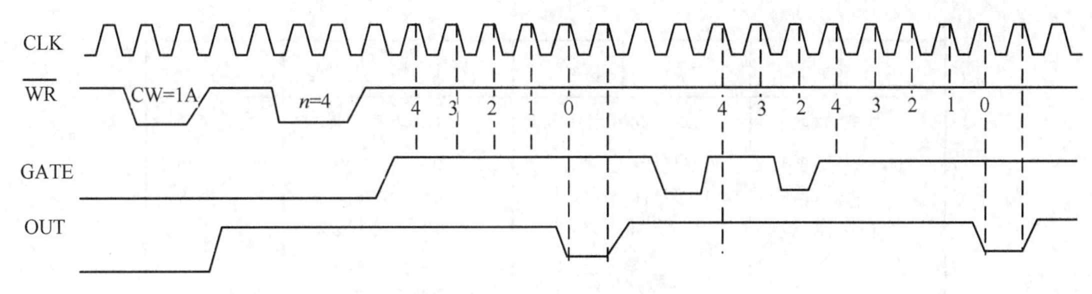


图 9.22　方式 5 的工作时序

4）计数过程中，若门控信号 GATE 又产生新的触发脉冲，则重新开始计数。此时输出的单脉冲宽度会变长。

方式 5 的输出波形与方式 4 相同。两种工作方式的区别是：方式 4 为软件启动计数，即 GATE=1，写入计数初值时启动计数；方式 5 为硬件启动计数，即先写入计数初值，再由 GATE 的上升沿触发后，才启动计数。

8253 有 6 种不同工作方式，它们各自的特点不同，因此所实现的功能和应用的场合也就不同，具体概括总结如下：

（1）方式 0、4 的计数初值无自动加载功能，当一次计数结束后，若要继续计数，需要再次编程写入计数初值；方式 1、5 计数结束后，无需再次写入计数初值，但需要 GATE 信号上升沿再次触发。

（2）方式 2 和方式 3 的计数初值有自动加载功能，只要写入一次计数初值，就可以连续进行重复计数。

（3）方式 2、4、5 的输出波形虽然相同，即都是宽度为一个时钟周期的负脉冲，但方式 2 可以连续自动工作，方式 4 由软件触发启动，方式 5 由硬件触发启动。

具体见表 9.5。

表 9.5　8253 的 6 种工作方式的特点及其功能

| 工作方式 | GATE 启动计数 | GATE 中止计数 | 自动重复 | 更新初值 | OUT 波形 | 功能 |
|---|---|---|---|---|---|---|
| 方式 0 | 高电平 | GATE=0 | 无 | 立即有效 | N… 0 | 计数（定时）中断 |
| 方式 1 | 上升沿 | 无影响 | 无 | 下一轮有效 | N … 0 | 单脉冲发生器 |
| 方式 2 | 高电平或上升沿 | GATE=0 | 有 | 下一轮有效 | N..2 1 0 | 频率发生器或分频器 |
| 方式 3 | 高电平或上升沿 | GATE=0 | 有 | 下半轮有效 | N/2 N/2 | 方波发生器或分频器 |
| 方式 4 | 高电平 | GATE=0 | 无 | 立即有效 | N… 1 0 | 单脉冲发生器 |
| 方式 5 | 上升沿 | 无影响 | 无 | 下一轮有效 | N… 1 0 | 单脉冲发生器 |

注：GATE 高电平触发方式也称为软件触发方式，GATE 上升沿触发方式也称为硬件触发方式。

### 9.2.3　8253 的控制字

8253 的方式控制字具有固定的格式，其用于对计数器的选择、计数器的工作方式、数据的读/写格式和计数形式格式的设置，如图 9.23 所示。

| $D_7$ | $D_6$ | $D_5$ | $D_4$ | $D_3$ | $D_2$ | $D_1$ | $D_0$ |
|---|---|---|---|---|---|---|---|
| $SC_1$ | $SC_0$ | $RL_1$ | $RL_0$ | $M_2$ | $M_1$ | $M_0$ | BCD |
| 计数器选择<br>00 =计数器0<br>01 =计数器1<br>10 =计数器2<br>11 =无效 | | 读/写格式选择<br>00 =计数器锁存命令<br>01 =只读/写低字节<br>10 =只读/写高字节<br>11 =先读/写低字节 再读/写高字节 | | 工作方式选择<br>000 =方式0<br>001 =方式1<br>×10 =方式2<br>×11 =方式3<br>100 =方式4<br>101 =方式5 | | | 数制选择<br>0 = 二进制<br>1 = BCD码 |

图 9.23 8253 方式控制字格式

控制字中的各位定义如下：

$D_7D_6$：计数器选择。8253 的 3 个计数器共用同一个控制端口地址，由这两位来具体确定是对哪个计数器进行设置。

$D_5D_4$：读/写计数器控制。该两位规定了向 16 位计数器写入初值或读取计数值时的格式。其中 00 为计数器锁存命令，当要读取计数器中的计数值时须先发出计数器锁存命令，把当前计数值锁存到输出锁存器中时才能读取，同时又不影响计数器的计数进行；01、10 和 11 用于定义计数初值单/双字节操作以及操作顺序。

$D_3$～$D_1$：计数器工作方式选择。该三位用于确定计数器的工作方式。

$D_0$：计数初值数制选择。0 为二进制计数；1 为 BCD 码计数。当采用二进制计数时，写入计数器的初值用二进制数表示，初值范围为 0000～FFFFH，其中 0000 表示最大值 65536（$2^{16}$）；当采用 BCD 码计数时，写入计数器的初值用 BCD 码表示，初值范围为 0000～9999H，其中 0000 表示最大值 10000（$10^4$）。

### 9.2.4 8253 的初始化编程及应用

1. 8253 的初始化编程

同 8255 等其他可编程接口芯片一样，8253 在工作之前也必须先进行初始化，即设定其工作方式、计数初值等。在初始化时，由于 8253 的三个计数器的控制字是各自独立的，且它们的计数初值都有各自的编程地址，因此初始化编程顺序就比较灵活。可以写入一个计数器的控制字和计数初值之后，再写入另一个计数器的控制字和计数初值，也可以把所有计数器的控制字都写入之后，再写入各自的计数初值。不管采用哪种方法，都需要注意两点：第一点是计数器的控制字必须写在其计数初值之前；第二点是如果写入的计数初值为 8 位，则只需写低 8 位，高 8 位自动置 0；如果计数初值为 16 位，而且其低 8 位为 0，则只写计数初值的高 8 位即可，低 8 位自动置 0；如果计数初值为 16 位，且高、低 8 位都不为 0，则需分两次写入，先写入低 8 位，再写入高 8 位。

下面通过实例说明 8253 的初始化编程方法。

**【例 9.5】**在某微机系统中，设 8253 的端口地址为 40～43H，现要求计数器 0 工作于方式 3，计数初值为 3214，按 BCD 码计数；计数器 2 工作于方式 2，计数初值为 99H，采用二进制计数。

初始化程序段为：

```
MOV   AL,00110111B          ; 计数器 0 控制字
OUT   43H,AL                ; 写入控制端口
MOV   AX,3214H              ; 计数初值 3214H
OUT   40H,AL                ; 写入计数器 0 的低字节
MOV   AL,AH
OUT   40H, AL               ; 写入计数器 0 的高字节
MOV   AL,10010100B          ; 计数器 2 控制字
OUT   43H,AL                ; 写入控制端口
MOV   AL,99H                ; 计数初值 99H
OUT   42H,AL                ; 写入计数器 2 的低字节
```

在实际的应用系统中，除了需要对 8253 进行初始化编程以外，往往还需要在计数过程中对 8253 执行读操作，以取得计数器的当前计数值。从 8253 的计数器中读取当前计数值有直接读取和锁存读取两种方法，直接读取方法使用不太方便，现已很少使用，这里主要介绍锁存读取方法。

锁存读取是专门为在计数过程中读取数据而设计的一种方法，这种方法可以在计数过程中既读出数据又不影响计数操作。使用时，要先向 8253 计数器发一个锁存命令，即设置方式控制字的 $D_5D_4$ 两位为 00，而低 4 位可以全为 0。当 8253 接收到此锁存命令后，输出锁存器中的当前计数值就被锁存下来而不再随减 1 计数器变化。计数值被锁存以后，就可以用输入指令读取该计数值。当数据被读出之后，锁存器自动解除锁存而又开始随减 1 计数器变化。

**【例 9.6】**设某微机系统中 8253 的端口地址为 A20H～A23H，要求读取计数器 1 的计数值，采用锁存器锁存方式，则其程序段为：

```
MOV    DX,0A23H
MOV    AL,40H               ; 计数器 1 的锁存命令
OUT    DX,AL
MOV    DX,0A21H
IN     AL,DX                ; 读取计数器 1 的低 8 位数据
MOV    AH,AL                ; 暂存于 AH 中
IN     AL,DX                ; 读取计数器 1 的高 8 位数据
XCHG   AL,AH                ; AX 中为计数器 1 的 16 位计数值
```

**说明**：因 8253 的计数器是 16 位的，所以在读取计数值时要分两次读至 CPU。

**【例 9.7】**8253 的定时功能及应用。将 8253 的计数器 1 作为 5ms 定时器，设输入时钟频率为 200KHz，试编写 8253 的初始化程序。设 8253 的端口地址为 3F80H～3F86H。

8253 应用仿真实例

解析：

第一步，计算计数初值 *N*。已知 CLK 的频率为 200kHz，则其周期 $T$=1/200kHz=5μs，于是计数初值 $n$=5ms/T=5ms/5μs=1000。

第二步，确定控制字。根据题意，计数器 1 工作于方式 0，按 BCD 码计数，由于计数初值 $n$=1000，控制字 $D_5D_4$ 位应为 11。确定的控制字为：01110001B=71H

编写的初始化程序段如下：

```
MOV   AL,71H                ; 控制字内容
MOV   DX,3F86H              ; 控制端口地址
OUT   DX,AL                 ; 送控制端口
```

```
MOV   DX,3F82H              ; 计数器 1 地址
MOV   AL,00                 ; 计数初值 n=1000 的低 8 位写入计数器 1
OUT   DX,AL
MOV   AL,10H                ; n 的高 8 位写入计数器 1
OUT   DX,AL
```

2. 8253 在微机中的应用

【例 9.8】在微机系统中，经常需要采用定时/计数器进行定时或计数控制。譬如在 PC/XT 系统中，计数器 0 用于定时时钟，计数器 1 用于 DRAM 定时刷新，计数器 2 用于驱动扬声器工作，接口电路如图 9.24 所示。

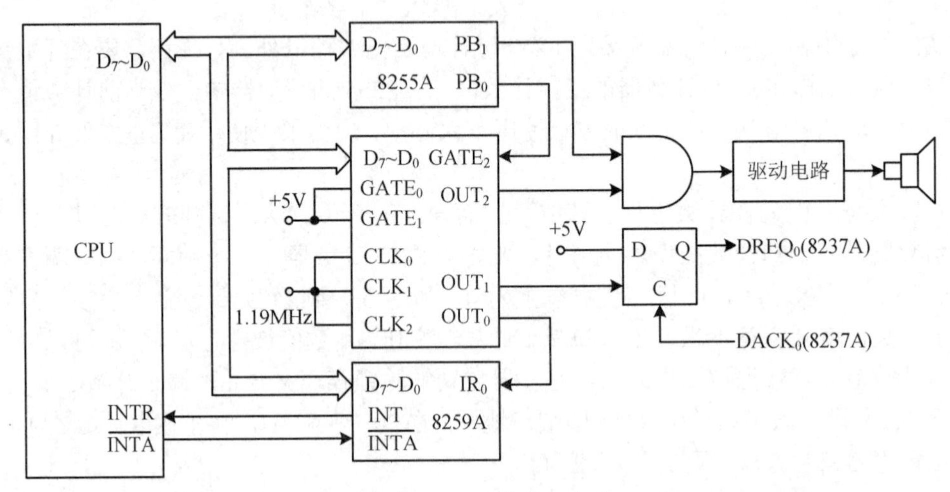


图 9.24　8253 的接口电路

三个计数器的时钟信号 $CLK_2$～$CLK_0$ 由系统时钟 4.77MHz 经四分频后的 1.19MHz 提供。

计数器 0 工作于方式 3，$GATE_0$ 接高电平，$OUT_0$ 直接接到 8259A 的 $IR_0$（总线的 $IRQ_0$）引脚，要求每隔 55ms 产生一次定时中断，用于系统实时时钟和磁盘驱动器的电机定时。

计数器 1 工作于方式 2，$GATE_1$ 接高电平，$OUT_1$ 输出经 D 触发器后作为对 DMA 控制器 8237A 通道 0 的 $DREQ_0$ 信号，每隔 15.1μs 定时启动刷新 DRAM。

计数器 2 工作于方式 3，$GATE_2$ 由 8255A 芯片的 $PB_0$ 控制。当 $PB_0$ 的输出使 $GATE_2$ 为高电平时，计数器 2 方能工作，$OUT_2$ 输出的方波与 8255A 芯片的 $PB_1$ 信号共同接入一个"与"门来控制扬声器的音调，而扬声器发声的长短取决于 $OUT_2$ 信号延续时间的多少。

解析：各个计数器的计数初值计算如下：

计数器 0：每隔 55ms（54.925493ms）产生一次中断，即每秒产生 18.206 次中断请求，所以，计数初值=$1.19318\times10^6\times54.925493\times10^{-3}$=65535.99973774≈65536（即 0000H）。

计数器 1：在 PC/XT 计算机中，要求在 2ms 内进行 128 次刷新操作，由此可计算出每隔 2ms÷128=15.084ms 必须进行一次刷新操作。所以，计数初值=15.084ms×1.19318MHz=17.9979≈18。

计数器 2：假设扬声器的发声频率为 1kHz，则计数初值=1.19318MHz÷1kHz=1193.18≈1193。

设 8253 的端口地址为 40H～43H，8255A 的端口地址为 60H～63H。下面给出计数器 0 和计数器 1 的初始化程序及计数器 2 的扬声器驱动程序。

计数器 0 的初始化程序为：

```
MOV   AL,36H          ; 计数器 0，方式 3，二进制计数，先低字节后高字节
OUT   43H, AL         ; 写入控制端口
MOV   AL,0            ; 计数初值 0000H
OUT   40H,AL          ; 写计数初值低字节
OUT   40H,AL          ; 写计数初值高字节
```

计数器 1 初始化程序为：

```
MOV   AL,54H          ; 计数器 1，方式 2，二进制计数，只写低字节
OUT   43H,AL          ; 写入控制端口
MOV   AL,18           ; 计数初值为 18
OUT   41H,AL          ; 写计数初值
```

计数器 2 的发声驱动程序：

```
BEEP  PROC  FAR
      MOV   AL,0B6H       ; 计数器 2，方式 3，二进制计数，先低字节后高字节
      OUT   43H,AL        ; 写入控制端口
      MOV   AX,1193       ; 计数初值为 1193
      OUT   42H,AL        ; 写计数初值低字节
      MOV   AL,AH
      OUT   42H, AL       ; 写计数初值高字节
      IN    AL,61H        ; 读 8255A 的 B 口
      MOV   AH, AL        ; B 口数据暂存于 AH 中
      OR    AL,03H        ; 使 PB1 和 PB0 均为 1
      OUT   61H,AL        ; 打开 GATE2 门，OUT2 输出方波，驱动扬声器
      MOV   CX,0          ; 循环计数，最大值为 2^16
L0:   LOOP  L0            ; 循环延时
      DEC   BL            ; BL 为子程序入口条件
      JNZ   L0            ; BL=6，发长声（约 3s），BL=1，发短声（约 0.5s）
      MOV   AL,AH         ; 恢复 8255A 的 B 口值，停止发声
      OUT   61H, AL
      RET                 ; 子程序返回
BEEP ENDP
```

## 9.3 可编程串行接口 8251A

### 9.3.1 串行通信

串行通信是在单条传输线上将二进制位按时间顺序依次一一传输的过程，与并行通信相比，虽然其传输速度较低，但由于其可以节约大量线路成本，所以非常适合远距离数据传输。通信网及计算机网络中服务器与站点之间、各个站点之间都以串行方式传输数据。另外，由于串行通信的抗干扰能力也大大强于并行通信，因此现代的很多高速外部设备，譬如数码相机、移动硬盘等都使用串行通信方式与微机进行通信。在实际应用中，通信设备一般都配有串行通信接口。

1. 串行通信方式

在串行通信中，根据通信线路的数据传送方向，有单工、半双工和全双工三种基本通信方式。

（1）单工通信。单工通信方式如图 9.25（a）所示。其特点是通信双方的一方为发送设备，另一方为接收设备，传输线只有一条，数据只能按一个固定的方向传送。

区分全双工与半双工

（2）半双工通信。半双工通信方式如图 9.25（b）所示。其特点是通信双方既有发送设备，也有接收设备，但传输线只有一条，因此在同一时间只能为一个方向传送数据，通常信息传送方向由收发控制开关控制。通过分时可实现数据的双向传送。

（3）全双工通信。全双工通信方式如图 9.25（c）所示。其特点是通信双方既有发送设备，也有接收设备，并且数据的发送和接收分别由两条传输线分别进行传输，可以实现通信双方在同一时刻进行发送和接收操作。这种全双工方式在通信线路和通信机理上相当于两个方向相反的单工方式的组合。

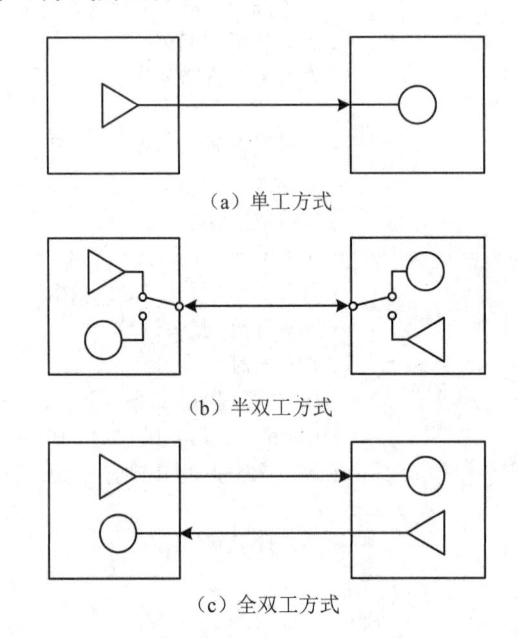
（a）单工方式

（b）半双工方式

（c）全双工方式

图 9.25　串行通信的三种基本方式

目前的微机通信系统中，多采用半双工或全双工通信方式。

2. 串行通信类型

在串行通信中，通信双方收发数据序列必须在时间上取得一致，这样才能保证接收数据的正确性。按照通信双方发送和接收数据序列在时间上取得一致的方法不同，串行通信可分为异步串行通信和同步串行通信两大类，它们是串行通信中的两种基本通信方式。

（1）异步串行通信。在异步通信中，被传送的信息通常是一个字符代码或一个字节数据，它们都以规定的相同传送格式一帧一帧地发送或接收。之所以称为“异步”，是因为在两个字符之间的传输间隔是任意的，但是在一个字符内部的位与位之间是同步的，即字符内部的各位以预先规定的速率传送。在异步通信中，发送方和接收方可以不用同一个时钟信号。为保证异步通信的正确传输，接收方必须能识别字符从哪一位开始，到何时结束。因此，需要在每个字符的前后加上一些分隔位来表示字符的开始和结束，这就形成了一个完整的串行传送字符，称为一帧信息（字符帧格式）。

通常字符帧格式由 4 部分组成，依次为起始位、数据位、奇偶校验位和停止位，如图 9.26 所示。

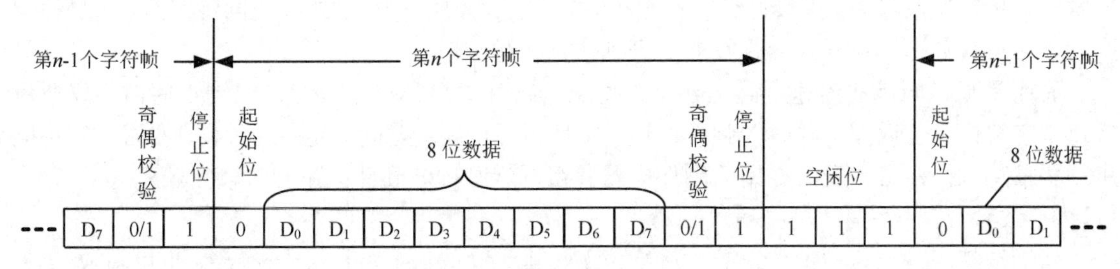


图 9.26　异步通信字符帧格式

各部分功能介绍如下：

1）起始位：是一帧数据的开始标志，占 1 位，低电平有效。在没有数据传送时，通信线上处于逻辑“1”（高电平）状态；当出现一个逻辑“0”（低电平）状态时，意味着一个字符信息开始传送。

2）数据位：是传送的有效信息。数据的位数没有严格限制，可以是 5 位、6 位、7 位或 8 位，由初始化编程设定，但规定是由低位到高位逐位传送。

3）奇偶校验位：0～1 位，数据位发送完（或接收完）之后，可发送（或接收）奇偶校验位，用于传送数据的有限差错检测或表示数据的一种性质，是发送方和接收方预先约定好的一种检验（检错）方式。当然也可以没有奇偶校验位，由初始化编程设定。

4）停止位：高电平，表示一个字符帧信息的结束，也为发送下一个字符帧信息做好准备。根据字符数据的编码位数，可以选择 1 位、1.5 位或 2 位，由初始化编程设定。

在异步通信中，字符与字符之间的传输间隔是不固定的，可以是任意长。因此，在一个字符信息传送完成而下一个字符还没有开始传送之前，要在通信线上加空闲位，空闲位用高电平“1”表示。

异步通信的大致工作过程为：数据传送开始后，接收设备不断检测传输线上是否有起始位到来，当接收到一系列的“1”（空闲或停止位）之后，检测到第一个“0”，说明起始位出现，就开始接收所规定的数据位、奇偶校验位及停止位。经过接收器处理，将停止位去掉，把数据位拼装成为一个字节数据，经校验无误，则接收完毕。当一个字符接收完毕后，接收设备又继续测试传输线，监视“0”电平的到来和下一个字符的开始，直到全部数据接收完毕。

因此，在异步通信中，发送和接收双方要事先约定传送的字符格式，如数据位、停止位各采用多少位、采用何种校验形式，此外还要设定收发双方的波特率等。

由于采用异步通信方式，接收方不需要和发送方使用同一个时钟信号进行同步，且允许有一定的频率误差，对时钟同步的要求不严格，因而控制比较简单，实现方便。但由于每个字符都需要添加起始位、停止位等信息，使得额外开销较大，降低了有效信息传送的效率，因而适合于低速通信场合。

（2）同步串行通信。同步通信方式就是将多个字符组成一个信息组，以数据块的方式进行传送，每个数据块（称为信息帧）的前面加上一个或 2 个同步字符或标识符作为帧的起始边界，后面加上校验字符，帧的结束可以用结束控制字符也可以在帧中设定长度。

在同步通信过程中，发送方在开始发送数据信息之前，要先发送同步字符使接收方与之同步，然后才开始成批地进行数据传送，在数据传送时字符与字符之间没有空闲间隔，也不需要起始位和停止位等。如果在传送过程中下一个字符来不及准备好，则发送方需要在通信线路上发送同步字符来填充。接收方在接收数据时首先进入位串搜索方式寻找同步字符，一旦检测到同步字符就从这一点开始接收数据，直到数据传送结束。

显而易见，同步通信速度高于异步，可工作在几十至几百千波特，但同步通信不仅要保持每个字符内各位以固定的时钟频率传输，而且还要管理字符间的定时，对收、发双方时钟同步的要求特别高，必须配备专用的硬件电路获得同步时钟，硬件电路相对较复杂。

3. 波特率及传输率

所谓波特率是指每秒钟传送的二进制位数，其单位是 bps（bits per second，也可写成 b/s）。波特率是衡量串行数据传输速度快慢的一个重要指标，波特率越高，传送速度越快。目前，国际上规定了一个标准的波特率系列：110b/s、300b/s、600b/s、1200b/s、1800b/s、2400b/s、4800b/s、9600b/s、14.4Kb/s、19.2Kb/s、28.8Kb/s、33.6Kb/s 及 56Kb/s 等。在微机通信中，常用的波特率标准有 110b/s、300b/s、600b/s、1200b/s、2400b/s、4800b/s、9600b/s、19200b/s 等。在大多数串行接口电路中，发送波特率和接收波特率是可以分别设置的，但接收方的接收波特率须与发送方的发送波特率相同。

传输率是指数据传送的速率。在串行通信中，传输率用波特率来表示，所以传输率和波特率是相同的。但是在采用调制解调技术将数字信号变成模拟信号进行通信时，波特率和传输率就不一定相同了。譬如在采用调相制时，允许取 4 种相位，每种相位表示 2 个数位，这时传输率就是波特率的 2 倍。

4. 信号调制与解调

当采用串行通信方式传输数字信号时，由于传送线间的电容效应，极易引起数字信号波形失真。随着传送距离的增加，这种失真现象也会越来越严重，从而严重影响传送数据的可靠性。为解决这类问题，就需要在发送端用调制器将数字信号变换成模拟信号后再发送到通信线路上，而在接收端收到模拟信号后再用解调器把模拟信号还原为数字信号。由于通信大多是双向的，因此人们把调制器和解调器组合成一个装置——调制解调器（Modem）。如图 9.27 所示为利用调制解调器在电话线上进行远程通信的情形。

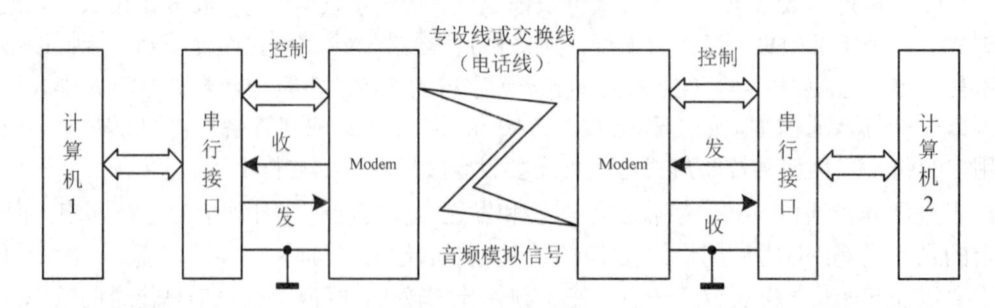


图 9.27 利用调制解调器进行远程通信示意图

在数据通信中有三种基本的调制方法，分别为频移键控（FSK）、幅移键控（ASK）、相移键控（PSK）。它们分别按照传输数字信号的变化规律去改变载波（即音频模拟信号）的频率、幅度和相位，如图 9.28 所示。在计算机通信中多使用频移键控法，它的基本工作原理是把数字信号“0”和“1”分别调制成不同的频率通过电话线来传输，在接收端再通过解调器把不同频率的模拟信号转换为原来的数字信号。

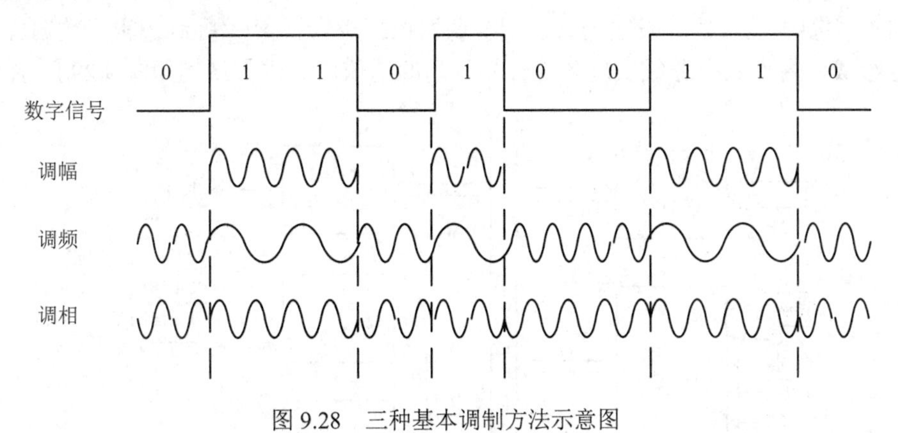


图 9.28　三种基本调制方法示意图

5. 差错控制

在串行通信过程中，由于系统本身软、硬件的问题及物理通道上的衰减、杂音、传输延迟、干扰等，会使得传输的信息发生错误，因此需要采取差错控制技术。通常把如何发现传输中的错误称为检错，发现错误后如何消除错误称为纠错。实现检错、纠错的方法有很多种，如奇偶校验、循环冗余码校验（CRC）、海明码校验、交叉奇偶校验等。在串行通信中用的比较多的是奇偶校验和循环冗余码校验。其中奇偶校验比较简单，而循环冗余码校验适合于逐位出现的信号的运算。校验码在发送端的产生和在接收端的校验可以用硬件实现也可以用软件实现。

6. 串行接口芯片分类

常用的串行接口依据所支持的串行通信方式不同，可分为三类：第一类只支持异步通信方式，典型的芯片有 Intel 8250 和 16550 UART；第二类不仅支持异步通信，而且还支持同步通信，典型的芯片有 Intel 8251；第三类除异步通信、同步通信都支持外，还更支持 SDLC/HDLC 方式，典型的芯片有 Z80-SIO。Intel 8251A 最为普及，本节以其为例介绍串行接口芯片的功能、特点和用法。

### 9.3.2　8251A 的内部结构与外部引脚

Intel 8251A 芯片是一种通用的同步异步接收/发送器 USART（Universal Synchronous/Asynchronous Receiver/Transmitter），适合作异步起止式协议和同步面向字符协议的接口，通过编程可以实现同步或异步通信方式。8251A 的主要特点如下：

（1）支持同步和异步串行通信，可以通过编程选择。

（2）无论工作在异步通信还是同步通信，都可以通过编程选择其通信信息格式，信息格式在发送时自动形成。

（3）支持全双工方式。

（4）在异步通信时，波特率允许范围为 0～19200b/s；在同步通信时，波特率允许范围为 0～64000b/s。

（5）支持出错检测，能对奇偶出错、帧格式出错和溢出错误进行检测。

（6）能够与多种类型的 CPU 兼容。

（7）支持 TTL 逻辑电平。

1. 8251A 的内部结构

8251A 主要由接收器、发送器、调制解调器控制逻辑、读/写控制逻辑、数据总线缓冲器等 5 部分组成，内部数据总线实现各部件相互间的通信，其内部结构如图 9.29 所示。

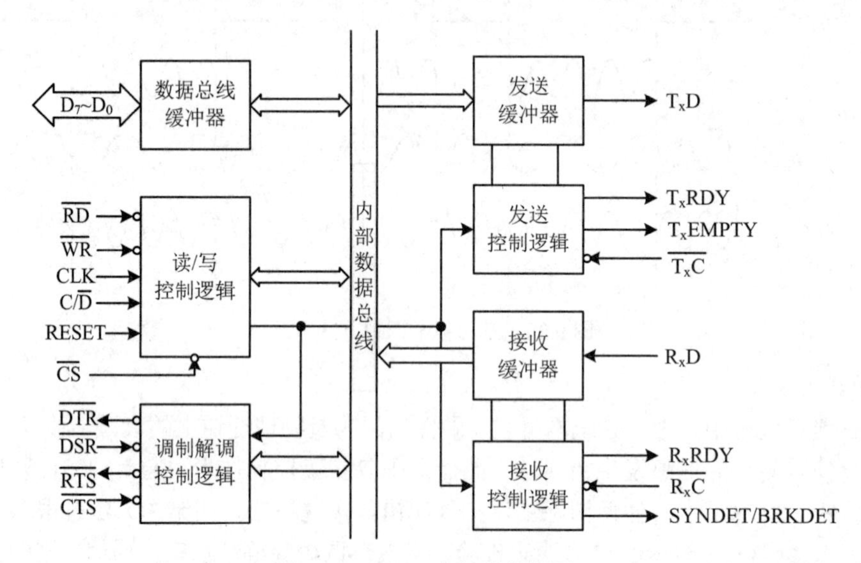


图 9.29　8251A 内部结构框图

（1）发送器。发送器包括发送缓冲器和发送控制两部分，其主要功能是将 CPU 送来的并行数据转换成串行数据，并按规定加上相应的控制信息，从 $T_xD$ 引脚发送出去。

其中的发送缓冲器工作在异步方式和同步方式时，所完成的功能不同。在异步方式时，发送缓冲器将接收到的并行数据加上起始位、奇偶校验位和停止位，然后在发送时钟的作用下，从 $T_xD$ 引脚一位一位地串行发送出去；在同步方式时，发送缓冲器在准备发送数据前先插入由初始化程序设定的同步字符，在数据中再插入奇偶校验位，然后同样在发送时钟的作用下由 $T_xD$ 引脚一位一位地发送出去。

发送控制用来协调发送缓冲器的工作，控制串行数据的发送操作，主要包括发送器准备好（$T_xRDY$）、发送器空（$T_xEMPTY$）和发送时钟（$\overline{T_xC}$）3 条控制线。

（2）接收器。接收器包括接收缓冲器和接收控制两部分，其主要功能是接收 $R_xD$ 引脚上的串行数据并按规定的格式把它转换为并行数据，存入数据总线缓冲器中。

接收缓冲器又由移位寄存器和数码寄存器组成，其从 $R_xD$ 引脚上接收到串行数据，对串行数据流的特殊位（如奇偶位、停止位等）和字符（同步字符）进行检查、处理，按规定格式将串行数据转换为并行数据存放在缓冲器中。

接收控制用来协调接收缓冲器的工作，控制串行数据的接收。接收控制主要包括接收器准备好（$R_xRDY$）、接收时钟（$\overline{R_xC}$）和同步检测（SYNDET）3 条控制线。

（3）调制解调控制逻辑。在进行远程通信时，要用调制器将串行接口送出的数字信号变为模拟信号，再发送出去。在接收端则要用解调器将模拟信号变为数字信号，再由串行接口送入 CPU。为了在 8251A 与 Modem 之间正确地传送数据，8251A 的调制解调控制逻辑提供了一组控制信号使 8251A 能和 Modem 直接连接。调制解调控制逻辑主要包括 4 条控制线。分别为：数据终端准备好（$\overline{DTR}$）、数据设备准备好（$\overline{DSR}$）、请求发送（$\overline{RTS}$）和允许发送（$\overline{CTS}$）。当 8251A 不与 Modem 相连而与其他外部设备连接时，这 4 条线可以作为控制数据传输的联络线。

（4）读/写控制逻辑。读/写控制逻辑用来接收 CPU 送出的寻址及控制信号，对数据在 8251A 内部总线上的传送方向进行控制。各种控制信号的组合决定了 CPU 与 8251A 之间的各种操作功能，详见表 9.6。其中的 $C/\overline{D}$ 信号通常与地址线 $A_0$ 相连。

表 9.6　8251A 读/写操作

| $\overline{CS}$ | $C/\overline{D}$ | $\overline{RD}$ | $\overline{WR}$ | 操作功能 |
|---|---|---|---|---|
| 0 | 0 | 0 | 1 | CPU 从 8251A 输入数据 |
| 0 | 0 | 1 | 0 | CPU 向 8251A 输出数据 |
| 0 | 1 | 0 | 1 | CPU 读取 8251A 状态字 |
| 0 | 1 | 1 | 0 | CPU 向 8251A 写入控制字 |

（5）数据总线缓冲器。数据总线缓冲器是三态、双向的 8 位缓冲器，是 8251A 与 CPU 进行信息交换的通道，通常与系统数据总线相连。数据总线缓冲器由发送数据/命令缓冲器、接收数据缓冲器和状态缓冲器组成。CPU 可以通过输入指令对其执行读操作，以接收数据或读取 8251A 的工作状态信息。也可以通过输出指令对它进行写操作，以发送数据或写入 8251A 的控制字和命令字。

2. 8251A 的外部引脚信号

8251A 是一个具有 28 引脚的双列直插式封装芯片，使用单一＋5V 电源和单相时钟，其引脚信号如图 9.30 所示。

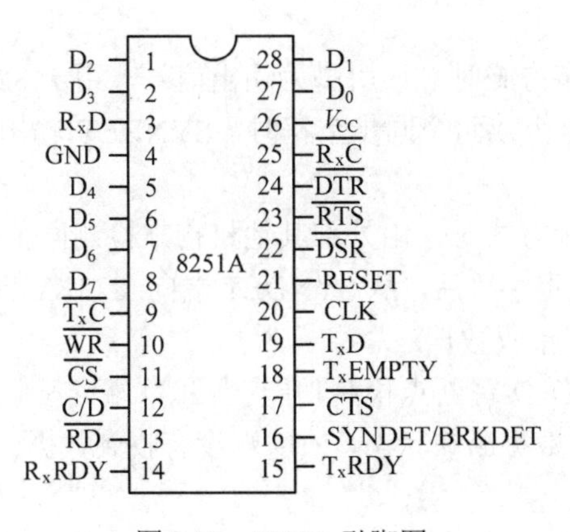


图 9.30　8251A 引脚图

（1）8251A 与 CPU 接口的引脚信号。

$D_7$～$D_0$：三态、双向数据总线，直接与 CPU 的数据总线相连。CPU 与 8251A 之间的命令、数据和状态信息的传送都通过数据总线完成。

$\overline{CS}$：片选信号，低电平有效。片选信号由 CPU 的地址信号经译码后得到，只有当$\overline{CS}$低电平有效时，表示 8251A 芯片被选中，才能正常工作。

$\overline{RD}$：读信号。当其低电平有效时，表示 CPU 从 8251A 读取数据或状态信息。

$\overline{WR}$：写信号。当其低电平有效时，表示 CPU 向 8251A 写入命令或数据。

$C/\overline{D}$：控制/数据端口选择信号。当该信号为高电平时表示 CPU 对 8251A 写入命令字或读取状态信息；为低电平时表示读/写 8251A 的数据。

CLK：时钟信号。该信号用来产生 8251A 的内部时序。在同步方式时，CLK 的频率要大于接收器或发送器输入时钟频率的 30 倍；异步方式时，此频率要大于接收器或发送器输入时钟频率的 4.5 倍。

RESET：复位信号，高电平有效。当该引脚为高电平时，8251A 复位，内部所有的寄存器都被置为初始状态。

$T_x$RDY：发送器准备好信号，高电平有效。当该信号有效时，表示发送器已准备好接收 CPU 送来的数据，通知 CPU 可以向 8251A 发送数据。CPU 向 8251A 写入一个字符后，该信号自动复位。当 CPU 与 8251A 之间以查询方式工作时，此信号可作为状态信息供 CPU 查询。当 CPU 与 8251A 以中断方式工作时，该信号可以作为中断请求信号。

$T_x$EMPTY：发送器空信号，高电平有效。该信号控制 8251A 发送器发送字符的速度。对于同步方式，它的输入时钟频率应等于发送数据的波特率；对于异步方式，它的频率应等于发送波特率和波特率因子的乘积。

$R_x$RDY：接收器准备好信号，高电平有效。当该信号有效时，表示 8251A 已经从外设或 Modem 接收到一个字符，正等待 CPU 取走。在查询方式时，此信号可作为“联络”信号；在中断方式时，可作为向 CPU 的中断请求信号。当 CPU 读取一个字符后，此信号复位。

SYNDET/BRKDET：同步检测/断点检测信号，高电平有效。在同步方式下，该信号执行同步检测功能，可以工作在输入或输出状态下。同步检测分为内同步和外同步两种方式，具体工作在内同步还是外同步取决于 8251A 的工作方式，由初始化程序时写入的方式控制字内容来决定。

当 8251A 工作于内同步方式时，该引脚为输出信号，用于 8251A 内部检测同步字符。当 8251A 检测到了所要求的一个或两个同步字符时，SYNDET 输出高电平，表示已达到同步，后续收到的是有效数据。

当 8251A 工作于外同步方式时，由外部其他机构来检测同步字符，SYNDET 信号为输入端。此时，当外部检测到同步字符后，从 SYNDET 端向 8251A 输入一个高电平信号，表示已达到同步，接收器可以串行接收数据。

在异步方式下，BRKDET 实现断点检测功能。当 $R_x$D 端连续收到 8 个“0”信号时，BRKDET 端呈高电平，表示当前处于数据断缺状态，$R_x$D 端没有收到数据；当 $R_x$D 端收到“1”信号时，BRKDET 端变为低电平。

（2）8251A 与外部装置之间的接口引脚信号。8251A 与外设进行远距离通信时，一般要通过调制解调器连接。连接时要用到的信号如下：

$\overline{DTR}$：数据终端准备好信号。当其低电平有效时，表示 CPU 已做好接收数据的准备，可以通过 8251A 从调制解调器接收数据了。

$\overline{DSR}$：数据装置准备好信号，低电平有效。该信号是对$\overline{DTR}$信号的应答信号。当其有效时，表示外部设备或调制解调器已准备好数据，可以向 8251A 发送数据了。

$\overline{RTS}$：请求发送信号，低电平有效。这是 8251A 向调制解调器或外部设备发送的控制信息，当其有效时，表示 CPU 已准备好数据，请求通过 8251A 向调制解调器或外设发送数据。

$\overline{CTS}$：允许发送信号，低电平有效。$\overline{CTS}$是对$\overline{RTS}$的应答信号。当其有效时，表明调制解调器已做好接收数据的准备，允许 8251A 发送数据。

$T_xD$：发送数据信号线。CPU 送入 8251A 的并行数据，在 8251A 内部转换为串行数据，通过 $T_xD$ 端输出。

$R_xD$：接收数据信号线。$R_xD$ 用来接收外部装置通过传输线送来的串行数据，数据进入 8251A 后转换为并行数据。

此外，8251A 还提供有接收器时钟信号$\overline{R_xC}$、发送器时钟信号$\overline{T_xC}$及电源端、地端等。$\overline{R_xC}$信号控制 8251A 接收字符的速度。在同步方式下，其频率等于接收数据的波特率；在异步方式下，其频率等于波特率和波特因子的乘积。$\overline{T_xC}$信号控制 8251A 发送字符的速度，其频率与波特率的关系与$\overline{R_xC}$相同。在实际使用中，$\overline{R_xC}$和$\overline{T_xC}$常常连在一起，由同一个外部时钟来提供。

### 9.3.3　8251A 的控制字和初始化编程

8251A 是一个可编程的通用串行输入/输出接口芯片，在使用前需对其进行初始化编程（设置方式控制字和命令控制字）；在工作过程中也可以通过读取状态字了解它的工作状态。方式控制字用来定义 8251A 的一般特性，如工作方式、传送速率、字符格式以及停止位长度等；命令控制字用来指定芯片的实际操作，譬如允许或禁止 8251A 收发数据、启动搜索同步字符等。

1. 8251A 的方式控制字、命令控制字和状态字

（1）方式控制字。方式控制字是先要写入的控制字，且只需写入一次，其格式如图 9.31 所示。

| $D_7$ | $D_6$ | $D_5$ | $D_4$ | $D_3$ | $D_2$ | $D_1$ | $D_0$ |
|---|---|---|---|---|---|---|---|
| 停止位/同步方式选择<br>异步时：<br>00 ＝不用<br>01 ＝1 位<br>10 ＝1.5 位<br>11 ＝2 位 | 同步时：<br>×0 ＝内同步<br>×1 ＝外同步<br>0× ＝双同步<br>1× ＝单同步 | 奇偶校验<br>×0 ＝无校验<br>01 ＝奇校验<br>11 ＝偶校验 | | 字符长度<br>00 ＝5 位<br>01 ＝6 位<br>10 ＝7 位<br>11 ＝8 位 | | 工作方式选择<br>00＝同步<br>01＝异步 ($k$=1)<br>10＝异步 ($k$=16)<br>11＝异步 ($k$=64)<br>$k$为波特率系数 | |

图 9.31　8251A 的方式控制字格式

$D_1D_0$：用于确定工作在同步方式还是异步方式。当 $D_1D_0$=00 时为同步方式；当 $D_1D_0\neq00$ 时为异步方式，且“01”“10”“11”三种组合用以选择输入时钟频率与波特率之间的比例系数。

$D_3D_2$：用于确定字符码的位数。

$D_5D_4$：用于确定奇偶校验的性质。

$D_7D_6$：在同步方式时，用来确定是内同步还是外同步以及同步字符的个数；在异步方式时，用来规定停止位的位数。

区分命令控制字与方式控制字

（2）命令控制字。8251A 的命令控制字用来确定 8251A 的实际操作，使 8251A 处于规定的工作状态，以便接收或发送数据，其格式如图 9.32 所示。

| $D_7$ | $D_6$ | $D_5$ | $D_4$ | $D_3$ | $D_2$ | $D_1$ | $D_0$ |
|---|---|---|---|---|---|---|---|
| EH | IR | $\overline{RTS}$ | ER | SBRK | $R_xE$ | $\overline{DTR}$ | $T_xEN$ |
| 进入搜索方式 | 内部复位 | 发送请求 | 错误标志复位 | 发中止字符 | 接收允许 | 数据终端准备好 | 发送允许 |

图 9.32　8251A 的命令控制字格式

$D_0$：发送允许 $T_xEN$。$D_0$=1，允许发送；$D_0$=0，禁止发送。可作为发送中断屏蔽位。

$D_1$：数据终端准备就绪 $\overline{DTR}$，与调制解调器控制电路的 $\overline{DTR}$ 端有直接联系。$D_1$=1，强置 $\overline{DTR}$ 有效，表示终端设备已准备好；$D_1$=0，使 $\overline{DTR}$ 无效。

$D_2$：接收允许 $R_xE$。$D_2$=1，允许接收；$D_2$=0，禁止接收。可作为接收中断屏蔽位。

$D_3$：发中止字符 SBRK。$D_3$=1，强迫 $T_xD$ 为低电平，输出连续的空信号“0”，表示数据断缺；$D_3$=0，正常通信状态。

$D_4$：错误标志复位 ER。$D_4$=1，消除状态寄存器中的全部错误标志（PE、OE、FE），这 3 位错误标志由状态寄存器的 $D_3$、$D_4$、$D_5$ 来指示。

$D_5$：发送请求 $\overline{RTS}$，与调制解调器控制电路的请求发送信号 $\overline{RTS}$ 有直接联系。$D_5$=1，强迫 $\overline{RTS}$ 为低电平，置发送请求 $\overline{RTS}$ 有效；$D_5$=0，置 $\overline{RTS}$ 无效。

$D_6$：内部复位 IR。$D_6$=1，使 8251A 回到方式控制字状态；$D_6$=0，正常传输过程。

对 8251A 初始化时使用的是同一个奇地址，先写入方式控制字，接着写入同步字符（异步方式时不写入同步字符），最后写入的是命令控制字，这个顺序不能改变，否则将会出错。但当初始化以后，如果再通过这个奇地址写入的字，都将进入命令控制字，也就是说命令控制字可以随时写入。因此，如果要重新设置工作方式，写入方式控制字，必须先要将命令控制字的 $D_0$ 位置 1，即内部复位的命令字为 40H 才能使 8251A 返回到初始化前的状态。

**说明：**用外部复位命令 RESET 也可以使 825lA 复位。

$D_7$：进入搜索方式 EH。$D_7$=1，启动搜索同步字符，且同时要求 $D_2$=1 和 $D_4$=1，即写同步接收控制字时必须使 $D_7$、$D_4$、$D_2$ 同时为 1。

（3）状态字。8251A 的状态字用于存放其本身的状态信息，其格式如图 9.33 所示。8251A 在工作过程中，CPU 随时可以通过读取其状态字来了解它的工作状态。

| $D_7$ | $D_6$ | $D_5$ | $D_4$ | $D_3$ | $D_2$ | $D_1$ | $D_0$ |
|---|---|---|---|---|---|---|---|
| DSR | SYNDET | FE | OE | PE | $T_xE$ | $R_xRDY$ | $T_xRDY$ |
| 数据设备准备好 | 同步检测 | 帧出错 | 溢出错 | 奇偶校验错 | 发送器空 | 接收准备好 | 发送准备好 |

图 9.33　8251A 的状态字格式

$D_0$：发送准备好 $T_xRDY$。表示当前发送缓冲器已空，即一旦发送缓冲器已空，该位就置 1，它只表示一种 8251A 当前的工作状态，与芯片引脚上的 $T_xRDY$ 的信号不同。$T_xRDY$ 引脚要为高电平必须满足其他两个条件：一是要对 8251A 发操作命令，使其发送允许 $T_xEN=1$；二是 8251A 要从 Modem 输入一低电平使 $\overline{CTS}$ 引脚为低电平有效。在数据发送过程中，$T_xRDY$ 状态和 $T_xRDY$ 引脚信号总是相同的。

$D_1$（接收准备好 $R_xRDY$）、$D_2$（发送缓冲器空 $T_xE$）和 $D_6$（同步检测 SYNDET）：这 3 位状态的定义与它们各自相应的引脚定义相同，可以供 CPU 随时查询。

$D_3$：奇偶校验错 PE。PE=1，表示当前发生了奇偶校验错误，但不影响 8251A 正常工作。

$D_4$：溢出错 OE。在接收字符时，如果 CPU 还没有来得及读取当前字符，而下一个字符就已从 $R_xD$ 端全部进入变为有效，以至于造成了当前字符的丢失而出错，此时置位 OE（OE=1）。

$D_5$：帧出错 FE。当在字符的结尾没有检测到规定的停止位时，将该标志置位（FE=1）。FE 只对异步工作方式有效，不影响 8251A 正常工作。

$D_7$：数据设备准备好 DSR。此处的 DSR 与 $\overline{DSR}$ 不同，其表示的是一种状态。当其为 1 时，表示外部设备或调制解调器已经作好发送数据的准备，同时发出低电平使 8251A 的 $\overline{DSR}$ 引脚有效。

**说明：**以上的 $D_3=1$、$D_4=1$、$D_5=1$ 三个状态，只是记录接收字符时的 3 种错误，并不终止 8251A 工作的功能。可以由 CPU 通过 IN 指令读取状态寄存器来发现错误。

2. 8251A 的初始化编程

对 8251A 进行初始化编程时，必须在系统复位之后（RESET 引脚为高电平），使得收发引脚处于空闲状态、各个寄存器处于复位状态的情况下。在初始化过程中，8251A 接收 CPU 发来的方式控制字和命令控制字，并通过其状态字向 CPU 提供自身的工作状态。由于 8251A 的方式控制字和命令控制字本身没有特征标志，8251A 是从它们的写入顺序来识别的。因此，8251A 的初始化程序必须严格按照规定的顺序编写，如图 9.34 所示为其初始化的流程图。

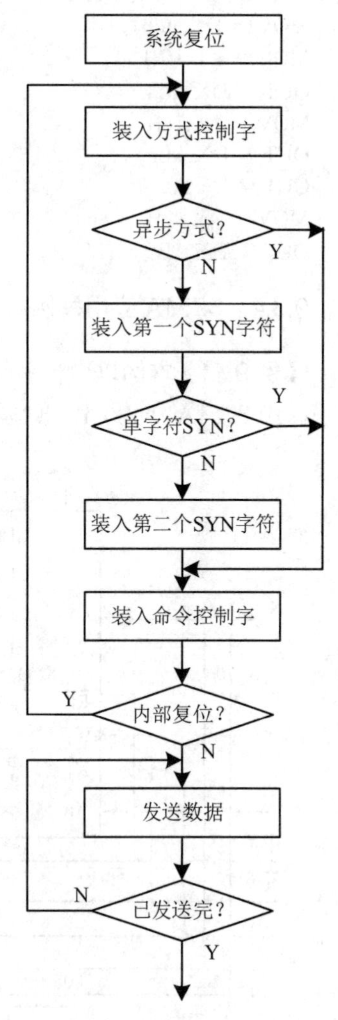


图 9.34　8251A 的初始化流程图

由初始化流程图可知，8251A 的初始化必须在系统复位之后。8251A 的复位有两种方法：一种是系统复位，即打开电源或按下系统复位键后产生的复位脉冲将通过 RESET 端使 8251A 复位；另一种是内部复位，即以编程方法写入 $D_6=1$ 的命令控制字。

【例 9.9】按要求编写程序。8251A 采用异步传送方式，帧数据格式为：字符长度 8 位，停止位 2 位，采用奇校验，波特率系数 16。数据传输过程中允许接收和发送，使错误位全部复位，并且以查询方式从 8251A 接收数据。设 8251A 的数据口地址为 308H，控制口地址为 309H。

由题目可知，方式控制字应为 11011110B（DEH）。初始化程序段为：

```
        MOV   DX,309H           ; 8251A 控制口
        MOV   AL,0DEH           ; 异步方式控制字
        OUT   DX,AL
        MOV   AL,00010101B      ; 送命令控制字
        OUT   DX,AL
WAIT:   IN    AL,DX             ; 读入状态字
        AND   AL,02H            ; 检查 RxRDY 是否为 1
        JZ    WAIT              ; 不为 1，表示接收未准备好，则等待
        MOV   DX,308H           ; 8251A 数据口
        IN    AL,DX             ; 从 8251A 读入数据
```

【例 9.10】按要求编写程序。8251A 采用同步通信，帧数据格式为：字符长度 8 位，双同步字符（16H），内同步方式，采用奇校验。设 8251A 的数据口地址为 308H，控制口地址为 309H。

由题目可知，方式控制字为：00011100B（1CH）。初始化程序段为：

```
MOV   DX,309H           ; 8251A 控制口
MOV   AL,1CH            ; 同步方式控制字
OUT   DX,AL
MOV   AL,16H
OUT   DX,AL             ; 写入第一个同步字符
OUT   DX,AL             ; 写入第二个同步字符
MOV   AL,97H            ; 写入命令控制字
OUT   DX,AL
```

### 9.3.4 8251A 应用举例

【例 9.11】本例以微机系统中的 CRT 显示器串行通信接口为例来说明 8251A 的应用。在该系统中 8251A 作为 CRT 的串行通信接口，其硬件连接电路如图 9.35 所示。

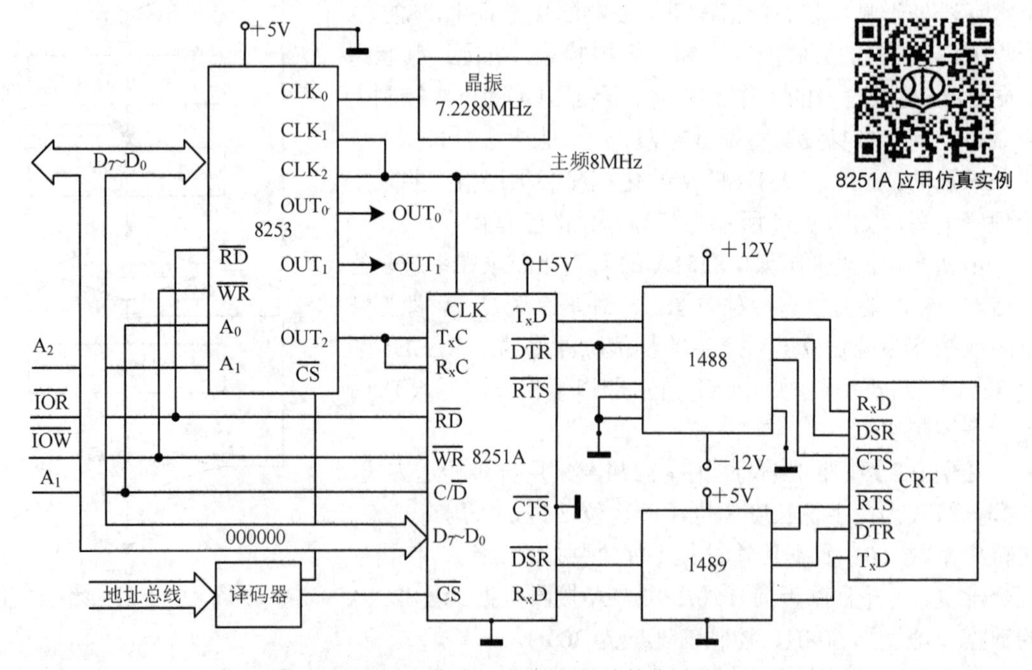


图 9.35 8251A 作为 CRT 接口的连接电路图

在该系统中，8251A 的主时钟 CLK 由系统主频提供，为 8MHz。8251A 的发送时钟 $T_xC$ 和接收时钟 $R_xC$ 由 8253 的计数器 2 的输出供给。8251A 的片选信号由高位地址线经过译码器译码后得到。读/写信号分别与控制总线上的 $\overline{IOR}$ 和 $\overline{IOW}$ 信号相连。数据线 $D_7$～$D_0$ 与系统的 16 位数据总线的低 8 位 $D_7$～$D_0$ 相连。

8251A 的输入/输出信号都是 TTL 电平，而 CRT 的信号电平是 RS-232C 电平。因此，需要通过 1488 将 8251A 的输出信号变为 RS-232C 电平后送给 CRT。同时也需要通过 1489 将 CRT 的输出信号变为 TTL 电平后送 8251A。

在实际应用中，当未对 8251A 送方式控制字时，如果要使 8251A 复位，一般采用先送 3 个 00H，再送一个 40H 的方法，这也是 8251A 的编程约定，40H 可以看成是使 8251A 执行复位操作的实际代码。其实，即使在送了方式控制字之后，也可以用这种方法来使 8251A 复位。

```
; 8251A 的初始化程序段
INIT:   XOR   AX, AX          ; AX 清零
        MOV   CX, 0003
        MOV   DX,0DAH         ; 向控制口 DAH 送 3 个 00
LP1:    CALL  OUTD
        LOOP  LP1
        MOV   AL,40H          ; 向控制口 DAH 送一个 40H，使其复位
        CALL  OUTD
        MOV   AL,4EH          ; 向控制口 DAH 设置方式控制字，使其为异步方式
        CALL  OUTD            ; 波特率因子为 16，8 位数据，1 位停止位
        MOV   AL,27H          ; 向控制口 DAH 送命令控制字，启动发送器和接收器
        CALL  OUTD
          ⋮
; 以下为输出子程序，将 AL 中数据输出到 DX 指定的端口
OUTD:   OUT   DX,AL
        PUSH  CX
        MOV   CX,0002H        ; 等待输出动作完成
LP2:    LOOP  LP2
        POP   CX              ; 恢复 CX 的内容
        RET
```

当向 CRT 输出信息时，输出字符先压入堆栈中，发送程序先对状态字进行检测，以判断 $T_xRDY$ 位是否为 1，若为 1 表示当前发送缓冲区已空，CPU 可以向 8251A 输出一个字符。程序段如下：

```
CHOUT:  MOV   DX,0DAH         ; 从状态口 DAH 读入状态字
STATE:  IN    AL,DX
        TEST  AL,01H          ; 测试状态位 TxRDY 是否为 1，若不为 1，继续测试
        JZ    STATE
        MOV   DX,0D8H         ; 数据端口为 D8H
        POP   AX              ; AX 中为要输出的字符
        OUT   DX,AL           ; 向端口输出一个字符
```

# 9.4 A/D 与 D/A 转换接口及其应用

## 9.4.1 A/D 与 D/A 转换概述

微机处理的是数字量，而实际测控系统中被测控的对象，如温度、压力、电压、流量、位移、速度和声音等这些都是模拟量，它们须经过适当的转换才能被微机进行处理。这一转换过程就是 A/D（模/数）转换。将模拟量转换为数字量的器件称为模拟/数字转换器。当微机对转换后的数字量进行处理之后，还需要把这些处理后的信息发送给外设，以达到对其进行控制的目的。通常情况下，这些被控制的对象不能直接接收数字量信号，所以还需要把数字量转换成模拟量来控制和驱动外部设备，这就是 D/A（数/模）转换，实现相应转换的器件称为数字/模拟转换器。

由此可见，A/D 转换和 D/A 转换是两个互逆的转换过程，这两个互逆过程常常出现在一个控制系统中，如图 9.36 所示。在实际控制系统中，微机作为系统的一个环节，输入和输出的都是数字信号，而外部受控对象往往是一个模拟部件，输入和输出必然是模拟信号。这两种不同形式的信号要在同一环路中进行传递就必须经过转换。

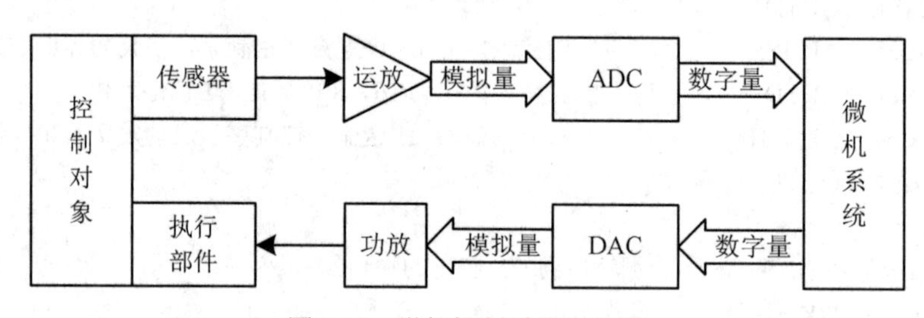


图 9.36 微机控制系统示意图

A/D 和 D/A 转换是微机与外部检测和过程控制连接的必要接口，是把微机与生产过程、科学实验过程联系起来的桥梁。随着目前数字技术和自动化技术的飞速发展，A/D 和 D/A 转换也有了长足的发展，微机应用领域中出现的新工艺、新结构的高性能器件日益向着高速、高分辨率、低功耗和低价格的方向发展。

## 9.4.2 A/D 转换器及其与 CPU 的接口

1. A/D 转换工作原理

实现 A/D 转换的方法很多，常见的主要有计数器式、逐次逼近式、双积分式和并行式等。计数器式 A/D 最简单，但转换速度最慢；并行式 A/D 速度最快，但成本最高；逐次逼近式 A/D 转换速度和精度都比较高，且比较简单，价格低，所以在微型机应用系统中最常用；双积分式 A/D 转换精度高，抗干扰能力强，但转换速度慢，一般应用在精度高而速度不高的场合。A/D 转换集成电路芯片通常都采用逐次逼近式，因此下面主要介绍逐次逼近式的工作原理。

逐次逼近式又称为逐位比较式，其转换原理如图 9.37 所示。逐次逼近式的转换实质是，逐次把设定在逐次逼近寄存器中的数字量经 D/A 转换后得到的模拟量 $V_c$ 与待转换的模拟量 $V_x$

进行比较。比较时，先从逐次逼近寄存器的最高位开始，逐次确定各位的数码应是“1”还是“0”。具体工作过程如下：

转换前，先将逐次逼近寄存器清零。转换开始时，置该寄存器的最高位为“1”，其余位全为“0”，此试探值经 D/A 转换成模拟量 $V_c$ 后与模拟输入量 $V_x$ 比较，如果 $V_x \geqslant V_c$，说明逐次逼近寄存器中最高位的“1”应该保留；如果 $V_x < V_c$，说明该位应该清零；然后再对逐次逼近寄存器中的次高位置“1”，依照上述方法进行 D/A 转换和比较。重复上述过程直到已确定逐次逼近寄存器的最低位为止。此时，逐次逼近寄存器中的内容就是与输入模拟量 $V_x$ 相对应的二进制数字量。

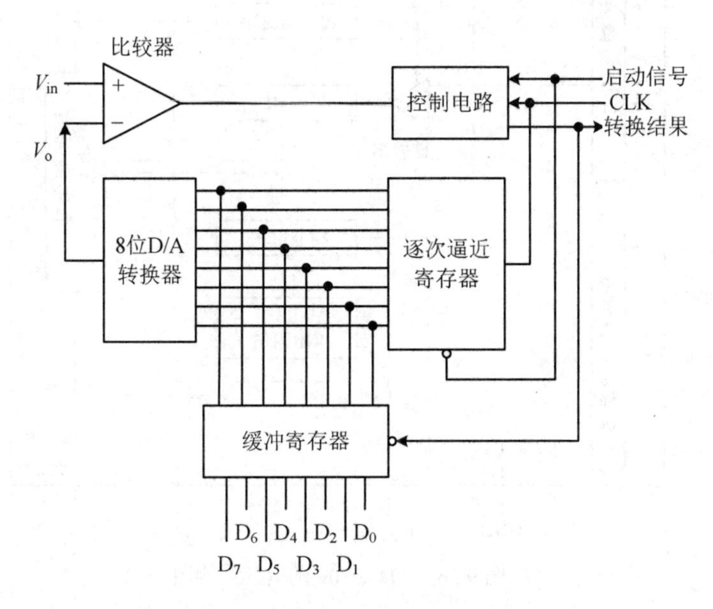


图 9.37　逐次逼近法 A/D 转换器

2. A/D 转换器的主要性能指标

（1）分辨率。A/D 转换器的分辨率是指 A/D 转换器对输入模拟信号的分辨能力。从理论上讲，一个 $n$ 位二进制数输出的 A/D 转换器应能区分输入模拟电压的 $2^n$ 个不同量级。譬如对 8 位 A/D 转换器，其数字量的变化范围是 0～255，如果输入电压满刻度为 5V，则其对输入模拟电压分辨能力为 5V/255=19.6mV。目前常用的 A/D 转换器有 8 位、10 位、12 位、14 位、16 位等。

（2）转换精度。转换精度表示 A/D 转换器实际输出的数字量和理论上输出的数字量之间的差别。常用最低有效位的倍数表示。譬如，转换误差 $\leqslant \pm\frac{1}{2}$ LSB，就表明实际输出的数字量和理论上应得到的输出数字量之间的误差小于最低位的半个字。

（3）转换时间。转换时间是指 A/D 转换器从接到转换启动信号开始，到输出端获得稳定的数字信号所经过的时间。A/D 转换器的转换速度主要取决于转换电路的类型，不同类型 A/D 转换器的转换速度相差很大。例如，双积分型 A/D 转换器的转换速度最慢，通常需要几百毫秒左右；逐次逼近式 A/D 转换器的转换速度较快，通常需要几十微秒；并行比较型 A/D 转换器的转换速度最快，通常仅需要几十纳秒。

3. A/D 转换芯片 ADC0809

（1）ADC0809 的内部结构与外部引脚。ADC0809 是美国国家半导体公司生产的 8 位八通道逐次逼近型 A/D 转换器，采用 CMOS 工艺制造，可以接收 8 路模拟电压输入。ADC0809 由模拟输入、变换器、三态输出缓冲器和基准电压输入等 4 部分组成，其内部结构如图 9.38 所示。

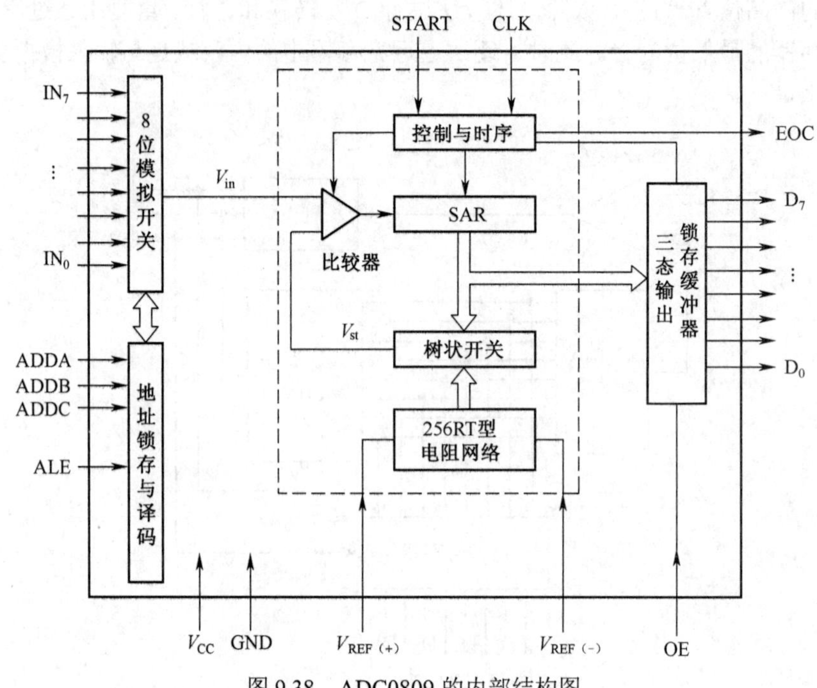


图 9.38　ADC0809 的内部结构图

ADC0809 芯片共有 28 根引脚，如图 9.39 所示。

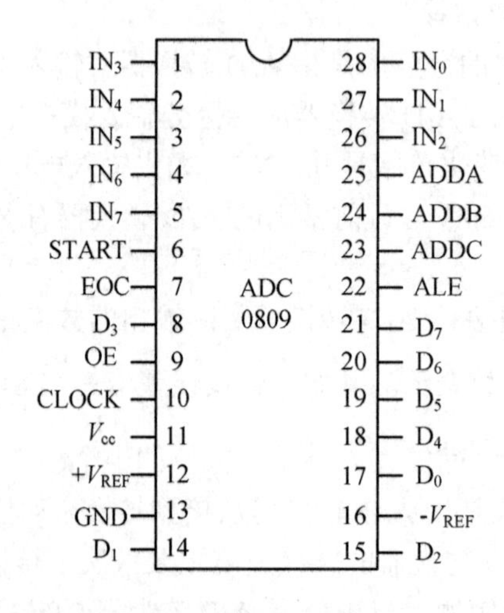


图 9.39　ADC0809 引脚图

对 ADC0809 的各引脚说明如下：

$IN_0$～$IN_7$：8 路模拟电压输入。

ADDC、ADDB、ADDA：3 位地址信号。由这三个信号决定对 8 路模拟输入中的哪一路进行 A/D 转换，其对应关系见表 9.7。

表 9.7　ADC0809 地址信号与通道号的对应关系

| 地址信号 | | | 模拟输入通道 |
|---|---|---|---|
| ADDC | ADDB | ADDA | |
| 0 | 0 | 0 | $IN_0$ |
| 0 | 0 | 1 | $IN_1$ |
| 0 | 1 | 0 | $IN_2$ |
| 0 | 1 | 1 | $IN_3$ |
| 1 | 0 | 0 | $IN_4$ |
| 1 | 0 | 1 | $IN_5$ |
| 1 | 1 | 0 | $IN_6$ |
| 1 | 1 | 1 | $IN_7$ |

ALE：地址锁存允许信号，输入，高电平有效。当此信号由低变高时，将加在 ADDC、ADDB、ADDA 上的数据锁存并选通相应的模拟通道。

$D_7$～$D_0$：8 位二进制数码输出。

OE：输出允许信号，高电平有效。即当 OE=1 时，打开输出锁存器的三态门，将转换后的数据送出去。

$V_{REF(+)}$和 $V_{REF(-)}$：基准电压的正端和负端。

CLK：时钟脉冲输入端。一般在此端加 500kHz 的时钟信号。

START：A/D 转换启动信号。在 START 的上升沿将逐次逼近寄存器清 0，在其下降沿开始 A/D 转换过程。

EOC：转换结束标志，输出信号。在 START 信号上升沿之后，EOC 信号变为低电平；当转换结束后，EOC 变为高电平。此信号可作为向 CPU 发出的中断请求信号。

（2）ADC0809 的转换过程。ADC0809 进行 A/D 转换的过程如下：

1）输入 3 位地址信号，在 ALE 脉冲的上升沿将地址锁存，经译码选通某一通道的模拟信号进入比较器。

2）发出 A/D 转换启动信号 START，在 START 的上升沿将逐次逼近寄存器清 0，转换结束标志 EOC 变为低电平，在 START 的下降沿开始转换。

3）转换过程在时钟脉冲 CLK 的控制下进行。

4）转换结束后，EOC 跳为高电平，在 OE 端输入高电平，从而得到转换结果输出。

（3）ADC0809 的性能指标。

分辨率：8 位

功耗：15mw

转换精度：8 位

转换时间：100μs

增益温度系数：20ppm/℃

模拟量输入电压范围：0～5V

4. ADC0809 与 CPU 连接及编程举例

ADC0809 与 CPU 的连接，主要是正确处理数据输出线 $D_0$～$D_7$，启动信号 START 和转换结束信号 EOC 与系统总线的连接问题。如图 9.40 所示给出了 ADC0809 与 CPU 的典型连接图。

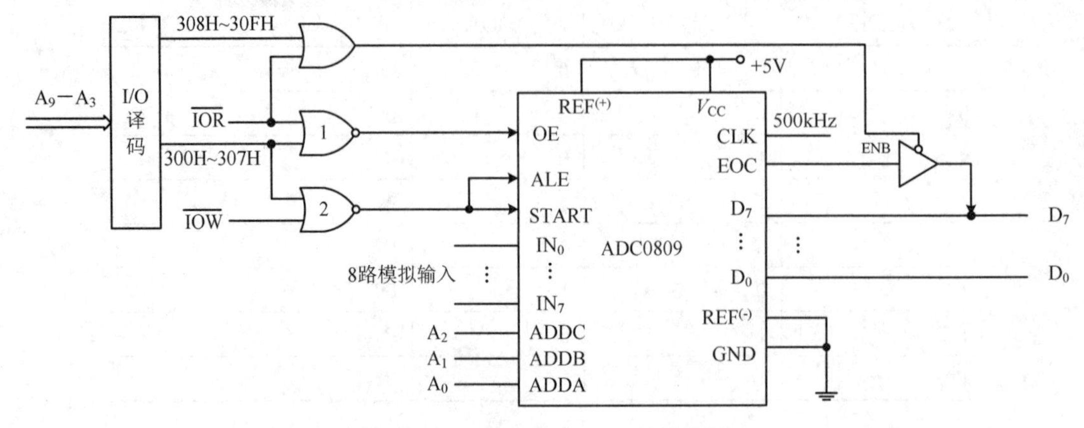


图 9.40　ADC0809 与 CPU 的连接图

在图 9.40 中，地址线 $A_9$～$A_3$ 经 I/O 地址译码器形成端口地址 300H～307H 及 308H～30FH 片选信号；地址线 $A_2$～$A_0$ 选择 8 路模拟量输入通道；CLK 信号由系统时钟分频获得；ADC 的数据输出线与 CPU 的数据总线相连。当 CPU 执行 OUT 输出指令到 300H～307H 端口时，300H～307H 和 $\overline{IOW}$ 有效，或非门 2 输出高电平脉冲，加在 START 和 ALE 脚上，启动 A/D 转换，同时还将 $A_2$～$A_0$ 的编码送入地址锁存器选择指定的输入通道上的模拟信号进行转换。EOC 引脚通过一个三态门接到数据总线中的 $D_7$ 构成一个状态口，它的 I/O 端口地址为 308H。

下面针对图 9.40 的连接举例说明如何编写 A/D 转换程序。

**【例 9.12】**针对图 9.40 中 ADC0809 与 CPU 的连接编写 A/D 转换程序，具体要求如下：

AD 转换应用仿真实例

（1）顺序采样 $IN_0$～$IN_7$ 8 个输入通道的模拟信号。

（2）结果依次保存在 ADDBUF 开始的 8 个存储单元中。

（3）每隔 100ms 循环采样一次。

分析：模拟输入通道 $IN_0$～$IN_7$ 由 $A_0$～$A_2$ 决定其端口地址，分别为 300H～307H，与 $\overline{IOW}$ 相配合，可启动 ADC0809 进行转换；查询端口和读 A/D 转换结果寄存器的地址分别为 308H 和 300H。相应的采集程序段如下：

```
        ⋮
AD:     MOV   CX,0008H        ; 给通道计数单元 CX 赋初值
        LEA   DI,ADDBUF       ; 寻址数据区，结果保存在 ADDBUF 存储区
START:  MOV   DX,300H         ; IN0 启动地址
LOOP1:  OUT   DX,AL           ; 启动 A/D 转换，AL 可为任意值
        PUSH  DX              ; 保存通道地址
        MOV   DX,308H         ; 查询 EOC 状态的端口地址
```

```
WAIT:   IN      AL,DX           ; 读 EOC 状态
        TEST    AL,80H          ; 测试 A/D 转换是否结束
        JZ      WAIT            ; 未结束，则跳到 WAIT 处
        MOV     DX,300H         ; A/D 转换结果寄存器的端口地址
        IN      AL,DX           ; 读 A/D 转换结果
        MOV     [DI],AL         ; 保存转换结果
        INC     DI              ; 指向下一存储单元
        POP     DX              ; 恢复通道地址
        INC     DX              ; 指向下一个模拟通道
        LOOP    LOOP1           ; 未完，转入下一通道采样
        CALL    DELAY           ; 延时 100ms
        JMP     AD              ; 进行下一次循环采样，跳至 AD 处。
        ⋮
```

### 9.4.3 D/A 转换器及其与 CPU 的接口

1. D/A 转换工作原理

D/A 转换器从工作原理上分为并行转换和串行转换两种。并行转换器转换速度快，目前已广为采用。在并行转换器中，转换器位数与输入数码的位数相同，对应输入数码的每一位都设有信号输入端，用以控制相应的模拟开关，把基准电压接到电阻网络上。D/A 转换器实质上是一个译码器（解码器），一般常用线性 D/A 转换器，其输出模拟电压 $V_o$ 和输入数字量 $D_n$ 之间成正比关系，$V_{ref}$ 为参考电压。

并行 D/A 转换器的设计形式有许多种，最常见的是 T 型电阻网络，如图 9.41 所示。该图是一个 4 位 D/A 转换器示意图，D 为二进制的数字量，数字量的每一位 $D_3$～$D_0$ 分别控制一个模拟开关。当某位为 1 时，对应开关倒向右边，反之开关倒向左边。电阻网络中只有 R 和 2R 两种电阻值。从图中可以看出，$X_3$～$X_0$ 各点的对应电位分别为 $V_{REF}$、$V_{REF}/2$、$V_{REF}/4$、$V_{REF}/8$，与开关方向无关。

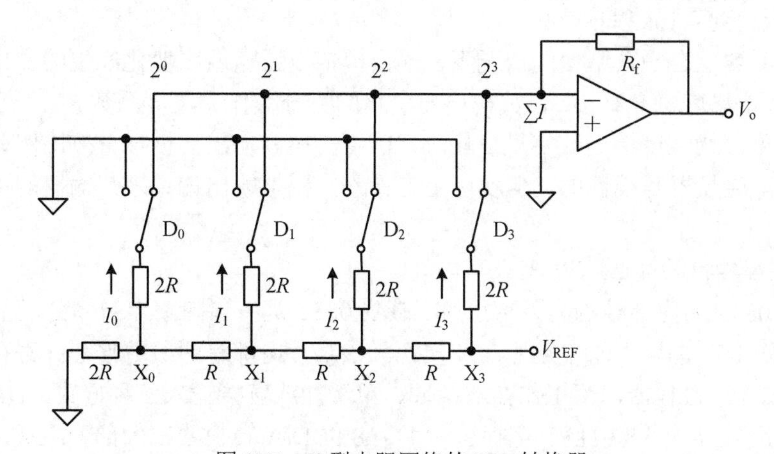


图 9.41　T 型电阻网络的 D/A 转换器

计算公式为：

$$\sum I = \frac{V_{x_3}}{2R} \cdot D_3 + \frac{V_{x_2}}{2R} \cdot D_2 + \frac{V_{x_1}}{2R} \cdot D_1 + \frac{V_{x_0}}{2R} \cdot D_0$$

$$= \frac{1}{2R \cdot 2^3} V_{REF} (D_3 \cdot 2^3 + D_2 \cdot 2^2 + D_1 \cdot 2^1 + D_0 \cdot 2^0)$$

$$V_o = -R_f \cdot \sum I = -\frac{R_f}{2R \cdot 2^3} V_{REF} \cdot \sum_{i=1}^{3} D_i \cdot 2^i$$

由公式可知，输出电压量与数字量成正比，从而实现了从数字量到模拟量的转换。

在以上的公式中，$V_{REF}$ 是标准电压，被设置成具有足够的精度，电阻网络中开关的断开与闭合可对应各位 D 的数值取值，分别形成 0000～1111 共 16 种状态，在输出端将得到不同的输出电压，且呈阶梯波形状。

2. D/A 转换器的主要性能指标

（1）分辨率。分辨率用于表示 D/A 转换器对输入微小量变化的敏感程度，通常用数字量的位数表示，如 8 位、10 位等。也可用 D/A 转换器的最小输出电压与最大输出电压之比来表示分辨率。分辨率越高，转换时对输入量的微小变化的反应越灵敏。而分辨率与输入数字量的位数有关，$n$ 越大，分辨率越高。

$$分辨率 = \frac{\Delta U}{U_m} = \frac{1}{2^n - 1}$$

式中 $n$ 为输入数字量的二进制位数，如 8 位的 D/A 转换器分辨率为 $1/(2^8-1)=1/255$，16 位的 D/A 转换器分辨率为 $1/(2^{16}-1)=1/65535$。

（2）转换精度。D/A 转换器的转换精度是指输出模拟电压的实际值与理想值之差，即最大静态转换误差。一般采用数字量的最低有效位（LSB）作为衡量单位，如 $\pm\frac{1}{2}$ LSB。

（3）转换速率和建立时间。转换速率指 D/A 转换器输出电压的最大变化速度。从输入的数字量发生突变开始，到输出电压进入与稳定值相差 $\pm\frac{1}{2}$ LSB 范围内所需要的时间，称为建立时间 $t_{set}$。建立时间越大，转换速率就越低。目前单片集成 D/A 转换器（不包括运算放大器）的建立时间最短达到 0.1μs 以内。

（4）温度系数。在输入不变的情况下，输出模拟电压随温度变化产生的变化量，一般用满刻度输出条件下温度每升高 1℃，输出电压变化的百分数作为温度系数。

（5）线性度。线性度指当数字量变化时，D/A 转换器输出的模拟量按比例关系变化的程度。理想的 D/A 转换器是线性的，但实际上有误差，模拟输出偏离理想输出的最大值称为线性误差。

3. 常用 D/A 转换芯片 DAC0832

（1）DAC0832 的内部结构与外部引脚。DAC0832 是美国国家半导体公司生产的 8 位集成电路芯片，采用 T 型电阻网络实现 D/A 转换。该芯片内部有两级数据缓冲寄存器，分别是输入寄存器和 DAC 寄存器，可工作在双缓冲、单缓冲或直接输入三种方式。DAC0832 由 1 个 8 位输入寄存器、1 个 8 位 DAC 寄存器和 1 个 8 位 D/A 转换器三大部分组成，其逻辑结构如图 9.42 所示。

DAC0832 共有 20 根引脚，如图 9.43 所示。

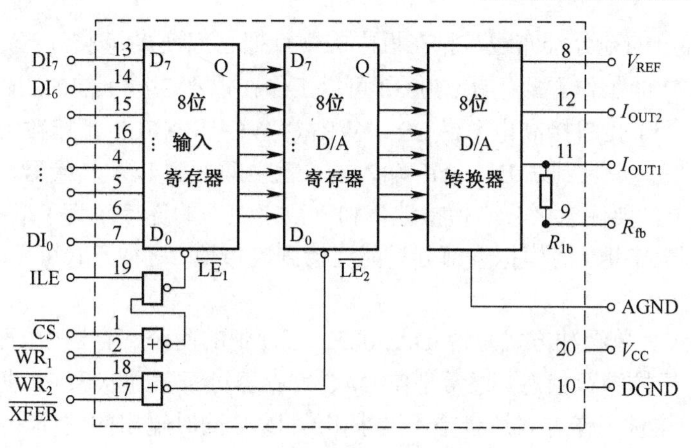


图 9.42　DAC0832 的内部结构图

对各引脚说明如下：

$DI_7$～$DI_0$：D/A 转换器的 8 位数字量输入信号。

$\overline{CS}$：片选信号，低电平有效。

$\overline{WR_1}$：写信号 1，低电平有效。

ILE：输入锁存允许信号，高电平有效。由 ILE 与 $\overline{CS}$、$\overline{WR_1}$ 信号一起控制选通输入寄存器。当这三个信号都有效时，输入数据立即被送到输入寄存器的输出端，否则数据被锁存在输入寄存器中。

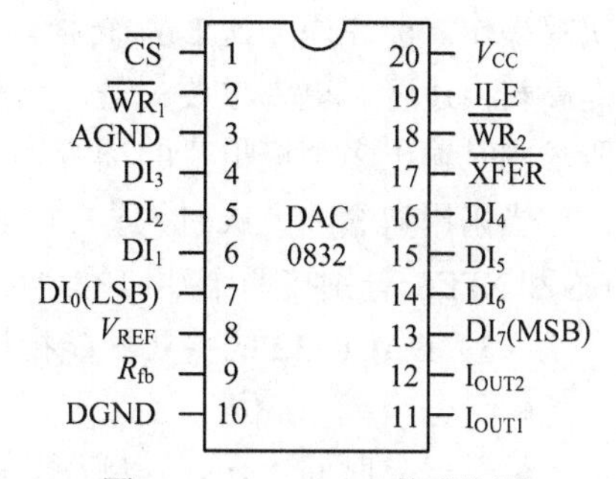


图 9.43　DAC0832 的引脚图

$\overline{WR_2}$：写信号 2，低电平有效。

$\overline{XFER}$：数据传送选通信号，低电平有效。与 $\overline{WR_2}$ 信号一起控制 DAC 寄存器。当这两个信号同时有效时，输入寄存器的数据被装入 DAC 寄存器，并启动一次 D/A 转换。

$I_{OUT1}$：DAC 输出电流 1。它是逻辑电平为“1”的各位输出电流之和。当 $DI_7$～$DI_0$ 各位均为“1”时，$I_{OUT1}$ 最大（满量程输出）；当 $DI_7$～$DI_0$ 各位均为“0”时，$I_{OUT1}$ 为最小值。

$I_{OUT2}$：DAC 输出电流 2。它作为运算放大器的另一个差分输入信号（一般接地）。通常满足如下的等式：

$$I_{OUT1}+I_{OUT2}=\text{满量程输出电流}$$

$R_{fb}$：反馈电阻接线端。反馈电阻在芯片内部，与外部运算放大器配合构成 I/V 转换器，提供电压输出。

$V_{REF}$：参考电压输入。一般此端外接一个精确、稳定的电压基准源。$V_{REF}$ 可在–10V 至+10V 范围内选择。

$V_{CC}$：电源输入端，一般取+5V～+15V。

DGND：数字地，芯片数字电路接地点。

AGND：模拟地，芯片模拟电路接地点。

由于任何导线都可以被理解成电阻，因此，尽管连在一起的“地”，其各个位置上的电压也并非是一致的。对于数字电路，由于噪声容限较高，通常不需要考虑“地”的形式，但对于模拟电路而言，这个不同地方的“地”对测量的精度是有影响的，因此，通常是把数字电路部分的地和模拟部分的地分开布线，只在板中的一点把它们连接起来。

（2）DAC0832 的工作方式。DAC0832 可以工作在以下 3 种不同的工作方式。

1）直通方式。当 ILE 接高电平，$\overline{CS}$、$\overline{WR_1}$、$\overline{WR_2}$ 和 $\overline{XFER}$ 都接数字地时，DAC 处于直通方式。8 位数字量一旦到达 $DI_0$～$DI_7$ 输入端，就立即加到 D/A 转换器，被转换成模拟量。在 D/A 实际连接中，要注意区分“模拟地”和“数字地”的连接。为了避免信号串扰，数字量部分只能连接到数字地，而模拟量部分只能连接到模拟地。这种方式可用于不采用微机的控制系统中。

2）单缓冲方式。单缓冲方式是使 DAC0832 芯片中的两个寄存器中的任一个处于直通状态，另一个工作于受控锁存状态。通常是使 DAC 寄存器处于直通状态，即把 $\overline{WR_2}$ 和 $\overline{XFER}$ 信号直接接数字地。这种工作方式适合于不要求多片 D/A 同时输出的情况，此时只需一次写操作就开始转换，提高了 D/A 的数据吞吐量。

3）双缓冲方式。双缓冲方式是数据通过两个寄存器锁存后再送入 D/A 转换电路，执行两次写操作才能完成一次 D/A 转换。这种方式可在 D/A 转换的同时进行下一个数据的输入，以提高转换速度。更为重要的是，这种方式特别适用于系统中含有 2 片及以上的 DAC0832，且要求同时输出多个模拟量的场合。

当采用双缓冲方式时，通常把 ILE 固定为高电平，$\overline{WR_1}$ 和 $\overline{WR_2}$ 均接到 CPU 的 $\overline{IOW}$ 信号，$\overline{CS}$ 和 $\overline{XFER}$ 分别接两个端口的地址译码信号。

（3）DAC0832 的主要性能指标。

- 分辨率：8 位
- 建立时间：1μs，电流型输出
- 单电源：+5V～+15V
- 低功耗：200mW
- 线性误差：+0.1%
- 基准电压范围：-15V～+15V

4. DAC0832 与 CPU 的连接及编程举例

由于 DAC0832 内部含有数据锁存器，当其与 CPU 相连时，可使其直接挂在数据总线上。如图 9.44 所示为 DAC0832 采用单缓冲方式与 CPU 的连接图。

在图 9.44 中，DAC0832 的第一级输入寄存器的 ILE、$\overline{CS}$ 和 $\overline{WR_1}$ 处于有效电平状态，故工作于直通方式，第二级锁存器的 $\overline{XFER}$ 与 GAL16V8 的输出译码相连，故一旦 $\overline{XFER}$ 处于有效状态，DAC0832 便进行 D/A 转换并输出。这里 GAL16V8 用来对地址总线及 $\overline{WR}$、M/$\overline{IO}$ 信号进行译码以产生 DAC0832 所需的 $\overline{XFER}$ 信号，其 8 位 I/O 端口地址假定为 20H。当 CPU 执行“OUT 20H,AL”指令时，则数据总线 $D_0$～$D_7$ 的内容送入 DAC0832 中。

下面针对图 9.44 举例说明如何编写 D/A 转换程序。

DA 转换应用仿真实例

**【例 9.13】**编写图 9.44 中 DAC0832 输出三角波的汇编程序，要求三角波的最低电压为 0V，最高电压为 5V。

分析：三角波电压范围 0～5V，对应的数字量为 00H～FFH。三角波的下降部分从 FFH 开始减 1，直到数字量降为 00H；上升部分则从 00H 开始加 1，直到升为 FFH。相应的程序段如下：

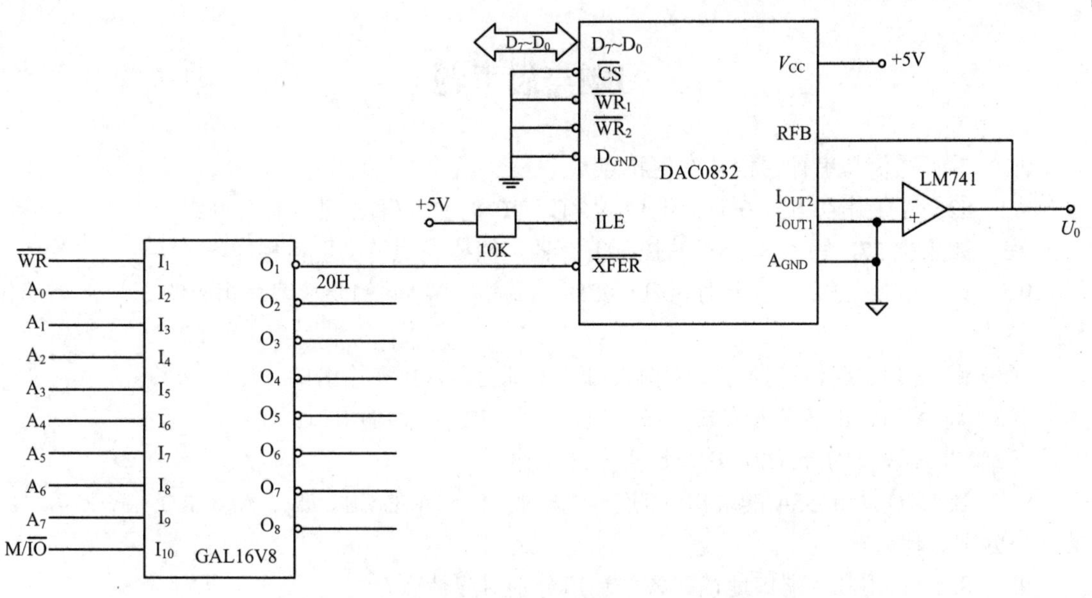


图 9.44 DAC0832 与 CPU 的单缓冲方式连接电路

```
        ⋮
        MOV   AL, 0FFH          ; 设 5V 初值
DOWN:   OUT   20H, AL           ; 输出模拟信号到端口 20H，三角波下降段
        DEC   AL                ; 输出值减 1
        CMP   AL, 00H           ; 输出值到达 0V?
        JNZ   DOWN              ; 输出值未达到 0V，则跳到 DOWN
UP:     OUT   20H, AL           ; 输出模拟量到端口 20H，三角波上升段
        INC   AL                ; 输出值加 1
        CMP   AL, 0FFH          ; 判别输出值是否到达 5V
        JNZ   UP                ; 输出值未达到 5V 则跳到 UP
        JMP   DOWN              ; 输出值达到 5V 则跳到 DOWN 循环
        ⋮
```

本例中 DAC0832 输出的三角波形如图 9.45 所示，若 8086 的时钟频率为 5MHz，则可计算出该三角波的周期大约为 3ms，即频率约为 330Hz。如果要进一步降低三角波的频率（增大其周期），可在每次 D/A 转换之后加入适当的延时。

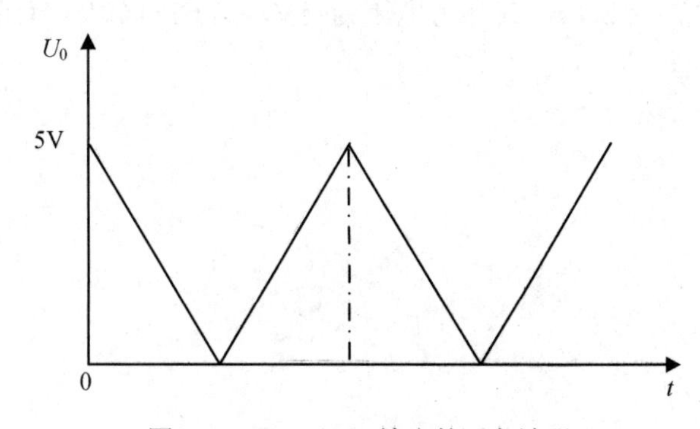


图 9.45 DAC0832 输出的三角波形

## 习题与思考题

9.1 并行通信与串行通信各有何特点？

9.2 8255A 工作在方式 0 时，端口 A、B 和 C 的输入/输出可以有几种组合方式？

9.3 如果把 57H 写入 8255A 的控制寄存器，简要说明将实现何种操作。

9.4 设 8255A 的端口地址为 60H～63H，试按以下不同的要求编写相应的 8255A 初始化程序。

（1）将 A 口、C 口设为方式 0 输入口，B 口设为方式 0 输出口。

（2）将 A 口、B 口设为方式 1 输入口，$PC_6$、$PC_7$ 作为输出口。

（3）将 A 口设为方式 2，B 口设为方式 1 输入。

9.5 当 CPU 从 8255A 的端口 B 读出数据时，8255A 的 $\overline{CS}$、$A_1$、$A_0$、$\overline{RD}$、$\overline{WR}$ 信号线的状态分别是什么？

9.6 8253 占用几个端口地址？各个端口分别对应什么？

9.7 可编程计数器分别在软件启动和硬件启动时，为什么 GATE 端必须为高电平，才能使计数正常进行？

9.8 现已知 8253 计数器 1 的时钟信号 $CLK_1$=1.19318MHz，程序工作在方式 4，为了在装入初始值 30μs 后产生一个选通信号，试计算初值为多少。

9.9 设 8253 的端口地址为 F8H～FBH，试按以下不同的要求编写相应的 8253 初始化程序。

（1）计数器 0 工作于方式 1，BCD 码计数，计数初值为 4600。

（2）计数器 1 工作于方式 0，8 位二进制计数，计数初值为 283。

（3）计数器 2 工作于方式 2，16 位二进制计数，计数初值为 E40H。

9.10 什么是波特率？假设异步传输的一帧信息由 1 位起始位、7 位数据位、1 位校验位和 1 位停止位组成，每秒发送 160 个字符，试计算波特率的值。

9.11 8251A 的方式控制字和命令控制字共用同一个端口地址，实际使用时如何区分？在对 8251A 编程时，应按什么顺序写入这两种控制字？

9.12 A/D 转换为什么要进行采样？

9.13 假设某 8 位 A/D 转换器的输入电压范围是–5V～+5V，试求出输入电压分别为 2V 和 –2.5V 时的数字量编码。

9.14 一个 8 位 D/A 转换器，其参考电压为+5V，当 CPU 输出 01100110B 时，经 D/A 转换后的输出电压为多少？

# 参考文献


[1] 吴宁，乔亚男，冯博琴．微型计算机原理与接口技术[M]．4 版．北京：清华大学出版社，2016．

[2] 余春暄，左国玉，等．80x86/Pentium 微机原理及接口技术[M]．3 版．北京：机械工业出版社，2015．

[3] 李继灿．新编 16/32 位微型计算机原理及应用[M]．5 版．北京：清华大学出版社，2011．

[4] 戴梅萼，史嘉权．微型计算机技术及应用[M]．4 版．北京：清华大学出版社，2011．

[5] Kip R. Irvine. Assembly Language for Intel-Based Computer（Fourth Edition）（影印版）[M]．北京：清华大学出版社，2005．

[6] Barry B Brey. Intel 微处理器全系列：结构、编程与接口[M]．5 版．金惠华，艾明晶，尚利宏，等译．北京：电子工业出版社，2001．

[7] 桂小林．微型计算机接口技术[M]．北京：高等教育出版社，2010．

[8] 周明德．微机计算机系统原理及应用[M]．5 版．北京：清华大学出版社，2007．

[9] 顾晖等．微机原理与接口技术——基于 8086 和 Proteus 仿真[M]．北京：电子工业出版社，2011．

[10] 李珍香．微机原理与接口技术[M]．北京：清华大学出版社，2012．

# 附录 A　BIOS 中断调用

显示器功能调用（INT 10H）

| AH | 功　能 | 入口参数 | 出口参数 |
|---|---|---|---|
| 00H | 设置显示方式 | AL=00　40×25 黑白方式<br>AL=01　40×25 彩色方式<br>AL=02　80×25 黑白方式<br>AL=03　80×25 彩色方式<br>AL=04　320×200 彩色图形方式<br>AL=05　320×200 黑白图形方式<br>AL=06　640×200 黑白图形方式 | 无 |
| 01H | 设置光标类型 | $CH_{0\text{-}3}$=光标起始行<br>$CL_{0\text{-}3}$=光标结束行 | 无 |
| 02H | 设置光标位置 | BH=页号（图形模式为 0）<br>DH，DL=行、列　如 0，0 为左上角 | 无 |
| 03H | 读光标位置 | BH=页号（图形模式为 0） | DH，DL=行，列<br>CH，CL=当前光标模式 |
| 04H | 读光笔位置 |  | AH=0 光笔未触发<br>AH=1 光笔触发<br>CH=像素行，BX=像素列<br>DH=字符行，DL=字符列 |
| 06H | 屏幕初始化或当前页上卷 | AL=上卷行数（从窗口底部算起空白的行数）<br>AL=0 整个窗口空白<br>CH，CL=卷动区域左上角的行、列<br>DH，DL=卷动区域右下角的行、列<br>BH=空白行的属性 | 无 |
| 07H | 屏幕初始化或当前页下卷 | AL=下卷行数（从窗口顶部算起空白的行数）<br>AL=0 整个窗口空白<br>CH，CL=卷动区域左上角的行、列<br>DH，DL=卷动区域右下角的行、列<br>BH=空白行的属性 | 无 |
| 08H | 读当前光标位置处的字符和属性 | BH=显示页（字符模式有效） | AL=读出字符<br>AH=读出字符属性<br>（字符模式有效） |

续表

| AH | 功　能 | 入口参数 | 出口参数 |
|---|---|---|---|
| 09H | 在光标位置显示字符及其属性 | BH=显示页（字符模式有效）<br>CX=字符重复次数<br>AL=欲写字符<br>BL=字符属性（字符模式）/字符颜色（图形模式） | 无 |
| 0AH | 在光标位置仅显示字符 | BH=显示页（字符模式有效）<br>CX=字符重复次数<br>AL=字符 | 无 |
| 0BH | 置彩色调板（320×200 图形） | BH=当前使用的彩色调色板（0～127）<br>BL=彩色值 | 无 |
| 0CH | 写像素 | DX=行（0～199）<br>CX=列（0～639）<br>AL=像素值 | 无 |
| 0DH | 读像素 | DX=行（0～199）<br>CX=列（0～639）<br>BH=页号 | AL=读到的像素值 |
| 0EH | 显示字符（光标前移） | AL=字符<br>BL=前景色<br>BH=页号 | 无 |
| 0FH | 读当前显示方式 | | AL=当前显示方式<br>AH=字符列数<br>BH=页号 |
| 13H | 显示字符串 | ES:BP=指向字符串地址<br>CX=串长度<br>DH，DL=起始光标行、列号<br>BH=页号<br>AL=方式代码<br>BL=属性<br>BH=页号 | 光标返回起始位置<br>光标跟随移动 |

磁盘驱动程序功能调用（INT 13H）

| AH | 功　能 | 入口参数 | 出口参数 |
|---|---|---|---|
| 00H | 磁盘系统复位 | | AH=状态代码 |
| 01H | 读取磁盘系统状态 | | AH=状态代码 |
| 02H | 读指定扇区 | AL=扇区数（1～8）<br>CH=磁道号（0～39）<br>CL=扇区号（1～9）<br>DH=面号（0～1）<br>DL=驱动器号（0～3）<br>ES:BX=缓冲区的地址 | AH=状态代码<br>CF=0：操作成功<br>CF=1：出错<br>AL=读出的扇区数 |

续表

| AH | 功　能 | 入口参数 | 出口参数 |
|---|---|---|---|
| 03H | 写指定扇区 | 同上 | AH=状态代码<br>CF=0：操作成功<br>CF=1：出错 |
| 04H | 检验指定扇区 | AL=扇区数<br>CH=磁道号<br>CL=扇区号<br>DH=面号<br>DL=驱动器号<br>ES:BX=缓冲区的地址 | 同 AH=2 中的描述 |
| 05H | 对指定磁道格式化 | 同 AH=4 中的描述 | 成功：AH=0<br>失败：AH=错误码 |

键盘驱动程序功能调用（INT 16H）

| AH | 功　能 | 入口参数 | 出口参数 |
|---|---|---|---|
| 00H | 从键盘读字符 | | AL=键入字符的 ASCII 码<br>AH=键入字符的扫描码 |
| 01H | 判断有无从键盘输入的字符 | | ZF=0，键盘有输入<br>AL=键入字符的 ASCII 码<br>AH=键入字符的扫描码<br>ZF=1，键盘无输入 |
| 02H | 读从键盘输入的特殊键状态 | | AL=特殊键状态<br>0：右 Shift 键<br>1：左 Shift 键<br>2：Ctrl 键<br>3：Alt 键<br>4：Scroll Lock 键<br>5：Num Lock 键<br>6：Caps Lock 键<br>7：Insert 键 |

# 附录 B　DOS 系统功能调用（INT 21H）简表

| AH<br>功能号 | 功　能 | 入口参数 | 出口参数 |
|---|---|---|---|
| 1．设备管理功能 | | | |
| 01H | 键盘输入字符并回显 | | AL=输入字符的 ASCII 码 |
| 02H | 显示输出字符 | DL=输出字符 | |
| 03H | 串行设备输入字符 | | AL=输入字符的 ASCII 码 |
| 04H | 串行设备输出字符 | DL=输出字符 | |
| 05H | 打印机输出 | DL=输出字符 | |
| 06H | 直接控制台 I/O | DL=FFH（输入）<br>DL=输出字符（输出） | AL=输入字符 |
| 07H | 直接控制台输入（无回显） | | AL=输入字符 |
| 08H | 键盘输入（无回显） | | AL=输入字符 |
| 09H | 显示字符串 | DS:DX=字符串首地址<br>'$'：表示字符串结束的字符 | |
| 0AH | 非缓冲的键盘输入（字体串） | DS:DX=键盘缓冲区首地址 | （DS:DX+1）=实际输入的字符数 |
| 0BH | 检验标准输入状态 | | AL=00 有输入<br>AL=FF 无输入 |
| 0CH | 清除输入缓冲区并请求指定的输入功能 | AL=输入功能号（01H,07H,08H） | AL=输入字符的 ASCII 码(回显） |
| | | AL=输入功能号（06H） | AL=00H |
| | | AL=输入功能号（0AH） | AL=0AH |
| 0DH | 磁盘复位 | | 清除磁盘缓冲区 |
| 0EH | 选择磁盘 | DL=盘号（0，1，...） | AL=系统中的磁盘数 |
| 19H | 取当前磁盘的盘号 | | AL=盘号（0，1，2，...） |
| 1AH | 设置磁盘传送缓冲区（DTA） | DS:DX=DTA 首址 | |
| 1BH | 取当前盘文件分配表（FAT）信息 | | AL=每簇的扇区数<br>DS:BX=盘类型字节地址<br>CX=每扇区的字节数<br>DX= FAT 表项数 |
| 1CH | 取指定磁盘的 FAT 信息 | DL=盘号 | 同以上 AH=1B 中的 |
| 2EH | 置写校验状态 | DL=0 标志<br>AL=状态（0 关闭，1 打开） | AL=00 成功<br>AL =FF 失败 |
| 54H | 取写盘后读盘的检验标志 | | AL=00　检验关闭<br>AL=01　检验打开 |

续表

| AH 功能号 | 功　能 | 入口参数 | 出口参数 |
| --- | --- | --- | --- |
| 36H | 取磁盘剩余空间 | DL=盘号<br>0=缺省，… | 成功：AX=每簇扇区数<br>BX=有效簇数<br>CX=每扇区字节数<br>DX=总簇数<br>失败：AX=FFFF |
| 2FH | 取磁盘传送缓冲区（DTA）首址 | | ES:BX=DTA 首址 |
| 2．文件管理功能 | | | |
| 29H | 建立文件控制块 | ES:DI=FCB 首地址<br>DS:SI=文件名字符串首地址<br>AL=0EH 非法字符检查 | ES:DI=格式化后的 FCB 首地址<br>AL=00 标准文件<br>AL=01 多义文件<br>AL=FF 非法盘符 |
| 16H | 建立文件（FCB 方式） | DS:DX=FCB 首地址 | AL=00 建立成功<br>AL=FF 无磁盘空间 |
| 0FH | 打开文件（FCB 方式） | DS:DX=FCB 首地址 | AL=00 成功<br>AL=FF 文件未找到 |
| 10H | 关闭文件（FCB 方式） | DS:DX=FCB 首地址 | AL=00 成功<br>AL=FF 未找到文件 |
| 13H | 删除文件（FCB 方式） | DS:DX=FCB 首地址 | AL=00 成功<br>AL=FF 未找到 |
| 14H | 顺序读一个记录 | DS:DX=FCB 首地址 | AL=00 成功<br>AL=01 文件结束，未读到数据<br>AL=02 DTA 边界错误<br>AL=03 文件结束，记录不完整 |
| 15H | 顺序写一个记录 | DS:DX=FCB 首地址 | AL=00 成功<br>AL=01 磁盘满或是只读文件<br>AL=02 DTA 空间不够 |
| 21H | 随机读文件 | DS:DX=FCB 首地址 | AL=00 读成功<br>AL=01 文件结束<br>AL=02 DTA 边界错误<br>AL=03 缓冲区不满 |
| 22H | 随机写文件 | DS:DX=FCB 首地址 | AL=00 写成功<br>AL=FF 无磁盘空间 |
| 27H | 随机分块读 | DS:DX=FCB 首地址<br>CX=记录数 | AL=00 读成功<br>AL=01 文件结束<br>AL=02 DTA 边界错误<br>AL=03 读部分记录 |
| 28H | 随机分块写 | DS:DX=FCB 首地址<br>CX=记录数 | AL=00 写成功<br>AL=FF 无磁盘空间 |

续表

| AH功能号 | 功　能 | 入口参数 | 出口参数 |
|---|---|---|---|
| 24H | 设置随机记录号 | DS:DX=FCB 首地址 | |
| 3CH | 建立文件（文件号方式） | DS:DX=ASCIIZ 串地址<br>CX=文件属性 | 若 CF=0，成功：AX=文件代号<br>否则错误：AX=错误代码 |
| 3DH | 打开文件（文件号方式） | DS:DX=ASCIIZ 串地址<br>AL=0 读<br>AL=1 写<br>AL=2 读/写 | 若 CF=0，成功：AX=文件代号<br>否则错误：AX=错误码 |
| 3EH | 关闭文件（文件号方式） | BX=文件代号 | CF=0 成功，失败：AX=错误码 |
| 41H | 删除文件（文件号方式） | DS:DX=ASCIIZ 串地址 | 若 CF=0，成功<br>否则错误：AX=错误码 |
| 3FH | 读文件（文件号方式） | DS:DX=数据缓冲区首地址<br>BX=文件代号<br>CX=读取的字节数 | 读成功：AX=实际读入的字节数<br>AX=0 已到文件尾<br>读出错：AX=错误码 |
| 40H | 写文件（文件号方式） | DS:DX=数据缓冲区首地址<br>BX=文件代号<br>CX=写入的字节数 | 写成功：AX=实际写入的字节数<br>写出错：AX=错误码 |
| 42H | 移动文件读写指针 | BX=文件代号<br>CX:DX=位移量<br>AL=0 从文件头开始移动<br>AL=1 从当前位置移动<br>AL=2 从文件尾倒移 | 若 CF=0，成功<br>DX:AX=新的指针位置<br>否则失败，AX=错误码<br>AX=1 无效的移动方法<br>AX=6 无效的文件号 |
| 45H | 复制文件代号 | BX=文件代号 1 | 成功：AX=文件代号 2<br>失败：AX=错误码 |
| 46H | 强制复制文件代号 | BX=文件代号 1<br>CX=文件代号 2 | 若 CF=0，成功：CX=文件代号 1<br>否则失败：AX=错误码 |
| 4BH | 装入一个程序 | DS:DX=程序路径名首地址<br>ES:BX=参数区首地址<br>AL=00 装入后执行<br>AL=01 仅装入不执行 | 若 CF=0，成功<br>否则失败：AX=错误码 |
| 44H | 设备文件 I/O 控制 | BX=文件代号<br>AL=0 取状态<br>AL=1 置状态<br>AL=2 读数据<br>AL=3 写数据<br>AL=6 取输入状态<br>AL=7 取输出状态 | 成功：DX=状态<br>失败：AX=错误码 |
| 3．目录操作功能 | | | |
| 11H | 查找第一个匹配文件（FCB方式） | DS:DX=FCB 首地址 | AL=00 找到<br>AL=FF 未找到 |

续表

| AH 功能号 | 功　能 | 入口参数 | 出口参数 |
|---|---|---|---|
| 12H | 查找下一个匹配文件（FCB 方式） | DS:DX=FCB 首地址 | AL=00 找到<br>AL=FF 未找到 |
| 23H | 测定文件大小 | DS:DX=FCB 首地址 | AL=00 成功（文件长度填入 FCB）<br>AL=FF 未找到匹配的文件 |
| 17H | 更改文件名（FCB 方式） | DS:DX=FCB 首地址<br>（DS:DX+1）=旧文件名<br>（DS:DX+17）=新文件名 | AL=00 成功<br>AL=FF 失败 |
| 4EH | 查找第一个匹配文件 | DS:DX=ASCIIZ 串地址<br>CX=文件属性 | 若 CF=0，成功<br>否则失败：AX=出错代码 |
| 4FH | 查找下一个匹配文件 | DS:DX=ASCIIZ 串地址<br>（文件名中带有?或*） | 若 CF=0，成功<br>否则失败：AX=出错代码 |
| 43H | 置/取文件属性 | DS:DX=ASCIIZ 串地址<br>AL=0 取文件属性<br>AL=1 置文件属性<br>CX=文件属性 | 若 CF=0，成功：CX=文件属性<br>失败：AX=错误码 |
| 57H | 置/取文件日期和时间 | BX=文件代号<br>AL=0 读取日期和时间<br>AL=1 设置日期和时间<br>DX:CX=日期和时间 | 失败：AX=错误码 |
| 56H | 更改文件号 | DS:DX=ASCIIZ 串（旧）<br>ES:DI=ASCIIZ 串（新） | AX=出错码 |
| 39H | 建立一个子目录 | DS:DX=ASCIIZ 串首地址 | 若 CF=0，成功<br>否则失败：AX=出错代码 |
| 3AH | 删除一个子目录 | DS:DX=ASCIIZ 串首地址 | 若 CF=0，成功<br>否则失败：AX=出错代码 |
| 3BH | 改变当前目录 | DS:DX=ASCIIZ 串首地址 | 若 CF=0，成功，<br>否则失败：AX=出错代码 |
| 47H | 取当前目录路径名 | DL=盘号<br>DS:SI=ASCIIZ 串首地址 | 成功：DS:SI=ASCIIZ 串<br>失败：AX=出错码 |
| 4．其他功能 | | | |
| 00H | 程序结束，返回操作系统 | CS=程序段前缀 | |
| 31H | 结束程序并驻留在内存 | AL=结束码<br>DX=程序长度 | |
| 4CH | 结束当前程序，返回调用程序 | AL=结束码 | |
| 4DH | 取结束码 | | AL=结束码 |

续表

| AH功能号 | 功　能 | 入口参数 | 出口参数 |
| --- | --- | --- | --- |
| 33H | 置取 Ctrl-Break 检测状态 | AL=00 取状态<br>AL=01 置状态<br>DL=00 关闭检测<br>DL=01 打开检测 | DL=状态（AL=0时） |
| 25H | 设置中断向量 | DS:DX=中断向量<br>AL=中断类型号 | |
| 35H | 取中断向量 | AL=中断类型号 | ES:BX=中断向量 |
| 26H | 建立一个程序段 | DX=新的程序段段号 | |
| 48H | 分配内存空间 | BX=申请内存数量（以16B为单位） | 成功：AX:0=分配内存的首地址<br>失败：AX=出错码<br>BX=最大可用内存空间 |
| 49H | 释放内存空间 | ES:0=释放内存块的首地址 | CF=0，成功<br>否则失败：AX=出错码 |
| 4AH | 调整已分配的内存空间 | ES=原内存段地址<br>BX=新申请的数量 | CF=0，成功<br>AX:0=分配内存的首地址<br>否则失败：AX=错误码<br>BX=最大可用内存空间 |
| 2AH | 取系统日期 | | CX=年；DH=月；DL=日<br>AL=星期 |
| 2BH | 设置系统日期 | CX=年（1980～2099）<br>DH=月（1～12）<br>DL=日（1～31） | AL=00 成功<br>AL=FF 无效 |
| 2CH | 取系统时间 | | CH =时；CL=分<br>DH=秒；DL= 1/100秒 |
| 2DH | 设置系统时间 | CH =时；CL=分<br>DH=秒；DL= 1/100秒 | AL=00 成功<br>AL=FF 无效 |
| 30H | 取DOS版本号 | | AH=发行号，AL=版本号 |
| 38H | 置/取国家信息 | DS:DX=信息区首地址<br>AL=0 | CF=0，成功<br>BX=国家码（国际电话前缀码） |